POLITEXT 170

Procesado digital de señales

de señales

Fundamentos para
comunicaciones y control - II

POLITEXT

Eduard Bertran Albertí

Procesado digital de señales

Fundamentos para comunicaciones y control - II

EDICIONS UPC

Primera edición: febrero de 2006
Reimpresión: enero de 2010

Diseño de la cubierta: Manuel Andreu

©   Eduard Bertran Albertí, 2006

©   Edicions UPC, 2006
        Edicions de la Universitat Politècnica de Catalunya, SL
        Jordi Girona Salgado 1-3, 08034 Barcelona
        Tel.: 934 137 540   Fax: 934 137 541
        Edicions Virtuals: www.edicionsupc.es
        E-mail: edicions-upc@upc.edu

Producció: LIGHTNING SOURCE

Depósito legal: B-6805-2006
ISBN: 978-84-8301-851-4

Procesado digital de señales Fundamentos para Comunicaciones y Control

(Volumen II)

Prefacio

En el primer volumen de esta obra se han tratado las bases para la adquisición de señales de diferente complejidad, para la descripción de señales y sistemas, y para el análisis de los aspectos básicos a partir de respuestas temporales, diagramas de programación y el dominio transformado Z. Todo ello apuntando aplicaciones y tecnologías. Y el material tratado en capítulo terminal del primer volumen ha cubierto un curso básico de análisis y diseño de sistemas realimentados de control.

En este segundo volumen se van a estudiar, principalmente, los métodos y técnicas basados en el dominio frecuencial. El enfoque será continuación del contenido primer volumen, lo que se evidenciará al no reiniciarse la enumeración de las páginas y capítulos.

El primer tema, base para los restantes, se centra en la transformada de Fourier de señales discretas. Con ella ya se avanza el análisis cualitativo de filtros digitales y la importancia de la fase lineal, rompiéndose con ello la visión de que la fase es una simple apostilla al módulo (amplificación) de los filtros.

En el estudio de la transformada discreta de Fourier (DFT), que es el objetivo del siguiente capítulo, se enfatiza más en su comprensión e interpretación que en los diversos métodos numéricos para su cálculo, tema tratado por abundante bibliografía paralela y con un detalle de los algoritmos que supera las ambiciones del presente texto. Sin embargo, se presenta el método de la FFT por ser el de mayor uso, y se introducen de manera global los algoritmos más importantes.

El análisis basado en correlaciones se inicia con un enfoque sobre señales deterministas, con el objetivo de facilitar la comprensión de los conceptos más elementales antes de que los pueda esconder una mayor complejidad matemática orientada al análisis espectral.

El procesado de señales aleatorias, que introduce una visión más realista de las aplicaciones, se aborda cuando los conceptos y las aplicaciones sobre señales deterministas ya han sido introducidos.

Conocido el análisis espectral, el texto se orienta hacia el diseño de filtros digitales, con apuntes tecnológicos de los mismos.

Sin embargo, los lectores pueden también abordar directamente el diseño de filtros digitales saltándose el capítulo previo de correlación y análisis espectral. Algunos potentes métodos de diseño de estos filtros son poco eficientes si no se aplican con la ayuda de programas de ordenador: en estos casos, se dan las bases para su compresión conceptual y se orienta el diseño hacia el uso del programa Matlab.

El texto concluye con una introducción al procesado de señales con subsistemas interconectados que no las procesan a la misma velocidad, aspecto de gran interés en muchas aplicaciones, entre las que destacan los modernos sistemas de audio y de vídeo digital.

ÍNDICE

VOLUMEN II

Prefacio...**i**

Capítulo 7. Representación frecuencial de señales y sistemas discretos

7.1. Introducción...277
7.2. Transformada de Fourier de Secuencias Discretas (TFSD). Respuesta en régimen
     permanente senoidal...278
7.3. Periodicidad de la respuesta frecuencial...285
7.4. Propiedades de la TFSD...286
       7.4.1. Linealidad..286
       7.4.2. Desplazamiento en el tiempo...286
       7.4.3. Transformada de una secuencia real...287
       7.4.4. Inversión temporal...287
       7.4.5. Desplazamiento frecuencial...288
       7.4.6. Derivación en frecuencia...290
       7.4.7. Teorema de convolución..290
       7.4.8. Teorema de modulación (enventanado)..291
       7.4.9. Teorema de Parseval...293
       Tablas..295
7.5. Respuesta frecuencial de sistemas discretos. Filtrado digital.................................296
       7.5.1. Introducción...296
       7.5.2. Determinación gráfica de la respuesta frecuencial....................................300
7.6. Filtros de primer orden...300
7.7. Filtros de segundo orden..303
       7.7.1. Filtro paso bajo..303
       7.7.2. Filtro paso banda...304
       7.7.3. Filtro paso alto...305
       7.7.4. Filtro de banda eliminada (*notch*)..306
       7.7.5. Filtro paso todo..306
7.8. Filtros FIR...308
7.9. Sistemas de fase lineal...309
7.10. Ecualización de sistemas. Función inversa..314
7.11. Filtros FIR de fase lineal...320
7.12. Filtros de condensadores conmutados...325
Ejercicios...330

Capítulo 8. Transformada discreta de Fourier (DFT)

8.1. Introducción...337

8.2. La transformada discreta de Fourier..338
8.3. Interpretación de la DFT como muestreo de la TFSD..340
8.4. Representación matricial de la DFT..341
8.5. Periodicidad de la DFT...343
8.6. Lectura de amplitudes. Relación de la DFT con la serie de Fourier............................345
8.7. Lectura de eje de frecuencias. Interpretación del término k.......................................346
8.8. Aumento de la resolución frecuencial..349
8.9. Enventanado de secuencias...353
8.10. Algoritmos más comunes de cálculo de la DFT...367
        8.10.1. Forma directa...367
        8.10.2. FFT (*Fast Fourier Transform*)..367
                8.10.2.1. El algoritmo de la DFT...368
                8.10.2.2. Cálculo de la IFFT...375
        8.10.3. Otros algoritmos de cálculo de la DFT...376
                8.10.3.1. Algoritmo de Goertzel..376
                8.10.3.2. Algoritmo de Winograd (WFT)..376
                8.10.3.3. Transformación *chirp* (CZT)..376
                8.10.3.4. Transformada discreta del coseno (DCT).......................................377
                8.10.3.5. Transformación de Walsh...377
                8.10.3.6. Transformada de Fourier de tiempo corto (STFT).............................377
                8.10.3.7. *Wavelets* (onditas)...379
8.11. Principales propiedades de la DFT...381
        8.11.1. Linealidad..381
        8.11.2. Desplazamiento circular y convolución circular..381
        8.11.3. Convolución circular (periódica o cíclica)..383
8.12. Convolución lineal de dos secuencias basada en la DFT..388
8.13. Método *overlap-add*...390
8.14. DFT bidimensional...391
Ejercicios...395

Capítulo 9. Correlación de señales de tiempo discreto

9.1. Introducción...401
9.2. Autocorrelación y correlación cruzada de secuencias..401
        9.2.1. Introducción. Distancia entre señales...401
        9.2.2. Correlación cruzada..403
        9.2.3. Autocorrelación..407
9.3. Propiedades de las secuencias de correlación cruzada y de autocorrelación................408
        9.3.1. Desplazamiento temporal...408
        9.3.2. Simetría...409
        9.3.3. Correlación en el origen...411
9.4. Correlación de secuencias de potencia media finita..412
9.5. Energía de señales. Suma de energías..416
9.6. Transformada Z de secuencias de correlación cruzada y de autocorrelación.................418
        9.6.1. Correlación cruzada..418
        9.6.2. Autocorrelación..419
9.7. Transformada de Fourier de funciones de correlación. Densidad espectral de energía
        y de potencia...423
9.8. Aplicación a la identificación de sistemas lineales..425
9.9. Secuencias de ruido. Ruido pseudoaleatorio..429
9.10. Identificación de sistemas mediante secuencias de ruido...433

9.11. Función de coherencia..437
9.12. Clasificación de secuencias. Receptores de correlación.................................438
9.13. Correlación de secuencias de longitud finita...439
9.14. Respuesta de sistemas LTI a entradas aleatorias...442
9.15. Periodograma...447
9.16. Correlación y regresión. Ejemplos de autocorrelaciones de señales aleatorias.....449
9.17. Introducción a la predicción lineal: codificación DPCM..................................459
Ejercicios...462

Capítulo 10. Diseño de filtros digitales

10.1. Introducción...467
10.2. Tipos de filtros digitales. Criterios de elección..468
10.3. Diseño de filtros IIR...470
    10.3.1. Relaciones entre sistemas continuos y sistemas discretos......................470
        10.3.1.1. Transformación invariante...470
        10.3.1.2. Invarianza impulsional...472
        10.3.1.3. Transformación bilineal..475
        10.3.1.4. Aproximación de derivada o de primera diferencia de retorno
            (*First Difference Backward*, FDB)..480
        10.3.1.5. Ejemplos de diseño de filtros digitales IIR...............................482
    10.3.2. Diseño de filtros IIR por técnicas en el dominio digital...........................504
    10.3.3. Diagramas de programación de un filtro digital....................................505
10.4. Diseño de filtros FIR..509
    10.4.1. Diseño con enventanado..509
    10.4.2. Transformación de frecuencias...521
    10.4.3. Diseño de filtros FIR por muestreo en frecuencias...............................524
    10.4.4. Diseño de filtros FIR por técnicas de optimización...............................527
        10.4.4.1. Técnica de Parks-McClellan. Diseño de filtros de fase lineal.......528
        10.4.4.2. Método de mínimos cuadrados (*Least Squares*, LS)..................532
        10.4.4.3. Generalización del método: identificación de sistemas...............535
        10.4.4.4. Filtros FIR transversales: ajuste con algoritmo LMS..................536
    10.4.5. Programación de filtros FIR..537
        10.4.5.1. Forma directa (filtro transversal)...538
        10.4.5.2. Cascada..539
        10.4.5.3. *Lattice* (celosía)...540
10.5. Efectos de la aritmética finita..544
    10.5.1. Aritmética de coma fija respecto a aritmética de coma flotante...............545
    10.5.2. Redondeos y truncamientos...546
    10.5.3. Cuantificación de los coeficientes...548
Ejercicios...550

Capítulo 11. Interpolación y diezmado

11.1. Modificación de la frecuencia de muestreo...553
    11.1.1. Caso 1: k es un número entero..554
        11.1.1.1. Diezmado (*downsampling*)..555
        11.1.1.2. Interpolación (*upsampling*)...557
    11.1.2. Caso 2: k no es un número entero..559

11.2. Aplicación a la conversión A/D y D/A...560
    11.2.1. Diezmado aplicado a la conversión A/D: simplificación de los filtros *antialiasing*........560
    11.2.2. Efecto sobre el ruido de cuantificación...562
    11.2.3. Interpolación aplicada a la conversión D/A..563
11.3. Diezmado y filtrado simultáneos..565
11.4. Codificación en subbandas frecuenciales..567
11.5. Filtros espejo en cuadratura (*Quadrature Mirror Filters*, QMF)..................................569
11.6. Transmultiplexores...574
Ejercicios..577

Apéndices

Apéndice A.   La transformada de Laplace...581
Apéndice B.   Transformada de Fourier de tiempo continuo..589
Apéndice C.   Conversión analógico-digital y digital-analógico.....................................597
Apéndice D.   Función error..609
Apéndice E.   Señales aleatorias en tiempo discreto..613
Apéndice F.   Filtros polifase...619

Bibliografía...**625**

7

REPRESENTACIÓN FRECUENCIAL DE SEÑALES Y SISTEMAS DISCRETOS

7.1. Introducción

Como se ha visto en el capítulo 5, el análisis de un sistema con ayuda de la transformada Z proporciona información sobre las componentes transitoria y permanente de la respuesta temporal, así como del grado de estabilidad del sistema.

En este capítulo se verá que la transformada Z también contiene también información del comportamiento frecuencial de señales y sistemas discretos.

En sistemas de los que se conoce apriorísticamente su estabilidad y cuyo comportamiento temporal en régimen transitorio no interese, es habitual centrar su estudio en la respuesta en régimen permanente. Tal sería el caso de un filtro (supuesto estable): puede no importar demasiado su respuesta durante los primeros milisegundos posteriores a su conexión, pero sí es de capital importancia su capacidad para procesar correctamente las señales una vez pasados estos milisegundos.

La transformada de Fourier de secuencias discretas puede entenderse como una particularización de la transformada Z que proporcionará una herramienta útil cuando sólo interese evaluar la respuesta frecuencial de un sistema LTI en régimen permanente. Con ella se podrá conocer, cualitativa y cuantitativamente, la respuesta en frecuencias de filtros digitales, o analizar ciertos fenómenos como son el espectro de señales o la modulación de secuencias discretas.

Antes de entrar en detalles sobre la transformada de Fourier de secuencias discretas (abreviado, TFSD), conviene advertir al lector que éstas no deben confundirse con la transformada discreta de Fourier (DFT), a pesar del parecido entre los nombres. Si bien ambas transformadas comparten muchos conceptos, finalidades y propiedades, por el momento avanzamos que la TFSD presupone que se trabaja con secuencias temporales de duración infinita, cuyo espectro es continuo en frecuencias. Por ello, es la transformada "exacta" de la secuencia, aunque, por trabajar con secuencias infinitas y con espectros continuos (infinitos valores dentro de un rango), su obtención no es viable con elementos de cálculo digital y deben utilizarse técnicas analíticas.

Por el contrario, la DFT que se estudiará en el siguiente capítulo, es computable digitalmente al precio de un mayor conocimiento por parte del programador de sus restricciones y de las condiciones para su interpretación.

7.2. Transformada de Fourier de secuencias discretas. Respuesta en régimen permanente senoidal

En el apartado 5.3.1 se ha introducido la transformada Z como la respuesta de un sistema LTI a una exponencial compleja del tipo:

$$z = r\,e^{j\Omega} = r\,(\cos\Omega + j\,\text{sen}\,\Omega) \tag{7.1}$$

$$z^n = r^n\,e^{jn\Omega} = r^n\,(\cos n\Omega + j\,\text{sen}\,n\Omega) \tag{7.2}$$

Cuando $|z| = 1$, se tiene $z = e^{j\Omega} = \cos\Omega + j\,\text{sen}\,\Omega$, siendo z un fasor que describe una senoide de frecuencia discreta Ω. Entonces, la transformada Z será:

$$H(z)\big|_{z=e^{j\Omega}} = H(e^{j\Omega}) = \sum_{n=-\infty}^{\infty} h[n]\,e^{-j\Omega n} \tag{7.3}$$

Esta expresión, que es la transformada de Fourier de una secuencia discreta (TFSD), podía también haberse deducido directamente de la definición de la transformada de Fourier en tiempo continuo:

$$H(\omega) = \int_{-\infty}^{\infty} h(t)\,e^{-j\omega t}\,dt \tag{7.4}$$

Si se particulariza el tiempo t a los instantes de muestreo nT (recordando que la frecuencia discreta Ω se relaciona con la continua w de la forma: $\Omega = \omega T$):

$$\omega t = \omega T n = \Omega n \tag{7.5}$$

y se interpreta la integral como la suma del valor de las muestras de la secuencia muestreada con período T, se obtiene la expresión anterior de la TFSD:

$$H(e^{j\Omega}) = H(\Omega) = \sum_{n=-\infty}^{\infty} h[n]\,e^{-j\Omega n} \tag{7.6}$$

La TFSD inversa (ecuación de síntesis) viene dada por la expresión:

$$h[n] = \frac{1}{2\pi}\int_{-\pi}^{\pi} H(e^{j\Omega})\,e^{j\Omega n}\,d\Omega \tag{7.7}$$

La validez del par de transformadas (directa e inversa) de secuencias en tiempo discreto puede demostrarse partiendo de una señal:

$$\hat{x}[n] = \frac{1}{2\pi}\int_{-\pi}^{\pi} \left(\sum_{m=-\infty}^{\infty} x[m]\,e^{-j\Omega m}\right) e^{j\Omega n}\,d\Omega \tag{7.8}$$

Si el par de transformadas son correctas, entonces $\hat{x}[n]$ tiene que coincidir con $x[n]$. Intercambiando el orden de la integral y del sumatorio, se tiene:

$$\hat{x}[n] = \frac{1}{2\pi} \sum_{m=-\infty}^{\infty} x[m] \int_{-\pi}^{\pi} e^{-j\Omega(n-m)} \, d\Omega \tag{7.9}$$

El valor de la integral es (recuérdese que m y n son enteros):

$$\int_{-\pi}^{\pi} e^{j\Omega(n-m)} \, d\Omega = \begin{cases} 2\pi & si \quad n=m \\ \\ 0 & si \quad n \ne m \end{cases} \tag{7.10}$$

o, expresado de otra forma:

$$\int_{-\pi}^{\pi} e^{j\Omega(n-m)} \, d\Omega = 2\pi\delta[n-m] \tag{7.11}$$

Con ello, se comprueba que:

$$\hat{x}[n] = \sum_{m=-\infty}^{\infty} x[m]\,\delta[n-m] = x[n] \tag{7.12}$$

Si la secuencia $x[n]$ es absolutamente sumable (por ejemplo, si corresponde a la respuesta impulsional de un sistema estable), entonces la transformada $X(e^{j\Omega})$ existe para todos los valores de Ω. En efecto, sea:

$$X_M(e^{j\Omega}) = \sum_{n=-M}^{M} x[n]\, e^{-j\Omega n} \tag{7.13}$$

$$\sum_{n=-\infty}^{\infty} |x[n]| < B \tag{7.14}$$

donde $x[n]$ es una secuencia absolutamente sumable. Entonces:

$$|X(e^{j\Omega})| = |\lim_{M \to \infty} \sum_{n=-M}^{M} x[n]\, e^{-j\Omega n}| \le \lim_{M \to \infty} \sum_{n=-M}^{M} |x[n]|\, |e^{j\Omega n}| =$$

$$= \lim_{M \to \infty} \sum_{n=-M}^{M} |x[n]| < B \tag{7.15}$$

es decir, si $x[n]$ es absolutamente sumable, su transformada $x(e^{j\Omega})$ está acotada para todo valor de Ω. Interpretando $x[n]$ como la respuesta impulsional de un sistema, sólo se puede operar con su transformada de Fourier si el sistema es estable (respuesta absolutamente sumable). Para sistemas inestables se puede calcular su transformada Z, pero no la de Fourier, mientras que para los estables ambas transformadas son operativas.

También es importante resaltar que con la transformada de Fourier de una secuencia discreta se obtiene un *espectro continuo en* Ω. Éste es uno de los aspectos diferenciales entre la TFSD y la DFT (transformada discreta de Fourier), que se estudiará más adelante.

Ejemplo 1

Supóngase la secuencia orientada a derechas:

$$x[k] = a^k \, u[k], \ |a| < 1$$

su respuesta frecuencial puede determinarse directamente a partir de su transformada Z, evaluándola para $z = e^{j\Omega}$.

$$X(z) = \frac{1}{1 - az^{-1}} \ \rightarrow \ X(e^{j\Omega}) = \frac{1}{1 - ae^{-j\Omega}}$$

El módulo de la respuesta frecuencial se ilustra a continuación.

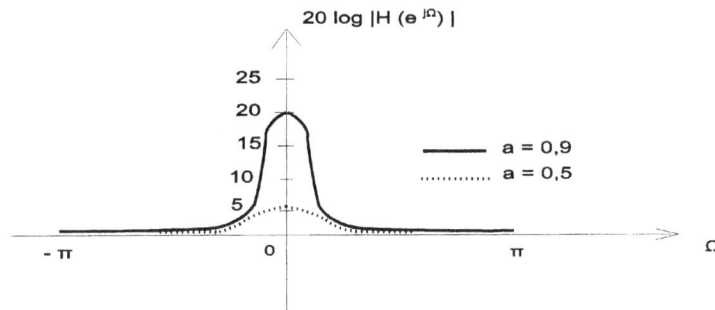

Fig. 7.1. Módulo de la respuesta frecuencial (en frecuencia discreta) de la función $x[k] = a^k \, u[k], \ |a| < 1$

Ejemplo 2

Se trata de determinar la respuesta impulsional de un filtro paso bajo ideal de frecuencia de corte Ω_c.

$$H(e^{j\Omega}) = \begin{cases} 1, & |\Omega| \le |\Omega_c| \\ 0, & \Omega_c \le |\Omega| \le \pi \end{cases}$$

Aplicando directamente la definición de la transformada inversa:

$$h[n] = \frac{1}{2\pi} \int_{-\pi}^{\pi} H(e^{j\Omega}) \, e^{j\Omega n} \, d\Omega = \frac{1}{2\pi} \int_{-\Omega_c}^{\Omega_c} e^{j\Omega n} \, d\Omega = \frac{\sin(\Omega_c n)}{\pi n}$$

Esta respuesta impulsional no es cero para valores de n negativos, lo que es un claro indicador de su no causalidad.

Ejemplo 3

En este ejemplo se determina la respuesta frecuencial de un sistema que responde al diagrama de programación siguiente:

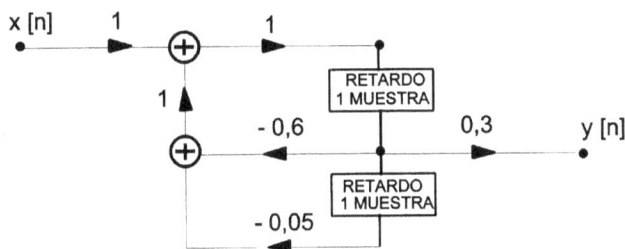

La ecuación en diferencias del sistema, leída del diagrama de programación, es:

$$y[n] = -0,6 \, y[n-1] - 0,05 \, y[n-2] + 0,3 \, x[n-1]$$

La transformada de Fourier es inmediata a partir de la transformada Z de la ecuación, calculada en $z = e^{j\Omega}$:

$$Y(z) = -0,6 \, Y(z) \, z^{-1} - 0,05 \, Y(z) \, z^{-2} + 0,3 \, X(z) \, z^{-1} \rightarrow$$

$$\rightarrow H(z) = \frac{Y(z)}{X(z)} = \frac{0,3 \, z^{-1}}{1 + 0,6 z^{-1} + 0,05 \, z^{-2}} \rightarrow \{ z = e^{j\Omega} \} \rightarrow$$

$$H(e^{j\Omega}) = \frac{0,3 \, e^{-j\Omega}}{1 + 0,6 e^{-j\Omega} + 0,05 \, e^{-j\Omega 2}}$$

El módulo, expresado en decibelios, es el representado en la figura siguiente. Como se ve, se trata de un filtro paso alto:

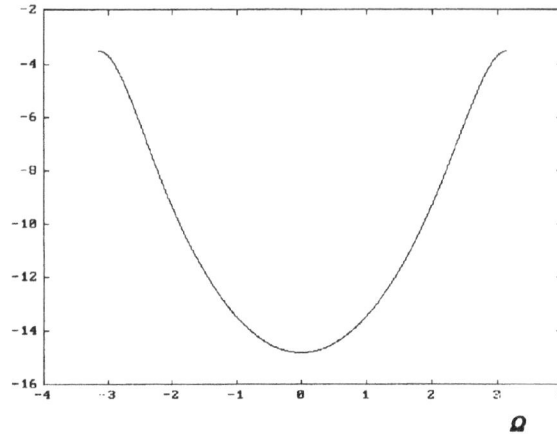

Fig. 7.2. Módulo de la respuesta frecuencial del diagrama de programación del ejemplo 3

Si al hallar $H(z)$, algún polo hubiera estado en el exterior de la circunferencia de radio unidad, ya no se habría continuado el ejercicio, al no existir la TFSD de sistemas inestables.

Ejemplo 4

Dada la ganancia del filtro de la figura anterior, se desea saber cuál de las tres secuencias siguientes, obtenidas del muestreo de una señal senoidal de frecuencia ω, podrá pasar por el filtro con menos atenuación:

SECUENCIA	ω DE LA SENOIDE (rad·s$^{-1)}$)	Intervalo T de muestreo (s)
$x_1[n]$	$\omega = 10$	$T = 0,1$
$x_2[n]$	$\omega = 10$	$T = 0,3$
$x_3[n]$	$\omega = 20$	$T = 0,1$
$x_4[n]$	$\omega = 20$	$T = 0,3$

La frecuencia discreta (Ω) de la señal muestreada es ωT. Así, la Ω de cada secuencia es:

$$x_1[n] \quad \rightarrow \quad \Omega = 1$$
$$x_2[n] \quad \rightarrow \quad \Omega = 3$$
$$x_3[n] \quad \rightarrow \quad \Omega = 2$$
$$x_4[n] \quad \rightarrow \quad \Omega = 6$$

La secuencia $x_4[n]$ tiene una Ω superior a π, lo que indica que no se ha muestreado respetando la condición de Nyquist. Es un muestreo incorrecto. De las restantes secuencias, la más atenuada por el filtro será $x_1[n]$, y la menos, $x_2[n]$.

Ejemplo 5

Se trata de obtener la antitransformada de Fourier de

$$X(e^{j\Omega}) = \sum_{r=-\infty}^{\infty} 2\pi\delta(\Omega + 2\pi r)$$

Aplicando la ecuación de síntesis:

$$x[n] = \frac{1}{2\pi} \int_{-\pi}^{\pi} 2\pi \left(\sum_{r=-\infty}^{\infty} \delta(\Omega + 2\pi r) \right) e^{j\Omega n} d\Omega$$

Como los impulsos desplazados a $2\pi r$ quedan fuera del intervalo de integración $(-\pi,\pi)$, se tiene:

$$x[n] = \int_{-\pi}^{\pi} \delta(\Omega) e^{j\Omega n} d\Omega = \int_{-\pi}^{\pi} \delta(\Omega) e^{j\Omega 0} d\Omega = \int_{-\pi}^{\pi} \delta(\Omega) d\Omega = 1$$

Nótese que la particularización $|z| = 1$ efectuada en el apartado 7.2 conlleva que sólo se considere la circunferencia de radio unidad entre todo el plano complejo Z. Recuperando el resultado obtenido en el apartado 5.3.1, la salida $y[n]$ de un sistema con respuesta impulsional $h[n]$ a una excitación z^n es:

$$y[n] = z^n * h[n] = \sum_{k=-\infty}^{\infty} h[k]z^{n-k} = z^n \sum_{k=-\infty}^{\infty} h[k]z^{-k} = z^n H(z)$$

Se observa que, si $z = e^{j\Omega}$:

$$y[n] = e^{j\Omega n} H(e^{j\Omega})$$

El término $e^{j\Omega}$ es una autofunción del sistema cuyo autovalor es $H(e^{j\Omega})$. En consecuencia, la salida es una exponencial compleja de la misma frecuencia, pero de amplitud $|H(e^{j\Omega})|$ y con una fase desplazada en un factor $\arg(H(e^{j\Omega}))$.

Esto puede verse de forma más clara en el ejemplo siguiente:

Ejemplo 6. Respuesta en régimen permanente senoidal

Sea un sistema con función de transferencia $H(z)$ excitado por la secuencia $x[n] = A \cos(\Omega n + \varphi)$. Transformando la entrada cosenoidal, se tiene:

$$Y(z) = H(z)\, Z(\frac{A}{2}(e^{j(\Omega n + \varphi)} + e^{-j(\Omega n + \varphi)}) =$$

$$= H(z)\, \frac{A}{2}(\frac{e^{j\varphi}}{1 - e^{j\Omega}\, z^{-1}} + \frac{e^{-j\varphi}}{1 - e^{-j\Omega}\, z^{-1}}) \tag{7.16}$$

y desarrollando esta expresión en fracciones parciales se obtiene:

$$Y(z) = \frac{A_1}{1 - \alpha_1\, z^{-1}} + \frac{A_2}{1 - \alpha_2\, z^{-1}} + \ldots + \frac{K}{1 - e^{j\Omega}\, z^{-1}} + \frac{K^*}{1 - e^{-j\Omega}\, z^{-1}} \tag{7.17}$$

Los términos α_1, α_2,... corresponden a la parte de la respuesta libre debida a los polos de $H(z)$, mientras que los últimos términos del desarrollo son la respuesta forzada. Si partimos de un sistema estable cuya respuesta libre tienda a cero (respuesta transitoria), y sólo queremos analizarlo en régimen permanente, la respuesta del sistema coincidirá con su respuesta forzada. El residuo K será:

$$K = \lim_{z \to e^{j\Omega}} (1 - e^{j\Omega}\, z^{-1})\, Y(z) = H(e^{j\Omega})\, \frac{A e^{j\varphi}}{2} \tag{7.18}$$

y, con ello, la respuesta forzada puede obtenerse como sigue:

$$Y_f(z) = \frac{A}{2}\, (\frac{H(e^{j\Omega})\, e^{j\varphi}}{1 - e^{j\Omega}\, z^{-1}} + \frac{H(e^{-j\Omega})\, e^{-j\varphi}}{1 - e^{-j\Omega}\, z^{-1}}) =$$

$$= A\, H(e^{j\Omega})\, e^{j\varphi}\, \frac{1 - (\cos\Omega)\, z^{-1}}{1 - 2(\cos\Omega)\, z^{-1} + z^{-2}} \tag{7.19}$$

en el último paso se ha aplicado una propiedad que se demostrará en el apartado 7.4, y que afirma que, si $h[n]$ es real, entonces $H(e^{-j\Omega}) = H^*(e^{j\Omega})$. Recordando que la multiplicación de complejos consiste en el producto de módulos y la suma de argumentos, se tiene finalmente que la respuesta forzada a una cosenoide de frecuencia Ω, con amplitud A y fase inicial φ –nótese que el último término de 7.19 es la transformada Z de $\cos(\Omega n)$– es:

$$y_f[n] = |A|\, |H(e^{j\Omega})|\, \cos(arg(A) + \Omega n + \varphi + arg(H(e^{j\Omega}))) \tag{7.20}$$

en que el argumento de A puede ser 0 o $\pm\pi$ radianes, según si su signo es positivo o negativo.

Es decir, una forma rápida de evaluar la respuesta en régimen permanente a excitaciones senoidales (respuesta en régimen permanente senoidal) es obtener la amplitud de la senoide de salida como producto de la amplitud de la senoide de entrada por la amplificación $|H(e^{j\Omega})|$ del sistema, y la fase como la suma de la fase inicial de la senoide de entrada más el desfase introducido por el sistema, $arg(H(e^{j\Omega}))$.

7.3. Periodicidad de la respuesta frecuencial

Sea un sistema LTI caracterizado por una respuesta impulsional $h[k]$. Su respuesta frecuencial $H(e^{j\Omega})$, definida por

$$H(e^{j\Omega}) = \sum_{n=-\infty}^{\infty} h[n] \, e^{-j\Omega n} \tag{7.21}$$

es periódica y de período 2π. Es decir, se cumple:

$$H(e^{j(\Omega+2\pi k)}) = H(e^{j\Omega}) \tag{7.22}$$

siendo k un número entero.

Para demostrarlo basta con recordar que:

$$e^{-j(\Omega+2\pi k)n} = e^{-j\Omega n} \, e^{-j2\pi kn} = e^{-j\Omega n} \tag{7.23}$$

Con ello:

$$H(e^{j(\Omega+2\pi k)}) = \sum_{n=-\infty}^{\infty} h[k] \, e^{-j(\Omega+2\pi k)n} = \sum_{n=-\infty}^{\infty} h[k] \, e^{-j\Omega n} = H(e^{j\Omega}) \tag{7.24}$$

Así, la respuesta frecuencial de un sistema discreto queda totalmente determinada si se especifica en un intervalo frecuencial de longitud 2π. Es habitual limitarse al intervalo $(-\pi,\pi)$ en las representaciones gráficas.

En la gráfica siguiente puede verse la representación frecuencial de un mismo filtro paso bajo en el intervalo $(-\pi,\pi)$ y en el intervalo $(0,2\pi)$.

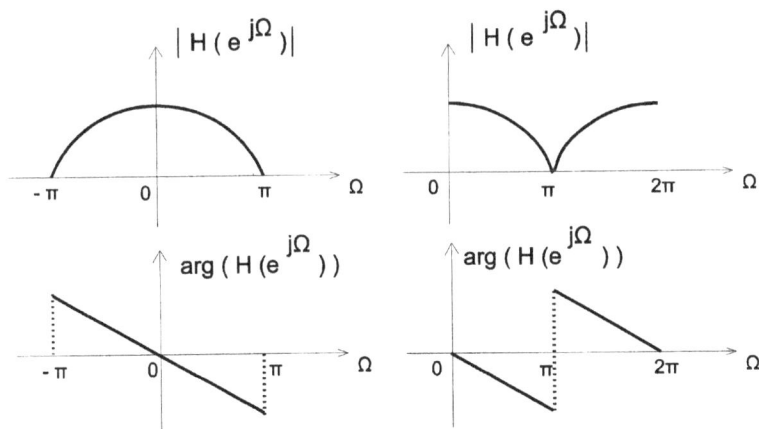

Fig. 7.3. Respuesta frecuencial de un filtro paso bajo vista desde distintos intervalos de frecuencias

En una visión falsa de esta figura podría pensarse en utilizar el filtro representado como filtro de banda eliminada alrededor de $\Omega = \pi$. Recuérdese la relación entre la frecuencia continua y la discreta, $\Omega = \omega T$. Por ello, la frecuencia $\Omega = \pi$ correspondería al muestreo de una frecuencia continua $\omega = \pi/T$, o expresada en hercios, $f = 1/(2T)$. Esta es la máxima frecuencia muestreable con un período de muestro T (criterio de Nyquist), por lo que aquí no tiene sentido plantearse el uso del filtro a frecuencias superiores a $\Omega = \pi$.

7.4. Propiedades de la TFSD

Las propiedades de la trasformada de Fourier de secuencias discretas (TFSD) recuerdan las de la propia transformada Z, lo cual no es de extrañar ya que la TFSD puede leerse como un caso particular de esta transformada cuando $z = e^{j\Omega}$. En lo sucesivo, se denotará con el operador F a la transformada de Fourier, y con F^{-1} a su inversa.

7.4.1. Linealidad

Si $x_1[n]$ tiene la transformada $X_1(e^{j\Omega})$, y $x_2[n]$ tiene a $X_2(e^{j\Omega})$, entonces:

$$a\,x_1[n] + b\,x_2[n] \;\leftrightarrow\; a\,X_1\,(e^{j\Omega}) + b\,X_2\,(e^{j\Omega}) \tag{7.25}$$

La demostración es trivial y se propone como ejercicio.

7.4.2. Desplazamiento en el tiempo

Si $x_1[n] \leftrightarrow X_1(e^{j\Omega})$, entonces se cumple:

$$x[n - n_0] \;\leftrightarrow\; e^{-j\Omega n_0} X(e^{j\Omega}) \tag{7.26}$$

Demostración:

$$F\{x[n - n_0]\} = \sum_{k=-\infty}^{\infty} x[n - n_0]\,e^{-j\Omega n} = \{m = n - n_0\} =$$

$$= e^{-j\Omega n_0} \sum_{m=-\infty}^{\infty} x[m]\,e^{-j\Omega m} = e^{-j\Omega n_0}\,H(e^{j\Omega})$$

Ejercicio propuesto: Razone cuál sería el error de concepto si, en esta demostración, se hubiera formulado:

$$F\{x[n-n_0]\} = \sum_{k=-\infty}^{\infty} x[n-n_0]\, e^{-j\Omega(n-n_0)}$$

7.4.3. Transformada de una secuencia real

Si $X(e^{j\Omega})$ es la transformada de Fourier de una secuencia real $x[n]$, entonces la transformada de Fourier es hermítica:

$$X(e^{-j\Omega}) = X^*(e^{j\Omega}) \tag{7.27}$$

donde * indica el complejo conjugado. Ello significa que el módulo de la transformada tiene simetría par y el argumento, impar.

Demostración:

Se basa en descomponer a $X(e^{j\Omega})$ en sus partes real e imaginaria y aplicar propiedades trigonométricas básicas de senos y cosenos de ángulos opuestos.

$$X(e^{j\Omega}) = \sum_{n=-\infty}^{\infty} x[n]\, e^{-j\Omega n} = Re(\Omega) + jIm(\Omega)$$

$$Re(\Omega) = \sum_{n=-\infty}^{\infty} x[n] \cos \Omega n$$

$$Im(\Omega) = - \sum_{n=-\infty}^{\infty} x[n] \sin \Omega n$$

$$X(e^{-j\Omega}) = Re(-\Omega) + jIm(-\Omega) = Re(\Omega) - jIm(\Omega) = X^*(e^{j\Omega})$$

7.4.4. Inversión temporal

Si $x[n] \leftrightarrow X(e^{j\Omega})$, entonces:

$$x[-n] \leftrightarrow X(e^{-j\Omega}) \tag{7.28}$$

Demostración:

$$F\{x[-n]\} = \sum_{n=-\infty}^{\infty} x[-n]\, e^{-j\Omega n} = \{n = -m\} =$$

$$= \sum_{m=-\infty}^{\infty} x[m]\, e^{-j(-\Omega)m} = X(e^{-j\Omega})$$

7.4.5. Desplazamiento frecuencial

Si $x[n] \leftrightarrow X(e^{j\Omega})$, entonces se cumple la relación siguiente:

$$e^{j\Omega_0 n}\, x[n] \leftrightarrow X(e^{j(\Omega - \Omega_0)}) \tag{7.29}$$

Demostración:

$$F\{e^{j\Omega_0 n}\, x[n]\} = \sum_{n=-\infty}^{\infty} e^{j\Omega_0 n}\, x[n]\, e^{-j\Omega n} =$$

$$= \sum_{n=-\infty}^{\infty} x[n]\, e^{-j(\Omega - \Omega_0)n} = X(e^{j(\Omega - \Omega_0)})$$

Ejemplo 7

Sea $h[n]$ la respuesta impulsional de un filtro paso bajo. ¿Cuál es la respuesta impulsional del filtro paso alto complementario (espejo en frecuencias)?

Denominando $H(e^{j\Omega})$ a la respuesta frecuencial del filtro paso bajo, el paso alto tendrá la misma función de transferencia, pero desplazada en frecuencia un factor π.

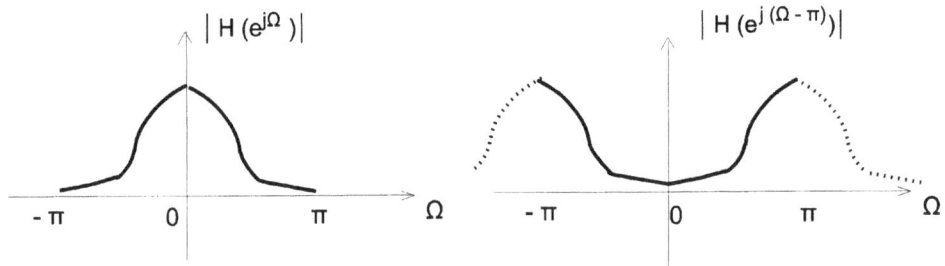

Fig. 7.4. Desplazamiento de la respuesta frecuencial de un filtro paso bajo para obtener la de uno paso alto

Por la propiedad de desplazamiento en frecuencia:

$$H(e^{j(\Omega - \pi)}) \rightarrow e^{j\pi n} h[n] = (-1)^n h[n]$$

es decir, la $h_{pa}[n]$ del filtro paso alto es $h_{pa}[n] = (-1)^n h[n]$.

Ejemplo 8

Se desea hallar la transformada de Fourier de la secuencia $x[n] = A \cos[\Omega_0 n]$.

En primer lugar, se representa el coseno en forma de exponenciales complejas:

$$A \cos [\Omega_0\, n] = \frac{A}{2} (e^{j\Omega_0 n} + e^{-j\Omega_0 n})$$

Recordando el resultado del ejemplo 5:

$$x_1[n] = 1 \; \rightarrow \; X_1(e^{j\Omega}) = \sum_{r=-\infty}^{\infty} 2\pi\delta(\Omega + 2\pi r)$$

puede aplicarse la propiedad de desplazamiento frecuencial para obtener la transformada de las dos exponenciales complejas:

$$F\{x[n]\} = X(e^{j\Omega}) = A\pi \sum_{r=-\infty}^{\infty} [\delta(\Omega - \Omega_0 + 2\pi r) + \delta(\Omega + \Omega_0 + 2\pi r)]$$

resultado que se representa en la figura siguiente:

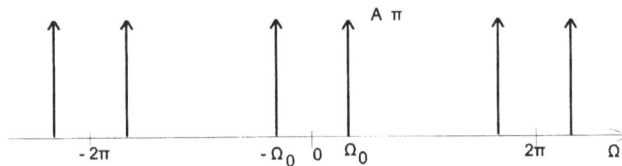

Fig. 7.5. Transformada de Fourier de una secuencia cosenoidal

Este resultado puede sorprender si se compara con el que se había obtenido en el apartado 4.4.1. Allí la altura de las deltas del espectro de la señal muestreada era $(A\pi)/T$, mientras que ahora, con la TFSD, ha desaparecido el factor $1/T$. Esto no debe extrañar si se revisan las ecuaciones: la TFSD viene definida por

$$X(e^{j\Omega}) = \sum_{n=-\infty}^{\infty} x[n]\, e^{-j\Omega n}$$

mientras que el espectro de una señal muestreada idealmente era (capítulo 4):

$$X(\omega) = \frac{1}{T} \sum_{n=-\infty}^{\infty} X(\omega - n\omega_s)$$

siendo $X(\omega)$ el espectro de la señal de tiempo continuo y ω_s la frecuencia de muestreo. Substituyendo $\omega = \Omega/T$, esta última expresión puede expresarse en frecuencias discretas como:

$$X(e^{j\Omega}) = \frac{1}{T} \sum_{n=-\infty}^{\infty} X(\frac{\Omega}{T} - \frac{n\Omega_s}{T}) =$$

$$= \{ \Omega_s = \omega_s \ T = \frac{2\pi}{T} \ T = 2\pi \} = \frac{1}{T} \sum_{n=-\infty}^{\infty} X(\frac{\Omega}{T} - \frac{n2\pi}{T})$$

Al interpretar una TFSD hay que recordar que se está operando con el índice temporal n (no con nT) o, dicho de otra forma, que se opera con un período de muestreo T normalizado a la unidad ($T = 1 \rightarrow nT = n$). Ello conlleva que, aparentemente, las amplitudes de la TFSD se vean magnificadas por un factor T respecto a las que se obtendrían si se desnormalizara el período de muestreo.

7.4.6. Derivación en frecuencia

Si $x[n] \leftrightarrow X(e^{j\Omega})$, entonces:

$$n^m x[n] \leftrightarrow j^m \frac{d^m X(e^{j\Omega})}{d\Omega^m} \tag{7.30}$$

Demostración:

$$X(e^{j\Omega}) = \sum_{n=-\infty}^{\infty} x[n] e^{-j\Omega n}$$

$$\frac{d^m X(e^{j\Omega})}{d\Omega^m} = (-j)^m \sum_{n=-\infty}^{\infty} n^m x[n] e^{-j\Omega n}$$

y, multiplicando los dos miembros de la igualdad por j^m, queda demostrada la propiedad.

7.4.7. Teorema de convolución

Si $x[n] \leftrightarrow X(e^{j\Omega})$ e $y[n] \leftrightarrow Y(e^{j\Omega})$, entonces la transformada de Fourier del producto de convolución entre $x[n]$ e $y[n]$ es:

$$x[n] * y[n] \leftrightarrow X(e^{j\Omega}) Y(e^{j\Omega}) \tag{7.31}$$

Demostración:

$$x[n] * y[n] = \sum_{n=-\infty}^{\infty} x[m] y[n-m]$$

$$F\{x[n] * y[n]\} = \sum_{k=-\infty}^{\infty} \sum_{m=-\infty}^{\infty} x[m] y[k-m] \ e^{-j\Omega k} = \{ k = n+m \} =$$

$$= \sum_{n=-\infty}^{\infty} \sum_{m=-\infty}^{\infty} x[m] y[n] \ e^{-j\Omega n} e^{-j\Omega m} = X(e^{j\Omega}) Y(e^{j\Omega})$$

7.4.8. Teorema de modulación (enventanado)

A diferencia de los sistemas de tiempo continuo, en los que la multiplicación en el dominio temporal se traducía en una convolución de transformadas y viceversa, en los sistemas discretos la multiplicación de secuencias temporales conlleva una convolución periódica debida al intervalo de integración $(-\pi,\pi)$ de la transformada inversa (ecuación de síntesis). Se profundizará en ello en el capítulo dedicado al estudio de la transformada discreta de Fourier (que no hay que confundir con la TFSD). La siguiente propiedad de la TFSD ilustra la obtención de la transformada del producto de dos secuencias a partir de la transformada de cada una de ellas.

Si $x[n] \leftrightarrow X(e^{j\Omega})$ e $y[n] \leftrightarrow Y(e^{j\Omega})$, la transformada de Fourier del producto entre las secuencias $x[n]$ e $y[n]$ es:

$$x[n]\,y[n] \;\leftrightarrow\; \frac{1}{2\pi} \int_{-\pi}^{\pi} X(e^{j\theta})\, Y(e^{j(\Omega-\theta)})\, d\theta \qquad (7.32)$$

Demostración:

$$F\{\, x[n]\,y[n]\, \} = \sum_{n=-\infty}^{\infty} x[n]\,y[n]\, e^{-j\Omega n} =$$

$$= \sum_{n=-\infty}^{\infty} y[n]\, \{\, \frac{1}{2\pi} \int_{-\pi}^{\pi} X(e^{j\theta})\, e^{j\theta n}\, d\theta\}\, e^{-j\Omega n} =$$

$$= \frac{1}{2\pi} \int_{-\pi}^{\pi} X(e^{j\theta})\, (\, \sum_{n=-\infty}^{\infty} y[n]\, e^{-j(\Omega-\theta)n}\,)\, d\theta =$$

$$= \frac{1}{2\pi} \int_{-\pi}^{\pi} X(e^{j\theta})\, Y(e^{j(\Omega-\theta)})\, d\theta$$

Esta última ecuación es conocida como la de convolución periódica. El nombre de "enventanado" con el que también se describe esta propiedad se evidenciará más adelante (al tratar la transformada discreta de Fourier). De momento, cabe avanzar una intuición: si $x[n]$ es una secuencia de duración infinita, de la cual sólo se tratan las muestras comprendidas entre $n = 0$ y $n = M$, puede interpretarse como el resultado del producto de la secuencia infinita $x[n]$ por otra función $y[n]$, que es una función pulso de valor unitario entre $n = 0$ y $n = M$, siendo cero para el resto de valores (ventana que permite ver $M+1$ muestras en el tiempo). El espectro resultante de la secuencia de M muestras será el de la secuencia $x[n]$, alterado por la función pulso. Sin embargo, como se verá hay otras ventanas que tienen ventajas para estudios frecuenciales que no ofrece la función pulso.

Ejemplo 9

Utilizando el resultado del ejemplo 8, se desea obtener la transformada de Fourier de la secuencia $y[n] = x[n] \cos[\Omega_0 n]$.

Aplicando el teorema de modulación, se tiene:

$$Y(e^{j\Omega}) = \frac{1}{2\pi} \int_{-\pi}^{\pi} X(e^{j\theta}) \left\{ \pi \sum_{r=-\infty}^{\infty} [\delta(\Omega - \theta - \Omega_0 + 2\pi r) + \delta(\Omega - \theta + \Omega_0 + 2\pi r)] \right\} d\theta =$$

$$= \frac{1}{2} \sum_{r=-\infty}^{\infty} [X(e^{j(\Omega - \Omega_0 + 2\pi r)}) + X(e^{j(\Omega + \Omega_0 + 2\pi r)})]$$

Este resultado se ilustra en la figura siguiente:

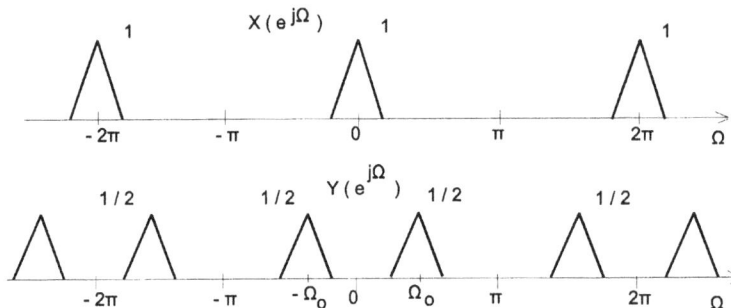

Fig. 7.6. Transformada de la secuencia $y[n] = x[n] \cos[\Omega_0 n]$

Si la secuencia $y[n]$ se vuelve a multiplicar por el mismo coseno y se forma así una nueva secuencia $y_1[n] = x[n] \cos^2[\Omega_0 n]$, se podría recuperar de nuevo la secuencia $x[n]$ con un filtrado paso bajo. En efecto, aplicando la identidad trigonométrica

$$\cos^2(\Omega_0 n) = \frac{1 + \cos(2\Omega_0 n)}{2}$$

se observa:

$$y_1[n] = \frac{1}{2} x[n] + \frac{1}{2} x[n] \cos(2\Omega_0 n) \rightarrow$$

$$\rightarrow Y_1(e^{j\Omega}) = \frac{1}{2} X(e^{j\Omega}) + \frac{1}{4} X(e^{j(\Omega - 2\Omega_0)}) + \frac{1}{4} X(e^{j(\Omega + 2\Omega_0)})$$

En la siguiente figura se ilustran los diferentes resultados.

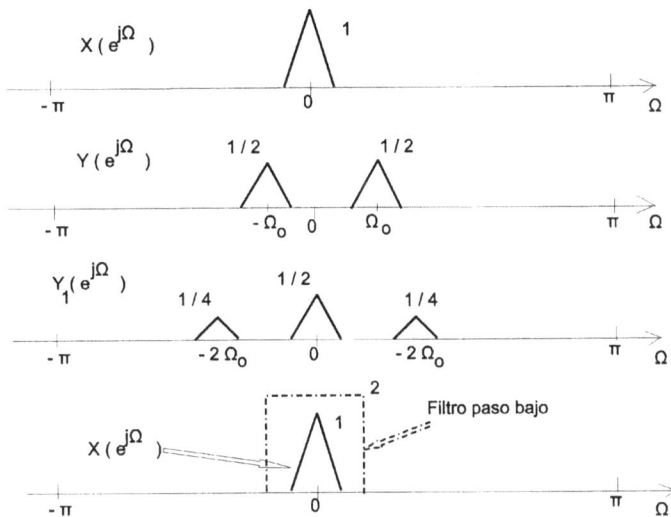

Fig. 7.7. Modulación y demodulación de una secuencia

7.4.9. Teorema de Parseval

El teorema de Parseval afirma que se puede evaluar la energía de una señal tanto en el dominio temporal como en el transformado. Si $x[n] \leftrightarrow X(e^{j\Omega})$ e $y[n] \leftrightarrow Y(e^{j\Omega})$, la transformada de Fourier del producto de la secuencia $x[n]$ por el complejo conjugado de $y[n]$ es:

$$\sum_{n=-\infty}^{\infty} x[n] y^*[n] = \frac{1}{2\pi} \int_{-\pi}^{\pi} X(e^{j\Omega}) Y^*(e^{j\Omega}) \, d\Omega \qquad (7.33)$$

Demostración:

$$\frac{1}{2\pi} \int_{-\pi}^{\pi} X(e^{j\Omega}) Y^*(e^{j\Omega}) \, d\Omega = \frac{1}{2\pi} \int_{-\pi}^{\pi} \{ \sum_{n=-\infty}^{\infty} x[n] e^{-j\Omega n} \} Y^*(e^{j\Omega}) \, d\Omega =$$

$$= \sum_{n=-\infty}^{\infty} x[n] \frac{1}{2\pi} \int_{-\pi}^{\pi} Y^*(e^{j\Omega}) e^{-j\Omega n} \, d\Omega = \sum_{n=-\infty}^{\infty} x[n] y^*[n]$$

En el caso particular en que $y[n] = x[n]$, y teniendo en cuenta que la energía de una señal puede expresarse como:

$$E_x = \sum_{n=-\infty}^{\infty} |x(n)|^2 = \sum_{n=-\infty}^{\infty} x[n] x^*[n] \qquad (7.34)$$

se ve que la energía puede determinarse en el dominio frecuencial de la forma siguiente:

$$E_x = \sum_{n=-\infty}^{\infty} x[n]\, x^*[n] = \frac{1}{2\pi} \int_{-\pi}^{\pi} X(e^{j\Omega}) X^*(e^{j\Omega})\, d\Omega = \frac{1}{2\pi} \int_{-\pi}^{\pi} |X(e^{j\Omega})|^2\, d\Omega \qquad (7.35)$$

es decir, que se puede obtener la energía de una señal a partir de su densidad espectral de energía.

Utilizando la transformada Z, el teorema de Parseval puede escribirse de la forma:

$$\sum_{n=-\infty}^{\infty} x[n]\, y^*[n] = \frac{1}{2\pi j} \oint_{|z|=1} X(z)\, Y(z^{-1})\, z^{-1} dz \qquad (7.36)$$

como es fácil comprobar aplicando la definición de la transformada Z inversa:

$$\frac{1}{2\pi j} \oint_{|z|=1} X(z)\, Y(z^{-1})\, z^{-1} dz = \frac{1}{2\pi j} \oint_{|z|=1} \{\sum_{n=-\infty}^{\infty} x[n]\, z^{-n}\}\, Y(z^{-1})\, z^{-1} dz =$$

$$\qquad (7.37)$$

$$= \sum_{n=-\infty}^{\infty} x[n]\, \frac{1}{2\pi j} \oint_{|z|=1} Y(z^{-1})\, z^{-n-1} dz = \sum_{n=-\infty}^{\infty} x[n]\, y^*[n]$$

La ecuación 7.35 determina la energía total de una secuencia $x[n]$, ya que se evalúa la integral de $|X(e^{j\Omega})|^2$ en todo el intervalo de frecuencias discretas, de $+\pi$ a $-\pi$. Si se quisiera saber la energía comprendida en un determinado intervalo frecuencial, $\Omega_1 < \Omega < \Omega_2$, podría determinarse a partir de un cálculo de áreas (concepto de integral), como se indica en la figura 7.8.

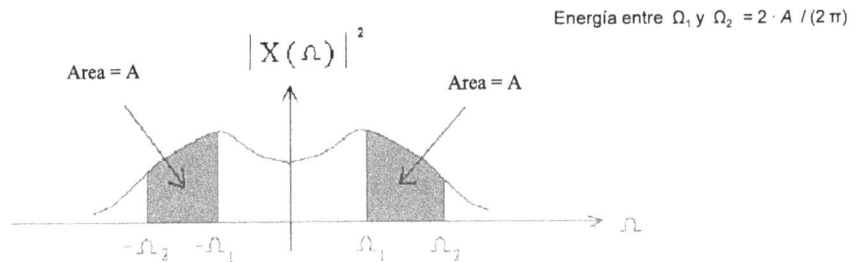

Fig. 7.8. Energía entre dos frecuencias

TABLA RESUMEN DE PROPIEDADES DE LA TRANSFORMADA DE FOURIER:

$a\,x_1[n] + b\,x_2[n]$	$a\,X_1(e^{j\Omega}) + b\,X_2(e^{j\Omega})$
$x[n - m]$	$e^{-j\Omega m}\,X(e^{j\Omega})$
$x[-n]$	$X(e^{-j\Omega})$
$e^{j\Omega_0 n}\,x[n]$	$X(e^{j(\Omega - \Omega_0)})$
$n\,x[n]$	$j\,\dfrac{dX(e^{j\Omega})}{d\Omega}$
$x[n] * y[n]$	$X(e^{j\Omega})\,Y(e^{j\Omega})$
$x[n]\,y[n]$	$\dfrac{1}{2\pi}\displaystyle\int_{-\pi}^{\pi} X(e^{j\theta})\,Y(e^{j(\Omega-\theta)})\,d\theta$
$\displaystyle\sum_{n=-\infty}^{\infty} \lvert x(n)\rvert^2$	$\dfrac{1}{2\pi}\displaystyle\int_{-\pi}^{\pi} \lvert X(e^{j\Omega})\rvert^2\,d\Omega$
$\displaystyle\sum_{n=-\infty}^{\infty} x[n]\,y^*[n]$	$\dfrac{1}{2\pi}\displaystyle\int_{-\pi}^{\pi} X(e^{j\Omega})\,Y^*(e^{j\Omega})\,d\Omega$

PROPIEDADES DE SIMETRÍA PARA SECUENCIAS REALES

$X(e^{j\Omega}) = X_{re}(e^{j\Omega}) + j\,X_{im}(e^{j\Omega}) = \lvert X(e^{j\Omega})\rvert\,\angle X(e^{j\Omega})$
$X(e^{j\Omega}) = X^*(e^{-j\Omega})$
$X_{re}(e^{j\Omega}) = X_{re}(e^{-j\Omega})$
$X_{im}(e^{j\Omega}) = -X_{im}(e^{-j\Omega})$
$\lvert X(e^{j\Omega})\rvert = \lvert X(e^{-j\Omega})\rvert$
$\angle X(e^{j\Omega}) = -\,\angle X(e^{-j\Omega})$

7.5. Respuesta frecuencial de sistemas discretos. Filtrado digital

7.5.1. Introducción

En el ejemplo 6 del apartado 7.2 se ha visto que la respuesta de un filtro digital con función de transferencia $H(z)$ a una senoide discreta de amplitud A y fase inicial φ podía obtenerse multiplicando la amplitud A de la entrada por la amplificación del filtro ($|H(e^{j\Omega})|$) a la frecuencia Ω de la senoide, y sumando el desfase introducido por el filtro en esta misma frecuencia Ω ($\arg(H(e^{j\Omega}))$) a la fase inicial φ. Generalizando este resultado para todas las frecuencias posibles, la respuesta frecuencial de un sistema discreto se obtiene evaluando su $H(z)$ sobre todos los puntos de la circunferencia de radio unidad, es decir, evaluando el módulo y el argumento de $H(e^{j\Omega})$, la transformada de Fourier de $H(z)$.

Supóngase, como ejemplo introductorio, el sistema descrito por la función de transferencia:

$$H(z) = \frac{(z-1)}{z^2 - 0{,}8z + 0{,}6}$$

cuyo diagrama de polos y ceros es el de la figura.

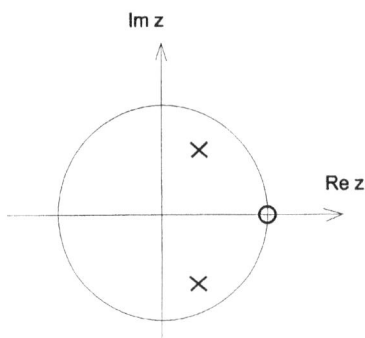

Fig. 7.9. Diagrama de polos y ceros del ejemplo

El módulo de $H(z)$, infinito en los polos y cero sobre los ceros de la función, tiene la representación gráfica de la figura 7.10a. Si nos centramos en los puntos donde $|z| = 1$, es decir, en la parte de esta gráfica situada sobre la circunferencia de radio unidad – $H(e^{j\Omega})$ –, lo que gráficamente equivale a cortar la figura a con un cilindro de radio unitario. Vemos que la respuesta frecuencial del sistema son las "paredes exteriores" de la figura b.

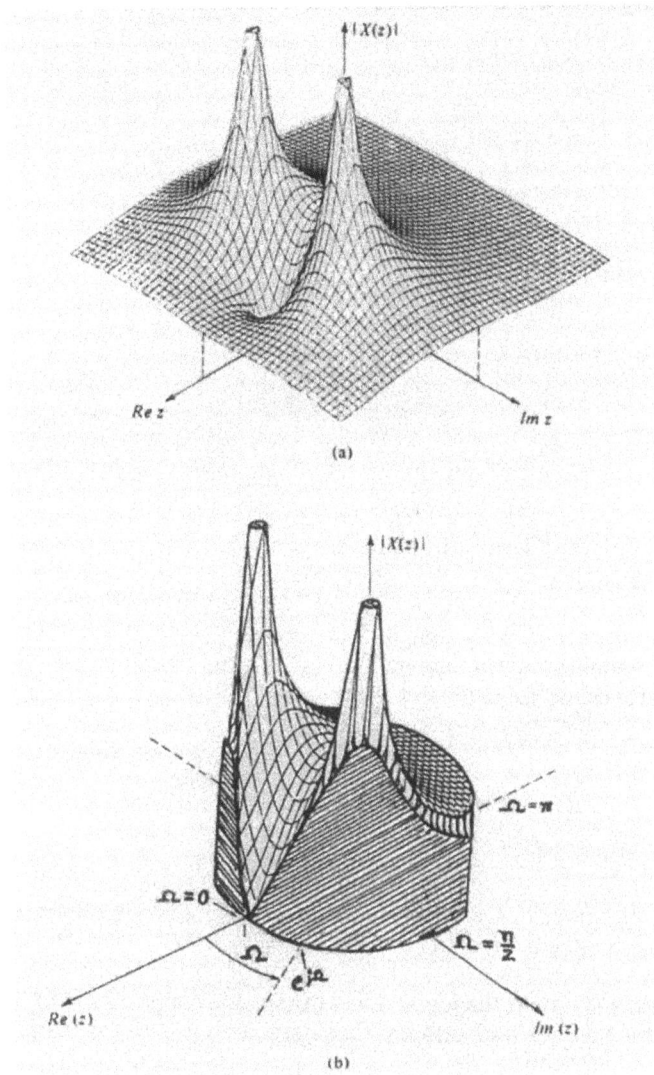

Fig. 7.10. Módulo de H(z)

Si ahora se representa el perfil del cilindro de radio unidad sobre un eje rectilíneo (es decir, si se "endereza" la circunferencia) se obtiene la respuesta frecuencial del módulo en su forma habitual, tal como se muestra en la figura siguiente.

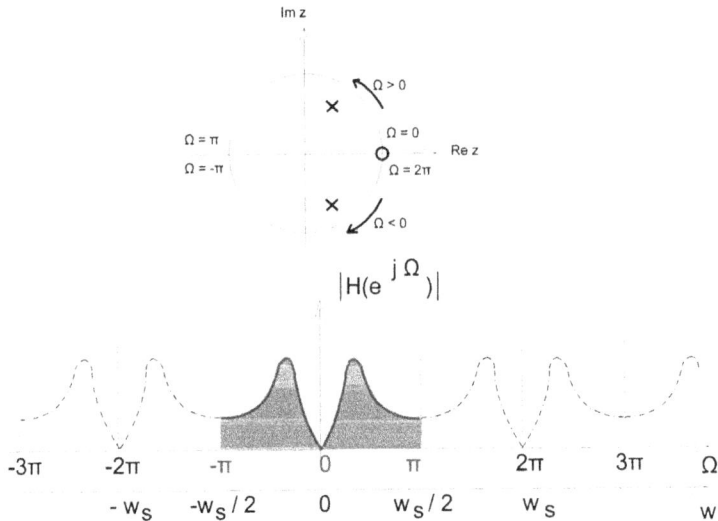

Fig. 7.11. Diagrama de polos y ceros, y módulo de la respuesta frecuencial

Se observa que $H(e^{j\Omega})$ es una función unívoca entre 0 y 2π radianes, que se va repitiendo periódicamente (con período 2π) a medida que se van dando vueltas sobre la circunferencia de radio unidad (como ya se ha visto en el apartado 7.3):

$$\sum_{n=-\infty}^{\infty} h[n]\, e^{-j(\Omega \cdot 2\pi)n} = \sum_{n=-\infty}^{\infty} h[n]\, e^{-j\Omega n} \tag{7.38}$$

Como la información fuera del intervalo $(-\pi,+\pi)$ es redundante, sólo se indica la respuesta frecuencial en este intervalo.

La frecuencia $\Omega = \pi$ corresponde a una frecuencia continua $\omega = \omega_s/2$. En efecto, si $h[n]$ es un secuencia que procede del muestreo de una señal analógica con período de muestreo T_s, se tiene:

$$\Omega = \omega\, T_s$$

$$\Omega = \pi \Rightarrow \omega\, T_s = \pi \Rightarrow w = \frac{\pi}{T_s} = \frac{\omega_s}{2} \tag{7.39}$$

Supóngase ahora un sistema cuya respuesta impulsional es $h[n] = a^n\, u[n]$, con su correspondiente función de transferencia:

$$H(z) = \frac{1}{1 - az^{-1}} \tag{7.40}$$

La respuesta frecuencial viene dada por su transformada de Fourier:

$$H(e^{j\Omega}) = \frac{1}{1 - ae^{-j\Omega}} \qquad (7.41)$$

cuyo módulo es:

$$|H(e^{j\Omega})| = \left(\frac{1}{1 - 2a(\cos\Omega) + a^2} \right)^{1/2} \qquad (7.42)$$

y la fase:

$$\angle H(e^{j\Omega}) = -\arctan\left(\frac{a(\sin\Omega)}{1 - a(\cos\Omega)} \right) \qquad (7.43)$$

Estas expresiones del módulo y la fase de $H(e^{j\Omega})$ se muestran gráficamente en la figura siguiente:

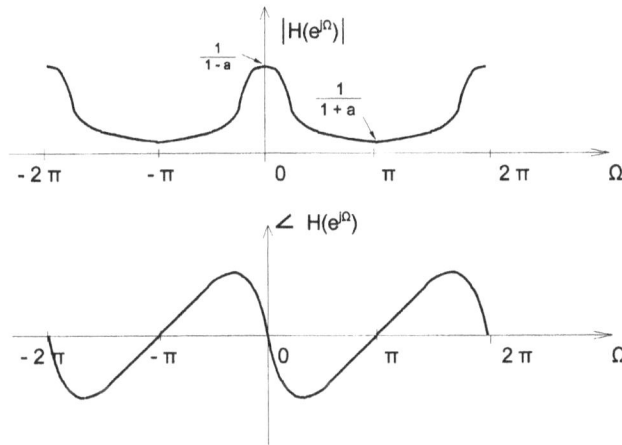

Fig. 7.12. Módulo y fase de la respuesta frecuencial de un filtro con respuesta impulsional $a^n u[n]$

Si, para $a = 0,5$, se quisiera hallar la respuesta del sistema a una entrada

$$x(t) = 10 + 20\,sen(2\pi 50\,t + 0,8)$$

muestreada a una frecuencia $f_s = 400$ Hz:

$$x[n] = 10 + 20\,sen\left(\frac{\pi}{4}\,n + 0,8\right)$$

bastaría con determinar la amplificación y el desfase a frecuencia 0 (continua) y a frecuencia $5\pi/20$. Se propone como ejercicio comprobar que la salida del sistema sería:

$$y[n] = \frac{1}{0,5}\, 10 + 20 \cdot 1{,}3572\, sen\, (\frac{5\pi}{20} + 0{,}8 - 0{,}5)$$

7.5.2. Determinación gráfica de la respuesta frecuencial

La particularización $z = e^{j\Omega}$ equivale a evaluar $H(z)$ sobre todos los puntos de la circunferencia de radio unidad. Esta evaluación se puede realizar de forma gráfica. En efecto, sea una $H(z)$ genérica, formada por un numerador $N(z)$ con M ceros y un denominador $D(z)$ con P polos:

$$H(z) = \frac{N(z)}{D(z)} = K\, \frac{\prod_{i=0}^{M-1} (z-z_i)}{\prod_{j=0}^{P-1} (z-z_j)} \tag{7.44}$$

Recordando que el producto de complejos se efectúa multiplicando sus módulos y sumando sus argumentos, es fácil determinar gráficamente la expresión anterior. Cada término z-z_r tiene un módulo, que es la distancia entre el punto z y la raíz z_r:

$$|H(z)| = |K|\, \frac{\prod_{i=0}^{M-1} |(z-z_i)|}{\prod_{j=0}^{P-1} |(z-z_j)|} = |K|\, \frac{\prod_{i=0}^{M-1} d_i}{\prod_{j=0}^{P-1} d_j} \tag{7.45}$$

siendo d_r la distancia entre z y z_r. Asimismo, la fase es el ángulo formado entre el eje real del plano z (referencia de 0 radianes) y la recta que une los puntos z y z_r:

$$\angle H(z) = \angle K + \sum_{i=0}^{M-1} \angle (z-z_i) - \sum_{j=0}^{P-1} \angle (z-z_j) \tag{7.46}$$

en que el argumento de la constante K es 0 o $\pm\pi$ radianes, según si el signo de K es positivo o negativo. En los apartados siguientes se verá la aplicación de este método gráfico.

7.6. Filtros de primer orden

En este apartado y en los siguientes se evalúa la respuesta frecuencial de filtros de primer y segundo orden. El interés de este tipo de filtros en aplicaciones de procesado digital es escaso, pues el coste de un proyecto de ingeniería donde participe el filtrado digital se centra en el hardware (conversores A/D, D/A, microprocesadores o DSPs, etc.). Por ello, se suelen implementar filtros de orden superior, más selectivos en frecuencia y cuyo coste sólo supone un ligero incremento del número de instrucciones en el programa (software). Por el contrario, en aplicaciones de control los filtros de orden bajo son bastante usuales, por lo que tienen interés por sí mismos. En cualquier caso, su estudio es inexcusable en un curso introductorio de señales y sistemas discretos, ya que aporta aspectos básicos, desde el punto de vista conceptual y operativo, que serán exportables a estructuras de orden más elevado.

Los filtros de primer orden se caracterizan porque su función de transferencia, $H(z)$, presenta un sólo polo. En el dominio temporal, su ecuación en diferencias tiene un retardo de primer orden. Considérese, como ejemplo, la ecuación:

$$y[n] = x[n] + a\,y[n-1] \tag{7.47}$$

con $0 < a < 1$, asociada a la función de transferencia:

$$H(z) = \frac{Y(z)}{X(z)} = \frac{1}{1 - az^{-1}} = \frac{z}{z - a} \tag{7.48}$$

Haciendo la sustitución $z = e^{j\Omega}$, se obtiene su transformada de Fourier, la cual indica la respuesta frecuencial en régimen permanente del filtro $H(z)$. Así, continuando con el ejemplo anterior del filtro de primer orden, y tomando $a = 0,9$, su diagrama de polos y ceros es:

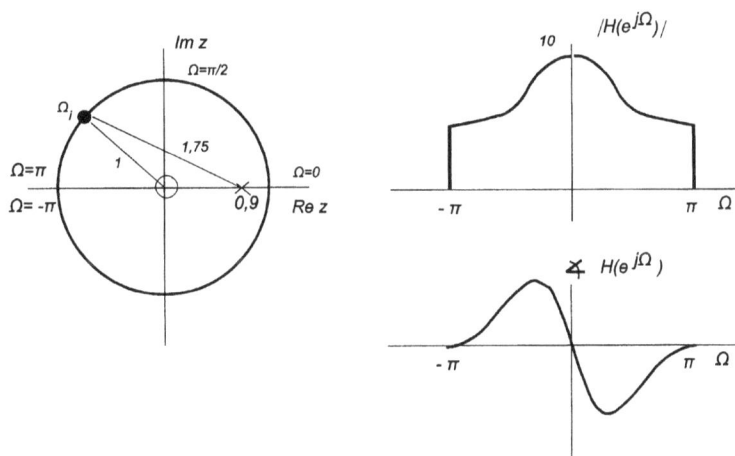

Fig. 7.13. Filtro paso bajo de primer orden

Se tiene un cero en $z_i = 0$, y un polo en $z_j = 0,9$. Sus distancias al origen de frecuencias ($\Omega = 0$, que corresponde a $z = 1$) son 1 y $1 - 0,9 = 0,1$, respectivamente. Así, la amplificación en continua del filtro será:

$$|H(0)| = \frac{1}{0,1} = 10$$

con una fase de 0 radianes. A la frecuencia Ω_i (véase la figura 7.13), la amplificación es de:

$$|H(\Omega_i)| = \frac{1}{1,75} = 0,571$$

y la fase es la del cero (2,356 rad = 135°) menos la del polo (2,73 rad = 156.4°), es decir, de -0,374 rad (o -21,4°). Como se puede apreciar en el dibujo, esta estructura con un polo a la derecha de un cero es la de un *filtro paso bajo* de primer orden. Puede comprobarse asimismo que el filtro con función de transferencia:

$$H(z) = C\,\frac{1+z^{-1}}{1-az^{-1}} \tag{7.49}$$

con $0 < a < 1$, que también presenta el polo a la derecha del cero, es otro caso de filtro paso bajo. En este caso, la amplificación en $\Omega = \pi$ es cero.

Si la ecuación en diferencias hubiera sido:

$$y[n] = x[n] - a\,x[n-1] \tag{7.50}$$

con:

$$H(z) = \frac{z-a}{z} \tag{7.51}$$

entonces el cero estaría a la derecha del polo (véase la figura 7.14). Esta estructura corresponde a un *filtro paso alto*.

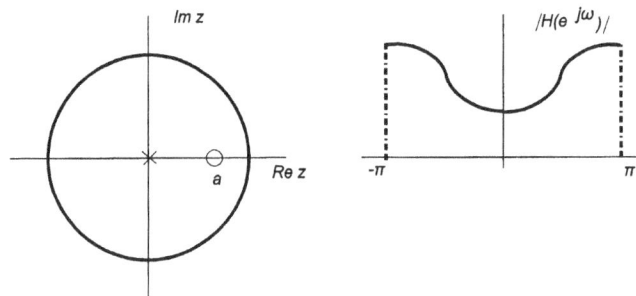

Fig. 7.14. Filtro paso alto de primer orden

El filtro de la figura anterior no anula la componente continua. Se propone que, como ejercicio, se compruebe que sí lo hace el filtro:

$$H(z) = C\,\frac{1-z^{-1}}{1-az^{-1}} \tag{7.52}$$

siendo $0 < a < 1$.

7.7. Filtros de segundo orden

Si bien los filtros pueden presentar diversas distribuciones de polos y ceros para un mismo tipo de comportamiento (paso bajo, alto, etc.), para concretar los resultados se parte de la forma normalizada de un filtro de segundo orden, donde ρ es la distancia de los polos al origen y Ω_0 es la frecuencia (ángulo respecto al eje real):

$$H(z) = \frac{1 + b_1 z^{-1} + b_2 z^{-2}}{1 - 2\rho \cos(\Omega_0) z^{-1} + \rho^2 z^{-2}} \qquad (7.53)$$

Se pueden tener diferentes tipos de filtros según el valor de los coeficientes b_1 y b_2 del numerador de $H(z)$. Veáse a través de algunos ejemplos, en los que se utilizarán los valores de b_1 y de b_2 más representativos para cada tipo de filtro.

7.7.1. Filtro paso bajo

Tomando $b_1 = 2$ y $b_2 = 1$, el diagrama de polos y ceros queda de la forma indicada en la figura siguiente:

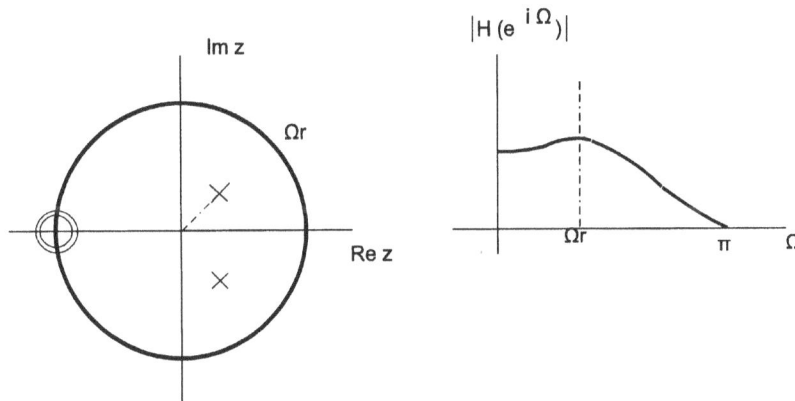

Fig. 7.15. Filtro paso bajo de segundo orden

La resonancia puede hacerse más acusada si se acercan más los polos a la circunferencia de radio unidad, como se representa en la figura 7.16.

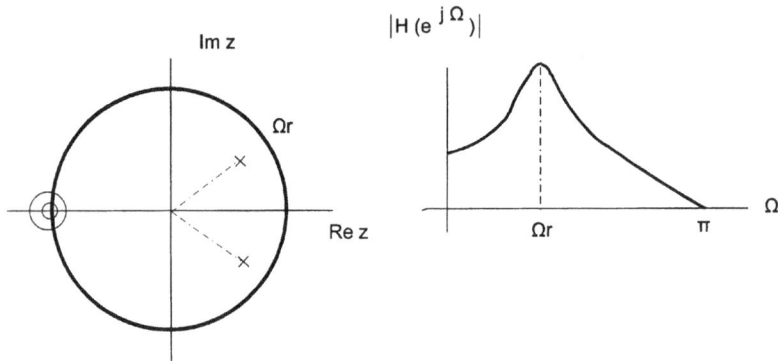

Fig. 7.16. Aumento de la amplificación del filtro a la frecuencia de resonancia desplazando los polos hacia la circunferencia de radio unidad

El caso límite, para $\rho = 1$, será un oscilador digital (polos sobre la circunferencia de radio unidad):

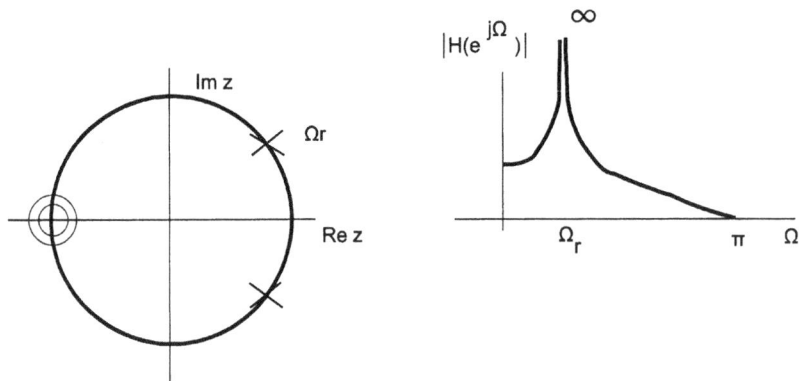

Fig. 7.17. Oscilador lineal

7.7.2. Filtro paso banda

Si $b_1 = 0$ y $b_2 = -1$, la función de transferencia presenta un cero en $z = -1$ y otro en $z = 1$. En este caso, la respuesta frecuencial es la de un filtro paso banda de segundo orden, como se muestra en la figura.

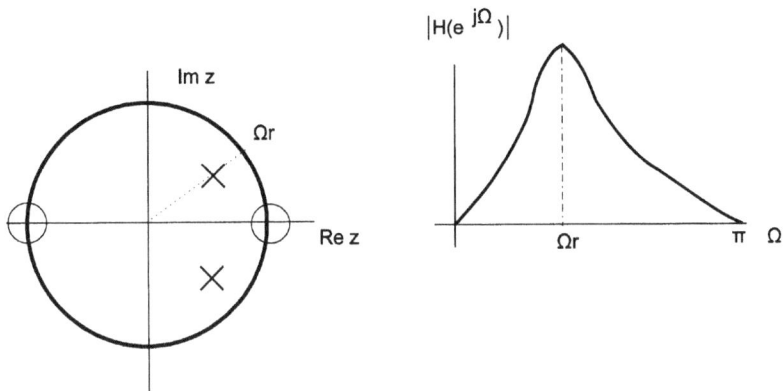

Fig. 7.18. Filtro paso banda de segundo orden

7.7.3. Filtro paso alto

Con $b_1 = -2$ y $b_2 = 1$, se obtienen dos ceros en $z = 1$. La respuesta frecuencial es la indicada en la figura 7.19. Nótese que, igual que pasaba con el filtro paso bajo, a mayor proximidad de los polos a la circunferencia de radio unidad, mayor es la resonancia del filtro (menor amortiguamiento).

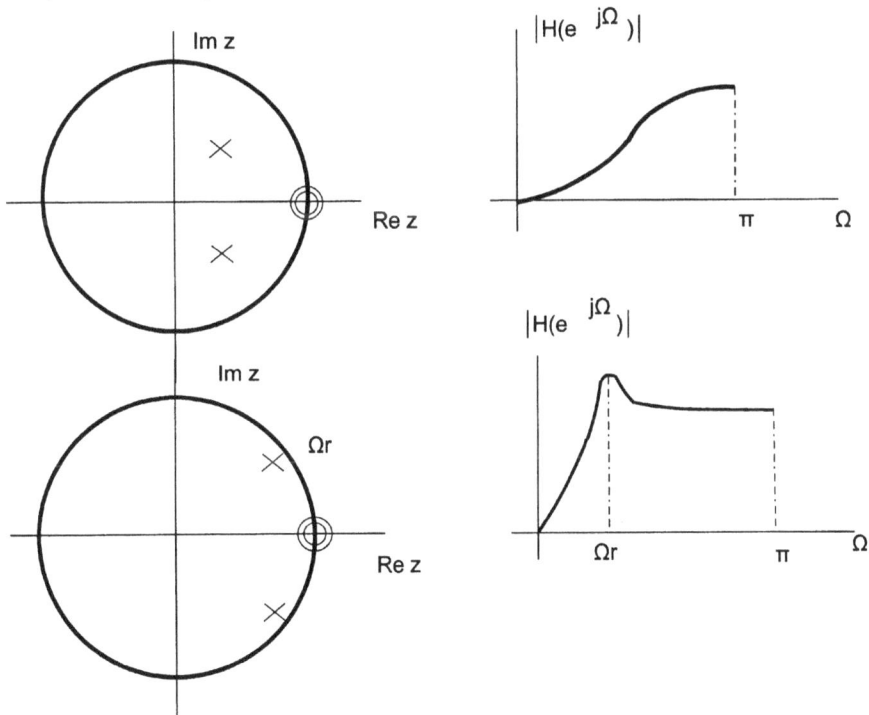

Fig. 7.19. Filtros paso alto de segundo orden

7.7.4. Filtro de banda eliminada (*notch* o *band-stop*)

Una posibilidad para obtener un filtro de banda eliminada es hacer $b_1 = -2 \cos\Omega_0$ y $b_2 = 1$. En este caso, hay dos ceros de transmisión sobre la circunferencia, como se muestra en la figura, los cuales impiden en paso de la frecuencia Ω_0.

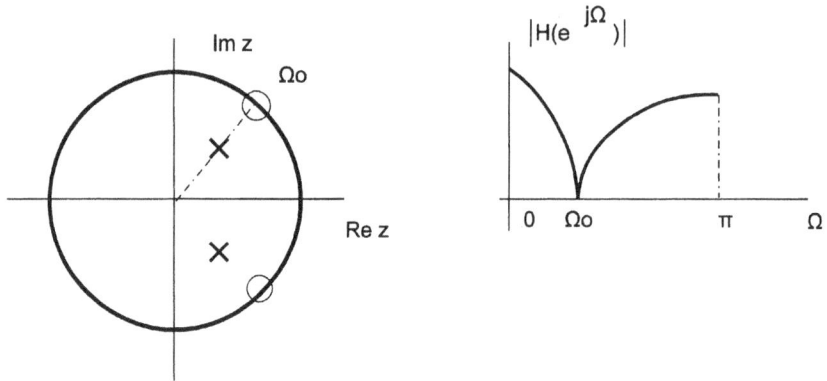

Fig. 7.20. Filtro de banda eliminada

7.7.5. Filtro paso todo

Estos filtros presentan una amplificación constante a todas las frecuencias, y su realización es de fase no mínima. El concepto de fase no mínima va relacionado con la presencia de ceros en el exterior de la circunferencia de radio unidad ya que, si se evalúa la fase en $\Omega = 0$, ésta no es cero (valor mínimo del valor absoluto de la fase), sino que es la fase que aporta el cero exterior. Así, el filtro paso todo de primer orden de la figura:

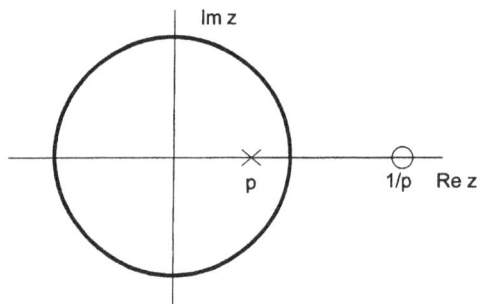

Fig. 7.21. Filtro paso todo de primer orden

presenta una fase de 180° a frecuencia cero. Nótese que el cero (en $1/p$) está situado con simetría geométrica respecto al polo (en p). La amplificación en todas las frecuencias es constante. Así, dando el valor de $p = 0,5$, se obtendría una amplificación constante de valor 2, como muestra la figura 7.22.

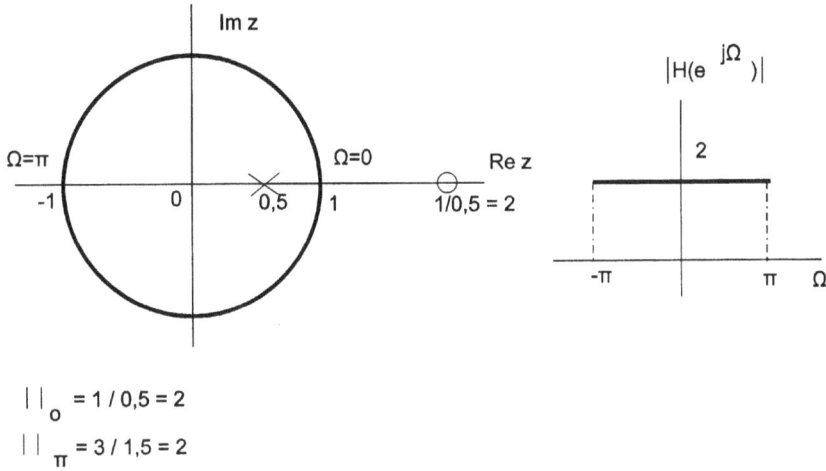

$$| \ |_0 = 1 / 0,5 = 2$$

$$| \ |_\pi = 3 / 1,5 = 2$$

Fig. 7.22. Ejemplo de filtro paso todo de primer orden

En el caso de filtros de segundo orden, la simetría entre los polos y ceros debe ser la de la figura siguiente para que el comportamiento del filtro sea de tipo paso todo:

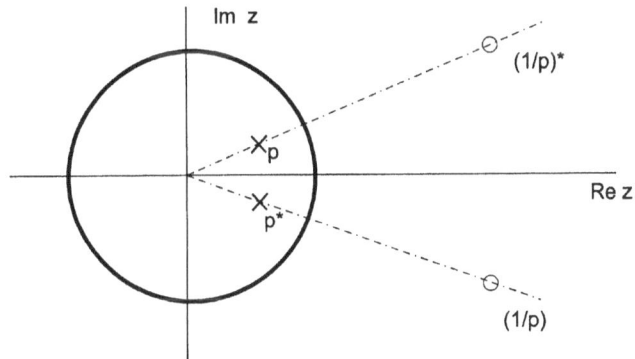

Fig. 7.23. Situación de los polos y ceros en un filtro paso todo de segundo orden

7.8. Filtros FIR

Hasta ahora los filtros estudiados han sido de respuesta impulsional infinita (IIR) y se ha visto que sus polos pueden estar en cualquier lugar del círculo de radio unidad. Incluso, variando valores paramétricos, pueden estar en cualquier lugar del plano Z ya que los filtros IIR también pueden ser inestables (situación teórica, ya que entonces no valdrían para nada). Por el contrario, ya se sabe que los filtros FIR son siempre estables (la energía de su respuesta impulsional está acotada), por lo que los polos de todos los filtros FIR causales deben estar siempre en el interior del círculo de radio unidad.

Además, como la ecuación en diferencias de un filtro FIR sólo contiene términos con dinámica de la entrada (no tiene memoria de la salida), su función de transferencia, en principio, sólo tendrá términos en el numerador. De ahí que los filtros FIR también sean conocidos como filtros "todo-ceros". Sin embargo, este nombre puede inducir a confusiones, por lo que no se insistirá en su uso. Supóngase, como ejemplo, el sistema:

$$y[n] = a\, x[n] + b\, x[n\text{-}1] + c\, x[n\text{-}2] \qquad (7.54)$$

cuya función de transferencia es:

$$H(z) = \frac{Y(z)}{X(z)} = a + bz^{-1} + cz^{-2} \qquad (7.55)$$

Aparentemente sólo hay ceros. Pero si ahora se multiplican el numerador y el denominador por z^2, se tiene:

$$H(z) = \frac{az^2 + bz + c}{z^2} \qquad (7.56)$$

de donde se ve que el filtro tiene tantos polos como indica el orden de la ecuación, y todos ellos están situados en el origen ($z = 0$).

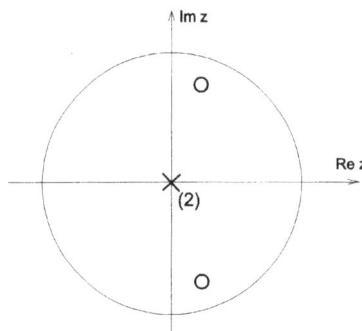

Fig. 7.24. Diagrama de polos y ceros del ejemplo

La ubicación de todos los polos en el origen es característica de los filtros FIR. Además un filtro FIR presenta siempre igual número de polos que de ceros, aunque esta característica no es exclusiva de este tipo de filtros.

7.9. Sistemas de fase lineal

En muchas situaciones la función de trasferencia ideal sería una $H(z) = 1$, como es el caso de un canal de comunicaciones o de un accionador electromecánico. Ello conllevaría que el sistema presentara una salida idéntica a la señal de entrada ($h[n] = \delta[n]$). Pero en la mayoría de las ocasiones no es posible disponer de esta $H(z)$, y hay que conformarse con la mejor aproximación posible.

El efecto de multiplicar una función de transferencia por z^{-m} es el de retardar m muestras la salida. Si, en lugar de buscar que $H(z) = 1$, nos conformamos con una función de transferencia del tipo:

$$H(z) = K \cdot z^{-m} \tag{7.57}$$

también habremos obtenido un buen sistema, en el sentido de que la misma señal que entre será la que salga, sin distorsión, aunque al ligero precio de un retardo en el tiempo y de una atenuación (compensable con amplificadores) según el valor de K. Estos efectos no preocupan en sistemas de comunicación, por lo que no se consideran distorsión de la señal. La respuesta en frecuencias de esta nueva $H(z)$, $H(e^{j\Omega}) = K \cdot e^{-jm\Omega}$, presenta un módulo constante de valor K y una fase lineal con la frecuencia acorde a la ecuación de una recta: $\varphi = -m\Omega$.

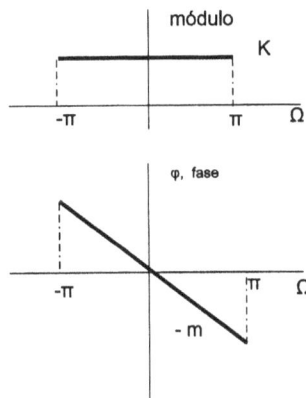

Fig. 7.25. Curvas de amplificación y desfase de un retardador ideal

Así pues, un sistema de fase lineal cumple una de las condiciones para ser un canal de comunicaciones ideal. La otra condición es la de módulo constante. Pero la fase lineal no sólo es importante por esto; también es deseable como respuesta de fase de cualquier tipo de filtros.

En efecto, supóngase que se ha diseñado un filtro paso bajo que permite el paso de los tres primeros armónicos de una señal cuadrada (a frecuencias ω_0, $3\,\omega_0$ y $5\,\omega_0$), sin modificación de su amplitud, y elimina los restantes armónicos. El filtro presentará un retardo entre la señal de entrada y la de salida, fácil de evaluar para una entrada senoidal (véase la figura 7.26).

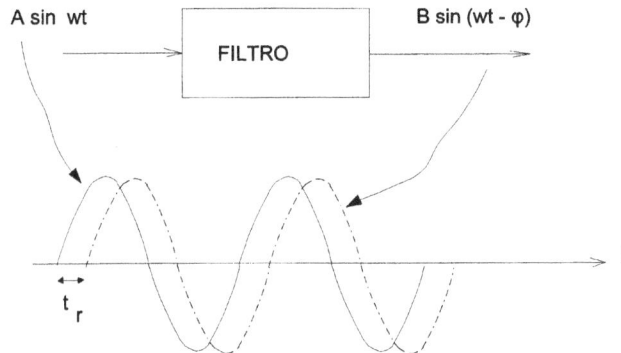

Fig. 7.26. Sistema con retardo de transporte de la señal

Se observa que el paso por cero de la señal de entrada A se produce para:

$$A\cdot\sin \omega t = 0 \quad \rightarrow \quad \omega t = 0 \quad \rightarrow \quad t = 0$$

mientras que, para la señal de salida B, el retardo en el paso por cero respecto a la entrada A es:

$$B\cdot\sin (\omega t - \varphi) \quad \rightarrow \quad \omega t = \varphi \quad \rightarrow \quad t = \varphi/\omega$$

Así, el tiempo de retardo para un senoide de frecuencia ω es:

$$t_r = \varphi / \omega \qquad\qquad (7.58)$$

siendo t_r el *retardo de fase*.

Es inmediato comprobar que si la fase se comporta linealmente con la frecuencia, el retardo de fase será constante para todas las frecuencias.

En la figura 7.27 se ilustra un sistema con fase lineal (A) y otro sin comportamiento lineal de fase (B).

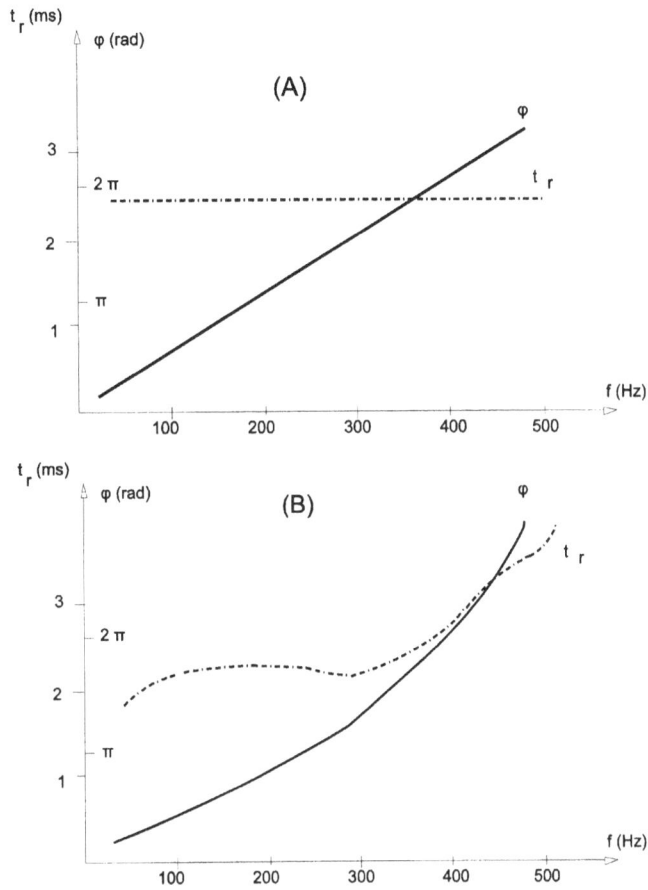

Fig. 7.27. Desfase y retardo de fase en un sistema de fase lineal (A) y otro de fase no lineal (B)

Si la figura 7.27 (A) fuera la característica de fase del filtro paso bajo que permite el paso de los tres primeros armónicos de una señal cuadrada de período $T = 10$ms, todos ellos llegarían con el mismo retardo (simultáneamente) a la salida del filtro, y la señal recuperada sería la que se muestra en la figura siguiente.

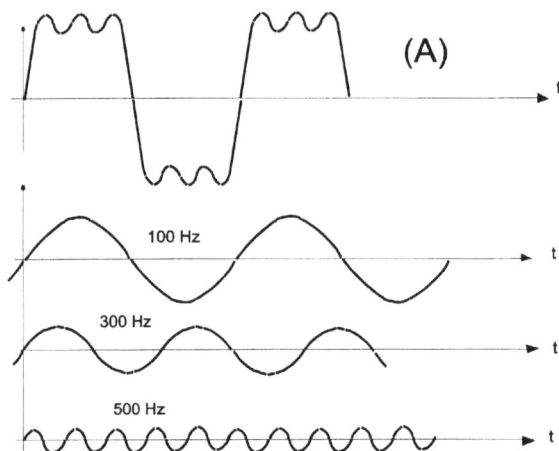

Fig. 7.28. Reconstrucción de una señal cuadrada (A) a partir de sus tres primeros armónicos en fase

En cambio, si la curva de fase del filtro fuera la (B) en la figura 7.27, no lineal, los tres armónicos a la salida del filtro llegarían en tiempos diferentes (con fases iniciales distintas) y su suma correspondería a una señal como la indicada en la figura 7.29.

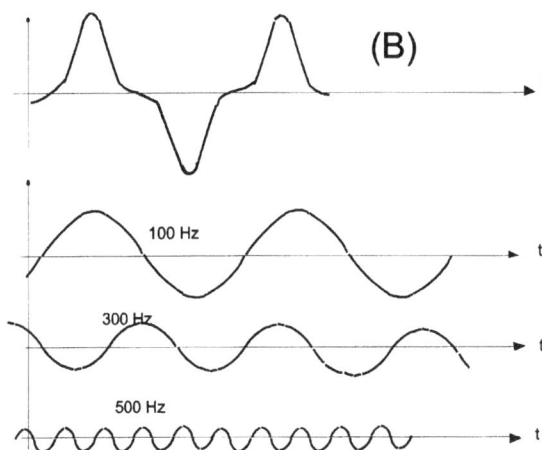

Fig. 7.29. Reconstrucción de una señal cuadrada (B) a partir de sus tres primeros armónicos desfasados

Es evidente que, en este caso, la señal de salida del filtro aparece con una forma distinta de la esperada (*distorsión de fase*).

Ejercicio (Matlab): Compruebe que el filtro FIR del apartado 7.8, con $a = 0,25$, $b = 0,5$ y $c = 0,25$, es un filtro paso bajo de fase lineal. Para ello, ejecute las instrucciones:

```
n=[0.25,0.5,0.25];
d=[1,0,0];
[h,w]=freqz(n,d,200);
mod=abs(h);
fase= angle(h);
subplot(211),plot(w,mod)
subplot(212),plot(w,fase)
```

Como habrá podido apreciar en este ejercicio, la instrucción *freqz* da la respuesta en frecuencias discretas (pida ayuda al Matlab: 'help freqz'). Como ejercicio adicional, puede plantearse que desea usar el filtro para obtener los tres primeros armónicos de una señal cuadrada de período $T = 10$ Hz: seleccione el período de muestreo T_s.

En un sistema discreto, se define el retardo de fase como la pendiente de ésta en función de la frecuencia:

$$\tau_f = -\frac{1}{\Omega}\,\Phi(\Omega) \tag{7.59}$$

y es constante si la fase es lineal. Pero el retardo de fase sólo indica el retardo que experimenta una determinada frecuencia Ω. Si la señal tiene una transformada de Fourier que ocupa un cierto ancho de banda, que se supondrá estrecho alrededor de una frecuencia central Ω, se define el *retardo de grupo* como una aproximación del retardo de fase alrededor de la frecuencia Ω, siendo el valor de su derivada en Ω.

$$\tau_g = -\frac{d}{d\Omega}\,(\Phi(\Omega)) \tag{7.60}$$

Así, si la señal $x[n]$ es una señal de banda estrecha, modulada con una portadora $\cos(\Omega_0\, n)$, la salida a la entrada modulada $s[n] = x[n]\cdot\cos(\Omega_0\, n)$ será:

$$y[n] = A\, x[n - \tau_g]\cos(\Omega_0(n - \tau_f)) \tag{7.61}$$

siendo A una constante que depende de la curva de amplificación.

La expresión de un sistema de fase lineal es:

$$H(e^{j\Omega}) = A(e^{j\Omega})\, e^{-j\alpha\Omega} \tag{7.62}$$

siendo $A(e^{j\Omega})$ la amplificación del filtro ($A(e^{j\Omega}) \in \mathbb{R}$), y $-\alpha$ la pendiente de la curva de fase. Sin embargo, puede que en el análisis de filtros esta expresión se vea afectada por términos de fase constante (*offset* de fase), por lo que se define la fase lineal *generalizada* como la de un sistema del tipo:

$$H(e^{j\Omega}) = A(e^{j\Omega})\, e^{-j\alpha\Omega + j\beta} \tag{7.63}$$

7.10. Ecualización de sistemas. Función inversa

Supóngase, como ejemplo, que se tiene un canal de comunicaciones descrito por una $H(z)$ cuyo comportamiento frecuencial no es el idóneo para la transmisión de la información. Si se pudiera conectar en cascada a este canal un filtro ecualizador cuya $H_{eq}(z)$ fuera $H_{eq}(z) = H^{-1}(z)$, la función de transferencia global del conjunto canal y ecualizador sería $H(z) \cdot H_{eq}(z) = 1$. O, expresado en términos temporales, la respuesta impulsional del conjunto sería $h[n] = \delta[n]$. Idéntica situación se produciría en un sistema de control: supóngase que se quiere idealizar el comportamiento de un motor eléctrico, de forma que la velocidad de su eje siga perfectamente (e instantáneamente) a la tensión que se aplica a sus bornes.[1] Si el motor presenta una cierta $H(z)$, bastaría con conectar en cascada con el motor un filtro cuya $H_{eq}(z)$ permita obtener una función de transferencia unitaria. Sin embargo, en muchas situaciones ello no es posible, puesto que la $H_{eq}(z)$ resultante sería un sistema inestable, o no lo es de forma causal.

Sea $H(z)$ un sistema causal cuyo diagrama de polos y ceros es el de la figura.

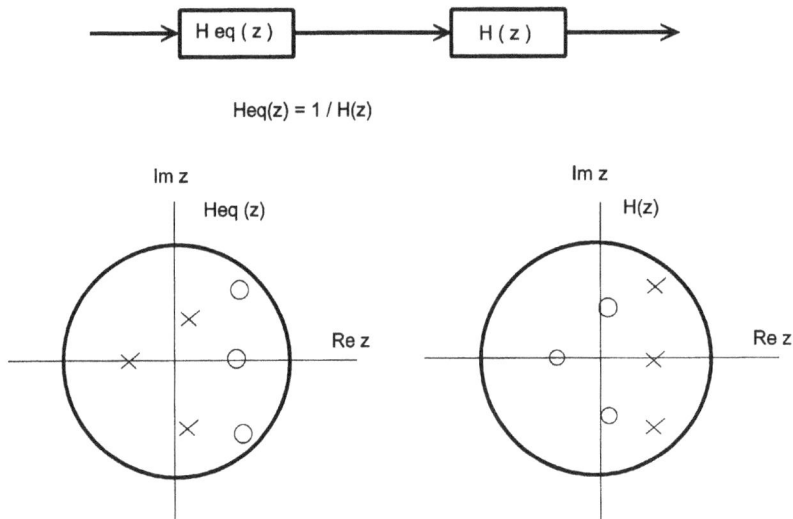

$$Heq(z) = 1 / H(z)$$

Fig. 7.30. Diagrama de polos y ceros de un sistema discreto y de su inverso

En este caso, al estar todos los polos en el interior de la circunferencia de radio unidad es un sistema estable. Y como también lo están todos los ceros, el sistema inverso

---

[1] Puede extrañar al lector que en este punto se hable de la $H(z)$ de un sistema (canal de comunicaciones o motor eléctrico) cuyo funcionamiento es en tiempo continuo. Por el momento, puede pensarse en un muestreo de la respuesta impulsional $h(t)$ del sistema analógico, del que se obtiene una secuencia $h[n]$ sobre la que se halla su transformada $H(z)$. Ello es necesario ya que, si nos estamos planteando conectar un procesador digital que efectúa una ecuación en diferencias –$H_{eq}(z)$– en cascada con un sistema de tiempo continuo (ecualización del canal de comunicaciones o regulador de un motor), hay que buscar un dominio coherente para el estudio. Más adelante, al tratar el diseño de filtros digitales, se profundizará en estos aspectos.

$$H_{eq} = \frac{1}{H(z)} \qquad (7.64)$$

también presentará sus polos en el interior de la circunferencia –en la posición donde estén los ceros de $H(z)$–, por lo que también será estable. Así, el sistema $H(z)$ de la figura anterior puede ser ecualizado con el filtro inverso $H_{eq}(z)$, cuyos polos (ceros) coinciden con los ceros (polos) de $H(z)$.

Pero si $H(z)$ tuviera más polos que ceros, el sistema inverso tendría, en consecuencia, más ceros que polos. Este tipo de funciones de transferencia, con un número mayor de ceros que de polos (denominadas, en un lenguaje alternativo, con polos "en el infinito")[2] conllevan ecuaciones en diferencias no causales. Por ejemplo, supóngase una $H_1(z) = Y(z)/X(z) = (z^2-1)/(z+0,5)$, con dos ceros y un polo. La ecuación en diferencias se puede obtener como sigue:

$$H(z) = \frac{Y(z)}{X(z)} = \frac{z^2 - 1}{z + 0,5} = \frac{1 - z^{-2}}{z^{-1} + 0,5z^{-2}} \rightarrow$$

$$z^{-1}Y(z) - 0,5z^{-2}Y(z) = X(z) - z^{-2}X(z) \rightarrow$$

$$y[n-1] - 0,5y[n-2] = x[n] - x[n-2] \rightarrow$$

$$y[n] = 0,5y[n-1] + x[n+1] - x[n-1]$$

Esta ecuación indica que se requieren muestras futuras de $x[n]$ para determinar la salida $y[n]$, por lo que es un sistema no causal. Lo mismo podría verse antitransformando $H(z)$: la $h[n]$ resultante no sería 0 para todos los valores de n negativos ($h[n] \neq 0, \forall n < 0$).

Una solución para tener tantos o más polos que ceros sería añadir polos al origen del plano Z. Si una $H_{eq}(z)$ con más ceros que polos se modifica añadiéndole m polos al origen:

$$H_{eq}(z) \rightarrow z^{-m}H_{eq}(z)$$

$$\qquad (7.65)$$

$$H_{eq}(z)\,H(z) = z^{-m}$$

el único efecto es el de retrasar m muestras la salida del filtro original $H(z)$, efecto que no se considera distorsión de la señal ya que no cambia la forma de las señales (simplemente las retarda).

Otra situación problemática se produce cuando el sistema $H(z)$ presenta ceros de fase no mínima. Esta situación es habitual en sistemas de tiempo continuo con retardo (como ocurre en canales de comunicación o de transporte de líquidos): en el dominio temporal, un retardo de T_0 segundos supone una $h(t) = \delta(t-T_0)$. Su trasformada de Laplace es:

---

[2] En un lenguaje alternativo, siempre se podría afirmar que todas las $H(z)$ tienen tantos polos como ceros. Si esto no es así, podemos forzar la afirmación diciendo que los polos o ceros que falten se pueden suponer en el infinito.

$$H(s) = e^{-T_0 s} \tag{7.66}$$

que, desarrollada en serie de Taylor, presenta ceros de fase no mínima. Basta con observar los dos primeros términos de la serie:

$$H(s) = e^{-T_0 s} \approx 1 - T_0 s \tag{7.67}$$

Pero al obtener el sistema discreto equivalente ya no deberían aparecer ceros de fase no mínima, pues un retardo de n_0 muestras queda descrito por una $H(z) = z^{-n_0}$, es decir, por n_0 polos en el origen del plano Z. Pero si no se supone un retardo ideal, sino retardos selectivos en función de la frecuencia, también aparecen ceros de fase no mínima en la función de transferencia del sistema discreto.

El problema para obtener la función inversa de los sistemas de fase no mínima es que resulta inestable, al estar los polos de la función inversa donde los ceros de $H(z)$, es decir, en el exterior de la circunferencia de radio unidad (véase la figura):

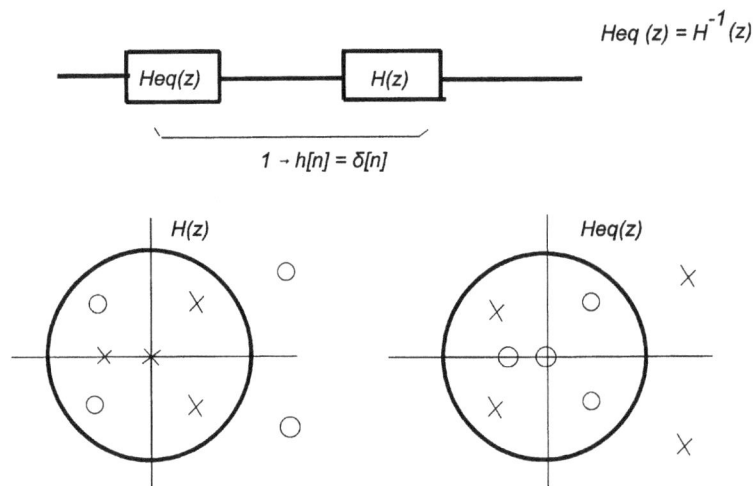

Fig. 7.31. Ecualización (sistema inverso) de un sistema de fase no mínima: el ecualizador es inestable al presentar sus polos en el exterior de la circunferencia de radio

Una solución que combina bien la simplicidad de su aplicación con el resultado es descomponer la $H_c(z)$ del sistema de fase no mínima a ecualizar como el producto de una $H_m(z)$ de fase mínima por otra $H_t(z)$ de fase no mínima, la de un filtro paso todo. En la figura siguiente se ilustra esta descomposición, donde puede apreciarse que los ceros añadidos a $H_m(z)$ cancelan los polos de $H_t(z)$, con lo que el resultado de la multiplicación de $H_m(z)$ por $H_t(z)$ lleva al diagrama de polos y ceros original de $H_c(z)$.

El término $H_m(z)$ es ecualizable (inversible) sin que aparezcan polos en el exterior de la circunferencia (no habrá polos inestables), con lo que se puede hallar un ecualizador

$H_{eq}(z)$ de la parte de $H_m(z)$ como:

$$H_{eq}(z) = 1/H_m(z) \tag{7.68}$$

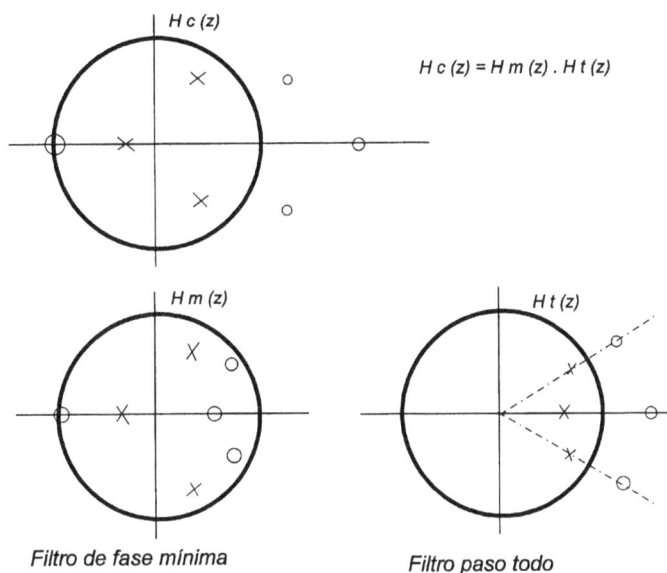

Fig. 7.32. Descomposición de un sistema de fase no mínima en otro de fase mínima en cascada con un filtro paso todo.

Sin embargo, la inversión de $H_t(z)$ daría lugar a un sistema inestable, por lo que no se puede invertir. Afortunadamente, como $H_t(z)$ es un filtro paso todo, su módulo ya es constante, con lo que al menos se habrá podido ecualizar el módulo de $H_c(z)$, aunque no su fase.

En la figura 7.33 se ilustra el diagrama de polos y ceros de todo un proceso de ecualización.

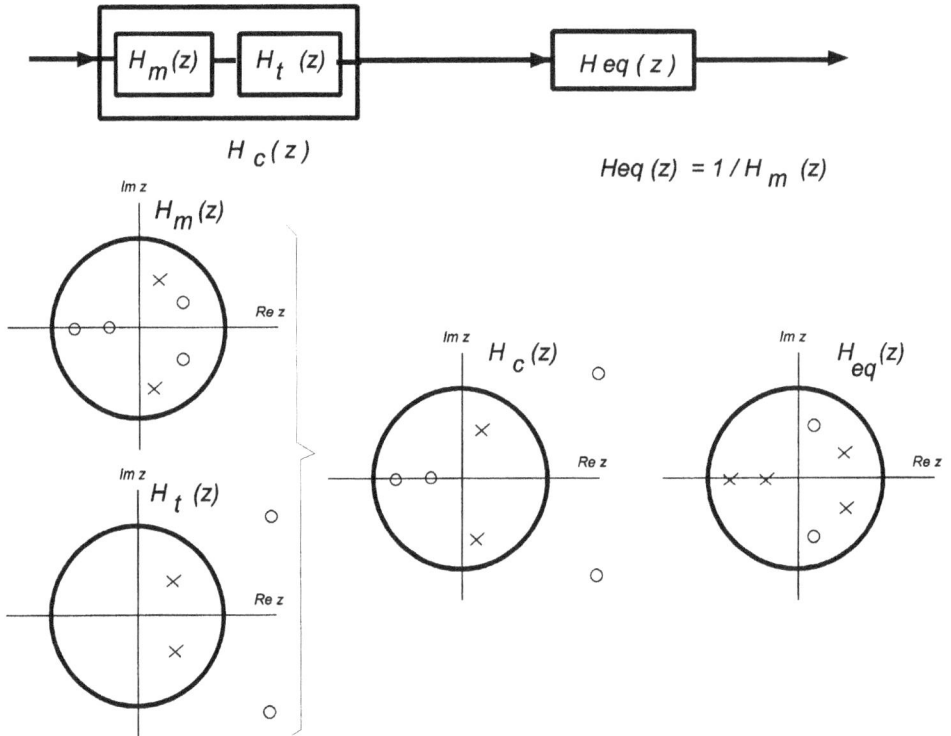

Fig. 7.33. Ecualización de un sistema de fase no mínima

Las curvas de amplificación y desfase del canal antes y después de ser ecualizado pueden verse en la figura siguiente. Nótese que el resultado es una ecualización del módulo (módulo constante), pero no de la fase, que es la de $H_t(z)$.

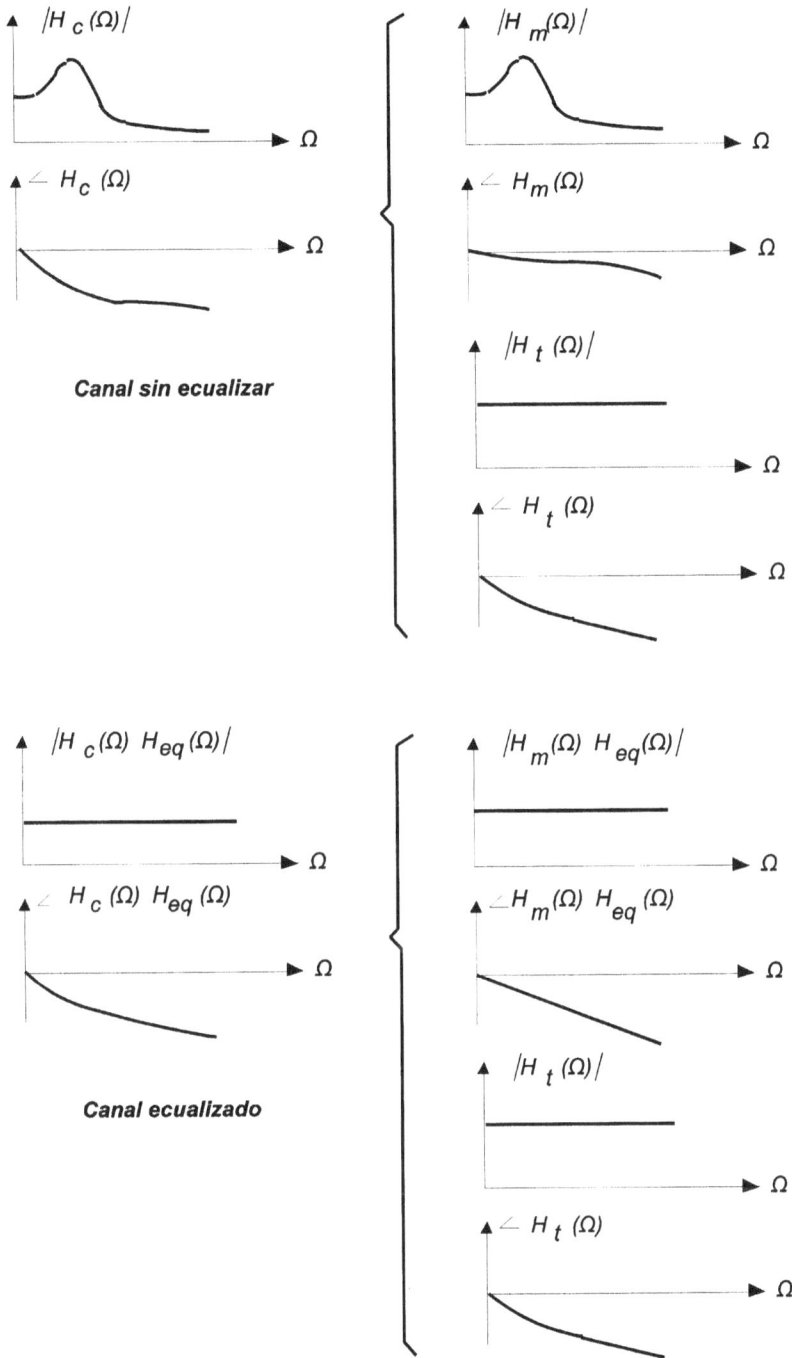

Fig. 7.34. Detalle de las diferentes respuestas frecuenciales de un canal de fase no mínima antes y después de su ecualización (H_c: canal; H_m: parte de fase mínima de H_c; H_t: parte paso todo de H_c; H_{eq}: ecualizador)

7.11. Filtros FIR de fase lineal

La característica de fase lineal es prácticamente exclusiva de algunos filtros FIR, aunque casos muy especiales (y raros) de filtros IIR puedan también presentarla o, en otros casos, puedan aproximarla. Pero no todos los FIR son de fase lineal: deben cumplirse algunas propiedades adicionales para que ello ocurra. Estas propiedades pueden observarse en el dominio temporal o en el transformado.

En el dominio temporal, la condición para que un filtro FIR de longitud M+1, expresado de la forma genérica:

$$y[n] = \sum_{k=0}^{M} b_k\, x[n-k] \tag{7.69}$$

presente una característica de fase lineal es que su respuesta impulsional sea simétrica respecto al punto central de $h[n]$. Es decir, debe cumplirse que:

$$b_n = b_{M-n} \tag{7.70}$$

si la simetría es par, o

$$b_n = -b_{M-n} \tag{7.71}$$

si es impar.

Los cuatro tipos de combinaciones que pueden darse en la respuesta impulsional de un filtro FIR de fase lineal, según si su duración es un número de muestras par o impar, o de si la simetría es par o impar, se muestran a continuación.

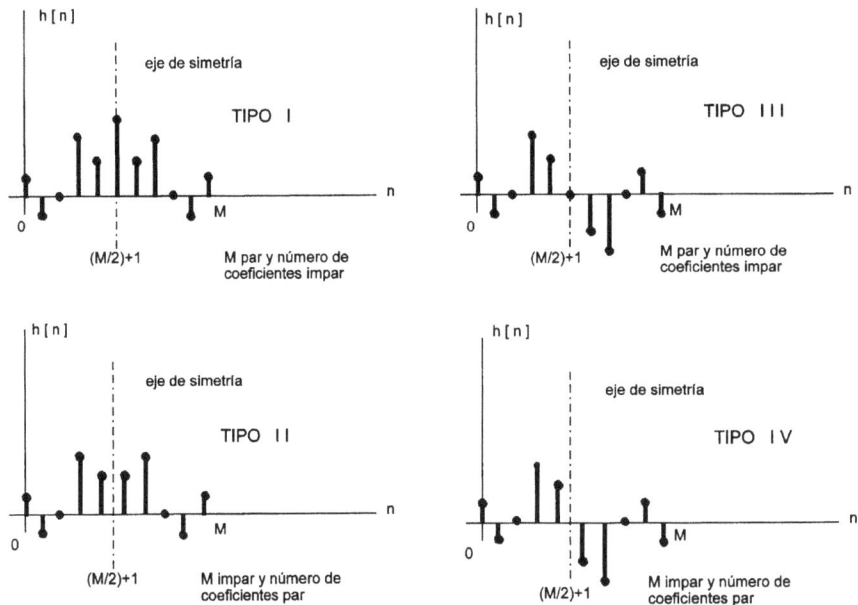

Fig. 7.35. Tipos de posibles respuestas impulsionales en un filtro FIR de fase lineal

Veamos, como ejemplo, el caso de una $h[n]$ con simetría par, con coeficiente central b_c situado en la posición $L = M/2$:

$$H(e^{j\Omega}) = b_c e^{-j\Omega L} + \sum_{n=0}^{L-1} b_n(e^{-j\Omega n} + e^{-j\Omega(M-n)})$$

$$= e^{-j\Omega L}\left(b_c + \sum_{n=0}^{L-1} b_n(e^{j\Omega(L-n)} + e^{-j\Omega(L-n)})\right) \qquad (7.72)$$

$$= e^{-j\Omega L}\left(b_c + \sum_{n=0}^{L-1} 2b_n\cos[\Omega(L-n)]\right)$$

$$= R(\Omega)\,e^{-j\Omega L}$$

donde $R(\Omega)$ es una función real de Ω y - L es la pendiente de la fase lineal.

En el dominio transformado, los ceros de la $H(z)$ de todo filtro FIR de fase lineal van agrupados en "grupos de cuatro", entendiendo con esta expresión que si hay un cero en la posición p del plano Z, habrá otros tres en p^*, $1/p$ y en $(1/p)^*$.

Como se ve en la figura siguiente, esto supone que si hay dos ceros complejos conjugados en el interior de la circunferencia de radio unidad, habrá otros dos de fase no mínima; si los dos ceros conjugados están sobre la circunferencia, coinciden "dos ceros" en cada uno, y un cero simple sobre el eje real y en $|z| = 1$ cumple él sólo con la condición de ser un "grupo de cuatro".

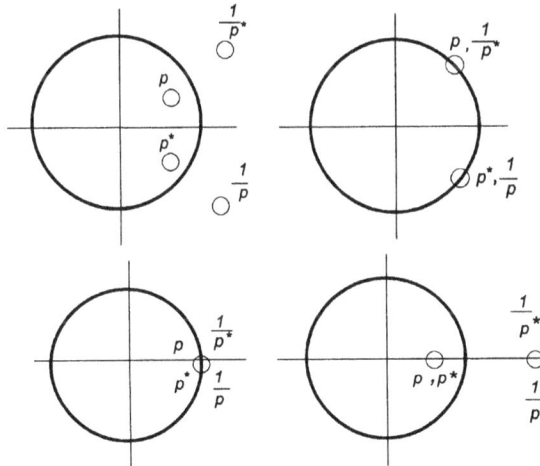

Fig. 7.36. *Agrupaciones de los ceros en un sistema de fase lineal*

Así pues, un sistema de fase lineal se caracteriza por:

1. Ser de tipo FIR (salvo escasas excepciones).
2. Su $h[n]$ es simétrica.
3. (consecuencia) Los ceros van en "grupos de cuatro".

El tipo de respuesta frecuencial de cada tipo de filtro de fase lineal se estudia en el ejercicio 7.13.

Ejemplos de sistemas de fase lineal

Ejemplo 1. Se requiere determinar la respuesta frecuencial del sistema cuya respuesta impulsional es la de la figura:

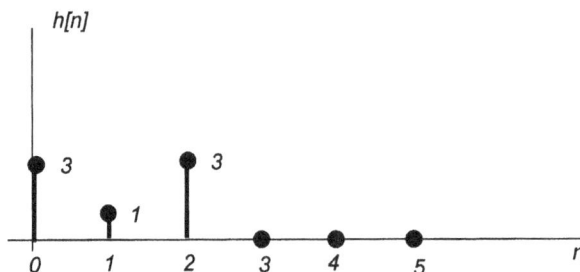

Se observa directamente de la figura que se trata de una repuesta impulsional simétrica de tipo I:

$$h[n] = 3\,\delta[n] + \delta[n\text{-}1] + 3\,\delta[n\text{-}2] \quad \Rightarrow$$

$$H(\Omega) = 3 + e^{-j\Omega} + 3\,e^{-2j\Omega} =$$

$$= e^{-j\Omega}\,(1 + 3\,(e^{j\Omega} + e^{-j\Omega})) =$$

$$= e^{-j\Omega}\,(1 + 6\cos\Omega)$$

El módulo es $\left|H(\Omega)\right| = A(\Omega) = 1 + 6\cos\Omega \in \mathbb{R}$, y la fase es lineal con la frecuencia Ω y de pendiente -1. De su diagrama de polos y ceros se observa que se cumple la condición de tener los ceros "en grupos de cuatro".

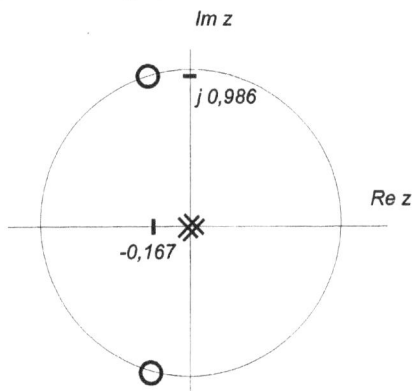

Ejemplo 2. Repetir el mismo ejercicio para la respuesta impulsional:

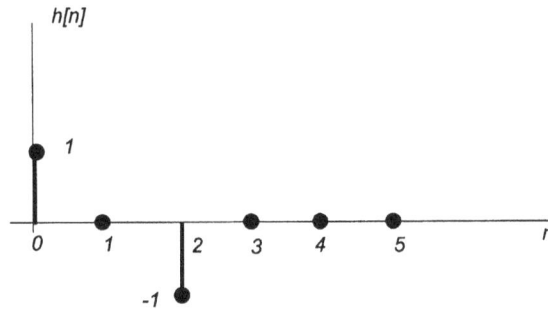

En este caso, $h[n] = \delta[n] - \delta[n-2]$. Hallando la transformada Z y particularizando $z = e^{j\Omega}$ para obtener la transformada de Fourier:

$$H(\Omega) = 1 - e^{-j2\Omega} =$$

$$= e^{-j\Omega} (e^{j\Omega} - e^{-j\Omega}) =$$

$$= e^{-j\Omega} (2\,j \sin \Omega) = e^{-j\Omega}\, e^{j\pi/2}\, 2 \sin \Omega$$

Vemos que se trata de un sistema de fase lineal generalizada:

$$H(e^{j\Omega}) = A(e^{j\Omega})\, e^{-j\alpha\Omega + j\beta}$$

con $\alpha = 1$ y $\beta = \pi/2$.

El término $e^{j\,\pi/2} = j$ aporta un desfase (adelanto) constante de $\pi/2$ a todas las frecuencias. Su diagrama de polos y ceros es el de la figura:

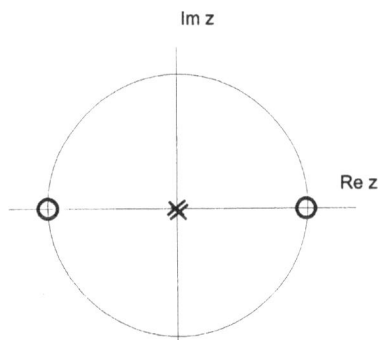

Ejemplo 3. Sea ahora un sistema diferenciador por primera diferencia de retorno (*first difference backward*, FDB): $\quad h[n] = \dfrac{\delta[n] - \delta[n-1]}{T}$.

$$H(\Omega) = (1 - e^{-j\Omega})/T = e^{-j\Omega/2} (e^{j\Omega/2} - e^{-j\Omega/2})/T =$$

$$= e^{-j\Omega/2} (2/T) (j \sin \Omega/2) = e^{-j\Omega/2} e^{j\pi/2} (2/T) (\sin \Omega/2)$$

Vuelve a tratarse de un sistema de fase lineal generalizada y tiene comportamiento de filtro paso alto. Las curvas de amplificación y fase se muestran a continuación.

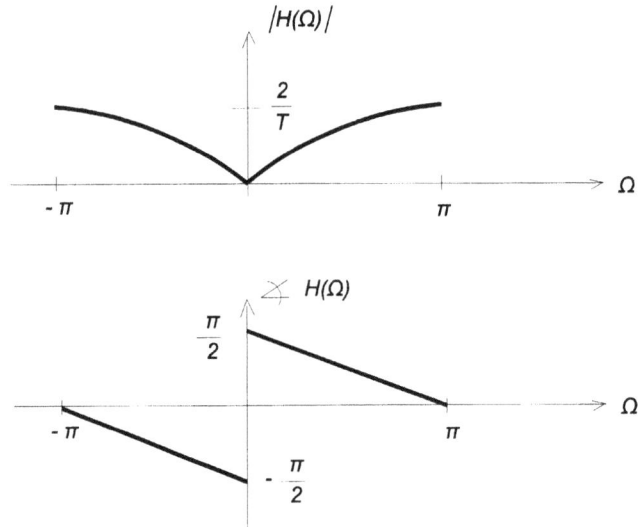

Y el diagrama de polos y ceros es:

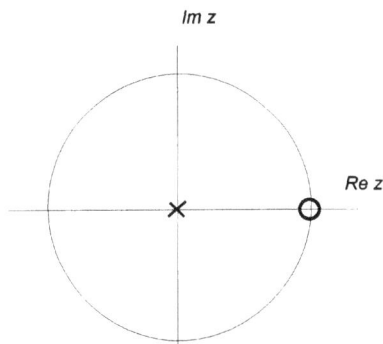

Un tipo de desfase muy importante en esquemas de moduladores y demoduladores es el que presentan funciones de transferencia del tipo $H(\Omega) = e^{-j\pi/2} = -j$, a las que se denomina *desfasadores de Hilbert* (retrasan exactamente 90° en todas las frecuencias).

7.12. Filtros de condensadores conmutados

El análisis de los filtros de condensadores conmutados (*switched capacitors*, o filtros SC) es muy similar al de los filtros digitales. Estos filtros, realizados en tecnología MOS, permiten evitar la integración de resistores, cuya función es sustituida por conmutaciones periódicas de condensadores. Con ello, aparte de ganarse fiabilidad al ser mucho menor la tolerancia de integración de condensadores que la de resistores, también permite reducir el área del circuito integrado, y así se consiguen filtros de orden elevado con superficies reducidas.

Los filtros SC pueden adquirirse en forma de circuito integrado, con la ventaja de su reducido tamaño en relación con el orden (pendiente) del filtro aunque, debido a la presencia de relojes digitales, son algo más ruidosos que los filtros analógicos. Sin embargo, son una alternativa que permite reducir el tamaño del circuito impreso o el del silicio, si se trata de un circuito integrado. En otras ocasiones, los filtros SC se encuentran junto a otros subsistemas integrados que efectúan funciones tales como la codificación PCM o forman un sistema completo de adquisición de datos. En este caso, dado que la frecuencia de corte de estos filtros la fija un reloj externo, son idóneos como filtros *antialiasing*, ya que variando el período de un tren de pulsos que controla el microcomputador se puede ir adecuando el ancho de banda del filtro *antialiasing* a las características de la señal de entrada.

Ya se ha dicho que los filtros SC se asemejan a los filtros digitales; sin embargo, y a pesar de que sus señales de entrada y de salida sean analógicas, no requieren conversores A/D ni D/A.

Un bloque básico de los filtros SC es el integrador de condensadores conmutados, que se estudia a continuación. Su esquema es el de la figura, donde φ_1 y φ_2 son las dos fases complementarias de un reloj externo al filtro.

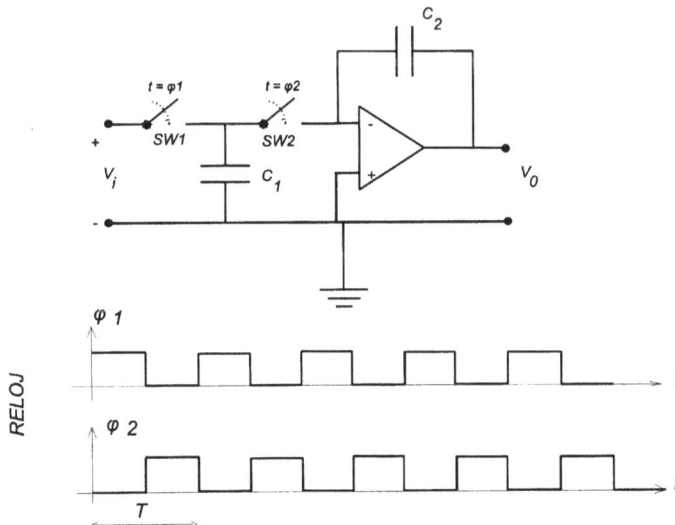

Fig. 7.37. Integrador de condensadores conmutados

Para simplificar el análisis, se supone que la resistencia del generador conectado a v_i y la de los interruptores MOS es nula, con lo que no intervienen las pequeñas constantes de tiempo que forman estas resistencias con los condensadores del circuito. Durante el primer pulso de φ_1 se cierra el interruptor SW1 y se abre el SW2. Con ello, C_1 toma una carga $Q = C_1 V_i$. Al llegar el pulso de φ_2 se abre SW1 y se cierra SW2. Con ello se transfiere la carga de C_1 a C_2 (ya que el amplificador operacional, idealmente, no absorbe corriente) y se crea una corriente durante el intervalo T en que permanece cerrado SW2 de valor aproximado:

$$I = Q/T = C_1 V_i / T \tag{7.73}$$

Esta corriente carga el condensador C_2 a un valor:

$$v_0(t) = -\frac{C_1}{C_2 T} \int_{-\infty}^{t} v_i(\tau) \, d\tau \tag{7.74}$$

Este valor de v_0 es escalonado en el tiempo, ya que la integral va acumulando el área de v_i cada T segundos. Por ejemplo, si $v_i(t)$ es un escalón unitario, la salida del integrador será la de la figura:

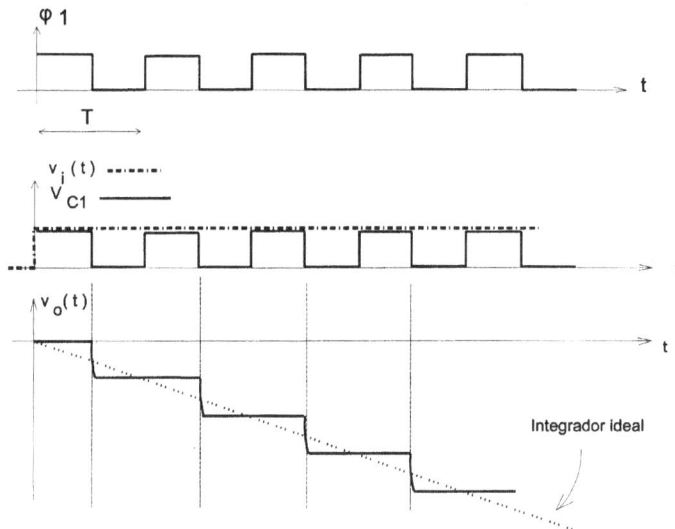

Fig. 7.38. Salida del integrador

Comparando la expresión anterior de la salida con la de un integrador RC analógico convencional:

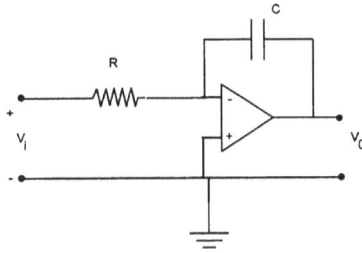

Fig. 7.39. Integrador analógico con un amplificador operacional

que, de acuerdo con la figura 7.39, viene dada por:

$$v_0(t) = -\frac{1}{RC} \int_{-\infty}^{t} v_i(\tau)\, d\tau \tag{7.75}$$

se observa que el integrador SC emula una resistencia de valor $R = T/C_1$.

Al ser un sistema cuya salida va variando (incrementándose) en tiempo discreto cada T segundos, el análisis del integrador SC puede hacerse en el plano Z. Para ello, se parte de la expresión anterior de su salida:

$$v_0(t) = -\frac{C_1}{C_2 T} \int_{-\infty}^{t} v_i(\tau)\, d\tau \tag{7.76}$$

Derivando ambos miembros de la igualdad, se tiene:

$$\frac{d(v_0(t))}{dt} = -\frac{C_1}{C_2 T} v_i(t) \tag{7.77}$$

y si ahora se aproxima la derivada por la primera diferencia hacia delante (*first difference forward*):

$$\frac{d}{dt} \rightarrow \frac{z-1}{T} \tag{7.78}$$

se tiene:

$$\frac{z-1}{T}(V_0(z)) \;\rightarrow\; -\frac{C_1}{C_2 T} V_i(z) \tag{7.79}$$

con lo que la función de transferencia del integrador SC será:

$$\frac{V_0(z)}{V_i(z)} = H(z) = -\frac{C_1}{C_2}\frac{1}{z-1} \tag{7.80}$$

Su respuesta frecuencial es:

$$H(\Omega) = -\frac{C_1}{C_2}\frac{1}{e^{j\Omega}-1} =$$

$$= -\frac{C_1}{C_2}\frac{1}{e^{j\Omega/2}(e^{j\Omega/2}-e^{-j\Omega/2})} = \tag{7.81}$$

$$= -\frac{C_1}{C_2}e^{-j\Omega/2}\frac{1}{2j\sin(\Omega/2)} =$$

$$= -\frac{C_1}{C_2}e^{-j\Omega/2}e^{-j\pi/2}\frac{1}{2\sin(\Omega/2)}$$

lo que indica que el integrador SC es un sistema de fase lineal generalizada. Esta es una excepción a la regla general de que los filtros de fase lineal deben ser filtros FIR; en este caso, se ha logrado con un filtro IIR.

La gráfica siguiente muestra su diagrama de polos y ceros, y la respuesta frecuencial del integrador SC.

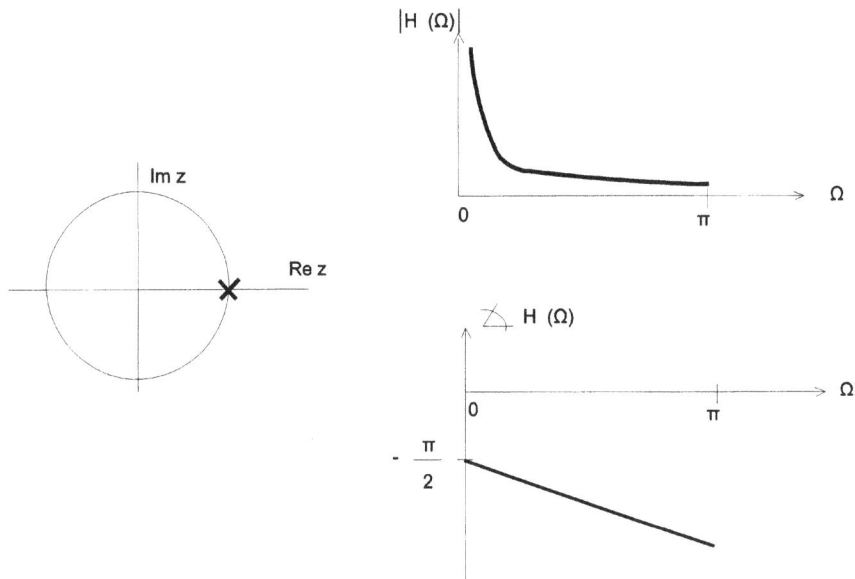

Fig. 7.40. Respuesta frecuencial de un integrador SC

A partir de estructuras básicas como la del integrador SC, se diseñan filtros más complejos, como el filtro paso bajo de orden 8 con aproximación de Butterword que se indica en la figura 7.41.

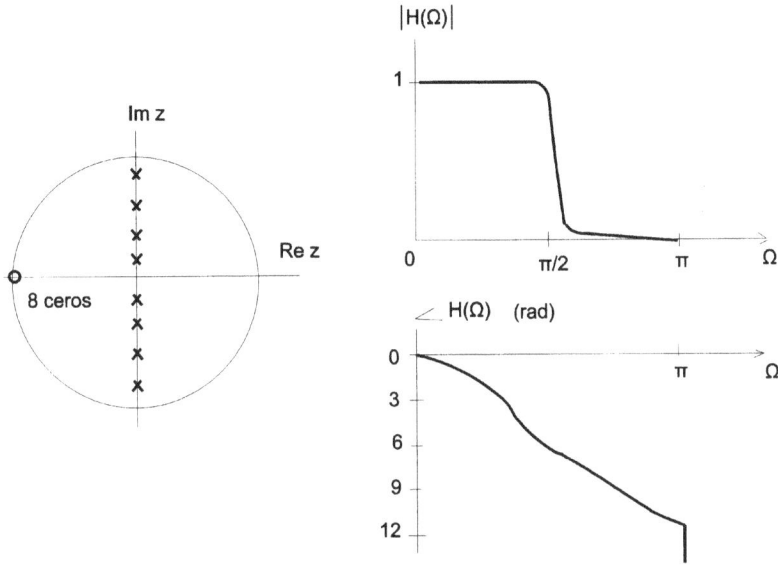

Fig. 7.41. Filtro SC de orden 8

La respuesta frecuencial de un filtro SC como el de la figura anterior puede entenderse diseñada sobre una frecuencia discreta Ω, que en cada aplicación se convierte en continua (ω) al elegir la frecuencia del reloj externo al filtro, la cual marca el período de muestreo (recuérdese que $\omega = \Omega/T$). La figura 7.42 muestra el esquema funcional de un circuito integrado que responde al filtro de la figura 7.41. Nótese que son suficientes dos entradas de alimentación (+5v y -5v, patillas 7 y 2), la entrada analógica (patilla 8) y la salida analógica del filtro (patilla 5), además de la entrada de reloj (señal cuadrada en la patilla 1). Las dos patillas restantes son ajustes opcionales. Es decir, con sólo un integrado de 8 patillas se realiza un filtro paso bajo de octavo orden, cuya frecuencia de corte es ajustable mediante una señal de reloj externa y fácilmente modificable en cualquier momento variando el período de dicha señal. El precio es el nivel de ruido que genera el reloj, lo que dificulta el uso de esta tecnología si las señales a filtrar son de muy baja amplitud.

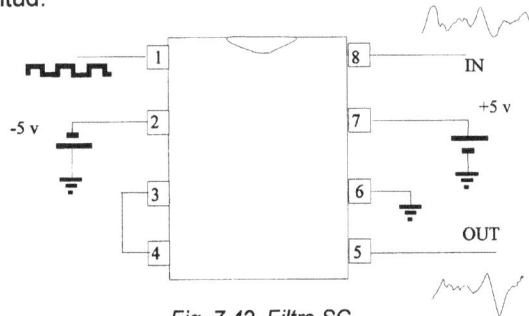

Fig. 7.42. Filtro SC

EJERCICIOS

7.1.   Demuestre las propiedades del apartado 7.4 de la transformada de Fourier de secuencias discretas.

7.2.   Obtenga y represente gráficamente (puede usar el Matlab para ello) la respuesta frecuencial (módulo y fase) de las señales siguientes:

7.2.1. $x[n] = 5 \sin \dfrac{\pi(n-4)}{8}$

7.2.2. $x[n] = \cos \dfrac{2\pi}{3} n + \sin \dfrac{2\pi}{7} n$

7.2.3. $x[n] = \{ -1, 2, -4, 2, -1 \}$, para $-2 < n < 2$, y $x[n] = 0$ para los restantes valores de n.

7.3.   Calcule la transformada de Fourier de las señales:

7.3.1. $u[n] - u[n-2]$

7.3.2. $3^{-n} u[n]$

7.3.3. $n\, 3^{-n} u[-n]$ (aplique la propiedad 7.4.6)

7.3.4. $(a^n \sin \Omega_0 n) u[n], \quad |a| < 1$.

7.4.   Un filtro FIR responde a la ecuación de recurrencia siguiente:

$y[n] = x[n] + 0,5\, x[n-2]$

Determine su salida en régimen permanente cuando la entrada al filtro es:

7.4.1. $x[n] = 2\cos\left(\dfrac{\pi}{5} n\right) + 5\sin\left(\dfrac{\pi}{10} n + \dfrac{\pi}{5}\right)$, $-\infty < n < \infty$

7.4.2. $x[n] = 10 + 2\cos\left(\dfrac{2\pi}{5} n + \dfrac{\pi}{2}\right)$, $-\infty < n < \infty$

7.5. Se ha obtenido la secuencia $x[n] = \cos \dfrac{\pi}{2} n$, $-\infty < n < \infty$ muestreando una senoide

analógica, $x(t) = \cos \omega_0 t$, a un ritmo de 1000 muestras por segundo. Determine, a partir de la transformada de Fourier de $x[n]$, los posibles valores de ω_0 que podrían haber producido la secuencia $x[n]$.

7.6. Determine si las siguientes respuestas impulsionales corresponden a sistemas de fase lineal y, en caso afirmativo, indique si la fase lineal es generalizada o no.

7.6.1. $h[n] = [1, 0.5, 0.3]$, para $n = [0, 1, 2]$.

7.6.2. $h[n] = [1, 0, 0, -1]$, para $n = [0, 1, 2, 3]$.

Verifique los resultados vía Matlab, con la instrucción *freqz*.

7.7. Obtenga un ecualizador para los canales descritos por las siguientes $H(z)$:

7.7.1. $H(z) = \dfrac{z^2 - 2{,}8284\, z + 4}{z^2 - 0{,}5\, z}$

7.7.2. $H(z) = \dfrac{z - 0{,}3}{z^2 + 0{,}5\, z}$

Verifique los resultados vía Matlab, visualizando el módulo y la fase de la respuesta frecuencial de cada sistema ecualizado.

7.8. Cuando un sistema está interferido por una señal periódica con varios armónicos importantes, un filtro que se suele usar es el que responde a la siguiente ecuación en diferencias:

$$y[n] = \sum_{k=0}^{M} x[n-k]$$

Obtenga su respuesta impulsional y, a partir de ella, determine su $H(z)$ (pista: represente previamente la $h[n]$ como una resta de dos funciones escalón.) Dibuje el diagrama de polos y ceros resultante y justifique el uso que se ha enunciado al principio del enunciado de este tipo de filtro. Un filtro con la distribución de ceros de la forma que ha resultado en este ejercicio (ceros de transmisión repartidos uniformemente sobre la circunferencia) se conoce por filtro *comb*.

7.9. Esboce la respuesta frecuencial (módulo y fase) de los siguientes filtros:

7.9.1. $H(z) = \dfrac{z - 0,5}{z + 0,5}$

7.9.2. $H(z) = \dfrac{z + 0,5}{z - 0,2}$

7.9.3. $H(z) = \dfrac{z^2 + 2z + 1}{z^2 + 1,132z + 0,64}$

7.9.4. $H(z) = \dfrac{z^2 - 1}{z^2 + 1,2728z + 0,81}$

Verifique los resultados vía Matlab.

7.10. Un sistema lineal e invariante presenta la respuesta frecuencial (ganancia) de la figura:

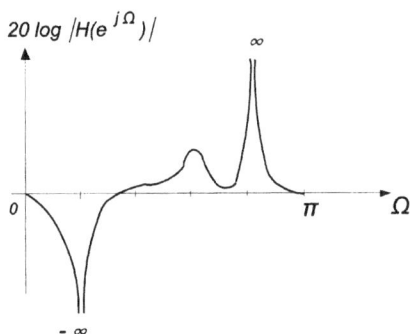

7.10.1. Esboce el diagrama de polos y ceros del sistema.

7.10.2. ¿Qué se puede afirmar sobre la respuesta impulsional?

7.10.3. ¿Tiene el sistema fase lineal o fase lineal generalizada?

7.10.4. ¿Es estable el sistema? ¿Lo es el sistema inverso?

7.11. Demuestre que la convolución de dos secuencias causales y estables de fase no mínima también es de fase no mínima.

7.12.   Se tienen tres sistemas cuyas respuestas impulsionales son:

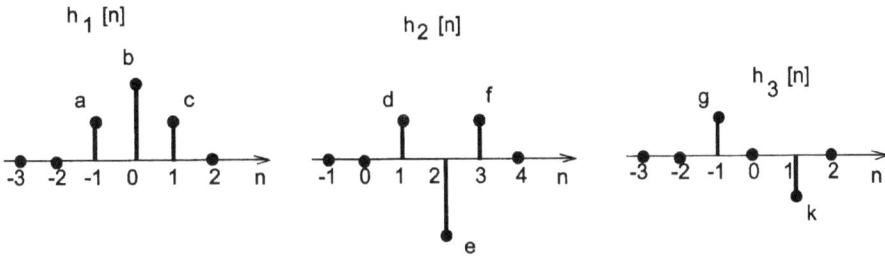

7.12.1.   Determine si, en función de los valores de los coeficientes de cada respuesta impulsional, el sistema formado por la interconexión en cascada de los tres sistemas es o no de fase lineal.

7.12.2.   Determine asimismo si puede ser de fase lineal el sistema formado por la interconexión siguiente:

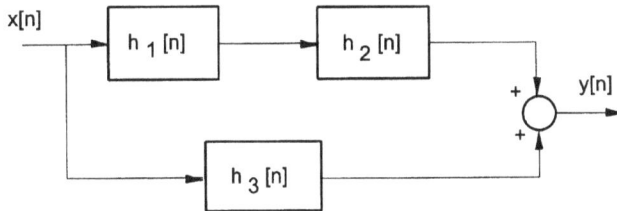

Compruebe los resultados vía Matlab. Para obtener un sistema equivalente de la interconexión de bloques del apartado 7.12.2, ejercite las instrucciones *series* y *parallel*.

7.13.   Demuestre las afirmaciones siguientes (véase la figura 7.33):

7.13.1.   Los filtros FIR de fase lineal de tipo III presentan un cero en $\Omega = 0$ y otro en $\Omega = \pi$.

7.13.2.   Los de tipo II presentan un cero en $\Omega = \pi$.

7.13.3.   Los de tipo IV presentan un cero en $\Omega = 0$.

(Sugerencia: compruebe el resultado de convolucionar estos filtros con una entrada constante, o bien evalúe directamente $H(e^{j\Omega})$ a partir de la definición de la transformada de Fourier.)

7.14.   De entre los siguientes diagramas de polos y ceros (m = multiplicidad del polo):

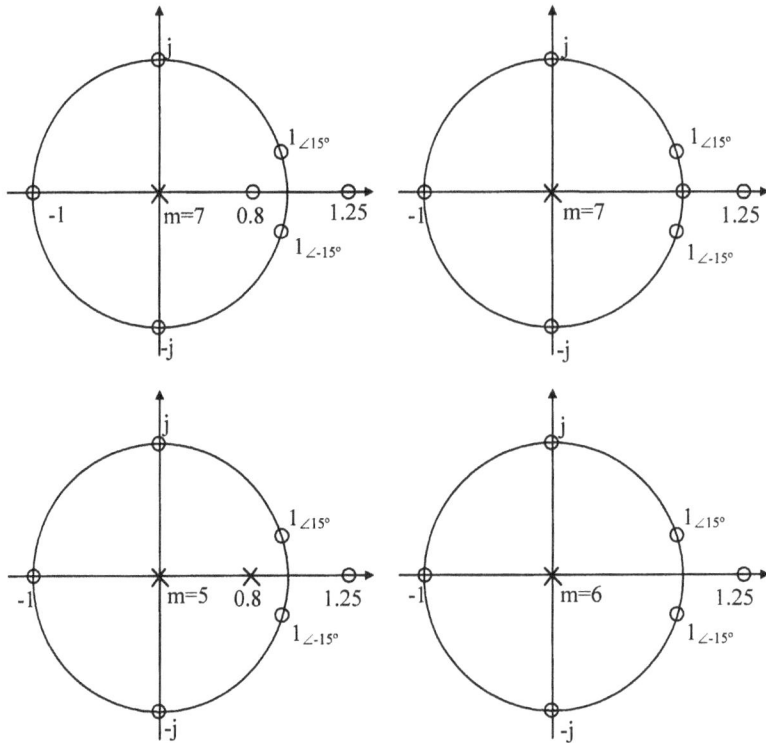

a)   Determine aquél que presenta fase lineal.

b)   Sin determinarla de forma exacta, esboce la respuesta (módulo y fase) de la transformada de Fourier del filtro seleccionado. ¿De qué tipo de filtro se trata?

c)   Determine la transformada de Fourier $H(e^{j\Omega})$ del filtro seleccionado (Matlab).

d)   Determine la respuesta del filtro anterior en régimen permanente a la excitación $x[n] = \cos(\pi n/4)u[n]$.

7.15.   El filtro de la figura corresponde a una realización de un filtro de media banda (*half-band filter*) útil para realizar los filtrados paso bajo mencionados en el apartado 4.8.3 al tratar el muestreo de señales paso banda. Si los coeficientes A del filtro se seleccionan en potencias de 2, de forma que $A = 1 / 2^n$, no se requieren multiplicaciones para su implementación y sólo bastan desplazamientos de los bits almacenados en un registro (cada desplazamiento será una multiplicación o división por 2, según cuál sea su sentido). Por ello, es un filtro de los denominados "implementables en hardware".

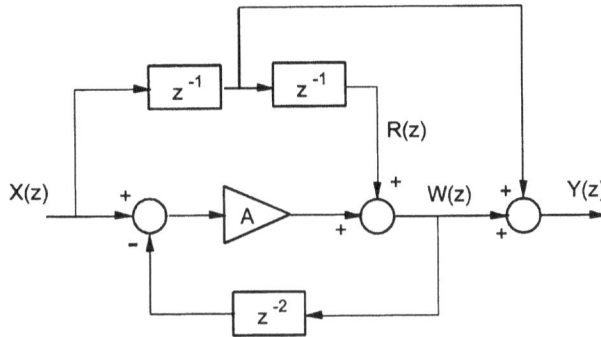

a)   Demuestre que:

$$H(z) = \frac{Y(z)}{X(z)} = \frac{A + z^{-1} + z^{-2} + A z^{-3}}{1 + A z^{-2}}$$

Para ello, empiece obteniendo $W(z)$ en función de $X(z)$ por superposición de las entradas $X(z)$ y $R(z)$. Luego escriba $Y(z)$ en función de $W(z)$ más la otra entrada del último sumador.

b)   Con ayuda del Matlab (instrucción *freqz*), esboce la respuesta frecuencial del filtro para:

$A = 1/2$

$A = 1/8$

$A = 1/16$

c)   Indique en cada caso la frecuencia a la cual la amplificación se reduce a la mitad, y discuta la linealidad o no de la fase.

d)   Como ejemplo de multiplicación por hardware, compruebe que los números decimales equivalentes a los dos códigos binarios:

0	0	1	0	1	1

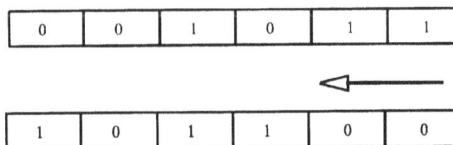

1	0	1	1	0	0

mantienen entre sí una relación de $2^2 = 4$, ya que se ha obtenido el segundo mediante dos desplazamientos hacia la izquierda del primero.

7.16.   La señal paso banda de la figura se submuestrea a 40 MHz, y después se filtra con un filtro paso-bajo ideal cuyo ancho de banda es de 20 MHz.

| X (w) |

10 MHz
←→

10 MHz
←→

- 70 MHz   0   70 MHz   → f

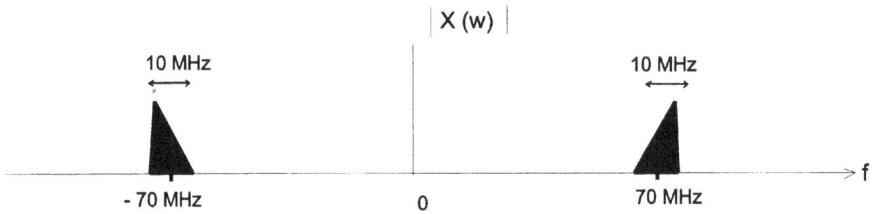

a) Dibuje el espectro de la señal de salida del filtro. Notará que ha quedado invertido en frecuencias.

b) Una vez muestreada la señal de salida del filtro, se ha obtenido un secuencia $x[n]$. Indique, usando la oportuna propiedad de la TFSD, cómo manipularía la secuencia $x[n]$ para dejar el espectro no invertido.

c) ¿Debería efectuar la misma operación del apartado b) si el muestreo se hubiera realizado a una frecuencia de 60 MHz?

d) Compruebe que, si dibujara la señal de la figura anterior sobre un papel plegable (como los de las impresoras de papel continuo), poniendo los pliegues a múltiplos de la mitad de la frecuencia de muestreo f_s, y enumerando las páginas del papel continuo,

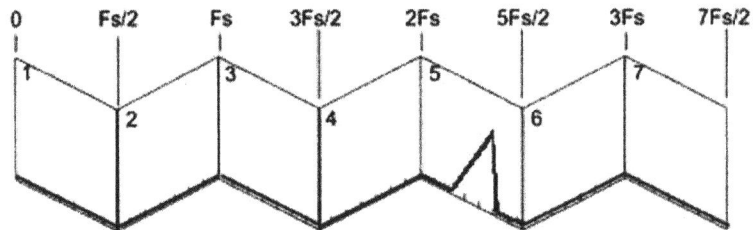

0   Fs/2   Fs   3Fs/2   2Fs   5Fs/2   3Fs   7Fs/2

1   3   5   7

2   4   6

el espectro del alias que se ha desplazado a la zona que va de 0 a $f_s / 2$ (primera zona de Nyquist) sale invertido si la página en que estaba la señal original era par, y que no se invierte si esta página es impar. Suponga que el papel es transparente, y que lo pliega mirándolo por la primera página.

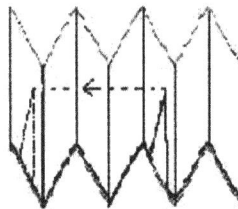

8

TRANSFORMADA DISCRETA DE FOURIER (DFT)

8.1. Introducción

La transformada discreta de Fourier (*Discrete Fourier Transform*, DFT) es un caso particular de la transformada de Fourier para secuencias de longitud finita en que se evalúa el espectro solamente en unas frecuencias concretas (y, por consiguiente, se obtiene un espectro discreto). Es importante no confundir la DFT con la TFSD (transformada de Fourier de secuencias discretas). Con la TFSD se calculaba la transformada de Fourier en el intervalo $-\infty < n < \infty$, es decir, para secuencias que pueden ser de longitud infinita, mientras que con la DFT se calcula sobre el intervalo temporal $0 < n < N-1$, siendo N la longitud de una secuencia de duración finita, sea o no periódica. Esta diferencia, que podría parecer poco relevante a primera vista, conlleva que la propiedad de convolución no se aplique de igual forma en ambas transformadas.

A efectos operativos, los aspectos más atrayentes de la DFT respecto a la TFSD son su aplicación a secuencias de longitud finita y el carácter discreto de la transformada obtenida, lo que la hace idónea para su aplicación en dispositivos de cálculo digital. Obviamente, la TFSD, con $-\infty < n < \infty$, no es estrictamente computable en un procesador digital (con memoria y capacidad de cálculo finitos). Por ello, puede entenderse, en sentido amplio, que la TFSD es la transformada "exacta" de una secuencia, definida en el continuo de valores dentro del intervalo frecuencial de $\Omega = -\pi$ a $\Omega = +\pi$ y que se debe obtener por técnicas analíticas, mientras que la DFT es una "mutilación" de la TFSD, necesaria para permitir su obtención por algoritmos de cálculo numérico, y definida en determinadas frecuencias dentro del intervalo frecuencial anterior.

Los apartados que componen este capítulo se presentan con diferentes niveles de profundidad. Mientras que los destinados a la presentación de la DFT, sus propiedades y su operatividad se tratan con un cierto detalle, otros, como los que presentan variaciones de la DFT, se introducen a título más informativo. Caso aparte son los apartados en que se presentan técnicas de cálculo numérico de la DFT, como es el caso de la FFT, que se centran en la presentación de métodos numéricos a partir de los cuales el lector habituado a la programación de ordenadores pueda implementarlos.

Entre las principales aplicaciones de la DFT, destacan tres: *a)* La *estimación espectral*, consistente en la detección de señales enmascaradas por ruidos o interferencias; es aplicable a los campos de las comunicaciones digitales, los sistemas radar, el control predictivo (vibraciones), la geodesia, etc. *b)* La *determinación de la salida temporal de un sistema LTI cuando la entrada o la respuesta impulsional del sistema son secuencias de longitud considerable*: en vez de convolucionar la secuencia de entrada con la respuesta impulsional de un filtro para obtener la salida, resulta más eficiente para secuencias de una cierta longitud hacer los cálculos en el dominio transformado. Y *c)* La *identificación de la función de transferencia de sistemas a partir de su comportamiento frecuencial.* Además, y atendiendo a los nuevos sistemas de comunicaciones en que las ondas pueden llegar por deferentes caminos al receptor (recepción multicamino o *multipath*) y en los que se usan modulaciones OFDM (multiplexado por división de frecuencias ortogonales), la DFT es también una herramienta básica para implementar las modulaciones y demodulaciones en OFDM.

8.2. Transformada discreta de Fourier

Si se parte de una señal $f_s(t)$, obtenida del muestreo de $f(t)$ con un tren de deltas:

$$f_s(t) = \sum_{n=-\infty}^{\infty} f(nT)\, \delta(t-nT) \tag{8.1}$$

y se halla su transformada de Fourier, se tiene:

$$F(w) = \int_{-\infty}^{\infty} [\sum_{n=-\infty}^{\infty} f(nT)\, \delta(t-nT)]\, e^{-jwt} dt =$$

$$= \sum_{n=-\infty}^{\infty} f(nT) \int_{-\infty}^{\infty} \delta(t-nT)\, e^{-jwt}\, dt =$$

$$= \sum_{n=-\infty}^{\infty} f(nT)\, e^{-jwnT} \tag{8.2}$$

Particularizando este resultado en el caso de que $f[n]$ sea una secuencia finita de longitud N, se obtiene:

$$F(w) = \sum_{n=0}^{N-1} f(nT) e^{-jwnT} \tag{8.3}$$

es decir, se obtendrán N valores de $F(w)$ –tantos como ecuaciones se forman dando valores a n en la ecuación anterior (8.3)–. Si se escogen estos N puntos equiespaciados en Ω (o en w, según que se representen frecuencias discretas o continuas), se podrá determinar la DFT en puntos como los indicados en la figura:

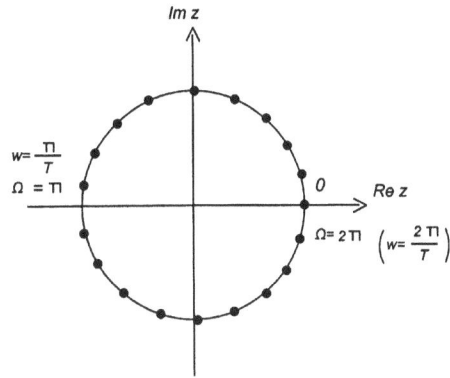

$$\Omega_k = \frac{2\pi}{N}k \qquad \omega_k = \frac{2\pi}{NT}k \quad , \qquad 0 \le k \le N-1$$

Fig. 8.1. Distribución de los N puntos sobre la circunferencia de radio unidad en que se evalúa la DFT

Sin embargo, los puntos (frecuencias) sobre los que se calcula la transformada de Fourier no tienen por qué estar equiespaciados, aunque ello facilite la formulación. Existen métodos alternativos para evaluar la DFT (como las transformaciones *chirp*) que no trabajan con puntos equiespaciados. Estos métodos pueden centrarse en la determinación de la transformada en una banda concreta de frecuencias (sobre un arco de la circunferencia de radio unidad), o bien pueden distribuir las muestras de $F(w)$ no uniformemente sobre la circunferencia. De este modo, aumentan la resolución en una banda al precio de disminuirla en el resto de la circunferencia. Advertido este aspecto, se seguirán suponiendo los puntos equiespaciados en este enfoque genérico de la DFT (véase la figura 8.1).

$$F(w_k) = \sum_{n=0}^{N-1} f(nT) e^{-j\frac{2\pi}{NT}nTk} = \sum_{n=0}^{N-1} f(nT) e^{-j\frac{2\pi}{N}nk} \tag{8.4}$$

Si se reemplaza w_k, por su índice k y se expresa esta ecuación en términos de frecuencia discreta, obviando el período de muestreo T que se supone normalizado a la unidad ($T = 1$):

$$f(nT) \rightarrow f[n] \quad , \qquad F(w_k) \rightarrow F[k] \tag{8.5}$$

puede definirse la transformada discreta de Fourier (DFT) como:

$$F[k] = \sum_{n=0}^{N-1} f[n]e^{-j(\frac{2\pi}{N})nk} \tag{8.6}$$

(ecuación de análisis)

siendo la transformada discreta inversa de Fourier (IDFT):

$$f[n] = \frac{1}{N} \sum_{k=0}^{N-1} F[k]\, e^{j(\frac{2\pi}{N})kn} \tag{8.7}$$

(ecuación de síntesis)

Estas expresiones se representan, en ocasiones, en una notación alternativa, que se basa en hacer la sustitución:

$$W_N = e^{-j\frac{2\pi}{N}} \tag{8.8}$$

Con ello, puede redefinirse DFT como:

$$F[k] = \sum_{n=0}^{N-1} f[n]\, W_N^{nk} \tag{8.9}$$

(ecuación de análisis)

y entonces la transformada discreta inversa de Fourier será:

$$f[n] = \frac{1}{N} \sum_{k=0}^{N-1} F[k]\, W_N^{-kn} \tag{8.10}$$

(ecuación de síntesis)

Es importante resaltar que, tanto el margen de valores de n como el de k, están comprendidos entre $0 \le n, k \le N-1$, por lo que la DFT y la IDFT están definidas en este mismo margen. Es obvio que con N ecuaciones (número de muestras de la secuencia temporal, $f[n]$) se podrán determinar como máximo N incógnitas, por lo que el número máximo obtenible de muestras frecuenciales de $F[k]$ será N.

El término $1/N$ puede aparecer, en formulaciones alternativas, en la definición directa de la DFT (ecuación de análisis). Con ello se independiza el valor de los resultados de la longitud de la secuencia utilizada para obtenerlos. Otra posibilidad es encontrar tanto en la definición de la DFT como en la de la IDFT el termino $1/\sqrt{N}$.

8.3. Interpretación de la DFT como muestreo de la TFSD

La DFT puede considerarse como un muestreo *en frecuencia* de la TFSD. Supóngase que se dispone de una secuencia $x[n]$, tal que $x[n] = 0$ para $n < 0$ y $n \ge N$. Aplicando la definición de la TFSD, se tiene:

$$X(e^{j\Omega}) = \sum_{n=-\infty}^{\infty} x[n]\, e^{-j\Omega n} = \sum_{n=0}^{N-1} x[n]\, e^{-j\Omega n} \tag{8.11}$$

Si se particulariza la frecuencia discreta Ω en los puntos de la circunferencia $\Omega = \Omega_k = (2\pi/N)k$, es decir, se efectúa un muestreo en frecuencia de la TFSD en los puntos Ω_k, se obtienen los coeficientes de la DFT:

$$X[k] = X(e^{j\Omega})\big|_{\Omega=(\frac{2\pi}{N})k} = \sum_{n=0}^{N-1} x[n]\, e^{-j(\frac{2\pi}{N})kn} \qquad (8.12)$$

La interpretación gráfica de la DFT puede llevar a confusiones si se lee en términos de la TFSD. El espectro de esta transformada es continuo en el intervalo $(-\pi, \pi)$, mientras que el de la DFT es discreto, empezando en $k = 0$. Este aspecto se muestra en la figura siguiente:

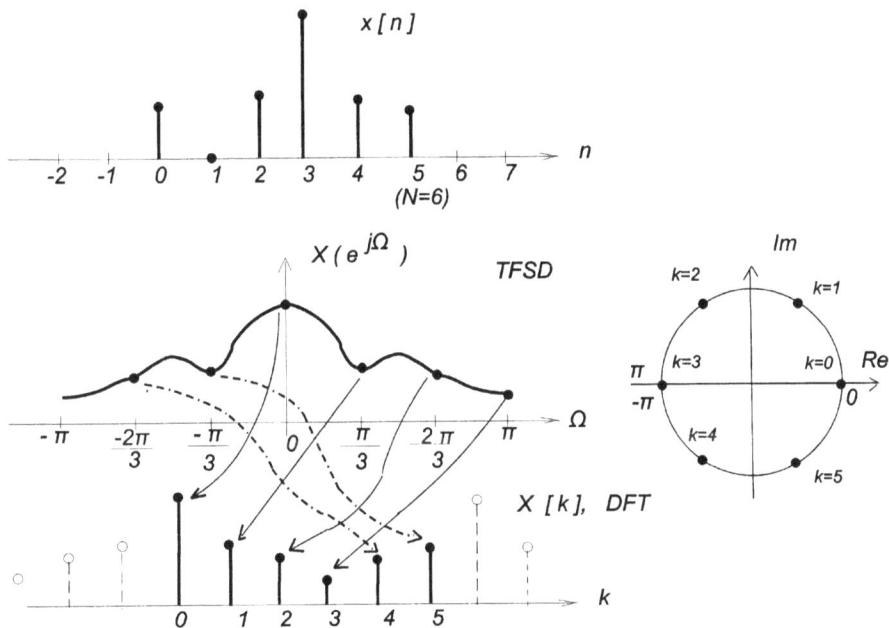

Fig. 8.2. Comparación entre la TFSD y la DFT de una misma secuencia x[n]

8.4. Representación matricial de la DFT

Los coeficientes de la DFT de una secuencia se van deduciendo a partir de la propia definición de la DFT, del modo siguiente:

$$F[0] = \sum_{n=0}^{N-1} f[n] = [1, 1, \ldots, 1] \begin{bmatrix} f[0] \\ f[1] \\ \cdot \\ \cdot \\ \cdot \\ f[N-1] \end{bmatrix} \tag{8.13}$$

$$F[1] = \sum_{n=0}^{N-1} f[n]e^{-j(\frac{2\pi}{N})n} = [1, e^{-j(\frac{2\pi}{N})}, \ldots, e^{-j(\frac{2\pi}{N})(N-1)}] \begin{bmatrix} f[0] \\ f[1] \\ \cdot \\ \cdot \\ \cdot \\ f[N-1] \end{bmatrix} \tag{8.14}$$

...

$$F[k] = \sum_{n=0}^{N-1} f[n]e^{-j(\frac{2\pi}{N})nk} = [1, e^{-j(\frac{2\pi}{N})k}, \ldots, e^{-j(\frac{2\pi}{N})(N-1)k}] \begin{bmatrix} f[0] \\ f[1] \\ \cdot \\ \cdot \\ \cdot \\ f[N-1] \end{bmatrix} \tag{8.15}$$

Este conjunto de ecuaciones se puede escribir matricialmente, de forma más compacta, del modo siguiente:

$$\tilde{F}_N = \tilde{D} \cdot \tilde{f}_N \tag{8.16}$$

donde $\tilde{F}_N$ es el vector columna de los coeficientes de la DFT:

$$\tilde{F}_N = [F[0], F[1], \ldots, F[N-1]]^T \tag{8.17}$$

en que el superíndice T denota el vector transpuesto, y $\tilde{f}_N$ es el vector columna de muestras temporales:

$$\tilde{f}_N = [f[0], f[1], \ldots, f[N-1]]^T \tag{8.18}$$

La matriz $\tilde{D}$, de $N \times N$ elementos, es una matriz de exponenciales:

$$
\tilde{D} =
\begin{bmatrix}
1 & 1 & 1 & \dots & 1 \\
1 & e^{-j\left(\frac{2\pi}{N}\right)} & e^{-j\left(\frac{2\pi}{N}\right)2} & \dots & e^{-j\left(\frac{2\pi}{N}\right)(N-1)} \\
. & . & . & & . \\
. & . & . & & . \\
. & . & . & & . \\
1 & e^{-j\left(\frac{2\pi}{N}\right)(N-1)} & \dots & \dots & e^{-j\left(\frac{2\pi}{N}\right)(N-1)(N-1)}
\end{bmatrix}
\tag{8.19}
$$

De igual modo, la IDFT puede escribirse en forma matricial como:

$$
\tilde{f}_N = \frac{1}{N} \, \tilde{D}^H \, \tilde{F}_N
\tag{8.20}
$$

en que el superíndice H indica la matriz hermítica de la matriz $\tilde{D}$ (matriz conjugada de la transpuesta).

8.5. Periodicidad de la DFT

La DFT es periódica de período N, es decir, $F[k] = F[k+N]$. Dicha periodicidad es consecuencia del término exponencial:

$$
e^{-j\frac{2\pi}{N}n(k+N)} = e^{-j\frac{2\pi}{N}nk} \, e^{-j2\pi} = e^{-j\frac{2\pi}{N}nk}
\tag{8.21}
$$

Debido a esta periodicidad, la evaluación de la DFT de una secuencia en el intervalo frecuencial $[0,N\text{-}1]$ da el mismo resultado que su evaluación en el intervalo $[N,2N\text{-}1]$, y así sucesivamente. Esta periodicidad no es novedosa: lo mismo pasaba con la TFSD al ir dando vueltas alrededor de la circunferencia de radio unidad. Recuérdese que, al fin y al cabo, la DFT es simplemente un muestreo en frecuencias de la TFSD.

A su vez, la IDFT convierte en periódica la secuencia finita $f[n]$, de forma que $f[n] = f[n+N]$:

$$
e^{j\frac{2\pi}{N}k(n+N)} = e^{j\frac{2\pi}{N}kn} \, e^{j2\pi} = e^{j\frac{2\pi}{N}kn}
\tag{8.22}
$$

Así, si el resultado de la IDFT en el intervalo temporal $[0,N\text{-}1]$ es el mismo que si se calcula en cualquier otro intervalo $[n,n+N\text{-}1]$, siendo n un múltiplo de N.

En la figura 8.3 se muestra una secuencia $f[n]$, y el resultado obtenido después de obtener su DFT primero y su IDFT después.

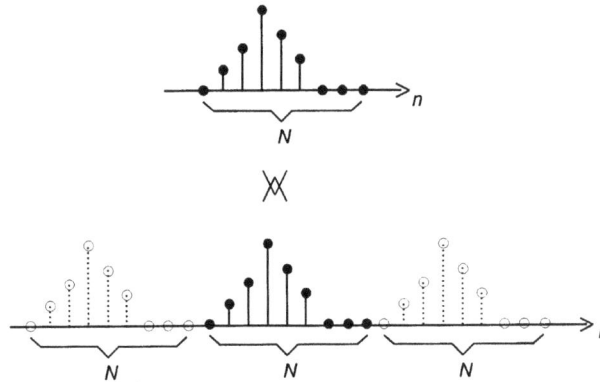

Fig. 8.3. Periodicidad de la antitransformada (IDFT). Si bien la IDFT es periódica en el tiempo, sólo se suele representar un período (en negrita en la figura)

En el caso de secuencias periódicas, esta repetición de la secuencia original puede ser beneficiosa, pues si se calcula la DFT de un período exacto de la señal, la IDFT reproducirá la totalidad de la señal periódica original.

Pero esta repetición (periodicidad) de la antitransformada puede inducir a errores por *aliasing temporal* si, por evitar esfuerzo computacional, se decide no utilizar todas las muestras de la DFT para hallar la antitransformada. En efecto, supóngase que se ha obtenido la TFSD de una secuencia de *N* muestras, y sólo se procesan *M* muestras para calcular la IDFT (siendo *M* < *N*) . En este caso, la IDFT será:

$$f[n] = \frac{1}{M} \sum_{k=0}^{M-1} F[k]\, e^{j\left(\frac{2\pi}{M}\right)kn} \tag{8.23}$$

con lo que la secuencia *f[n]* obtenida de la IDFT se repetirá cada *M* muestras, solapando la secuencia original de longitud *N*. En la figura siguiente se muestra un *aliasing temporal* (superposición de muestras) por haber tomado pocas muestras en el cálculo de la IDFT. Nótese que con *M* = 4 y *N* = 6, se produce *aliasing temporal* en la primera y la última muestras de la secuencia obtenida como la IDFT de la DFT de *x[n]*.

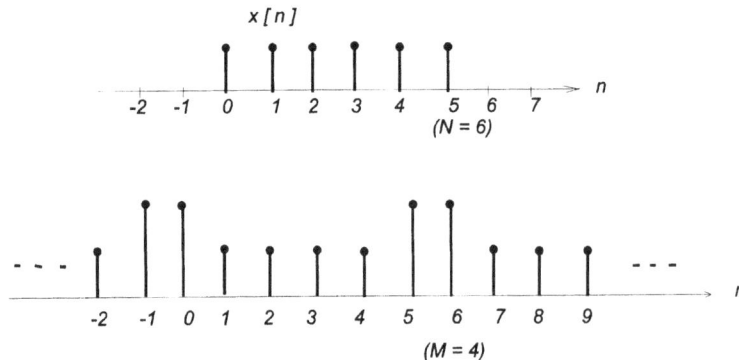

Fig. 8.4. Efecto del solapamiento (aliasing) temporal

Como la DFT hace periódica la secuencia $f[n]$, y se sabe que las funciones periódicas habituales se pueden desarrollar en serie de Fourier, la pregunta que se plantea es cuál será la relación entre $F[k]$ y los coeficientes de la serie de Fourier de $f[n]$. Se analiza a continuación.

8.6. Lectura de las amplitudes. Relación de la DFT con la serie de Fourier

Si $f[n]$ es periódica, se puede representar como una serie de Fourier. Se elige para ello la serie exponencial:

$$f[n] = \sum_{k=0}^{N-1} C_k e^{j\frac{2\pi}{N}nk} \tag{8.24}$$

donde los coeficientes vienen dados por:

$$C_k = \frac{1}{N} \sum_{n=0}^{N-1} f[n] e^{-j\frac{2\pi}{N}nk} \tag{8.25}$$

Si se compara con la ecuación de la DFT:

$$F[k] = \sum_{n=0}^{N-1} f[n] e^{-j\frac{2\pi}{N}nk} \tag{8.26}$$

Se observa que la amplitud de cada $F[k]$ es N veces la del correspondiente coeficiente de la serie compleja de Fourier.

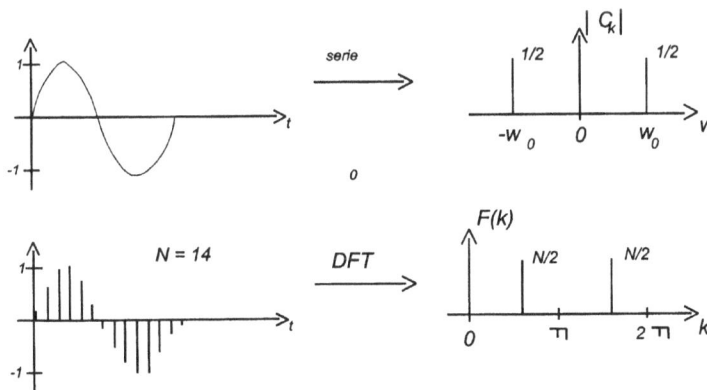

Fig. 8.5. Comparación de la amplitud de los coeficientes de la serie de Fourier (Cn) con los de la DFT

Es decir, hay que dividir por N los resultados de la DFT para que sean los mismos que los que se obtendrían con un desarrollo en serie de Fourier.

8.7. Lectura del eje de frecuencias. Interpretación del término *k*

Como ya se ha visto, la DFT:

$$F(k) = \sum_{n=0}^{N-1} f(n)\, e^{-j\frac{2\pi}{N}nk} \tag{8.27}$$

permite calcular la transformada en *k* puntos (frecuencias) distribuidos alrededor de la circunferencia de radio unidad. La primera frecuencia distinta de 0 sobre la que se calcula la DFT, cuyo valor determina la resolución frecuencial de la transformada, depende del número de muestras (*N*) que se hayan tomado de la señal temporal.

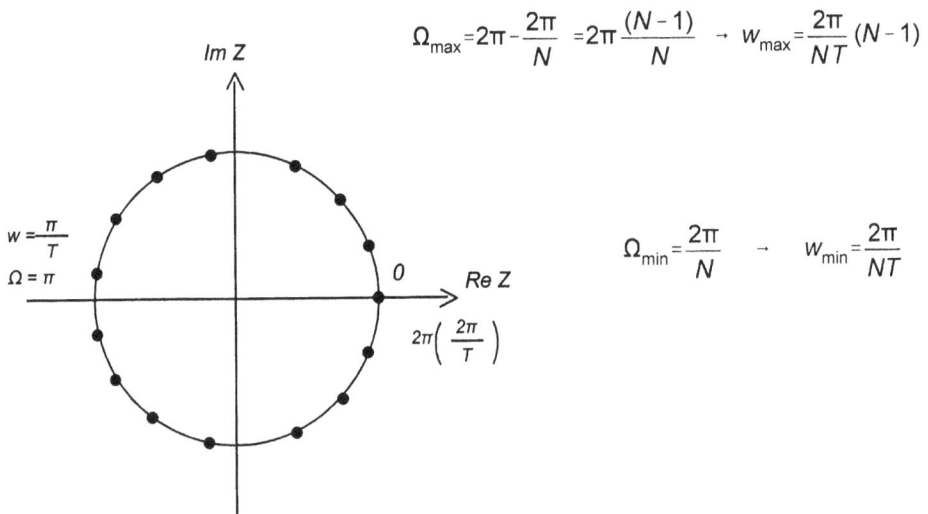

$$\Omega_{max} = 2\pi - \frac{2\pi}{N} = 2\pi\frac{(N-1)}{N} \;\rightarrow\; w_{max} = \frac{2\pi}{NT}(N-1)$$

$$\Omega_{min} = \frac{2\pi}{N} \;\rightarrow\; w_{min} = \frac{2\pi}{NT}$$

Im Z

$w = \dfrac{\pi}{T}$

$\Omega = \pi$

Re Z

0

$2\pi\left(\dfrac{2\pi}{T}\right)$

Fig. 8.6. Distribución de las frecuencias sobre las que se calcula la DFT

En aplicaciones reales, el valor de *N* es elevado, por lo que el cociente $(N-1)/N$ tiende a uno (por ejemplo, si $N = 256$, valor todavía no excesivamente alto, $(N-1)/N = 0,99218$). Este es el motivo por el cual en bastantes ocasiones se aproxima $\Omega_{máx} = 2\pi$, y $w_{máx} = 2\pi/T$.

Como se ve, la Ω_{min} es inversamente proporcional al número de muestras adquiridas por el intervalo *T* entre muestras, es decir, es inversamente proporcional a la duración total de la secuencia (tiempo total en que se ha muestreado la señal, NT). De ello se deduce que la resolución en frecuencia de la DFT aumenta con la duración (longitud) de la secuencia temporal.

Por otro lado, la $\Omega_{máx}$ depende inversamente del período de muestreo *T*. Cuanto mayor sea la frecuencia de muestreo, mayor ancho tendrá el espectro que ofrezca la DFT.

Como ejemplo, sea la secuencia f[n]:

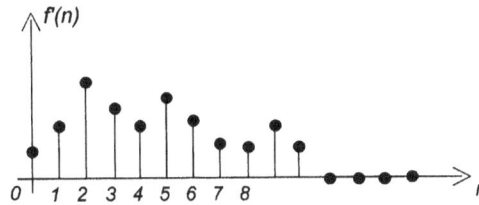

Fig. 8.7. Secuencia f[n] del ejemplo

Si se transforma, truncando a $N = 9$, y se hace la transformada inversa, se recupera la siguiente secuencia periódica:

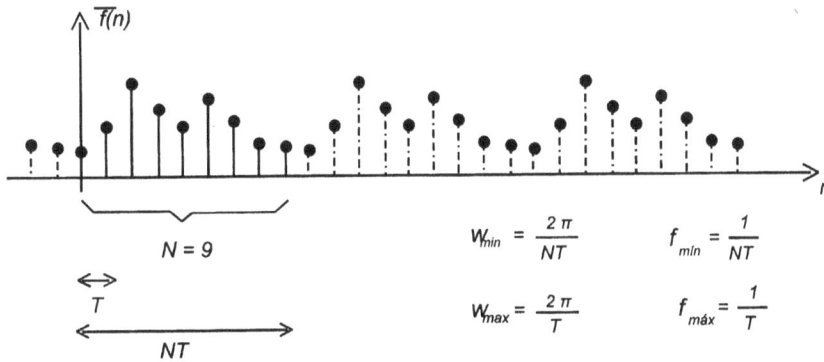

$$W_{min} = \frac{2\pi}{NT} \qquad f_{min} = \frac{1}{NT}$$

$$W_{max} = \frac{2\pi}{T} \qquad f_{máx} = \frac{1}{T}$$

Fig. 8.8. Secuencia (periódica) obtenida con la IDFT de la transformada de la secuencia f[n] de la figura 8.7

Mientras que su DFT sería de la forma:

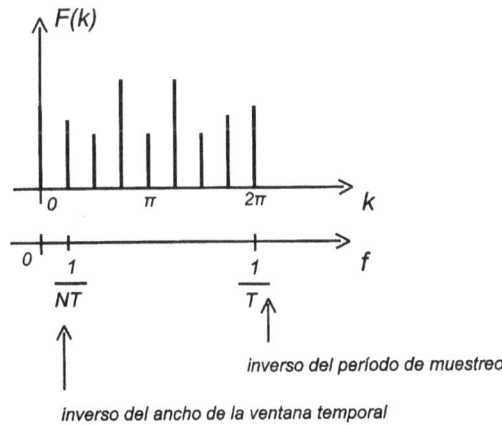

Fig. 8.9. Resolución frecuencial y ancho de banda de la DFT

Y si se ha muestreado a $T = 0,1$ s, la resolución de la DFT será de $w_{min} = 2\pi/0,9 = 6,981$ rad·s^{-1}, $f_{min} = 1,1111$ Hz. Y la máxima frecuencia será de $w_{máx} = (2\pi\cdot8)/(0,1\cdot9) = 55,85$ rad·s^{-1}, $f_{máx} = 8,888$ Hz.

Ejemplo

Sea la secuencia $x[n] = [1,0,-1,1]$, obtenida del muestreo de una señal analógica $x(t)$ a una frecuencia de muestreo de 8 kHz ($T_s = 0,125$ ms). Su DFT puede calcularse como sigue:

$$X[0] = \sum_{n=0}^{3} x[n]\, e^{-j0} = x[0] + x[1] + x[2] + x[3] = 1+0-1+1 = 1$$

$$X[1] = \sum_{n=0}^{3} x[n]\, e^{-j\frac{2\pi}{4}n} = 1 + 0 - 1e^{-j\frac{2\pi}{4}2} + 1e^{-j\frac{2\pi}{4}3} =$$

$$= 1 + 0 - 1\cos(\pi) + 1\left(\cos\left(\frac{3\pi}{2}\right) - j\sin\left(\frac{3\pi}{2}\right)\right) = 2 + j$$

$$X[2] = \sum_{n=0}^{3} x[n]\, e^{-j\frac{2\pi}{4}2n} = 1 + 0 - 1e^{-j\frac{2\pi}{4}4} + 1e^{-j\frac{2\pi}{4}6} =$$

$$= 1 + 0 - 1\cos(2\pi) + 1\cos(3\pi) = -1$$

$$X[3] = \sum_{n=0}^{3} x[n]\, e^{-j\frac{2\pi}{4}3n} = 1 + 0 - 1e^{-j\frac{2\pi}{4}6} + 1e^{-j\frac{2\pi}{4}9} =$$

$$= 1 + 0 - 1\cos(3\pi) + 1\left(\cos\left(\frac{9\pi}{2}\right) - j\sin\left(\frac{9\pi}{2}\right)\right) = 2 - j$$

La resolución frecuencial de la transformada será:

$$\Omega_{min} = \frac{2\pi}{4} = \frac{\pi}{2} \;\rightarrow\; \{\, T_s = 125\ \mu s \,\} \;\rightarrow\; \omega_{min} = \frac{\pi}{250}\, 10^6 = 12,56\ 10^3\ \frac{rad}{s}$$

y la frecuencia máxima:

$$\Omega_{máx} = \frac{2\pi}{4}\,3 = \frac{3\pi}{2} \;\rightarrow\; \{\, T_s = 125\ \mu s \,\} \;\rightarrow\; \omega_{máx} = \frac{3\pi}{250}\, 10^6 = 37,7\ 10^3\ \frac{rad}{s}$$

En la figura siguiente se ilustra el módulo y fase de la DFT obtenida. Si se desea expresar el módulo en unidades de la serie de Fourier (voltios o amperios), debe dividirse el resultado por 4 ($N = 4$).

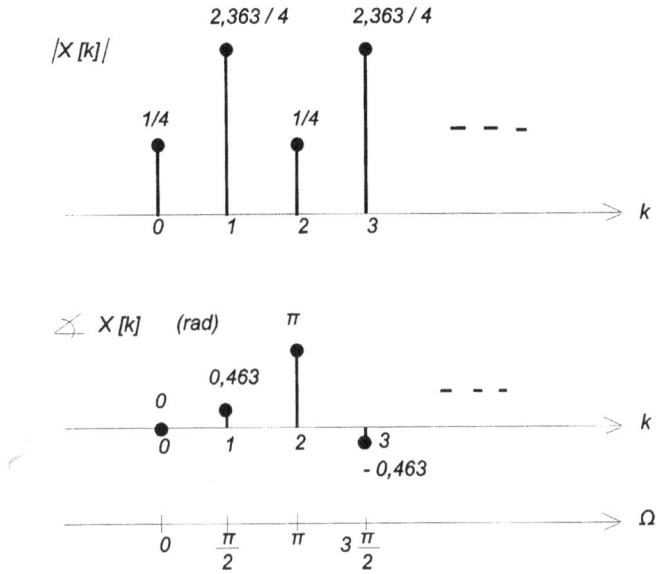

8.8. Aumento de la resolución frecuencial.

Dada una secuencia:

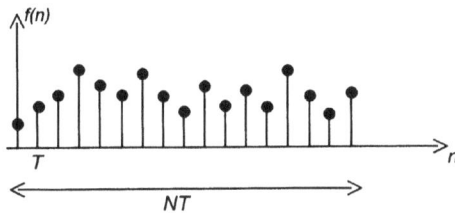

con transformada:

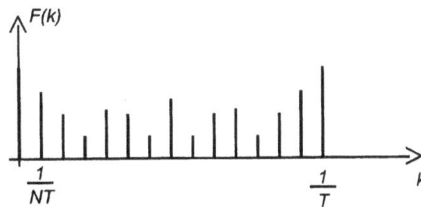

se obtiene, como se acaba de ver, una resolución de $f_{min} = 1/(NT)$.

Una alternativa para aumentar la resolución de un modo artificial consiste en la técnica del relleno con ceros (*zero padding*), consistente en introducir *M* ceros al final de la secuencia temporal:

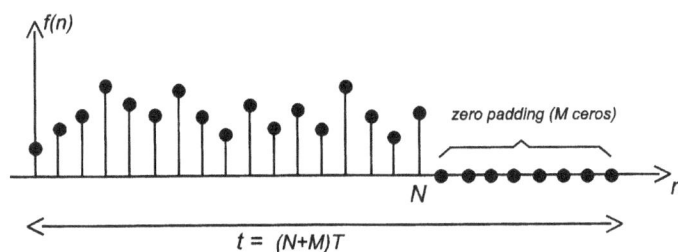

Fig. 8.10. Alargamiento de una secuencia por adición de ceros

con lo que se consigue un aumento de la resolución $f_{min} = 1/((N+M)T)$, sin aumentar la información. Es decir, la DFT se calcula ahora sobre $N+M$ puntos de la circunferencia, pero cubriendo el mismo margen frecuencial. En la figura siguiente se muestra la respuesta impulsional de un filtro paso banda:

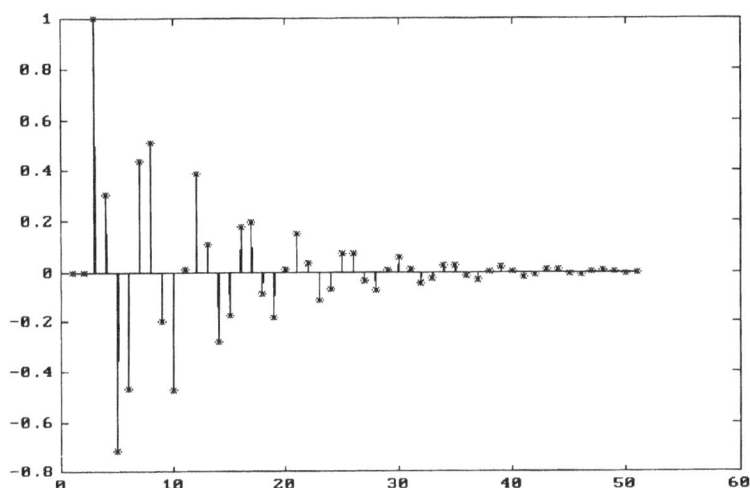

Fig. 8.11. Respuesta impulsional de un filtro paso banda discreto

cuya respuesta frecuencial exacta entre $\Omega = 0$ y $\Omega = \pi$ es:

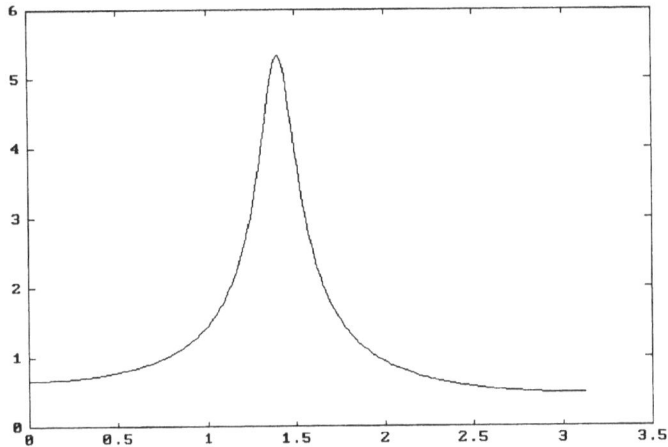

Fig. 8.12. Curva de amplificación del filtro de la figura anterior

Con las instruccies *fft* y *abs* del Matlab se ha obtenido el módulo de la DFT de la respuesta impulsional anterior (truncada a 51 puntos), primero sin añadir ceros y después añadiendo 205 ceros, de forma que la longitud fuera de 256 puntos. En la figura siguiente pueden verse ambos resultados. Nótese que, con la adición de ceros, se obtiene una mejor resolución y se puede detectar mejor a qué frecuencia se produce la resonancia. Como la última muestra (la 256) corresponde a $\Omega = 2\pi$, la muestra 58 en la que se detecta la resonancia corresponde a $\Omega = 48 \ (2\pi/256) = 1,42$ rad.

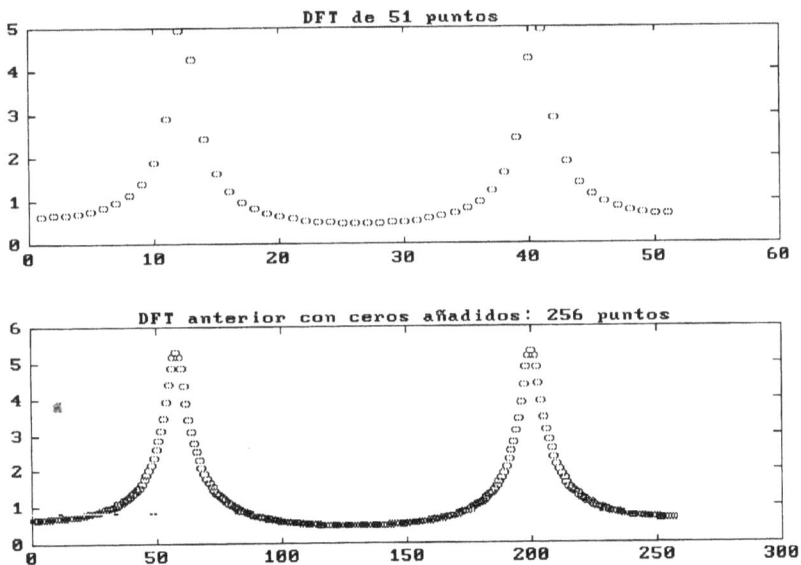

Fig. 8.13. DFT de la respuesta impulsional de la figura 8.11. Arriba: directamente.
Abajo: con la adición previa de ceros a la respuesta impulsional

Más adelante se verá que el relleno con ceros permitirá que las convoluciones circulares (que se definene en el apartado 8.11) sean equivalentes a las conocidas hasta el momento, es decir, a las lineales. De momento, se avanza el problema de la convolución lineal si es calculada vía DFT: sean las secuencias $x[n]$ e $y[n]$ de la figura:

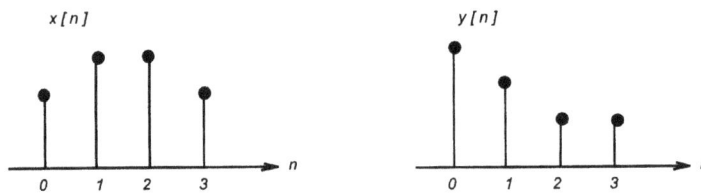

Fig. 8.14. Secuencias a convolucionar

cuya convolución lineal es:

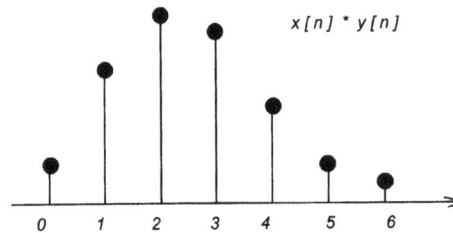

Fig. 8.15. Convolución (lineal) de las dos secuencias de la figura anterior

Como ya es sabido, una alternativa a la convolución en el dominio temporal es la multiplicación en el dominio transformado. Las respectivas DFT de $x[n]$ y de $y[n]$ son:

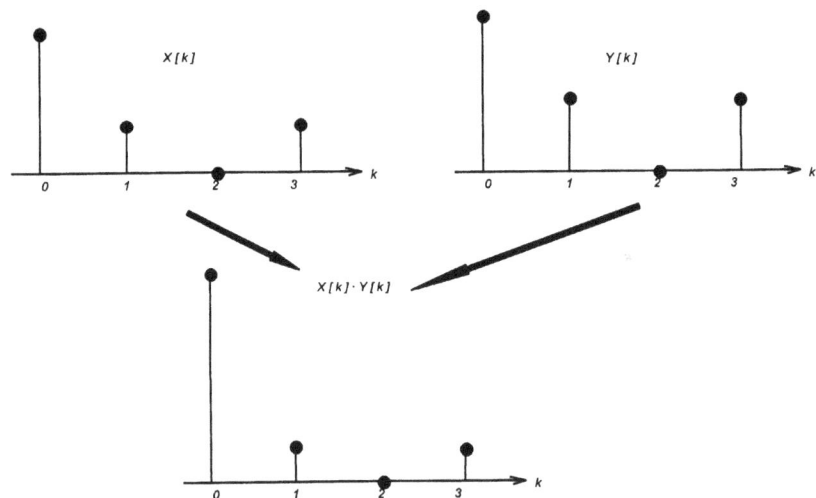

Fig. 8.16. Multiplicación de las DFT de las secuencias $x[n]$ e $y[n]$

Como ambas son la DFT de una secuencia de 4 muestras, su longitud y la de su producto también son de 4 muestras. Por ello, la IDFT (véase la figura siguiente) también será de 4 cuatro muestras, lo que imposibilita que pueda dar el mismo resultado que la convolución lineal.

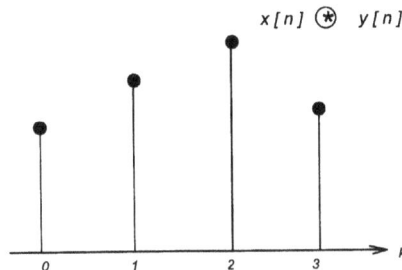

$x[n]$ $\circledast$ $y[n]$

Fig. 8.17. Obtención de la convolución como IDFT del producto de DFT de la figura 8.16. Nótese que no coincide con el resultado de la convolución lineal de la figura 8.15

Para resolver esta diferencia entre la convolución lineal y la calculada vía DFT, pueden añadirse ceros (*zero padding*) a las secuencias $x[n]$ e $y[n]$. Como el resultado de la convolución lineal de dos secuencias de longitudes N y M es $N+M-1$, en este caso 4+4-1 = 7. Basta con añadir 3 ceros a $x[n]$ y otros 3 a $y[n]$ para que el resultado de cada DFT sea de 4+3 = 7 puntos; de esta forma, la IDFT también será de 7 puntos y reproducirá el mismo resultado que la convolución lineal.

8.9. Enventanado de las secuencias

Si una secuencia es de longitud infinita, no es apta para el cálculo de la DFT ya que, como se ha visto, esta transformada está definida para secuencias con un número finito de muestras. Por otro lado, si una secuencia es finita, pero muy larga, puede que el cálculo de la DFT conlleve problemas para ir extrayendo resultados en tiempo real. En estos casos, la obtención de la DFT pasa por tratar subsecuencias de longitud más idónea para el cálculo.

Enventanar una secuencia no es más que limitar su número de muestras a una cierta cantidad, que vendrá dada por la longitud de la ventana utilizada. Así, si una secuencia de longitud M la "viéramos" a través de una ventana de longitud N, $N < M$, la secuencia enventanada estaría limitada a las N muestras.

La ventana más intuitiva de introducir es la que tiene la misma forma que las de una pared: la ventana rectangular. Enventanar una secuencia $f[n]$ con una ventana rectangular $w[n]$ es multiplicar en el tiempo las muestras de $w[n]$ con las de $f[n]$, y así formar una secuencia enventanada $v[n]$. Mientras la ventana está "abierta", $w[n] = 1$, y cuando la ventana se acaba, $w[n] = 0$. Es decir, mientras dura la ventana, $v[n] = f[n]$, y cuando se "acaba" la ventana, $v[n] = 0$, con lo que $f[n]$ queda acotada a la longitud de la ventana $w[n]$. (Este proceso se realiza de forma espontánea cuando se selecciona un tramo dentro de una secuencia.) En frecuencia, el resultado es la convolución de la transformada de dicha secuencia con una función sinc (transformada de un pulso, correspondiente a la ventana rectangular). Este efecto se representa en la figura 8.18.

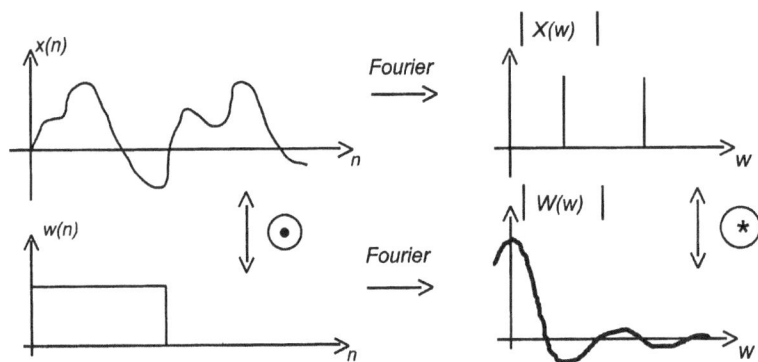

Fig. 8.18. El espectro de una secuencia x[n] truncada con una ventana rectangular w[n] es la convolución del espectro de la secuencia no truncada –X(w)– con el de la ventana –W(w).

En cuanto a $W(w)$ (transformada de Fourier de la ventana), interesa que presente un lóbulo principal estrecho y una gran atenuación de los lóbulos secundarios respecto al principal. A continuación se justifican los motivos de estas afirmaciones:

- *Lóbulo principal*: Cuanto mayor sea la duración temporal de la ventana, más estrecho será el lóbulo principal de su transformada de Fourier, y mayor la resolución (podrán distinguirse mejor las frecuencias cercanas). Este efecto puede observarse en la figura siguiente, donde $X(w)$ corresponde a la transformada de Fourier de una secuencia infinita (no enventanada) formada por la suma de dos senoides de diferente frecuencia. En el primer caso, se ha truncado esta secuencia multiplicándola con una ventana de corta duración temporal y, por tanto, con un espectro ancho: el espectro resultante (convolución) no permite discriminar la presencia de las dos frecuencias de $X(w)$.

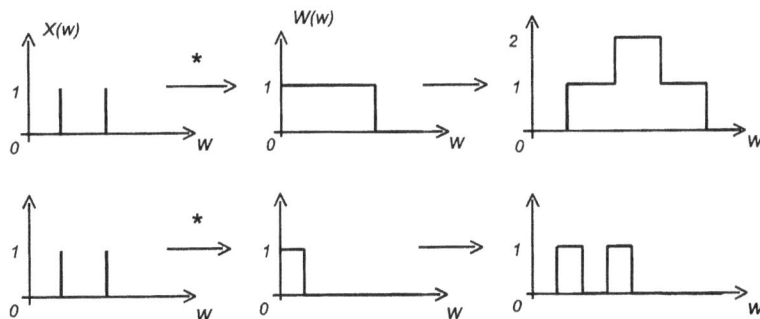

Fig. 8.19. Discriminación en frecuencia de la DFT de una secuencia enventanada con ventanas de distinta longitud (duración)

Para tener más resolución cuando las secuencias son cortas (conllevando en consecuencia una ventana con el lóbulo principal ancho) en ocasiones se usan técnicas de *zero padding* para así alargarlas en el tiempo.

- Atenuación de los lóbulos secundarios: Cuando los lóbulos secundarios presentan una atenuación pequeña respecto al lóbulo principal (caso típico en las ventanas rectangulares que, por otro lado, son las que ofrecen un lóbulo principal más estrecho, como se verá más adelante), se puede producir un efecto llamado *leakage* (pérdida), en el cual unas frecuencias interaccionan con otras y se producen variaciones de amplitud, resultando valores erróneos de ésta. Como se puede observar en la figura siguiente, la forma de $W(w)$ –que, de forma simple, representa el efecto de una ventana con un lóbulo principal y dos lóbulos secundarios de amplitud decreciente entre ellos–, permite distinguir entre las dos frecuencias (tonos) de la señal $X(w)$, pero produce una falsificación de los valores de las amplitudes.

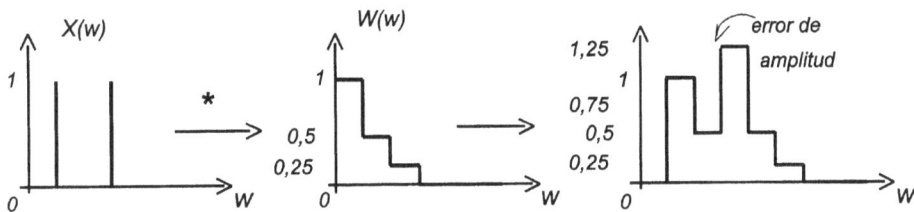

Fig. 8.20. Error en la amplitud de la DFT debido a la convolución con los lóbulos secundarios de W(w)

A continuación, se presentan las ventanas más habituales. Como puede comprobarse, las que ofrecen un lóbulo principal más estrecho pagan el precio de una menor atenuación de los lóbulos secundarios, y viceversa, por lo que no puede decirse qué ventana es mejor o peor: depende de si el objetivo prioritario es la resolución de frecuencias o la determinación de las amplitudes. En realidad, no hay una ecuación cerrada que permita decidir qué tipo de ventana es la mejor, por lo que se puede hablar del "arte" de seleccionar las ventanas.

VENTANA   ESPECTRO (en dB)

a) rectangular

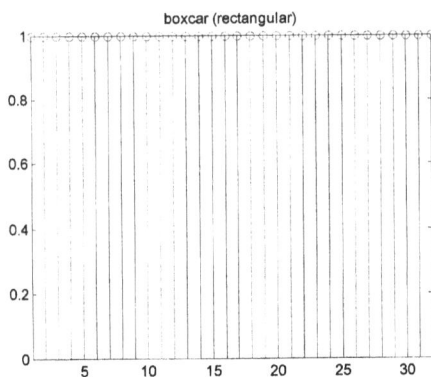

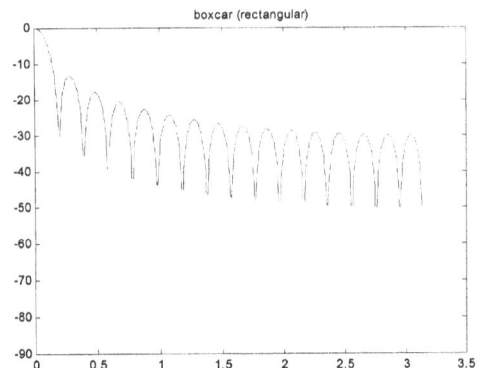

b) **triangular** (Barlett)

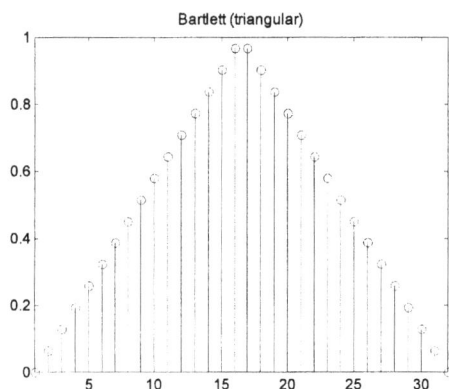
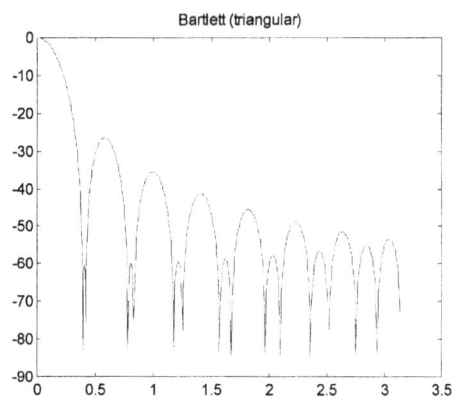

c) **Chebyschev**

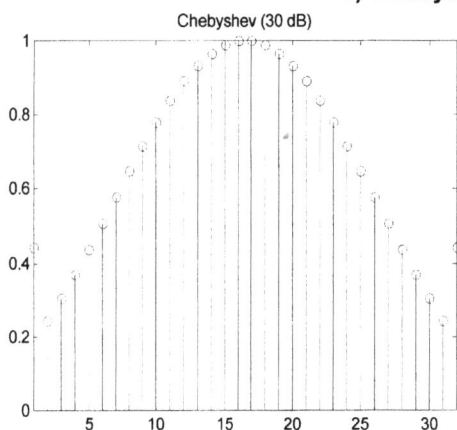
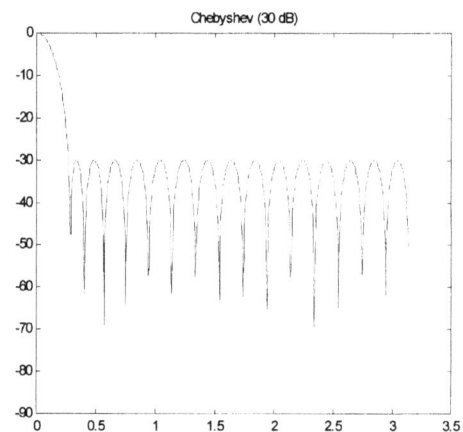

d) **Hanning**

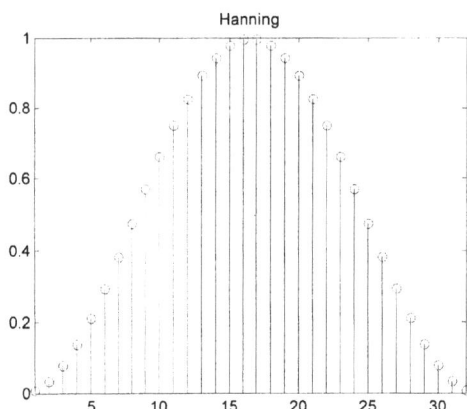
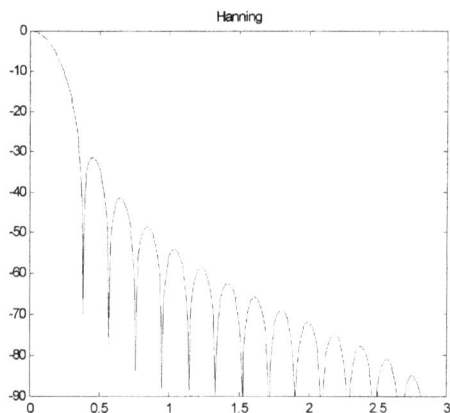

e) Hamming

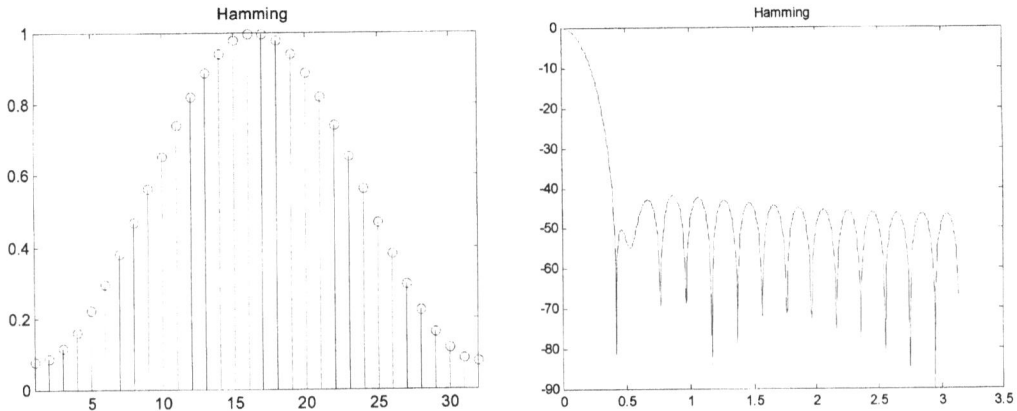

f) Blackman

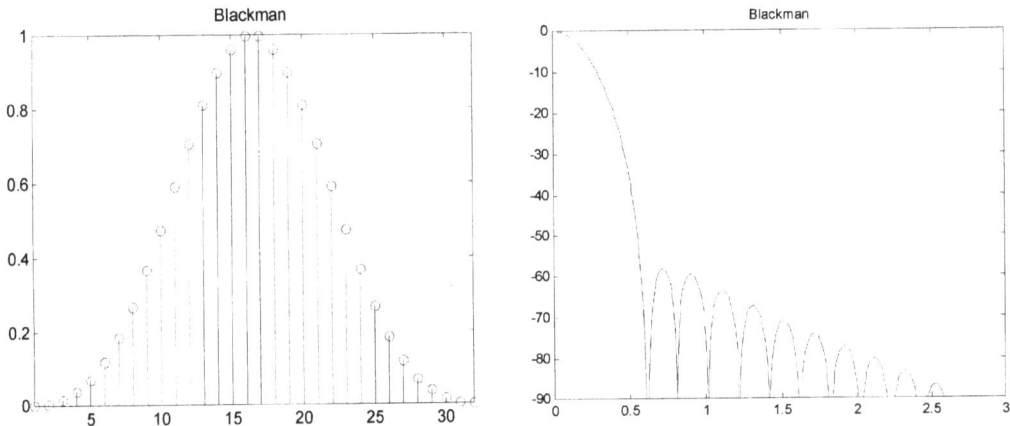

Las ventanas anteriores se han obtenido, para longitudes de 32 muestras, mediante las instrucciones siguientes del programa Matlab: *bartlett* (ventana triangular), *blackman*, *hamming*, *hanning*, *triang*, *kaiser*, *boxcar* (ventana rectangular) y *chebwin* (ventana de Chebyschev). Además de estas ventanas hay otras, como la gausiana (que atenúa los lóbulos secundarios un poco más que la de Hamming), o la de Kaiser (o de Kaiser-Bessel), disponible también como instrucción en el Matlab (instrucción *kaiser*). Las curvas de los espectros se han obtenido con la instrucción *freqz*.

La ventana rectangular es la que presenta un lóbulo principal más estrecho, por lo que es la que mejor discrimina entre frecuencias cercanas. En contrapartida, los lóbulos secundarios están poco atenuados respecto al principal, de modo que las amplitudes estimadas no serán tan fiables como con otras ventanas. Las ventanas gausiana y de Blackman son el caso contrario: lóbulo principal ancho, pero lóbulos secundarios muy atenuados. La ventana de Kaiser, que se revisará en el capítulo de diseño de filtros FIR, se basa en una función de Bessel modificada y permite programar la anchura del lóbulo principal y la atenuación de los secundarios mediante un parámetro ajustable. Las restantes ventanas ofrecen soluciones de compromiso entre la anchura del lóbulo principal y la atenuación de los secundarios.

La rectangular es una buena opción para discriminar entre frecuencias próximas, a costa de una pérdida de fiabilidad en la lectura de las amplitudes cuando interaccionan varios tonos. Este compromiso entre resolución en frecuencias y exactitud en los valores de amplitud queda ilustrado en las gráficas siguientes. En primer lugar, se muestra una señal senoidal:

$$y[n] = 1 \cdot \sin 0,5 \, n$$

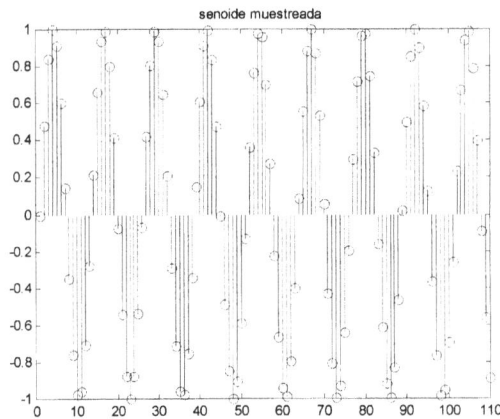

enventanada con diferentes opciones, todas ellas con una longitud de 64 muestras: en primer lugar, se utiliza una ventana rectangular. Representado el espectro sólo en frecuencias positivas, y corrigiendo los valores de amplitud por el factor N ($N = 64$), la longitud de la DFT, se tiene:

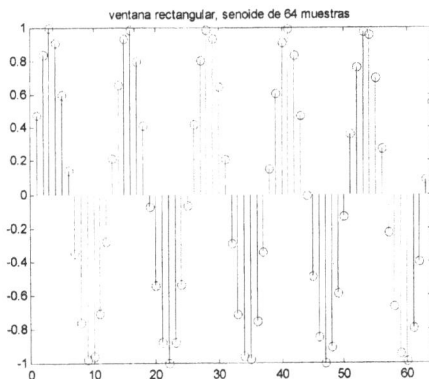

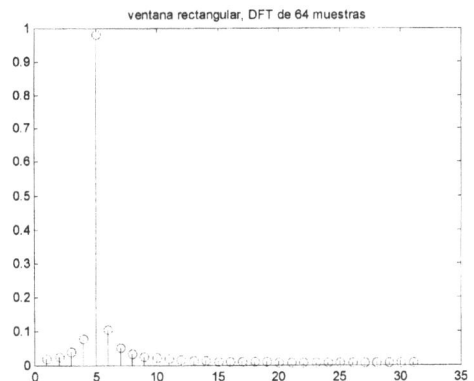

Y escalando el eje de frecuencias en valores de frecuencia discreta, entre 0 y π:

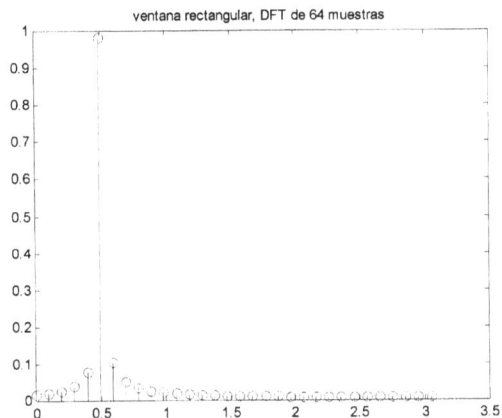

ventana rectangular, DFT de 64 muestras

Como $\Omega_{min} = 2{*}\pi / N$, con $N = 64$, los primeros valores de frecuencia muestreados en la DFT son:

n = 1	$\Omega = 0{,}0982$
n = 2	$\Omega = 0{,}1963$
n = 3	$\Omega = 0{,}2945$
n = 4	$\Omega = 0{,}3927$
n = 5	$\Omega = 0{,}4909$
n = 6	$\Omega = 0{,}5890$
n = 7	$\Omega = 0{,}6872$

Puesto que $y[n]$ es una senoide de $\Omega = 0{,}5$, el máximo de la transformada se debe producir entre las muestras 5 y 6.

Con la ventana de Blackman, se obtiene:

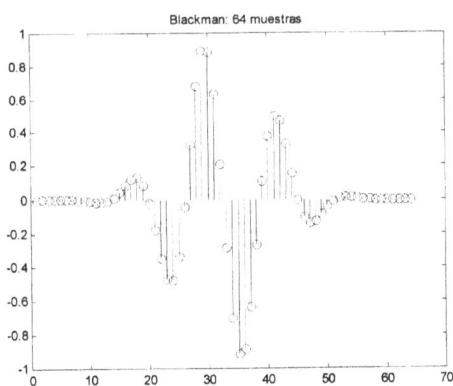

Blackman: 64 muestras

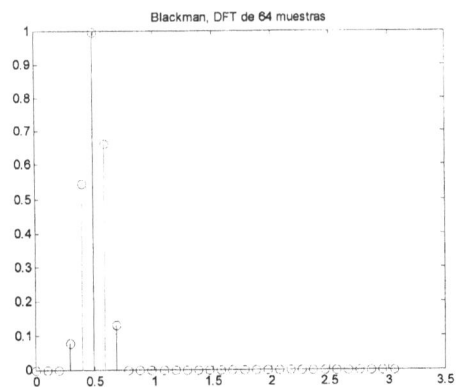

Blackman, DFT de 64 muestras

Nótese que la ventana rectangular ha mostrado un espectro más parecido al teórico (el espectro exacto de la senoide debería ser una sola raya espectral), aunque la amplitud resultante no es la exacta. En contrapartida, al usar la ventana de Blackman (que presenta una mayor separación entre el lóbulo principal y los secundarios), la amplitud se hace más precisa (se aprecia la amplitud unitaria de la senoide), pero la forma espectral es peor.

Las gráficas siguientes ilustran la interacción de tres tonos, donde además de la resolución frecuencial se puede comprobar la exactitud en la determinación de las amplitudes. La señal de prueba es:

$$y[n] = 1,5 \sin 0,5\, n + 1 \sin 0,7\, n + 0,5 \sin 2\, n$$

y la ventana de 64 muestras:

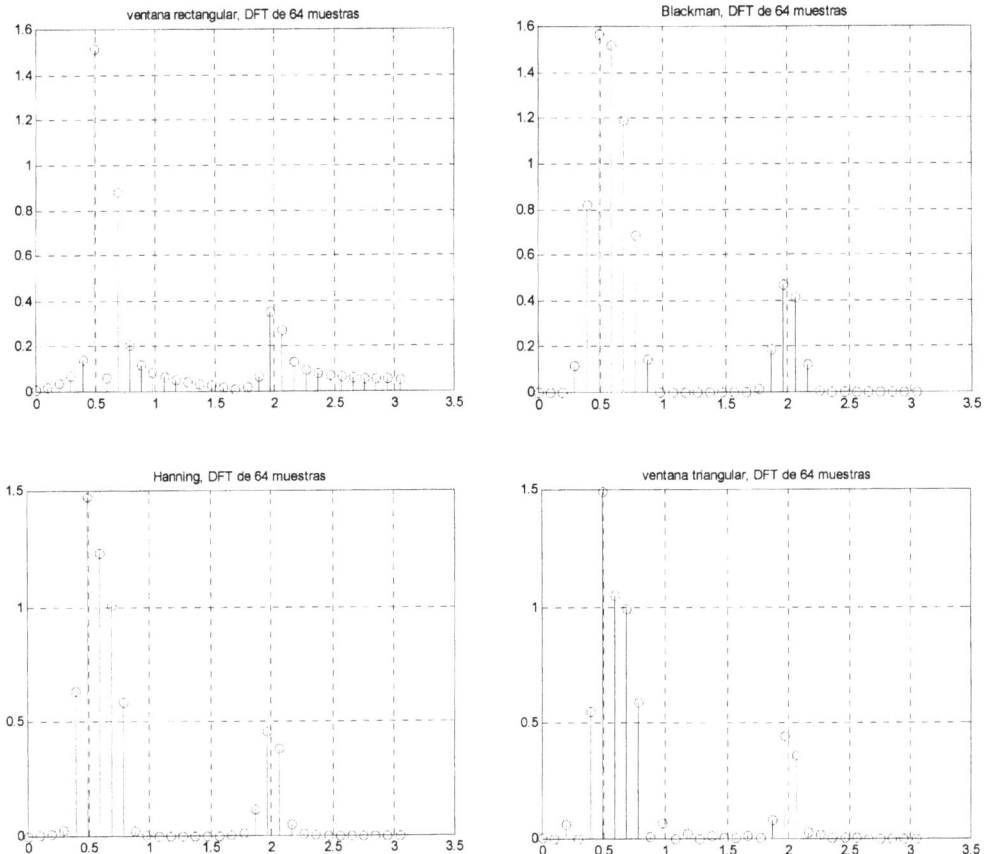

La ventana rectangular ha permitido distinguir mejor entre los tonos de frecuencias 0,5 y 0,7. Por el contrario, las últimas ventanas han permitido una mayor exactitud en la lectura de las amplitudes de cada tono. Estos problemas se van reduciendo a medida que aumenta la longitud de la ventana, como puede comprobarse en las figuras siguientes, donde se ha elegido una longitud de 128 muestras.

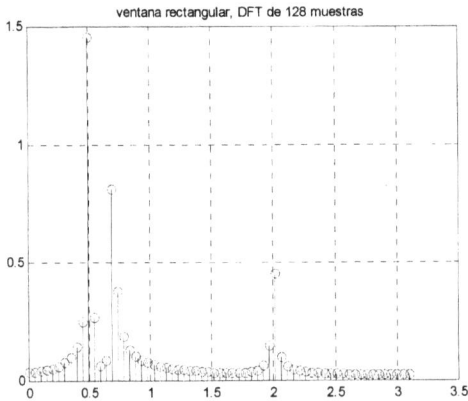

ventana rectangular, DFT de 128 muestras

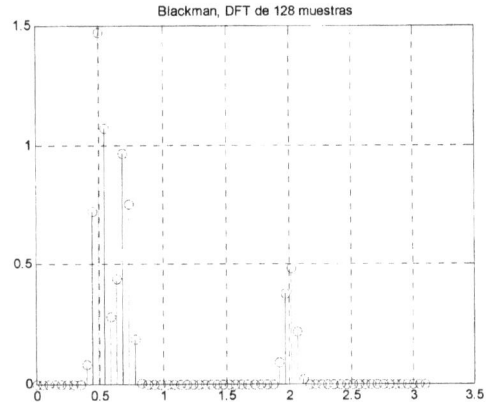

Blackman, DFT de 128 muestras

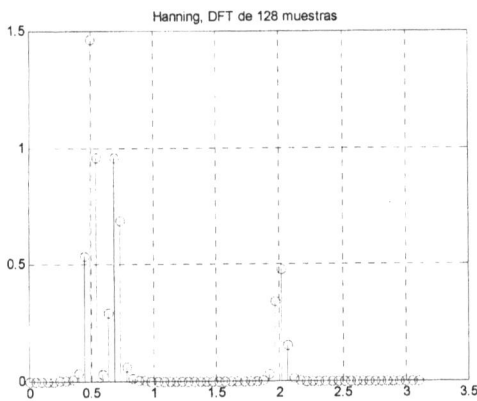

Hanning, DFT de 128 muestras

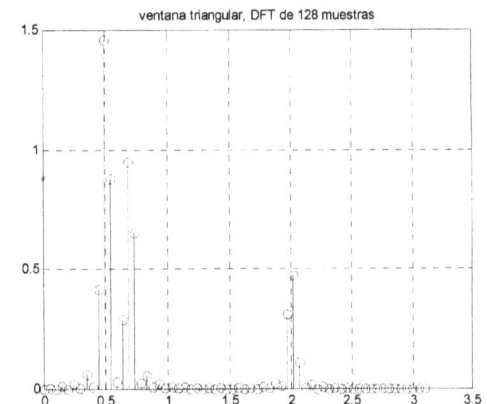

ventana triangular, DFT de 128 muestras

Ejemplos. Las figuras siguientes ilustran el resultado de aplicar la DFT (instrucción *fft* del Matlab) a una señal formada por la suma de cuatro senoides de amplitud unitaria y de frecuencias 4,8; 5; 5,2 y 5,4 Hz. En la leyenda que hay sobre las gráficas, se indican el tipo de ventana utilizado, el número de puntos de *zero padding* (zer.pad=0, si no se aplica esta opción), el período de muestreo en segundos (t_s), el tiempo total muestreado (*tt*) y el número de puntos (*N*). Como puede comprobarse, la ventana rectangular distingue mejor los cuatro tonos, pero peor sus amplitudes.

Nótese que en estos ejemplos se han interpolado los resultados de la DFT -muestras frecuenciales-, y así se ve un espectro continuo en frecuencia.

f= 4.8, 5, 5.2, 5.4 zer.pad=0 ts=0.01. tt =7 N= 701

RECTAN. f= 4.8, 5, 5.2, 5.4 z.p=0ts= 0.01. tt =7 N= 701

GRAFICA UNILATERAL : AMPLITUD EN VOLTS Y FRECUENCIA EN HZ

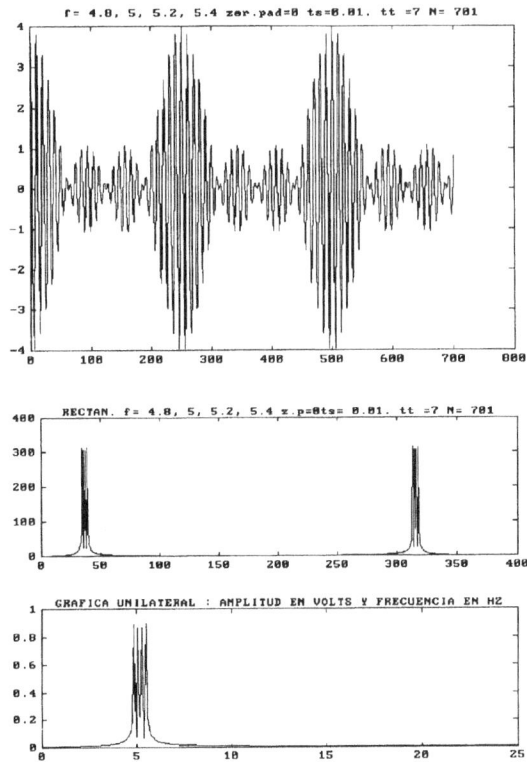

Para determinar las amplitudes en voltios y las frecuencias en Hz, se ha efectuado la operación siguiente:

(amplitud del módulo DFT / N) * 2 = amplitud en voltios

La división por 2 se debe a que se pasa de un espectro bilateral a uno unilateral (relación entre los coeficientes de la serie exponencial y la trigonométrica).

valor de k en la DFT / tt = frecuencia en Hz

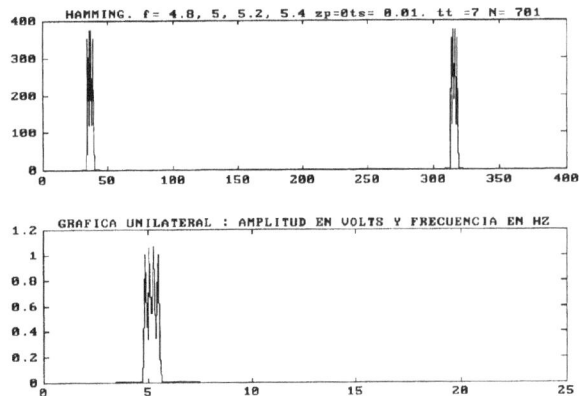

HAMMING. f= 4.8, 5, 5.2, 5.4 zp=0ts= 0.01. tt =7 N= 701

GRAFICA UNILATERAL : AMPLITUD EN VOLTS Y FRECUENCIA EN HZ

Nótese que la ventana de Hamming no discrimina tan bien como la rectangular las cuatro frecuencias pero, en contrapartida, estima amplitudes más cercanas a las correctas (en el ejemplo, de valor unitario).

En las figuras siguientes se ve el efecto de ir disminuyendo la frecuencia de muestreo (aumentar T_s) hasta el momento en que se produce *aliasing*.

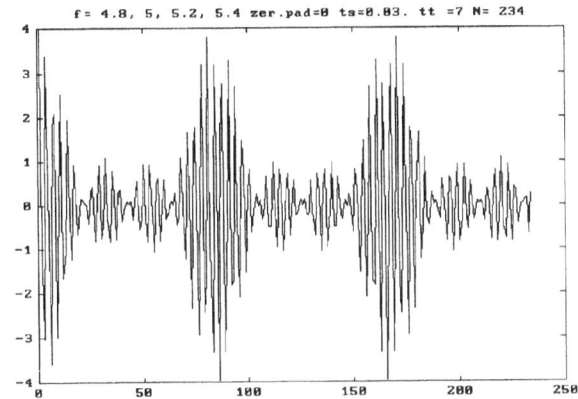

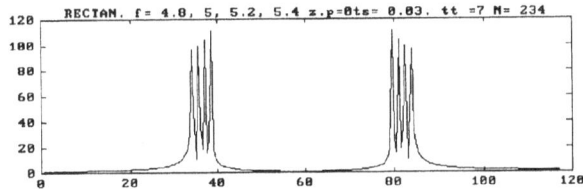

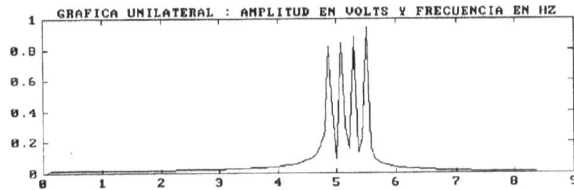

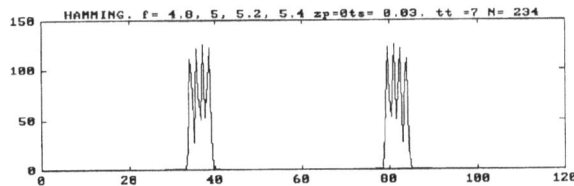

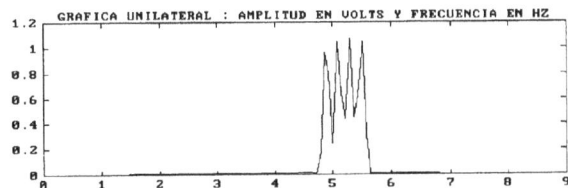

f= 4.8, 5, 5.2, 5.4 zer.pad=0 ts=0.03. tt =7 N= 234

RECTAN. f= 4.8, 5, 5.2, 5.4 z.p=0ts= 0.03. tt =7 N= 234

GRAFICA UNILATERAL : AMPLITUD EN VOLTS Y FRECUENCIA EN HZ

HAMMING. f= 4.8, 5, 5.2, 5.4 zp=0ts= 0.03. tt =7 N= 234

GRAFICA UNILATERAL : AMPLITUD EN VOLTS Y FRECUENCIA EN HZ

f = 4.8, 5, 5.2, 5.4 zer.pad=0 ts=0.045, tt =7 N= 156

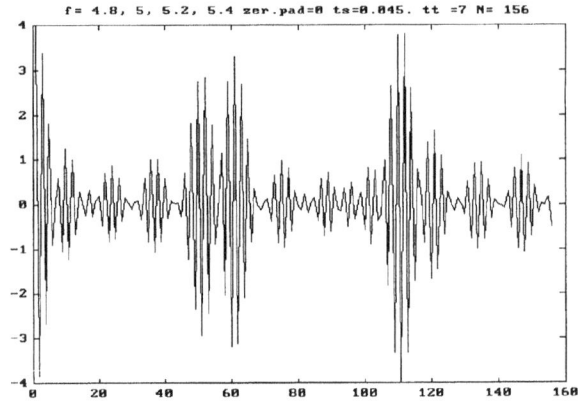

RECTAN. f= 4.8, 5, 5.2, 5.4 z.p=0ts= 0.045, tt =7 N= 156

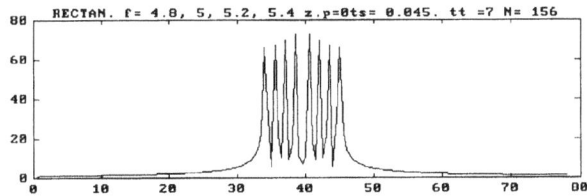

GRAFICA UNILATERAL : AMPLITUD EN VOLTS Y FRECUENCIA EN HZ

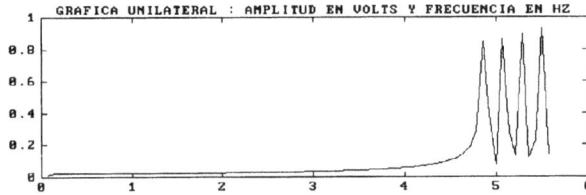

HAMMING. f= 4.8, 5, 5.2, 5.4 zp=0ts= 0.045, tt =7 N= 156

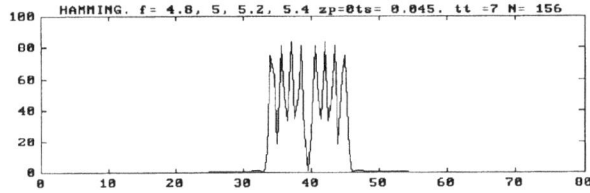

GRAFICA UNILATERAL : AMPLITUD EN VOLTS Y FRECUENCIA EN HZ

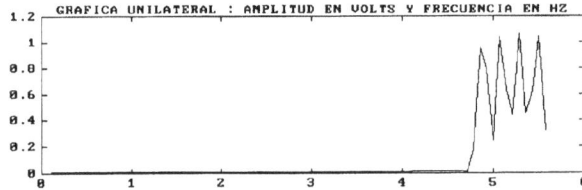

Las figuras restantes ilustran un ejercicio básico de estimación espectral: se trata de determinar cuáles son las frecuencias de varios tonos (cuatro en este ejemplo) cuando éstos están contaminados por un ruido gaussiano de varianza considerable que enmascara su forma temporal.

f= 4.8, 5, 5.2, 5.4 zer.pad=0 ts=0.01. tt =7 N= 701

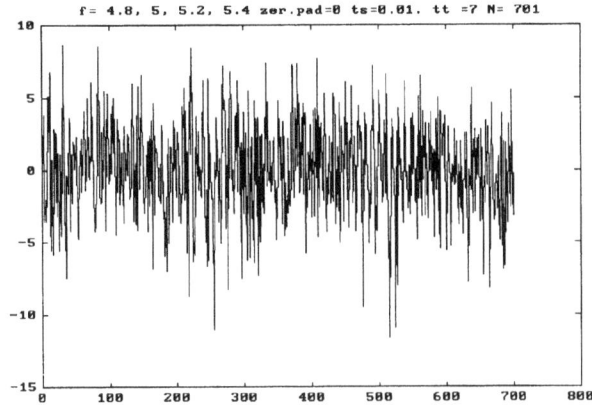

Nótese que es imposible distinguir las senoides directamente de esta información temporal. Sin embargo, pueden apreciarse en la DFT como se muestra a continuación, primero con una ventana rectangular y después con otra de Hamming:

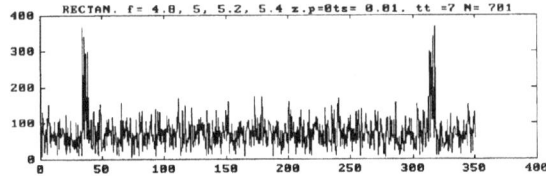

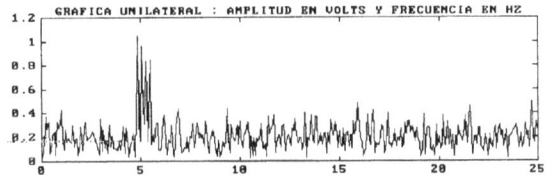

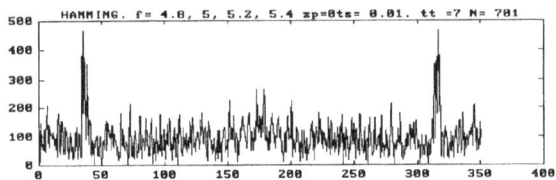

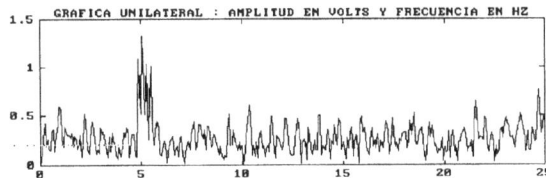

RECTAN. f= 4.8, 5, 5.2, 5.4 z.p=0ts= 0.01. tt =7 N= 701

GRAFICA UNILATERAL : AMPLITUD EN VOLTS Y FRECUENCIA EN HZ

HAMMING. f= 4.8, 5, 5.2, 5.4 zp=0ts= 0.01. tt =7 N= 701

GRAFICA UNILATERAL : AMPLITUD EN VOLTS Y FRECUENCIA EN HZ

Como ya se ha visto al principio del presente capítulo, la DFT trata las secuencias temporales como si fueran periódicas, repitiendo periódicamente la secuencia finita sobre la que se ha calculado la DFT. Así, si para el cálculo de la DFT de una secuencia como la de la figura siguiente (cos Ωn) se toma una ventana de muestras tal que la última sea la inmediatamente anterior a la primera, la IDFT de la DFT obtenida será un coseno de duración infinita. En este caso, la DFT del coseno da un resultado correcto: una raya espectral de la amplitud del coseno y a la frecuencia de éste.

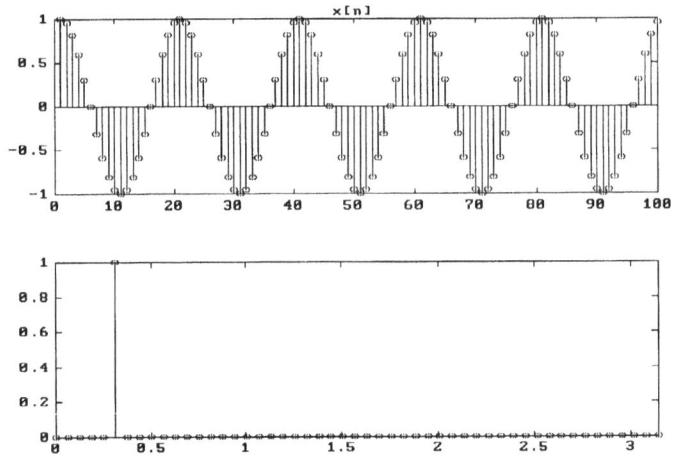

Fig. 8.21. DFT de un número entero de períodos de una senoide

En caso contrario, si la última muestra de la secuencia temporal no es la inmediatamente anterior a la primera, se produce una discontinuidad en la secuencia periódica (cada 90 muestras en el caso de la figura siguiente), con el consiguiente efecto en la DFT, que ahora ya no es la de un coseno puro.

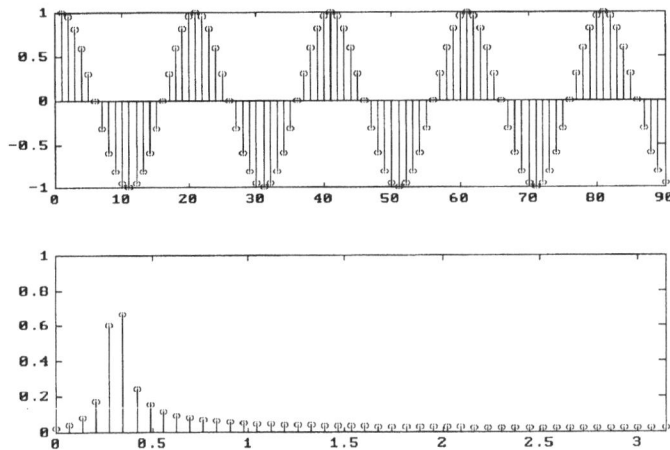

Fig. 8.22. Repetición de la DFT de la figura anterior con un número no entero de períodos

8.10. Algoritmos de cálculo de la DFT más comunes[1]

8.10.1. Forma directa

Consiste en aplicar directamente la definición de la DFT para una secuencia compleja $x[n]$:

$$X[k] = \sum_{n=0}^{N-1} x[n]W_N^{kn} = \sum_{n=0}^{N-1} (Re(x[n])Re(W_N^{kn}) - Im(x[n])Im(W_N^{kn})) +$$

$$+j(Re(x[n])Im(W_N^{kn}) + Im(x[n])Re(W_N^{kn})) \qquad k=0,1,...,N-1 \qquad (8.28)$$

o bien, descomponiendo $X[k] = X_R[k] + j X_I[k]$ en sus partes real e imaginaria:

$$X_R[k] = \sum_{n=0}^{N-1} [x_R[n]\cos\frac{2\pi kn}{N} + x_I[n]\sin\frac{2\pi kn}{N}] \qquad (8.29)$$

$$X_I[k] = \sum_{n=0}^{N-1} [x_R[n]\sin\frac{2\pi kn}{N} - x_I[n]\cos\frac{2\pi kn}{N}] \qquad (8.30)$$

La resolución por este método es poco eficiente, ya que implica N^2 multiplicaciones complejas ($4\cdot(N\cdot N)$ multiplicaciones reales) y $N\cdot(N-1)$ adiciones complejas ($4\cdot N\cdot(N-1)$ adiciones reales), además de evaluar $2\cdot N\cdot N$ funciones trigonométricas (que pueden estar previamente tabuladas en memoria para ganar velocidad). Así, para el caso de N = 128, el número total de operaciones sería de 16.384 multiplicaciones complejas (65.536 reales) y 16.256 sumas complejas (65.024 reales).

8.10.2. Transformada rápida de Fourier (*Fast Fourier Transform, FFT*)

Siempre y cuando se cumpla que $N = 2^m$ (N potencia de 2), este algoritmo propuesto por Cooley y Tukey el año 1965 utiliza del orden de $(N/2) \cdot \log_2 (N/2)$ multiplicaciones complejas y $N \cdot \log_2 (N)$ adiciones complejas. Así para N = 128 = 2^7 utilizarán 448 multiplicaciones complejas y 896 sumas. La diferencia principal con el ineficiente método directo, donde el número de operaciones crece con el de muestras como N^2, es que con la FFT el número de operaciones crece como el logaritmo en base 2 de N.

La restricción de $N = 2^m$ se puede eliminar usando formas alternativas de la FFT. En algunos casos, podría pensarse que no viene de unas cuantas muestras: si el número de ellas no es una potencia de dos, despreciando las últimas muestras puede resolverse el problema, aunque a costa de perder resolución en la transformada. Sin embargo, hay

---

[1] Los algoritmos de cálculo de la DFT son habituales en la bibliografía dedicada a métodos numéricos para procesado de señal y en libros de aplicación de DSP de diferentes fabricantes. Es fácil encontrar detalles de ellos, tanto programados a alto nivel, normalmente en lenguaje C, como en lenguaje ensamblador.

otra solución preferible a ésta, que consiste en añadir ceros (*zero padding*) a la secuencia hasta que su longitud sea una potencia de dos. Esta solución es la que ofrece la instrucción *fft* del Matlab.

8.10.2.1. El algoritmo de la FFT

La clave de los algoritmos de cálculo FFT es que aprovechan las propiedades de simetría y periodicidad del fasor W_N, y así se evitan operaciones redundantes de la DFT. La única limitación es que sólo son válidos para secuencias cuya longitud sea una potencia de 2; si no, hay que recurrir a algoritmos modificados y menos eficientes.

Los algoritmos de la FFT se clasifican según si se realiza el cómputo en tiempo o en frecuencia. Si el valor de la N es una potencia de 2, se puede aplicar un algoritmo llamado *Radix-2*. También existen algoritmos *Radix-4*, más eficientes, los cuales son aplicables cuando la secuencia de entrada es una potencia de 4.

La FFT puede calcularse por dos métodos diferentes: el de diezmado en el tiempo y el de diezmado en frecuencia. La diferencia estriba en que en el primer caso se realiza una reordenación previa de las muestras temporales; a cambio, los resultados quedan ordenados correctamente. Si el cómputo se realiza por el método de diezmado en frecuencia, se empiezan a hacer los cálculos con las muestras de entrada tal como llegan al sistema, pero la secuencia final obtenida (resultado) tiene que ponerse en orden correcto realizando una reordenación de los resultados. Tanto en un caso como en el otro el número de operaciones y la dificultad de programación son los mismos.

A continuación se ve el método de diezmado en tiempo. Partiendo de la ecuación de análisis, se puede dividir el sumatorio en dos, el de los términos pares y el de los impares:

$$X[k] = \sum_{n=0}^{\frac{N}{2}-1} x[2n]\, W_N^{2nk} + \sum_{n=0}^{\frac{N}{2}-1} x[2n+1]\, W_N^{(2n+1)k} =$$

$$= \sum_{n=0}^{\frac{N}{2}-1} x[2n]\, W_N^{2nk} + W_N^{k} \sum_{n=0}^{\frac{N}{2}-1} x[2n+1]\, W_N^{2nk} \qquad (8.31)$$

$$k = 0, 1, \ldots, N-1$$

Con esto se consigue separar los términos a calcular en dos DFT de longitud $N/2$. Haciendo ahora las sustituciones: $x_1[n] = x[2n]$ y $x_2[n] = x[2n+1]$ y notando que:

$$W_N^{2nk} = e^{-j(\frac{2\pi}{N})2nk} = e^{-j(\frac{2\pi}{N/2})nk} = W_{N/2}^{nk} \qquad (8.32)$$

la ecuación queda como sigue:

$$X[k] = \sum_{n=0}^{\frac{N}{2}-1} x_1[n]\, W_{N/2}^{nk} + W_N^k \sum_{n=0}^{\frac{N}{2}-1} x_2[n]\, W_{N/2}^{nk} = G[k] + W_N^k\, H[k] \qquad (8.33)$$

$$k = 0, 1, \ldots, N-1$$

Esta ecuación es la suma de dos DFT de $N/2$ puntos ($G[k]$ y $H[k]$) calculadas sobre los términos pares e impares, respectivamente. Cada uno de los dos sumatorios se conoce como la DFT de $N/2$ puntos. Los múltiplos de W_N, llamados *twidle factors*, aparecen como coeficientes en el cálculo de la FFT.

La ecuación 8.33 se muestra como un diagrama de flujo en la figura 8.23, correspondiente a una FFT por diezmado en tiempo, es decir, previa descomposición (reordenación) de las muestras temporales de entrada en una secuencia de muestras pares y otra de muestras impares. Gracias a esta descomposición previa de la secuencia temporal, la secuencia de muestras de la DFT (secuencia de salida del algoritmo) queda ordenada desde la primera muestra de la respuesta frecuencial hasta la última.

Nótese que la DFT de N puntos se ha descompuesto en dos DFT de $N/2$ puntos (en la figura, $N = 8$). Los primeros $N/2$ puntos pueden hallarse directamente de la ecuación anterior pero, aunque el índice k comprenda el rango $[0, N-1]$, los términos $G[k]$ y $H[k]$ sólo son computables en el rango $[0, (N/2)-1]$ ya que son periódicos con período $N/2$.

Así, puede modificarse la ecuación anterior de la forma:

$$X[k] = \begin{cases} G[k] + W_N^k\, H[k], & 0 \le k \le \dfrac{N}{2} \\[2ex] G\!\left[k - \dfrac{N}{2}\right] + W_N^k\, H\!\left[k - \dfrac{N}{2}\right], & \dfrac{N}{2} \le k \le N-1 \end{cases} \qquad (8.34)$$

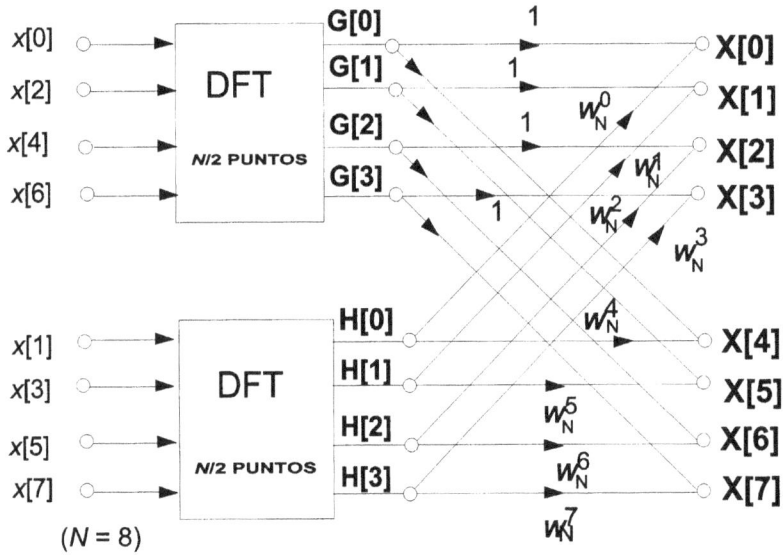

Fig. 8.23. Descomposición del cálculo de la DFT en la combinación de dos DFT de N/2 puntos por
diezmado en tiempo

Las dos DFT de *N/2* puntos pueden volver a descomponerse en DFT de *N/4* puntos:

$$G[k] = \sum_{n=0}^{\frac{N}{2}-1} x_1[n] \, W_{N/2}^{nk} = \sum_{r=0}^{\frac{N}{4}-1} x_1[2r] \, W_{N/2}^{2rk} + \sum_{r=0}^{\frac{N}{4}-1} x_1[2r+1] \, W_{N/2}^{(2r+1)k} =$$

$$= \sum_{r=0}^{\frac{N}{4}-1} x_1[2r] \, W_{N/4}^{rk} + W_{N/2}^{k} \sum_{r=0}^{\frac{N}{4}-1} x_1[2r+1] \, W_{N/4}^{rk} =$$

$$= R[k] + W_{N/4}^{k} \, S[k] \tag{8.35}$$

Asimismo, la expresión de *H[k]* será:

$$H[k] = \sum_{r=0}^{\frac{N}{4}-1} x_2[2r] \, W_{N/4}^{rk} + W_{N/2}^{k} \sum_{r=0}^{\frac{N}{4}-1} x_2[2r+1] \, W_{N/4}^{rk} \tag{8.36}$$

En la figura siguiente se muestran las sucesivas particiones de una secuencia de ocho puntos.

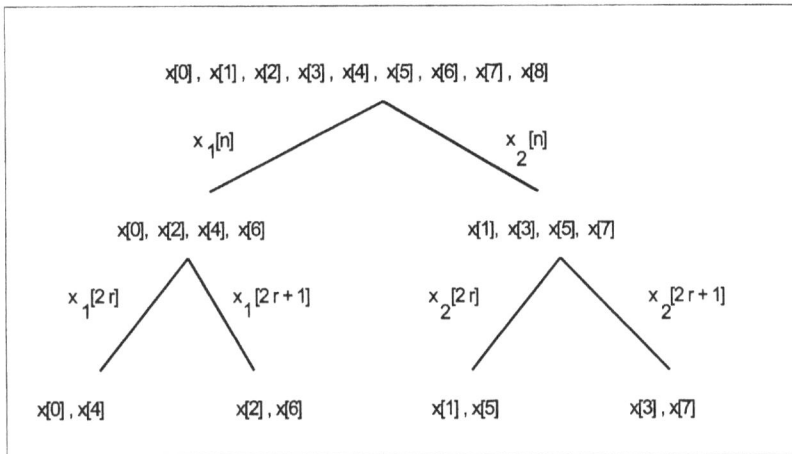

Fig. 8.24. Sucesivas particiones de una secuencia (de ocho muestras)

Con esta nueva descomposición, el diagrama de flujo de la parte correspondiente a $G[k]$ en el diagrama de flujo de la FFT anterior se descompone en:

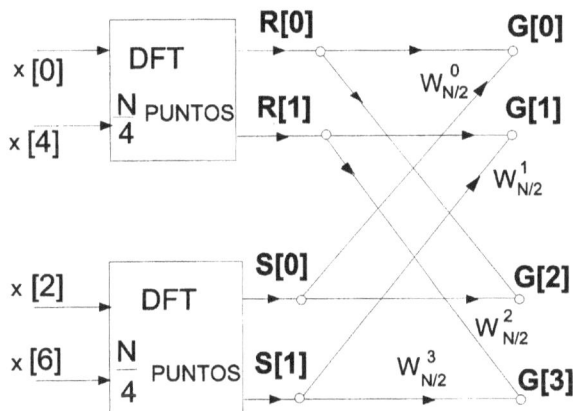

Fig. 8.25. Descomposición para el cálculo de $G[k]$

Siguiendo el mismo procedimiento, para $H[k]$ se obtendría un diagrama similar.

Si $N = 8$, entonces $N/4 = 2$, y ya no se puede seguir descomponiendo la DFT en bloques más elementales. La DFT de dos puntos corresponde al diagrama siguiente:

$$X[k] = x[0] + W_2^k\, x[4] \rightarrow$$

$$X[0] = x[0] + x[4]$$ (8.37)

$$X[1] = x[0] - x[4]$$

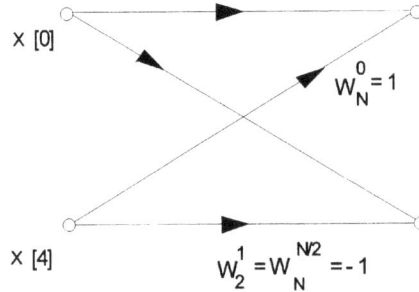

Fig. 8.26. Flujograma de la DFT de dos puntos

Si N es una potencia de 2, la transformada puede irse descomponiendo en transformadas menores de $N/2$, éstas en otras de $N/4$ puntos, que a su vez se van dividiendo en otras de $N/8$, y así sucesivamente hasta llegar a tener transformadas de dos puntos. Esto requiere n etapas de cálculo, siendo $n = \log_2 N$. Para evaluar una DFT de N puntos son necesarias N^2 multiplicaciones complejas (el número de multiplicaciones reales es cuatro veces superior); mientras que si se descompone en dos DFT de $N/2$ puntos, las multiplicaciones complejas se reducen a $N^2/2 + N$. En la tabla siguiente se ilustra el ahorro computacional que conlleva la descomposición de la DFT de N puntos en dos DFT de $N/2$ puntos.

	DFT N puntos (directa)	Descomposición de la DFT en dos de $N/2$ puntos
Multiplicaciones complejas	N^2	$N^2/2 + N$
Multiplicaciones reales	$4\,N^2$	$4\,(N^2/2 + N)$
Sumas complejas	$N\,(N-1)$	$N^2/2$
Sumas reales	$2N(N-1) + 2N^2$	$2\,N^2/2$

El operador básico para calcular las FFT, una vez descompuesta la DFT de N puntos en DFT de 2 puntos, es el que se muestra en la figura siguiente, llamado operador "mariposa" (*butterfly*, en inglés) por su forma gráfica. Gracias a las simetrías que presenta este operador, se simplifica enormemente la complejidad de cálculo de la DFT.

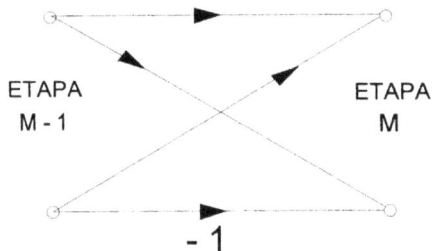

Fig. 8.27. Operador en "mariposa"

Para ilustrar mejor el algoritmo, lo mejor es hacer una FFT del ejemplo que se viene utilizando para $N = 8$. La figura 8.28 muestra el algoritmo completo para este número de muestras.

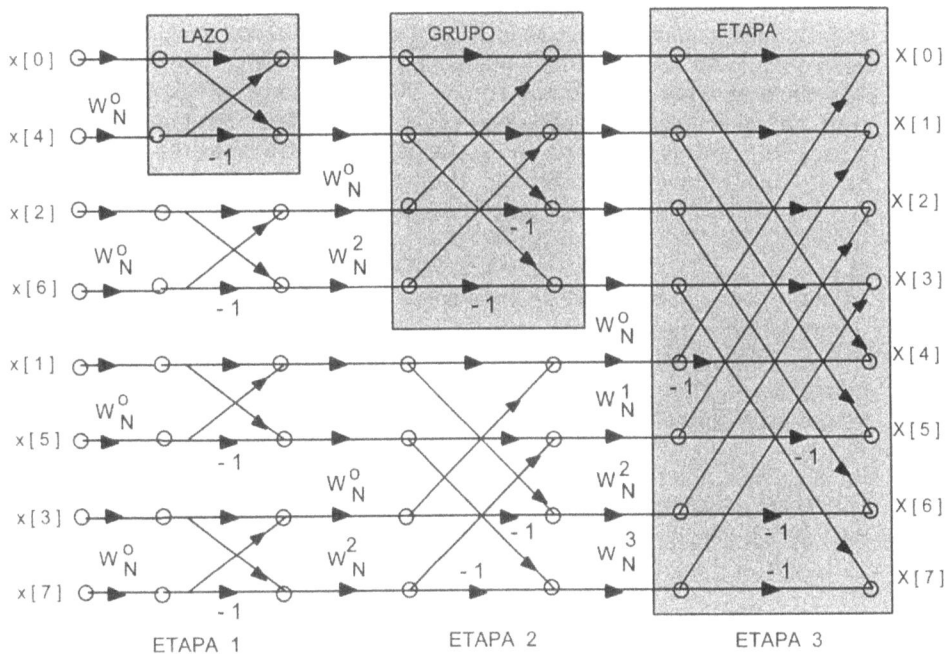

Fig. 8.28. Flujograma completo para el cálculo de la DFT de una secuencia de 8 muestras

A la vista de la figura anterior, se puede deducir que en el algoritmo de la FFT serán necesarias una serie de *etapas*, cada una de ellas correspondiente a la subdivisión de la secuencia de entrada en dos DFT de longitud la mitad. Si es necesario pasar de una DFT de longitud N a una DFT de longitud 2, se puede observar que serán necesarias n etapas ($n = \log_2 N$). Por ejemplo, para una FFT de $N = 512$ serán necesarias 9 etapas. En nuestro ejemplo, sólo son necesarias 3 etapas.

Asimismo, dentro de cada etapa se deben realizar una serie de cálculos con los valores obtenidos en cada una de las DFT calculadas en etapas anteriores. Por tanto, en la etapa final de nuestra FFT se deben sumar los valores obtenidos en la primera DFT ($G[k]$) con los obtenidos en la segunda ($H[k]$), multiplicados por los factores W_N^k. Por tanto, en la etapa final se tendrá tan solo un *grupo* de cálculo, pero en etapas anteriores, por ejemplo en la etapa 2, tendremos 2 grupos de cálculo, cada uno de ellos para los resultados de las DFT realizadas en la etapa anterior. Sin embargo, el tamaño de cada grupo de cálculo se irá reduciendo a medida que nos acercamos a la primera etapa.

En la primera etapa, el tamaño de los grupos se habrá reducido al máximo, de forma que tan sólo habrá una operación compleja por grupo de cálculo. A esta operación de más bajo nivel (la cual correspondería a efectuar una DFT de 2 muestras) se le llama *lazo*. El lazo es la operación más básica que se realiza en cada etapa de la FFT. Conforme se va avanzando en el número de etapas, el número de lazos por grupo se irá doblando; se empieza por 1 lazo por grupo y 4 grupos, y se va aumentando hasta llegar a 1 sólo grupo con 4 lazos en la etapa final.

Para la programación de este algoritmo de la FFT se plantean dos posibles estrategias. Por un lado, se puede empezar por la lista de muestras de longitud N, e ir calculando de "final a principio". Este método es sólo apropiado para máquinas con memoria considerable, como por ejemplo un PC, ya que en cada una de las llamadas recursivas del algoritmo se necesita una cantidad importante de memoria, lo cual lo hace poco apropiado para ser programado en una DSP. La otra estrategia para calcular la FFT consiste en ir avanzando "desde el principio hasta el final". Por tanto, antes de empezar a hacer cálculos es necesaria una etapa para poner las muestras en orden apropiado, hacer una reordenación (*scramble*). Una vez puestas las muestras de forma correcta para realizar las operaciones, ya se pueden evaluar las diferentes etapas.

El primer paso para llamar la rutina de la FFT es colocar en el orden correcto el *buffer* de muestras de entrada que se pasa como parámetro de la subrutina. Para realizar la reordenación (*scramble*), se puede ir dividiendo el conjunto de muestras en partes par e impar, y así sucesivamente, hasta alcanzar el orden correcto. Sin embargo, existe una propiedad de direccionamiento en memoria que se puede aprovechar a la hora de programar la subrutina de reordenación.

En el ejemplo anterior, se tenían un total de 8 muestras en la FFT. Si se numera cada una de las muestras con su dirección en binario, asumiendo que la primera ($x[0]$) tiene la dirección 000, se tiene el esquema siguiente:

000	$x[0]$
001	$x[1]$
010	$x[2]$
011	$x[3]$
100	$x[4]$
101	$x[5]$
110	$x[6]$
111	$x[7]$

Si para cada dirección en binario se hace su reverso bit a bit, se observa que las muestras están cada una en su posición correcta. Por ejemplo, si se hace el reverso de la dirección 011, se obtiene el 110. Por tanto, en la posición de $x[3]$, tendrá que ponerse la muestra que hay en 110, es decir, $x[6]$. Si se realiza este cambio con todas las posiciones de memoria se obtiene lo siguiente:

000	$x[0]$
100	$x[4]$
010	$x[2]$
110	$x[6]$
001	$x[1]$
101	$x[5]$
011	$x[3]$
111	$x[7]$

El nuevo orden obtenido de las muestras de entrada es el mismo que se habría conseguido separando la lista en términos pares e impares. Por tanto, se puede realizar el *scramble* de las muestras con un reverso de los bits de las direcciones del buffer en el que se almacenan las muestras. Y ésta es precisamente una de las características de los generadores de direcciones de muchas DSP (modo de funcionamiento en *bit-reverse*).

Ya se ha avanzado que una alternativa al método de diezmado en tiempo (DIT) es el de diezmado en frecuencia (DIF), aunque el número de operaciones requerido en cada método es el mismo. La diferencia del DIF radica en que no se requiere una reordenación de las muestras de entrada; en cambio, hay que reordenar los resultados de la DFT ya que aparecen descompuestos en un bloque de muestras pares y otro de muestras impares (de ahí el nombre de diezmado en frecuencia).

En la exposición de la FFT se ha supuesto que el número de muestras era una potencia de 2 ($N = 2^m$), y se ha descompuesto la DFT en repetidas transformaciones de dos puntos. En general, si $N = R^m$, puede operarse de forma similar con descomposiciones de la DFT original en DFT de R puntos, y los algoritmos correspondientes llaman de Radix-R. En este caso, con $R = 2$, el algoritmo presentado es el Radix-2. Si N es una potencia de 4, $R = 4$, se puede usar el algoritmo Radix-4, más eficiente que el anterior.

8.10.2.2. Cálculo de la IFFT

Comparando la expresión de la DFT:

$$F[k] = \sum_{n=0}^{N-1} f[n] e^{-j(\frac{2\pi}{N})nk} \qquad (8.38)$$

con la de la IDFT:

$$f[n] = \frac{1}{N} \sum_{k=0}^{N-1} F[k] e^{j(\frac{2\pi}{N})kn} \qquad (8.39)$$

se ve que ambas sólo difieren en el signo de la exponencial y en el factor $1/N$. Por ello es fácil adaptar el esquema de la FFT anterior para el cálculo de la IFFT. En este caso, la secuencia de entrada son las muestras de $X[k]$ y la salida de la IFFT es la secuencia temporal $x[n]$. Nótese que las muestras de entrada $X[k]$ deben introducirse en orden inverso (desde la última k hasta la primera) si se quiere seguir un esquema basado en la ecuación 8.38 para obtener la IDFT, ya que el término k del exponente es negativo (operación de reflexión o de *folding*).

8.10.3. Otros algoritmos de cálculo de la DFT

8.10.3.1. Algoritmo de Goertzel

Es un algoritmo propuesto en 1958 y un poco más eficiente que el directo, que explota la periodicidad de las exponenciales. Resulta interesante cuando k es un número reducido (si no interesan muchas muestras de $X[k]$). Si el objetivo es evaluar $X[k]$ para M valores de k, siendo M un número reducido, el algoritmo tiene interés. Concretamente, si $M < \log_2 N$, tanto el algoritmo de Goertzel como el directo son los más eficientes, pero si se quieren obtener las N muestras frecuenciales que permiten las N muestras temporales de entrada, los algoritmos de FFT por diezmado son unas $N/\log_2 N$ veces más eficientes.

En el caso límite en que sólo interese obtener la DFT sobre una única frecuencia, como puede ser el caso de detectar la presencia o no de un tono en un teléfono con marcado multifrecuencia, el algoritmo de Goertzel es una alternativa a considerar.

8.10.3.2. Algoritmo de Winograd (*Winograd Fourier Transform*)

Propuesto en 1978, es un algoritmo interesante en procesadores lentos para multiplicar, ya que reduce el número de multiplicaciones a N, aunque a costa de aumentar el número de sumas. Con la aparición de las DSP, que incluyen la multiplicación a nivel de hardware, ha perdido interés.

8.10.3.3. Transformación *chirp* (*Chirp Z Transform*, CZT)

Es un método propuesto por Rabiner en 1969, que permite el cálculo rápido de la transformada Z en ciertos puntos dentro de una región de la circunferencia de radio unidad del plano Z. Es útil cuando no interesa evaluar la DFT en todo el intervalo [-π, π], sino sólo en una subbanda de frecuencias. Su eficiencia computacional es baja, aunque presenta el atractivo de poderse programar como una convolución con una exponencial compleja cuya fase varía linealmente con la frecuencia. Jugando con el módulo de esta exponencial, pueden distribuirse uniformemente las muestras sobre el arco de la circunferencia en que se quiera hallar la DFT (si el módulo es unitario), o bien pueden distribuirse no uniformemente, centrando más muestras en la zona del arco en que se desee una mayor resolución de la DFT.

8.10.3.4. Transformada discreta del coseno (*Discrete Cosine Transform*, DCT)

Esencialmente es la parte real de la DFT, y se basa en el hecho de que la serie de Fourier de una función real y con simetría par sólo contiene los términos en coseno. Es fácil de programar, e incluso hay circuitos integrados que la soportan en hardware. Se usa en la compresión de imágenes y de voz, tanto para su transmisión (reducción de la velocidad en bits por segundo) como para su almacenamiento en memoria. Una vez calculada la DCT, se desprecian los componentes poco significativos (frecuencias con poca información) y así se comprime la información.

8.10.3.5. Transformación de Walsh

Se basa en las funciones de Walsh, que son un conjunto de formas de onda rectangulares, relacionadas armónicamente entre ellas. En lugar de hacer la descomposición de una señal sobre una base de senos y cosenos, la transformada de Walsh descompone la señal sobre una base de ondas rectangulares, de amplitudes ±1, lo que la hace fácil de calcular e idónea para la representación de señales con discontinuidades, como es el caso de las imágenes. En contrapartida, no da una información frecuencial directa, sino que ésta se deduce del número de pasos (cruces) por cero por unidad de tiempo. Cuanto más alta es la frecuencia de la señal, mayor es el orden de la función de Walsh que interviene en su desarrollo en serie, lo que conlleva un mayor número de transiciones (pasos por cero).

8.10.3.6. Transformada de Fourier de tiempo corto (*Short-Time Fourier Transform*, STFT)

Considérese el caso de una señal no estacionaria, como puede ser un pasaje musical cuyo espectro depende del intervalo de tiempo en que sea evaluado. Según el tipo de instrumentos y de las notas musicales que participen en cada momento, la transformada de Fourier irá dando diferentes resultados. En este caso, interesa no sólo el espectro de la señal, sino también el intervalo de tiempo en que se produce este espectro. Para obtener esta doble información tiempo-frecuencia, se usa la transformada de Fourier en tiempos cortos (STFT), que puede ser interpretada como una versión enventanada de la TFSD, en la cual se va obteniendo la DFT de las muestras temporales que aparecen bajo una ventana que se va desplazando en el tiempo. Esto proporciona espectros consecutivos de zonas reducidas de la secuencia de entrada, cada una de ellas de longitud igual a la de la ventana y centradas en el tiempo alrededor del instante m (véase la figura):

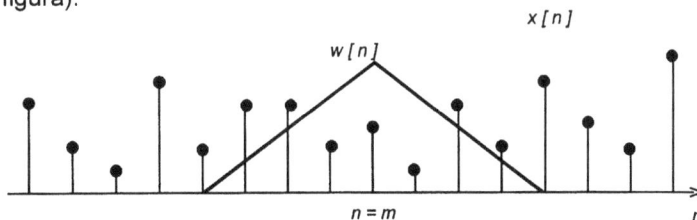

Fig. 8.29. Enventanado deslizante de una secuencia x[n] para el cálculo de STFT

Formalmente, la STFT se define como:

$$X_{STFT}(e^{j\Omega}, m) = \sum_{n=-\infty}^{\infty} x[n]\, w[n-m]\, e^{-j\Omega n} = w[n] * x[n]\, e^{-j\Omega n} \tag{8.40}$$

Se observa que la STFT se obtiene calculando la transformada de Fourier de las muestras obtenidas desplazando el punto central m de la ventana $w[n]$. Es una función de dos variables, $e^{j\Omega}$ y m, es decir, del espectro y del intervalo temporal en que se ha calculado. Si la ventana es de longitud M, cada STFT puede obtenerse como una DFT de M muestras:

$$X_{STFT}[k, m] = \sum_{n=0}^{M-1} x[n]\, w[n - \frac{M}{2}]\, e^{-j\frac{2\pi}{N} kn} ,$$

$$m = r.M + \frac{M}{2}, \quad r = 0, 1, 2, 3, \dots \tag{8.41}$$

En la figura siguiente puede verse la forma de una señal senoidal cuya frecuencia va aumentado linealmente con el tiempo (llamada señal *chirp*).

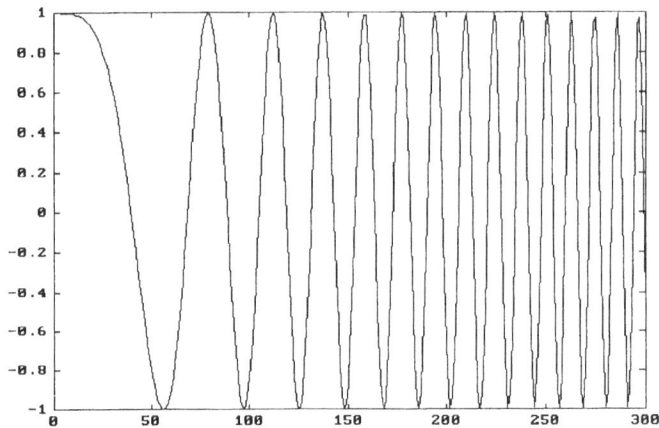

Fig. 8.30. Señal chirp

Su STFT, representada sobre el plano tiempo-frecuencia, tiene la forma aproximada de la figura, en la que se ha representado la DFT calculada en intervalos temporales de r muestras.

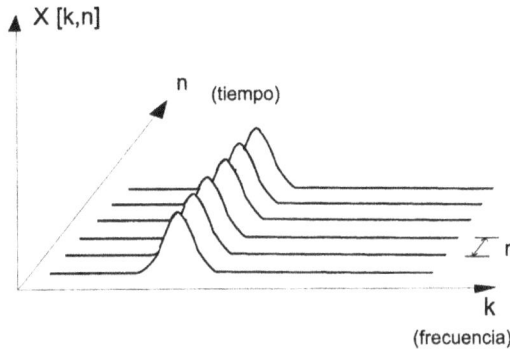

Fig. 8.31. Espectograma de la señal chirp

Una representación alternativa de la STFT son las llamadas *células de información* (véase la figura 8.32), en las que el nivel de gris es indicativo del valor del módulo de la transformada (blanco: módulo cero; negro: máximo).

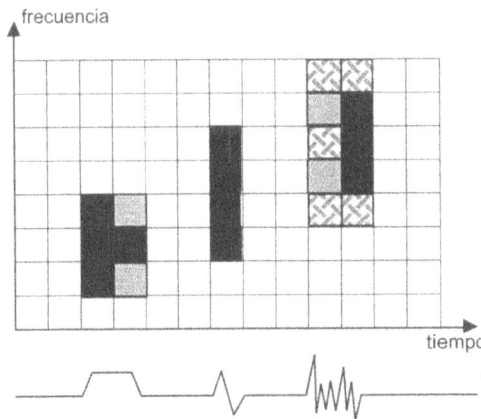

Fig. 8.32. Representación en células de información de la STFT. Cuanto más altas están las células, mayor es el ancho de banda del tramo temporal analizado. Las células más oscuras representan un mayor valor del módulo

8.10.3.7. *Wavelets* ("onditas")

Las *wavelets* ya fueron matemáticamente estudiadas en la década de los cincuenta, si bien su reaparición se produjo en los ochenta, principalmente a raíz de estudios geológicos. Considérese una señal cuyo contenido frecuencial sea rico tanto en altas frecuencias como en bajas. Su análisis con la STFT estaría basado en una ventana de longitud fija, con lo que se capturarían más períodos de las componentes de alta frecuencia que de las de baja frecuencia; en consecuencia, la estimación espectral sería peor para las bajas frecuencias y mejor para las altas. Por ejemplo, supóngase la señal:

$$x[n] =$$

$$\cos[\frac{2\pi}{8} n], \quad n_0 \le n < n_1$$

$$\cos[\frac{2\pi}{3} n], \quad n_1 \le n < n_2$$

(8.42)

Alrededor de $n = n_1$ hay una discontinuidad, por lo que en este intervalo de tiempo sería deseable una ventana muy estrecha para capturar el transitorio entre las dos senoides, pero en los restantes intervalos temporales la ventana debería ser amplia a fin de que capturara varios períodos de la señal. Además si se desea tener la misma resolución para todas las frecuencias, el número de períodos captado por la ventana temporal debería ser el mismo para la frecuencia 2π/8 que para la de valor 2π/3, por lo que, por debajo de n_1, la ventana debe ser más larga.

Las descomposiciones en *wavelets* se basan en la idea de usar ventanas de diferente anchura según la precisión con que se quieran extraer informaciones frecuenciales de una señal. Para frecuencias altas se usan ventanas temporales cortas, y para las frecuencias bajas las ventanas son anchas. De este modo, se obtiene una buena resolución tanto para bajas como para altas frecuencias, ya que en ambos casos se capturan suficientes períodos. Además, la forma de las ventanas temporales va variando según la información que se desea extraer en cada instante, motivo por el que se dice que el análisis de señales con *wavelets* presenta multirresolución, y ofrece la posibilidad de localizar propiedades tanto en tiempo como en frecuencia.

En la figura siguiente puede verse un diagrama de células de información para una transformación en *wavelets* de una señal de baja frecuencia con una discontinuidad abrupta (con el consiguiente contenido de altas frecuencias).

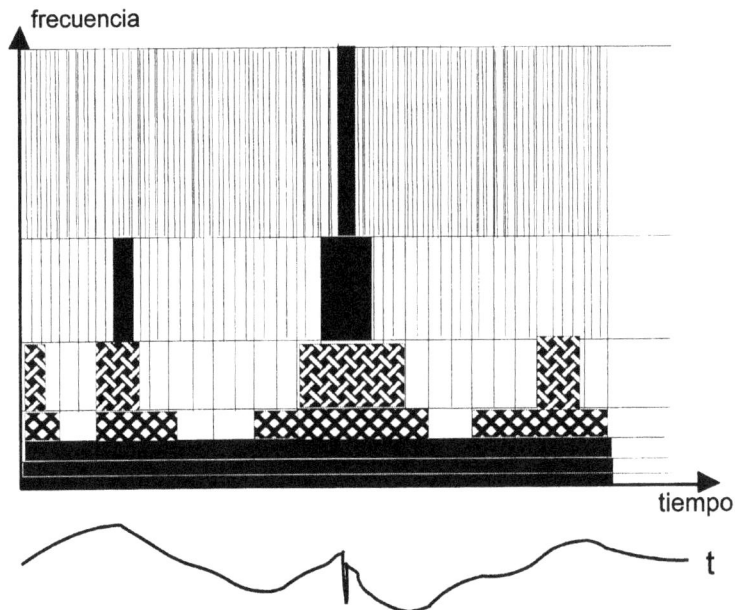

Fig. 8.33. Transformación por wavelets, *representada con células de información*

La información que se habría obtenido con la STFT de la misma señal es la de la figura 8.34, con una menor resolución tiempo-frecuencia.

Las *wavelets* se utilizan actualmente en áreas como la geología, la exploración y el almacenado de imágenes médicas y la codificación de señales acústicas.

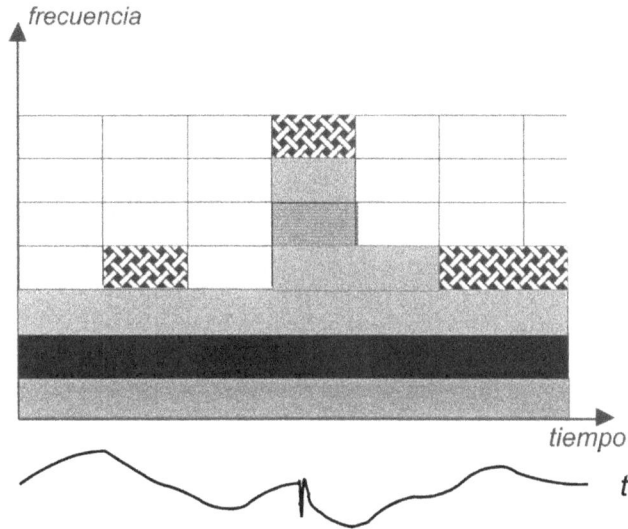

Fig. 8.34. STFT de la misma señal temporal de la figura 8.33

8.11. Principales propiedades de la DFT

8.11.1. Linealidad

La DFT de una suma de secuencias es igual a la suma de la DFT de cada una de ellas.

$$a \cdot x_1[n] + b \cdot x_2[n] \text{ ------> } a \cdot X_1[k] + b \cdot X_2[k] \tag{8.43}$$

8.11.2. Desplazamiento circular y convolución circular

Sea la secuencia $x[n]$, de longitud N muestras. Si se obtiene su DFT, y se antitransforma, se obtiene la secuencia periódica (apartado 8.5):

$$\bar{x}[n+N] = \bar{x}[n] \quad \rightarrow \quad x[((n))_N] \quad \rightarrow \text{ periódica módulo } N \tag{8.44}$$

donde el subíndice N indica una periodicidad de N muestras (módulo N), correspondiente a la secuencia original $x[n]$ "hecha periódica", y cuya DFT, como se ha visto anteriormente, también se repite cada N puntos:

$$\overline{X}[N+k] = \overline{X}[k] \quad \rightarrow \quad X[((k))_N] \quad \rightarrow \quad periódica\ módulo\ N \tag{8.45}$$

Recordando la propiedad de desplazamiento temporal de la transformada de Fourier:

$$\overline{x}[n-N] \quad => \quad e^{-j\frac{2\pi}{N}kN} X[k] = e^{-j2\pi k} X[k] \tag{8.46}$$

$$\overline{x}[n+N] \quad => \quad e^{j\frac{2\pi}{N}kN} X[k] = e^{j2\pi k} X[k] \tag{8.47}$$

y notando la simetría de los puntos sobre la circunferencia de radio unidad:

$$e^{-j2\pi k} = e^{j2\pi k} \tag{8.48}$$

es inmediato comprobar que se cumple:

$$\overline{x}[n-N] = \overline{x}[n+N] \tag{8.49}$$

Por idéntico razonamiento, también se tiene:

$$\overline{X}[k-N] = \overline{X}[k+N] \tag{8.50}$$

Si en lugar de plantear un desplazamiento de N muestras, se considera:

$$\overline{x}[n-m], \quad 0 \le n \le N-1 \tag{8.51}$$

la DFT sería:

$$e^{-j(\frac{2\pi k}{N})m} \cdot X[k] \tag{8.52}$$

Para interpretar gráficamente el desplazamiento circular, se parte de la secuencia siguiente:

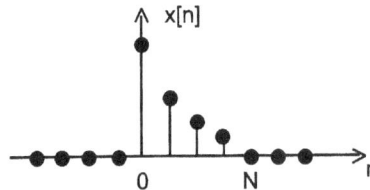

Fig. 8.35. Secuencia base para el ejemplo de desplazamiento circular

Al realizar la DFT, es como si $x[n]$ fuese periódica (pues la IDFT lo será):

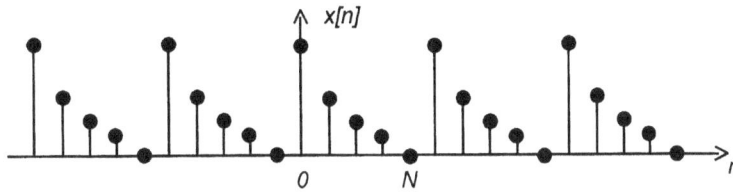

Fig. 8.36. Periodicidad de la IDFT

y cada N puntos se repite la secuencia. Si esta secuencia la representáramos sobre un cilindro, un desplazamiento lineal de ella correspondería a una rotación circular (de ahí el nombre) del cilindro.

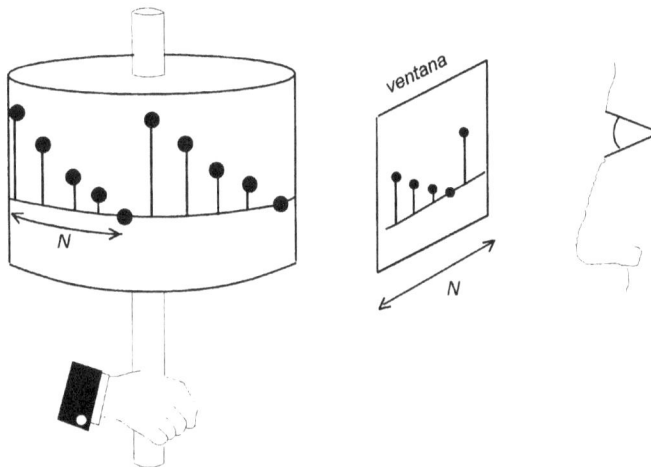

Fig. 8.37. Interpretación del desplazamiento circular

Para un observador que viera la rotación de la secuencia a través de una ventana que permitiera ver N muestras de la secuencia, la DFT sería la misma para cualquier tramo de la secuencia que estuviera viendo, ya que al calcular la DFT la trama se hace periódica, con período N.

8.11.3. Convolución circular (periódica o cíclica)

Sea $f[n]$ la secuencia resultado de la convolución lineal de dos secuencias $x_1[n]$ y $x_2[n]$, ambas de longitud N.

$$f[n] = \sum_{m=-\infty}^{\infty} x_1[m]\, x_2[n-m] \qquad (8.53)$$

La transformada de Fourier de tiempo discreto de $f[n]$ será:

$$F(\Omega) = X_1(\Omega) \, X_2(\Omega) \tag{8.54}$$

como ya se sabía por la propiedad de convolución de la transformada de Fourier (TFSD).

Si ahora definimos $g[n]$ como la convolución circular módulo N de las mismas secuencias $x_1[n]$ y $x_2[n]$, de la manera siguiente:

$$g[n] = x_1[n] \, \textcircled{N} \, x_2[n] =$$

$$= \sum_{m=-0}^{N-1} x_1[((m))_N] \, x_2[((n-m))_N] \tag{8.55}$$

y se calcula la DFT de la secuencia $g[n]$:

$$G[k] = \sum_{n=0}^{N-1} g[n] \, W^{nk} = \sum_{n=0}^{N-1} \sum_{m=0}^{N-1} \overline{x_1}[m] \, \overline{x_2}[n-m] \, W^{nk} =$$

$$= \sum_{m=0}^{N-1} \overline{x_1}[m] \sum_{n=0}^{N-1} \overline{x_2}[n-m] \, W^{nk} =$$

(haciendo el cambio $n - m = r$)

$$= \sum_{m=0}^{N-1} \overline{x_1}[m] \, W^{-mk} \sum_{r=0}^{N-1} \overline{x_2}[r] \, W^{rk} = X_1[k] \, X_2[k] \tag{8.56}$$

se tiene:

$$\text{DFT} \left(g[n] = x_1[n] \, \textcircled{N} \, x_2[n] \right) = G[k] = X_1[k] \, X_2[k] \tag{8.57}$$

$$\text{DFT} \left(x_1[n] \, x_2[n] \right) = \frac{1}{N} \left(X_1[k] \, \textcircled{N} \, X_2[k] \right) \tag{8.58}$$

Así pues, el producto de dos DFT equivale a convolucionar circularmente las secuencias en el dominio temporal (ecuación 8.57), a diferencia de la TFSD, en que la convolución era lineal.

Ejemplo (convolución circular)

Sean las secuencias $x_1[n]$ y $x_2[n]$, de las que se van a obtener gráficamente su convolución circular, que se denominará $y[n]$.

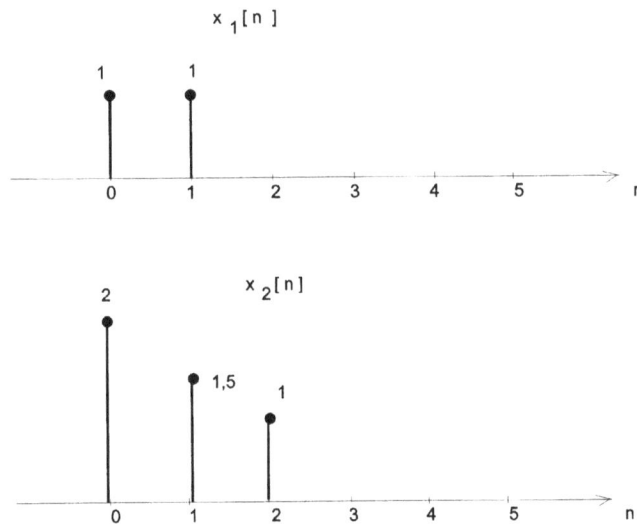

Para ello se aplica la ecuación 8.55:

$$y[n] = \sum_{m=-0}^{N-1} x_1[((m))_N] \, x_2[((n-m))_N]$$

En primer lugar, se supone $N = 5$.

$x_1 [((m))_N]$ $0 \leq m \leq 4$

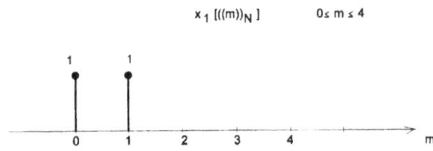

(reflexión en módulo 5)

$x_2 [((-m))_N]$ $0 \leq m \leq 4$

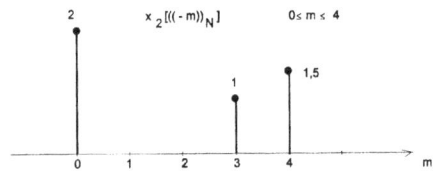

$x_2 [((1-m))_N]$ $0 \leq m \leq 4$

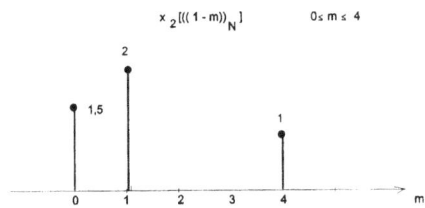

$x_2 [((2-m))_N]$ $0 \leq m \leq 4$

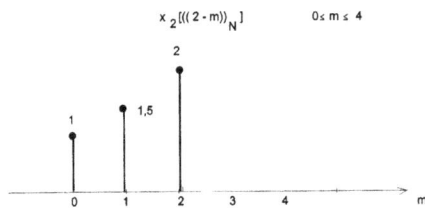

$x_2 [((3-m))_N]$ $0 \leq m \leq 4$

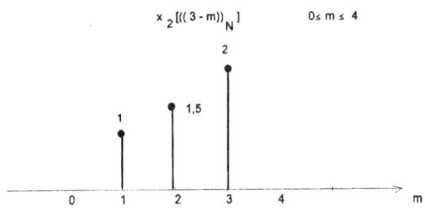

$x_2 [((4-m))_N]$ $0 \leq m \leq 4$

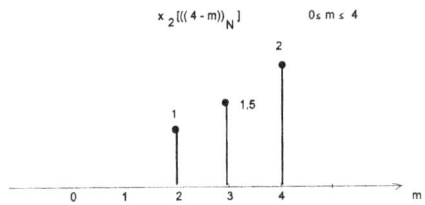

y el resultado de la convolución es el de la gráfica siguiente, que coincide con la convolución lineal de $x_1[n]$ con $x_2[n]$:

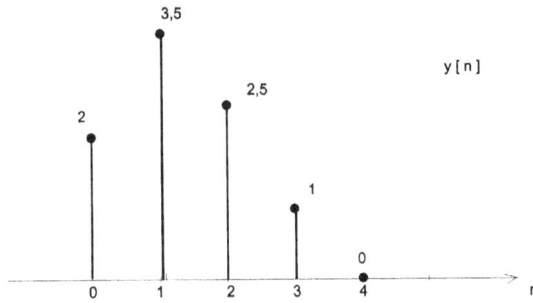

Si, en lugar de $N = 5$, se hubiera partido de $N = 3$, el resultado sería otro:

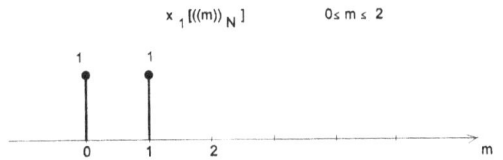

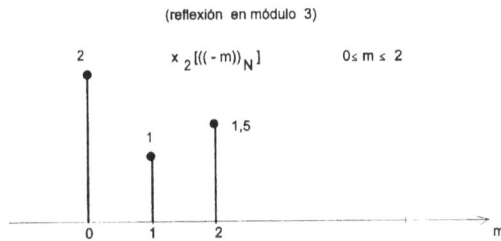

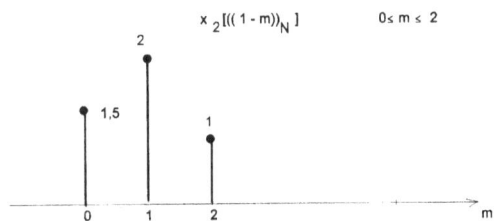

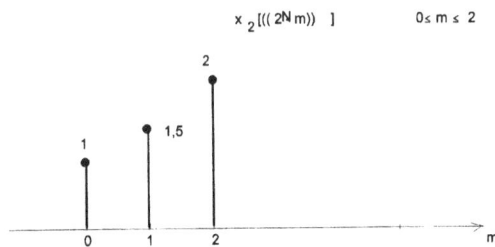

que da como resultado de la convolución la secuencia [3; 3,5; 2,5], totalmente diferente del resultado de la convolución lineal. Ello, como ya se había adelantado, es debido a que la convolución lineal de $x_1[n]$ con $x_2[n]$ es de 2 + 3 - 1 = 4 muestras, por lo que el valor de N en la convolución periódica debe ser, al menos igual a la longitud de la convolución lineal para que el resultado de la convolución circular coincida con el de la lineal.

Si $g[n]$ es el resultado de convolucionar dos secuencias de longitudes distintas, supuestas de longitudes R y Q, se sabe que tendrá una longitud $R + Q - 1$. Como el número de puntos de la DFT es el mismo que el de muestras de la secuencia temporal sobre la que se calcula, habrá que calcular la DFT para, al menos, $R + Q - 1$ puntos. En caso contrario, si se intentara obtener $g[n]$ como la IDFT de $G[k]$, se provocaría *aliasing* temporal.

8.12. Convolución lineal de dos secuencias basada en la DFT

La DFT sirve para determinar la salida de un sistema LTI. Esta alternativa a convolucionar en el dominio temporal es, curiosamente, más rápida de ejecución, especialmente para secuencias largas. Y decimos "curiosamente" porque conlleva el cálculo de varias DFT y IDFT, operaciones que, a priori, podrían parecer más lentas que la convolución lineal. La eficiencia de un algoritmo numérico no la determina su complejidad teórica, sino el número de sumas y multiplicaciones que conlleva. Y, en esto, la DFT es más eficiente que la convolución para obtener la secuencia de salida de un sistema a partir de la secuencia de entrada.

Supóngase un sistema LTI definido por su respuesta impulsional, $h[n]$, correspondiente a un sistema FIR de orden M:

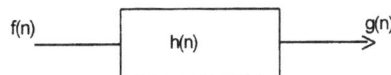

Fig. 8.38. Sistema FIR

la respuesta a una excitación $f[n]$, de longitud N, vendrá dada por:

$$g[n] = f[n] * h[n] = \sum_{m=0}^{\infty} h[m]\,f[n-m] =$$

$$= \sum_{m=0}^{M-1} h[m]\,f[n-m], \qquad 0 \le n \le M+N-2$$

(8.59)

operación que requiere M multiplicaciones.

Una alternativa para calcular $g[n]$ es seguir los pasos siguientes:

- Obtener la DFT de $h[n]$ y de $f[n]$, usando un algoritmo de FFT.

- Calcular el producto de $H[k] \cdot F[k]$, para todos los valores de k.

- Obtener $g[n]$ como la IDFT de $H[k] \cdot F[k]$.

Si, por ejemplo, $M = N = 1024$, el cálculo directo de la convolución requiere dos órdenes de magnitud más en el número de multiplicaciones (512 multiplicaciones) que si se calcula vía FFT.

La figura siguiente muestra el uso de las FFT para el cálculo rápido de la convolución de dos secuencias $f[n]$ y $h[n]$. La secuencia $w[n]$ representa a la ventana utilizada (si es necesario) para truncar las secuencias de entrada. Nótese que, si se hace una reflexión temporal (*folding*) de la secuencia $h[n]$ (o de $f[n]$), se obtendrá la correlación cruzada $r_{fh}[m]$ (o $r_{hf}[m]$ si la secuencia reflejada ha sido $f[n]$).

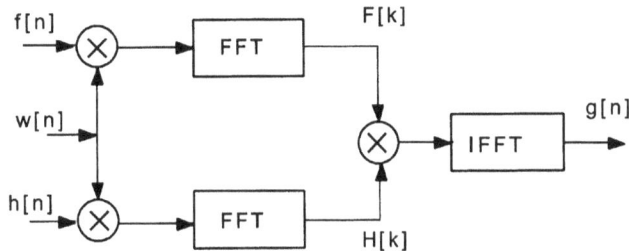

Fig. 8.39. Convolución de secuencias vía FFT

Pero si la secuencia $f[n]$ es mucho más larga que la respuesta impulsional $h[n]$, lo cual es habitual en filtrado en tiempo real, con la alternativa que se acaba se exponer no se podría calcular la salida del filtro hasta que se hubiera muestreado totalmente $f[n]$, lo que implicaría largos retardos de tiempo antes de disponer de la salida del sistema, aparte de los requisitos de memorización para almacenar la secuencia de entrada $f[n]$.

Como toda secuencia se puede subdividir en secuencias de longitud menor, la secuencia $f[n]$ anterior se puede representar como subsecuencias $f_r[n]$ de longitud L, ampliadas al menos con M-1 ceros, de forma que la longitud total de cada subsecuencia ampliada $f_a[n]$ sea, como mínimo, $L+M$-1. De esta forma, se asegura que las convoluciones circulares tengan una longitud igual o superior al resultado de convolucionar linealmente cada subsecuencia (de longitud L) con la $h[n]$ del filtro (de longitud M), y el resultado será el mismo que el de una convolución lineal:

$$f[n] = \sum_{r=0}^{p} f_r[n], \qquad 0 \leq n \leq (p+1)L - 1 \qquad (8.60)$$

siendo p el menor valor entero mayor o igual que el cociente N/L (el número de secuencias $f_r[n]$ de longitud L contenidas en la secuencia $f[n]$, de longitud N).

De este modo, puede expresarse $g[n]$ como:

$$g[n] = \sum_{m=0}^{M-1} \sum_{r=0}^{p} h[m]\, f_r[n-m] = \sum_{i=0}^{p} g_r[n] \tag{8.61}$$

$$g_r[n] = \sum_{m=0}^{M-1} h[m]\, f_r[n-m] = IDFT\,(H[k]\ F_r[k]) \tag{8.62}$$

8.13. Método *overlap-add*

Es un método para calcular la salida de filtros FIR empleando la DFT, que mejora la eficiencia respecto a convolucionar directamente, sobretodo para secuencias largas. Es recomendable para secuencias de longitud superior a 64 muestras.

Se basa en las ideas que se acaban de exponer: la señal de entrada se descompone en fragmentos $f_a[n]$, formados por los $f_r[n]$ ampliados con M-1 ceros. Nótese que, para poder multiplicar $F_r[k]$, la DFT de $f_r[n]$, con $H[k]$, la DFT de $h[n]$, se requiere que ambas secuencias $F_r[k]$ y $H[k]$ tengan la misma longitud. Por ello, las L muestras de $f_r[n]$ se amplían con M-1 ceros, y las M muestras de $h[n]$ con L-1 ceros. De este modo, el tamaño de las DFT y de las IDFT es de $L+M$-1 puntos, con lo que se evita el *aliasing* temporal de la IDFT, y se obtiene el mismo resultado que una convolución lineal.

El gráfico siguiente muestra las operaciones que se realizan en la aplicación del método de *overlap-add*.

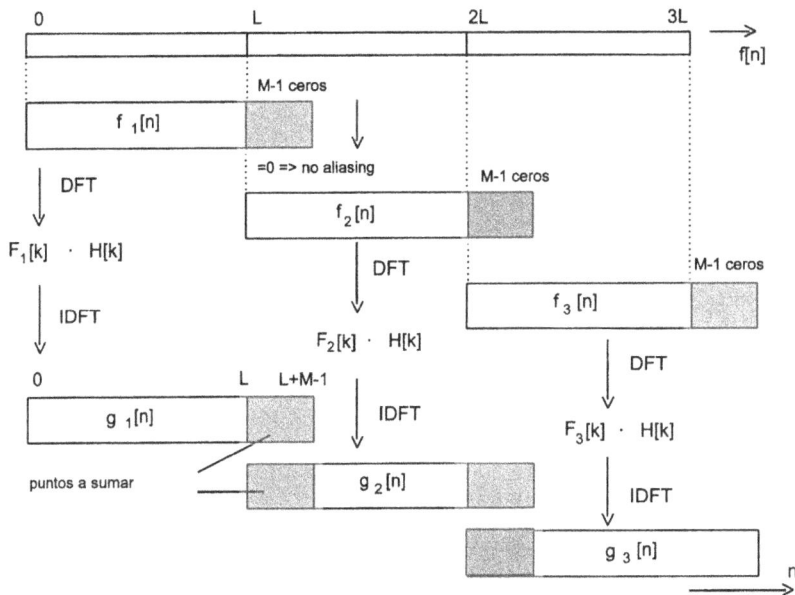

Fig. 8.40. Secuencia de operaciones para la aplicación del método de overlap-add

donde $F_i[k]$ representa la DFT de la secuencia $f_i[n]$, previamente ampliada con los M-1 ceros, y $H[k]$ a la DFT de $h[n]$, previamente ampliada con L-1 ceros. Así es posible multiplicar $F_i[k]$ con $H[k]$ al ser ambas de igual longitud.

Hay otros métodos parecidos, como el *overlap-save*, pero no aportan claras ventajas computacionales respecto al *overlap-add*.

8.14. DFT bidimensional

En el procesado de imágenes se usa la DFT en dos dimensiones. En este caso, la variable independiente ya no es el tiempo, sino el desplazamiento espacial del elemento de imagen (píxel), en los dos ejes u y v. Si, por ejemplo, nos centramos en la figura siguiente, donde se muestra un cuadrado negro dentro de una imagen blanca de NxN píxels:

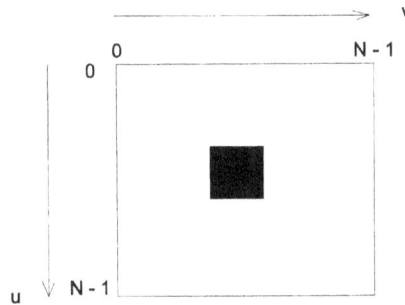

Fig. 8.41. Imagen formada por un cuadrado de color negro sobre fondo blanco

y asignamos el valor 1 al nivel negro y 0 al blanco, la función espacial $f(u,v)$ será la de la figura:

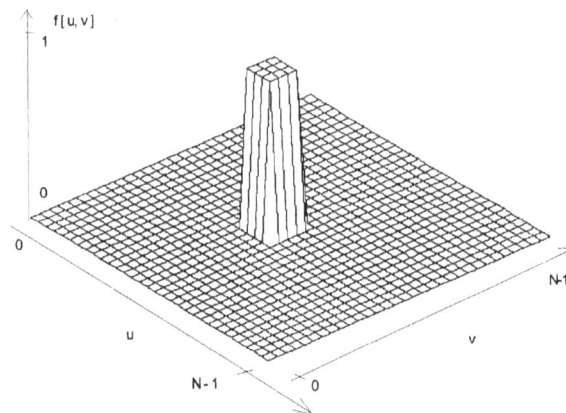

Fig. 8.42. Función espacial de la imagen de la figura anterior

La DFT de esta imagen, $F[i,k]$, se define extrapolando a las dos dimensiones la DFT unidimensional:

$$F[i,k] = \sum_{u=0}^{N-1} \sum_{v=0}^{N-1} f[u,v]\, e^{-j\frac{2\pi}{N}(iu+kv)} =$$

$$= \sum_{u=0}^{N-1} \sum_{v=0}^{N-1} f[u,v]\,(\cos(\frac{2\pi}{N}(iu+kv)) - j\,sen(\frac{2\pi}{N}(iu+kv))) \qquad (8.63)$$

$$0 \le i, k < N-1$$

y la IDFT será:

$$f[u,v] = \frac{1}{N^2} \sum_{i=0}^{N-1} \sum_{k=0}^{N-1} F[i,k]\, e^{j\frac{2\pi}{N}(iu+kv)} =$$

$$= \frac{1}{N^2} \sum_{i=0}^{N-1} \sum_{k=0}^{N-1} F[i,k]\,(\cos(\frac{2\pi}{N}(iu+kv)) + j\,sen(\frac{2\pi}{N}(iu+kv))) \qquad (8.64)$$

$$0 \le u, v \le N-1$$

aunque en procesado de imágenes es habitual poner el término $1/N$ en las dos transformadas, directa e inversa.

Recordando que la DFT va de 0 a 2π, siendo el espectro entre π y 2π simétrico al comprendido entre 0 y π para señales reales, la zona de bajas frecuencias para los ejes i, k, será la sombreada en la figura:

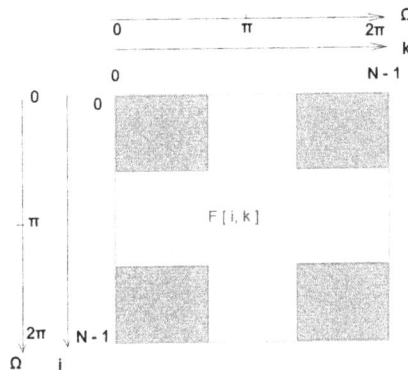

Fig. 8.43. Localización de bajas frecuencias (zonas oscuras) y de altas (zona blanca) en un espectro bidimensional

Usando la instrucción *fft2* del Matlab, y representando su módulo con las instrucciones siguientes:

```
M= zeros(32);
M(14:17,14:17)= ones(4);
y=fft2(M);
mesh(abs(y));
```

se obtiene la gráfica siguiente del módulo de la DFT bidimensional de la imagen de la figura 8.41.

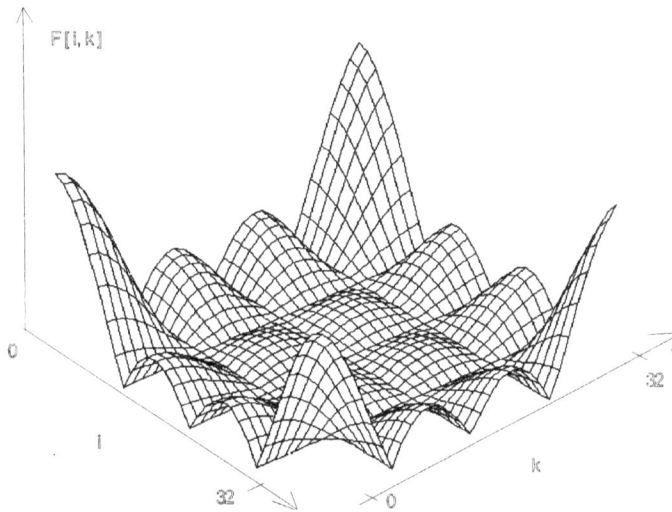

Fig. 8.44. Módulo de la transformada bidimensional del cuadrado negro sobre fondo blanco

No es de extrañar que la DFT de esta imagen recuerde cuatro funciones sinc. Si nos centramos en la exploración de una línea de la imagen en el dominio espacial sobre un eje, por ejemplo el eje *v*, tenemos un pulso rectangular cuya transformada es también otra función sinc.

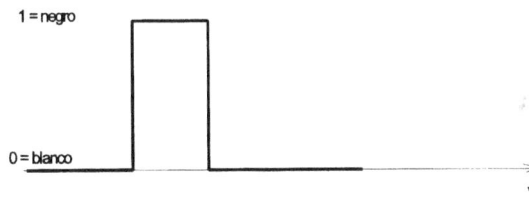

Fig. 8.45. Exploración en sentido horizontal de una línea del centro de la figura 8.41

Si ahora forzamos a cero todos los puntos de la DFT para *i,k* >16, tal como indica la figura 8.46 (de los 32 x 32 = 1024 puntos originales, sólo se dejan no nulos 16 x 16 = 256):

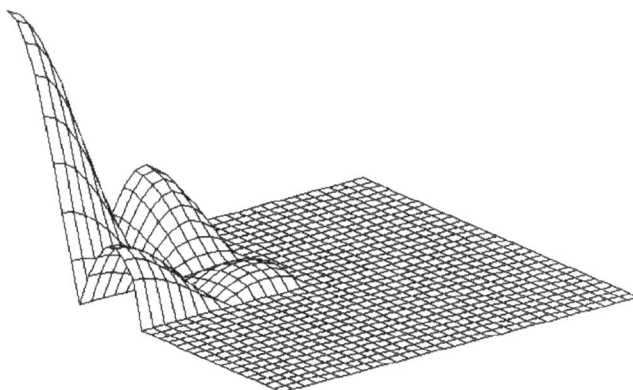

Fig. 8.46. Separación de la información del primer cuadrante de la figura 8.44

y recuperamos la información espacial de esta nueva imagen con la IDFT, obtenemos la escena de la figura:

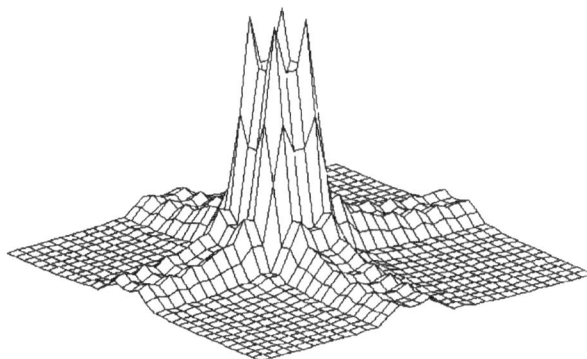

Fig. 8.47. Imagen recuperada mediante una IDFT de la figura 8.46

que recuerda la escena original, aunque han aparecido unos niveles de gris adicionales que la difuminan. Si esta nueva imagen aún se considerara válida para representar el cuadrado negro sobre fondo blanco (por ejemplo, comparando cada píxel con un umbral para decidir si corresponde a un "blanco" o a un "negro"), podría reducirse la velocidad de transmisión o de almacenamiento de la misma a los primeros 256 coeficientes de su DFT bidimensional, en vez de los 1024 originales. Para recuperarla, bastaría con obtener la IDFT de los 256 puntos, ampliados con ceros hasta tener una matriz cuadrada de 32 x 32 coeficientes. Sin embargo, en procesado de imágenes son más eficientes otras transformadas, como la DCT o la de Walsh bidimensionales.

EJERCICIOS

8.1.   Dado el pulso:

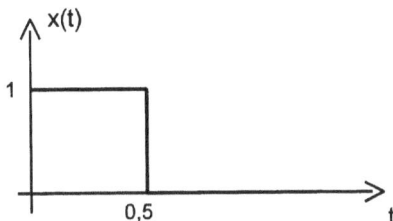

8.1.1.   Encuentre su transformada de Fourier y represente su módulo y fase.

8.1.2.   Dibuje la secuencia $x[n]$ que se obtendría al muestrear $x(t)$ a $t_s = 0{,}05$ s, durante 1 segundo.

8.1.3.   Obtenga $X[k]$, la DFT de $x[n]$, y represente su módulo y fase. Se aconseja utilizar el Matlab.

8.1.4.   Escale correctamente la curva del módulo dibujado en el apartado anterior (ordenadas y abscisas), y compárela con la del apartado 8.1.1.

8.2.   Calcule, ahora sin usar el Matlab, la DFT de la secuencia [0,1,1,0], y compruebe la validez del resultado obtenido calculando su IDFT.

8.3.   Sean las secuencias $x[n] = [0,1,1,0]$ e $y[n] = [1,2,3]$.

8.3.1.   Obtenga gráficamente su convolución circular.

8.3.2.   Obtenga su convolución circular como transformada inversa del producto de las dos DFT.

8.3.3.   Obtenga gráficamente su convolución lineal.

8.3.4.   Obtenga su convolución lineal como transformada inversa del producto de las dos DFT, añadiendo a cada secuencia el menor número de ceros posible.

8.4.   Considere un sistema causal LTI con función de transferencia:

$$H(z) = \frac{1}{1 - 0{,}5z^{-1}}$$

cuya salida, $y[n]$, es conocida en el intervalo $0 \le n \le 63$.

8.4.1.   Proponga un método para recuperar la secuencia de entrada $x[n]$ en el intervalo $0 \le n \le 63$.

8.4.2.   ¿Puede recuperar todos los valores de $x[n]$ en este intervalo?

8.5.   Calcule la convolución circular de las secuencias:

$$x[n] = [1,1,1,0,0,0,0,0]$$

$$y[n] = \sin (3\pi/8)n , \qquad 0 \leq n \leq 7$$

8.6.   La figura siguiente muestra el resultado de una *fft* de 512 muestras de una secuencia $x[n]$ obtenida del muestreo de dos senoides contaminadas con ruido, con un período de muestreo $T_s = 0,01$ s. Los picos de la DFT se producen en $k = 50$ y en $k = 75$.

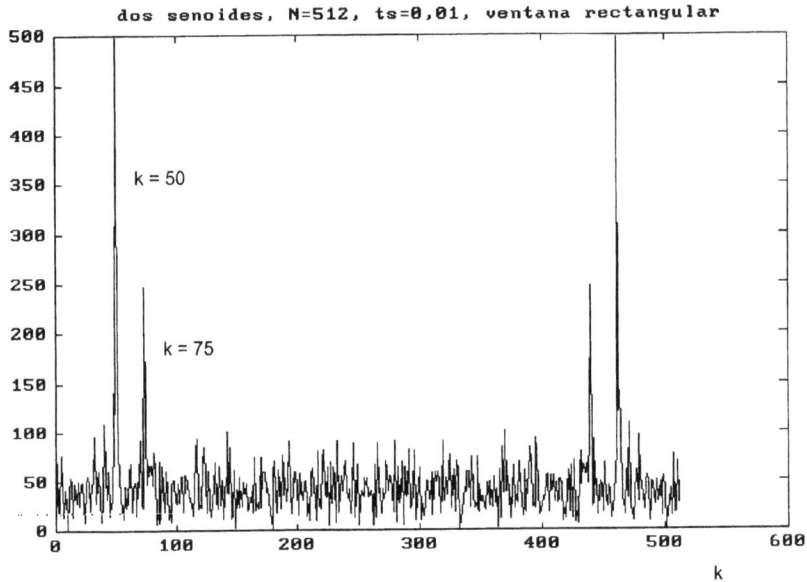

Escalando los ejes de la DFT, determine las amplitudes A_1 y A_2, así como las frecuencias continuas w de las dos senoides muestreadas:

$$x(t) = A_1 \cos (w_1 \, t) + A_2 \cos (w_2 \, t)$$

¿En qué variarían cualitativamente los resultados de la DFT si, en lugar de una ventana rectangular, se hubiera usado una de Hanning?

8.7.   Partiendo de las definiciones de la DFT y de la IDFT, demuestre la relación de Parseval para la DFT:

$$\sum_{n=0}^{N-1} |x[n]|^2 = \frac{1}{N} \sum_{k=0}^{N-1} |X[k]|^2$$

8.8.   Se desea construir un prototipo de un analizador digital de espectros capaz de trabajar desde continua hasta una frecuencia de 50 MHz. El prototipo consiste en un conversor

A/D conectado a una DSP que efectúa el cálculo de la FFT, y el resultado se representa en una pantalla gráfica. Determine la velocidad mínima de muestreo del conversor A/D.

El analizador de espectros ha de ser capaz de calcular y presentar la DFT de las señales de entrada con diferentes resoluciones frecuenciales de 100 Hz, 1 kHz y 10 kHz. Teniendo en cuenta la frecuencia de muestreo determinada anteriormente, determine, para cada una de las resoluciones requeridas, el número de muestras que tienen que adquirirse de la señal de entrada.

A fin de eliminar ruidos en la entrada, la secuencia muestreada $x[n]$ es preprocesada por un filtro FIR digital. Para ello se efectúa la convolución lineal de $x[n]$ con la respuesta impulsional $h[n]$ del filtro. Si la secuencia $x[n]$ es de longitud $L_1 = 900$ muestras, y $h[n]$ de longitud $L_2 = 320$ muestras, y se desea efectuar la convolución a partir de las DFT de $x[n]$ y $h[n]$, multiplicándolas y antitransformando el resultado, determine la longitud mínima de las DFT necesarias.

Por último ,si el analizador tiene que ser capaz de distinguir senoides de frecuencia muy parecida, ¿qué características ha de presentar la ventana aplicada a la secuencia temporal?

8.9. La señalización DTMF (*Dual-Tone Multi-Frequency*) fue diseñada y desarrollada por los antiguos laboratorios Bell para su uso en la red telefónica de AT&T sustituyendo el sistema anterior de marcación por pulsos. La simplicidad, robustez y versatilidad del nuevo estándar han provocado una rápida implantación de éste a escala mundial. La técnica empleada consiste en representar cada dígito mediante la superposición de dos tonos. Las frecuencias asignadas a cada uno de los tonos se muestran en la figura, que representa un teclado multifrecuencia convencional:

De ese modo, para enviar el dígito 7 se superponene dos tonos de frecuencia, 1209 Hz y 852 Hz, y se obtiene la señal:

$$s[n] = sen\,(2\,\pi\,1209\,n\,T_s) + sen\,(2\,\pi\,852\,n\,T_s)$$

como muestra la figura siguiente:

Tono de 852 Hz

Tono de 1209 Hz

Codificación mutlifrecuencia del dígito 7

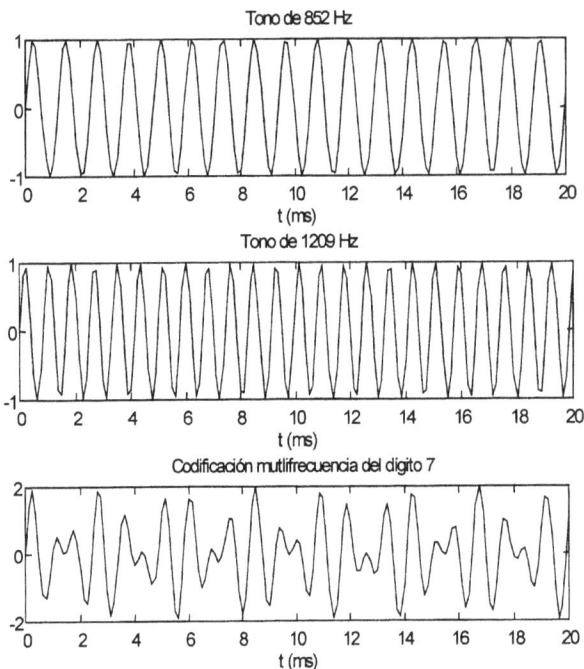

a)   Represente gráficamente la transformada de Fourier de la señal $s[n]$ anterior.

b)   Para generar la señal $s[n]$ se usan dos osciladores como en el ejercicio 5. 27 (capítulo 5), sumándose sus salidas. Determine los valores de los coeficientes a_1 y a_2 para cada uno de los dos osciladores, sabiendo que se muestrean los tonos a una frecuencia de 8 kHz

c)   Continuando con la frecuencia de muestreo de 8 kHz, se ha transmitido un dígito desconocido por un canal telefónico ruidoso y se ha recibido una señal de la que se ha calculado su DFT, con el resultado (en módulo) que se ilustra en la figura. Determine cuál ha sido el dígito señalizado.

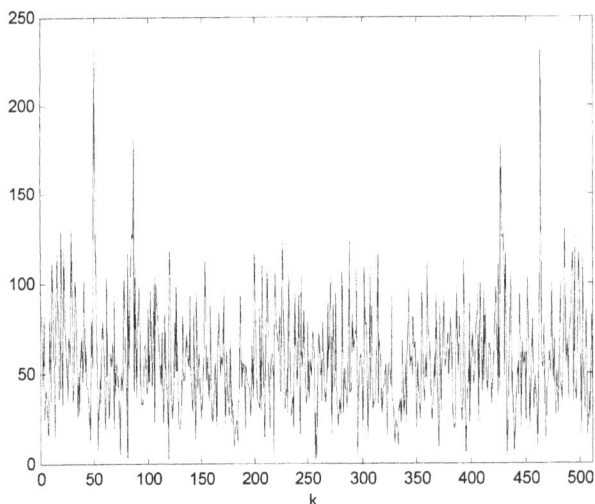

d)   Sabiendo que la señalización de cada dígito dura 50 ms, y con la frecuencia de muestreo anterior, determine la longitud máxima de la ventana temporal. Si se toman muestras durante los 50 ms, ¿cuál será la resolución si se efectúa una DFT? ¿Y la frecuencia máxima de la DFT?

e)   El resultado anterior no coincide con la gráfica del apartado *c*, donde Kmáx = 512. Ello es debido a que se ha efectuado un *zero padding* en el cálculo de la DFT representada en el apartado *c*. Determine cuántos ceros se han añadido antes de efectuar la DFT y cuál ha sido la resolución en frecuencias así obtenida.

8.10.   En una fábrica, se efectúa un mantenimiento preventivo de una máquina accionada por un motor eléctrico cuya velocidad de giro es de tres vueltas por segundo.[2] Para medir esta velocidad, se ha instalado un sensor analógico que proporciona una señal senoidal de frecuencia (Hz) igual a la velocidad de giro del motor. Debido a vibraciones y desajustes en la máquina, principalmente debidos a deformaciones del eje de rotación del motor, pueden aparecer otras frecuencias en el sensor debidas a que el movimiento no está bien equilibrado. La presencia de estas frecuencias diferentes a la nominal son un aviso de avería inminente de la máquina si no se toman las acciones oportunas. Empíricamente, se sabe que si la amplitud de las frecuencias indeseadas es superior a 0,5, deben cambiarse los cojinetes de la máquina; si está comprendida entre 0,4 y 0,5, debe lubricarse un engranaje, y si es inferior a 0,4, puede continuarse con la producción sin problemas. Para monitorizar el estado de la máquina se ha efectuado el montaje siguiente:

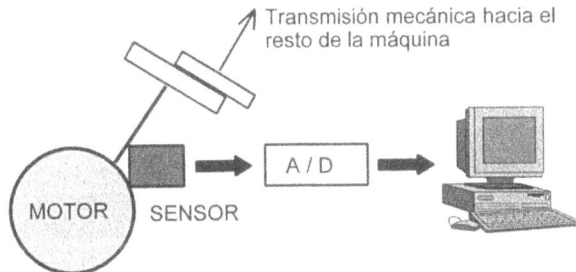

El ordenador va leyendo las muestras (salida del conversor D/A) y calculando el módulo de su DFT. Estos datos son transferidos a un programa, que comprueba las amplitudes de las frecuencias que entrega el sensor, y avisa al operario de las acciones a tomar (cambio de cojinetes o lubricación) si aquellas superan los niveles anteriores. La frecuencia de muestreo es de 10 Hz.

Si se ha leído la secuencia: $x[n]$ = [0; 1,80; -0,30; -0,36; 0,61; -0,17; -0,35; 0,34; 0,08; -1,46], calcule y dibuje el módulo de su DFT, escalando los ejes a valores reales de amplitud y frecuencia. ¿Qué tipo de acción habrá que notificar al operario encargado del mantenimiento de la máquina?

¿Durante cuánto tiempo debería muestrear la salida del sensor si quisiera trabajar con una resolución de 0,1 Hz?

Discuta si le parece adecuada una ventana rectangular para esta aplicación

---

[2]   Tengáse presente que "vueltas" no es una unidad MKS. Se deberá trabajar en radianes.

9

CORRELACIÓN DE SEÑALES DE TIEMPO DISCRETO

9.1. Introducción

La correlación es una operación matemática que permite cuantificar el grado de similitud entre dos señales, aunque aparentemente no haya evidencias de coincidencia temporal entre ellas. Su aspecto recuerda la forma de la convolución: formalmente, la diferencia entre ambas operaciones está en el signo (reflexión temporal) de uno de los operandos. Sin embargo, las propiedades y aplicaciones de las operaciones de convolución y correlación son distintas.

La aplicación principal de la convolución era determinar la respuesta de sistemas a una cierta entrada, operación que puede efectuarse más fácilmente en el dominio transformado para sistemas LTI (transformadas de Fourier y de Laplace o Z, según si se trata de sistemas continuos o discretos). En la descripción y el análisis de señales, la correlación juega un papel distinto y muy importante, pues tiene un amplio abanico de aplicaciones: la geología, la medicina y la economía son algunos ejemplos de ellas. La estimación de retardos en radar y sónar; la detección y sincronización en comunicaciones digitales; el control predictivo de máquinas y procesos; el reconocimiento de patrones, con aplicaciones en procesado de voz y de imágenes; el estudio de entornos acústicos; la estimación espectral o la identificación de sistemas son ejemplos de aplicaciones de la correlación en el campo de la ingeniería.

En primer lugar, se estudian las señales deterministas, en las que es más fácil ver los conceptos de correlación y de densidad espectral; posteriormente, estos conceptos se extrapolan a las señales aleatorias. En sistemas de comunicación o en sistemas de control con perturbaciones, casi nunca se puede determinar la forma exacta de las señales, por lo que su estudio pasa por el de los procesos estocásticos.

9.2. Autocorrelación y correlación cruzada de secuencias

9.2.1. Introducción. Distancia entre señales

Supóngase que se quiere medir el grado de similitud de dos secuencias. Para ello, una primera idea podría ser medir las distancias euclídeas entre los valores de las muestras de cada secuencia, tomando como medida de la distancia entre las dos secuencias $x[n]$ e $y[n]$ el siguiente criterio cuadrático (a fin de independizar la medida del signo de la diferencia entre las dos secuencias):

$$d_{xy} = \sum_{n=-\infty}^{\infty} (x[n] - y[n])^2 \tag{9.1}$$

El valor de d_{xy} da una idea de la similitud entre las dos señales $x[n]$ e $y[n]$, tanto más parecidas cuanto menor fuera la distancia d_{xy} entre sus muestras. Sin embargo, este criterio requiere un perfecto alineamiento temporal entre las muestras de $x[n]$ y de $y[n]$.

Imagínese que un miembro del gobierno entrega a dos cadenas televisivas un comunicado oficial muestreado y grabado en una cinta digital. Obviamente, si ambas cadenas retransmiten el mismo comunicado, el parecido entre la secuencia $x[n]$ enviado por la cadena 1 con la secuencia $y[n]$ enviada por la cadena 2 será total. Pero, supóngase que en la grabación del mensaje, el político ha preguntado: "¿Ya funciona el micrófono?" antes de leer el comunicado, que ha empezado con un saludo: "¡Buenos días!". Si en la cadena 1 no borran la pregunta del mensaje, pero sí en la cadena 2, la distancia d_{xy} entre las muestras de $x[n]$ y de $y[n]$ aumentará, ya que si se comparan las muestras temporalmente coincidentes, se estará comparando la frase "¿Ya funciona ...", en la cadena 1, con la de "¡Buenos días!" en la cadena 2, con el desplazamiento consiguiente de todas las restantes muestras. Sin embargo, el que d_{xy} sea alto induciría a una interpretación matemática errónea, ya que el parecido entre las dos difusiones del comunicado oficial seguirá siendo muy elevado.

La misma situación se produce si se comparan las secuencias:

$$x[n] = \cos\left(\frac{\pi}{2}\,n\right)$$

$$\tag{9.2}$$

$$y[n] = \sin\left(\frac{\pi}{2}\,n\right)$$

que, representadas hasta $n = 10$, corresponden a las gráficas siguientes:

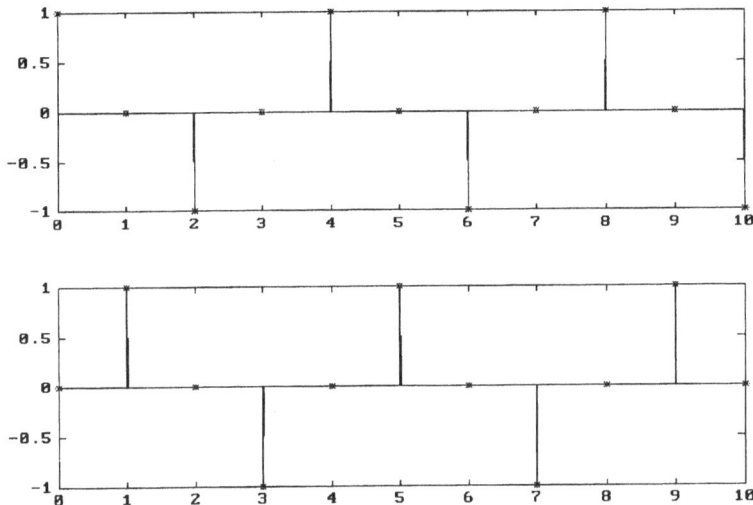

Fig. 9.1. Secuencias desplazadas

La medida anterior (ecuación 9.1) de la distancia d_{xy} entre las secuencias, evaluada hasta $n = \infty$, daría una distancia infinita. Sin embargo, desplazando sólo una muestra a cualquiera de las dos secuencias, la distancia sería cero. Para evitar estas paradojas, se define la distancia entre dos secuencias no como un número, sino como otra secuencia que indique el grado de parecido (ordenadas) según el desplazamiento relativo de una secuencia respecto a la otra (abscisas):

$$d_{xy}[m] = \sum_{n=-\infty}^{\infty} (x[n] - y[n-m])^2 \tag{9.3}$$

siendo m el desplazamiento relativo entre ambas secuencias. Así, $d_{xy}[m]$ indica el parecido entre las secuencias x e y cuando el desplazamiento entre ellas es de m muestras.

Desarrollando esta expresión de la distancia y recordando la expresión de la energía de una señal, se obtiene:

$$d_{xy}[m] = \sum_{n=-\infty}^{\infty} (x[n] - y[n-m])^2 = \sum_{n=-\infty}^{\infty} x^2[n] - 2\sum_{n=-\infty}^{\infty} x[n]\,y[n-m] +$$

$$+ \sum_{n=-\infty}^{\infty} y^2[n-m] = E_x - 2\sum_{n=-\infty}^{\infty} x[n]\,y[n-m] + E_y \tag{9.4}$$

Al ser un criterio cuadrático, esta distancia es siempre positiva (o cero en el caso de que las dos señales sean idénticas).

El término del sumatorio anterior en la ecuación 9.4:

$$\sum_{n=-\infty}^{\infty} x[n]\,y[n-m] \tag{9.5}$$

cuyo valor, multiplicado por 2, se resta a la expresión de la distancia entre x e y (ecuación 9.4), reducirá tanto más la distancia entre las dos señales cuanto mayor sea su valor: es un indicador del grado de parecido entre ellas. En este aspecto se basa la definición siguiente de la correlación cruzada.

9.2.2. Correlación cruzada

Se define la correlación cruzada de dos secuencias reales de energía finita, $x[n]$ e $y[n]$, como:

$$r_{xy}[m] = \varphi_{xy}[m] = \sum_{n=-\infty}^{\infty} x[n]\,y[n-m] \tag{9.6}$$

o, desplazando las muestras, como:

$$r_{xy}[m] = \varphi_{xy}[m] = \sum_{n=-\infty}^{\infty} x[n+m]\, y[n] \qquad (9.7)$$

definición equivalente a la anterior. Nótese que la variable independiente de r_{xy} no es el eje de tiempos n, sino que es una variable m que indica el desplazamiento relativo entre las secuencias $x[n]$ e $y[n]$.

Comparando la definición de la correlación con la de la convolución, es inmediato comprobar:

$$r_{xy}[m] = x[m] * y[-m] \qquad (9.8)$$

es decir, puede interpretarse la correlación como una convolución en la que se ha invertido el eje de tiempos de uno de los operandos (operación de reflexión o *folding* ya tratada).

Ejemplo de cálculo gráfico. Halle la correlación cruzada $r_{xy}[m]$ entre las dos secuencias que se ilustran a continuación:

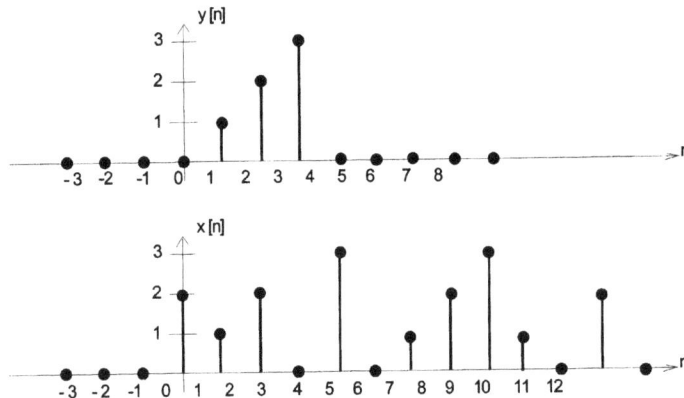

Fig. 9.2. Secuencias de las que se va a obtener la correlación cruzada

De forma similar al cálculo gráfico de convoluciones, se va variando m (lo que equivale a ir desplazando la secuencia $x[n+m]$, o la secuencia $y[n-m]$, sobre el eje de tiempos). A diferencia de la convolución, en este caso no hay que invertir el eje de tiempos.

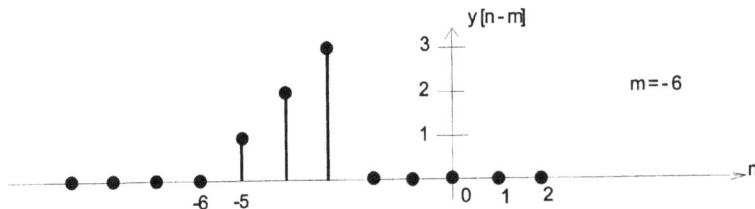

Fig. 9.3. Desplazamiento temporal (sin reflexión) de una de las secuencias

Para cada valor de m, la definición anterior:

$$r_{xy}[m] = \sum_{n=-\infty}^{\infty} x[n]\, y[n-m] \tag{9.9}$$

indica que se suman los productos de las muestras coincidentes en un mismo instante de tiempo $[m]$.

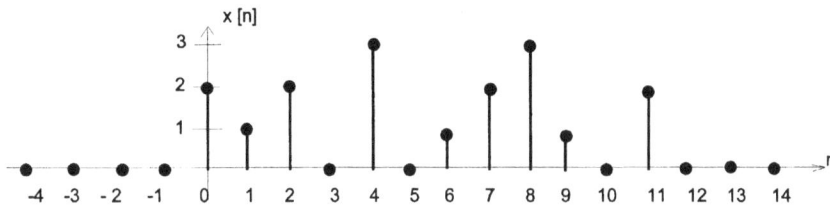

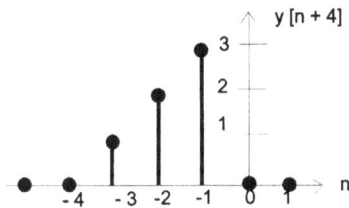

$$m = -4 \rightarrow \sum = 0 = r_{xy}(-4)$$

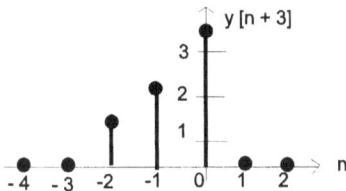

$$m = -3 \rightarrow \sum = 2 \cdot 3 = 6 = r_{xy}(-3)$$

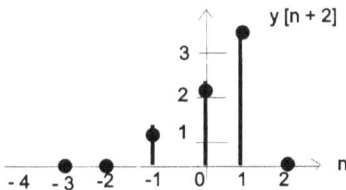

$$m = -2 \rightarrow \sum = 3 \cdot 1 + 2 \cdot 2 = 7 = r_{xy}(-2)$$

y, así sucesivamente, se obtiene:

$m = -1,\ r_{xy}[-1] = 10$	$m = 6,\ r_{xy}[6] = 11$
$m = 0,\ r_{xy}[0] = 5$	$m = 7,\ r_{xy}[7] = 5$
$m = 1,\ r_{xy}[1] = 11$	$m = 8,\ r_{xy}[8] = 7$
$m = 2,\ r_{xy}[2] = 6$	$m = 9,\ r_{xy}[9] = 4$
$m = 3,\ r_{xy}[3] = 6$	$m = 10,\ r_{xy}[10] = 2$
$m = 4,\ r_{xy}[4] = 8$	$m = 11,\ r_{xy}[11] = 0$
$m = 5,\ r_{xy}[5] = 14$	$m = 12,\ r_{xy}[12] = 0$

resultado que corresponde a la secuencia siguiente:

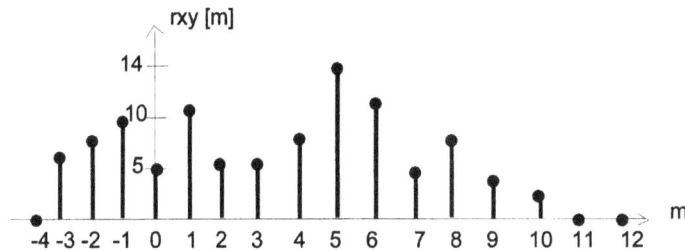

Fig. 9.4. Resultado gráfico de la correlación cruzada

La correlación cruzada de dos secuencias es un indicador del grado de similitud (de parecido) entre ellas para diferentes desplazamientos en el tiempo. En el ejemplo anterior se observa que el valor de r_{xy} máximo se produce para un desplazamiento $m = 5$: la secuencia $x[n]$ tiene un trozo (subsecuencia) que empieza en $n = 5$ que es la más parecida[1] a la secuencia $y[n]$. Concretamente, son la misma subsecuencia: [0, 1, 2, 3].

Otras formas de indicar la correlación cruzada

1. En el caso más general de secuencias complejas, tales que $x[n] = a_x[n]+jb_x[n]$ e $y[n] = a_y[n]+jb_y[n]$, la definición anterior se modifica de la forma siguiente:

$$r_{xy}[m] = \sum_{n=-\infty}^{\infty} x[n+m]\, y^*[n] = \sum_{n=-\infty}^{\infty} x[n]\, y^*[n-m] \qquad (9.10)$$

2. Usando el producto escalar (*inner product*):

$$<x,y> = x^T \cdot y = \sum_{i=-\infty}^{\infty} x_i\, y_i \qquad (9.11)$$

se puede escribir la correlación cruzada como:

$$r_{xy}[m] = <x[n+m], y^*[n]> \qquad (9.12)$$

---

[1] Esta afirmación no es obvia para el si se estudia cuidadosamente. Si los valores de las muestras de $x[n]$ en los instantes $n = 2$, 3 y 4 fueran iguales y de una valor alto, por ejemplo 1.000, el máximo de la correlación cruzada se daría en esta zona, aunque su forma no fuera parecida a la de la secuencia $y[n]$, y no en $m = 5$. El ejemplo anterior es académico, en el sentido de que las secuencias se han elegido muy cortas con el fin de poder dibujar los pasos del proceso de correlación. En aplicaciones reales, las secuencias son mucho más largas que las del ejemplo, con valores positivos y negativos, lo que produce términos de signo contrario (que se restan), excepto si una secuencia se desplaza sobre una subsecuencia de igual forma: en este caso, todos los valores participan con signo positivo (valores cuadráticos).

9.2.3. Autocorrelación

La autocorrelación puede interpretarse como un caso particular de la correlación cruzada cuando las dos secuencias son la misma, es decir, si:

$$x[n] = y[n]$$

Así, la secuencia de la autocorrelación vendrá dada por:

$$r_{xx}[m] = \sum x[n] \, x[n-m] = \sum x[n+m] \, x[n] \tag{9.13}$$

Ecuación que indica el grado de similitud de una secuencia a sí misma cuando es desplazada en el tiempo.

Ejemplo 1
La autocorrelación de la secuencia $y[n]$ del ejemplo del apartado anterior, $r_{yy}[m]$, será:

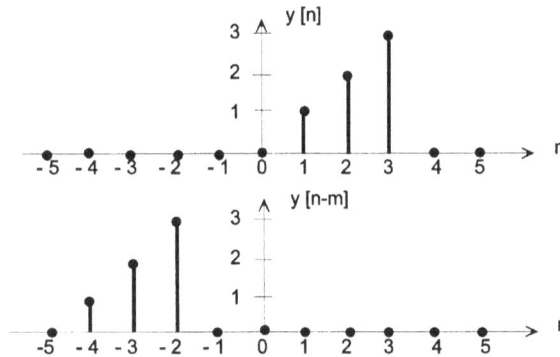

$$m = -4 \;\rightarrow\; r_{yy}[-4] = 0$$

$$m = -3 \;\rightarrow\; r_{yy}[-3] = 3 \cdot 0 = 0$$

$$m = -2 \;\rightarrow\; r_{yy}[2] = 3 \cdot 1 = 3$$

$$m = -1 \;\rightarrow\; r_{yy}[-1] = 3 \cdot 2 + 2 \cdot 1 = 8$$

$$m = 0 \;\rightarrow\; r_{yy}[0] = 1 \cdot 1 + 2 \cdot 2 + 3 \cdot 3 = 14$$

$$m = 1 \;\rightarrow\; r_{yy}[1] = 1 \cdot 2 + 2 \cdot 3 = 8$$

$$m = 2 \;\rightarrow\; r_{yy}[2] = 1 \cdot 3 = 3$$

$$m = 3 \;\rightarrow\; r_{yy}[3] = 0$$

Parece lógico que el máximo se produzca en $m = 0$, ya que la correlación indica la similitud entre secuencias: cuando más se parece una secuencia a sí misma es cuando la comparación se efectúa en el origen de tiempos (sin decalajes).

Se propone como ejercicio la obtención de la autocorrelación de $x[n]$, $r_{xx}[n]$, del ejemplo del apartado 9.2.2. Debe obtenerse como resultado una secuencia simétrica (simetría par) respecto al origen de tiempos, con un máximo en $n = 0$, igual a:

$$r_{xx}[0] = 37 = \sum_{n=-\infty}^{\infty} x^2[n]$$

9.3. Propiedades de las secuencias de correlación cruzada y de autocorrelación

9.3.1. Desplazamiento temporal

La correlación no depende del origen de tiempo de las señales. Si $r_{xy}[m]$ es la correlación de $x[n]$ con $y[n]$, el resultado es el mismo que el de correlar $x[n-n_0]$ con $y[n-n_0]$.

$$r_{xy}[m] = \sum_{n=-\infty}^{\infty} x[n - n_0 + m] \, y[n - n_0] =$$

$$= (haciendo \ n - n_0 = n') = \sum_{n'=-\infty}^{\infty} x[n' + m] \, y[n'].$$

(9.14)

Esta propiedad indica que la correlación sólo depende de la diferencia de tiempos relativa entre las dos señales (m) y no de su posición absoluta en el eje n.

Sin embargo, si sólo se desplaza una de las secuencias, el resultado de la correlación queda también desplazado:

$$x_1[n] = x[n]$$

$$y_1[n] = x[n - n_0]$$

$$r_{x_1 y_1}[m] = \sum_{n=-\infty}^{\infty} x[n + m] \, y[n - n_0] = \{n = n - n_0\}$$

(9.15)

$$= \sum_{n=-\infty}^{\infty} x[n + m - n_0] \, y[n] = r_{xy}[m - n_0]$$

9.3.2. Simetría

a) La autocorrelación es simétrica respecto al origen ($m = 0$)

$$r_{xx}[-m] = \sum_{n=-\infty}^{\infty} x[n]\,x[n-m] = \sum_{n=-\infty}^{\infty} x[n+m]\,x[n] = r_{xx}[m] \qquad (9.16)$$

b) Si se cambia el orden de las dos secuencias que intervienen en el cálculo de la correlación cruzada, el resultado es una reflexión temporal del que se obtendría con las secuencias en orden inverso.

$$r_{xy}[m] = \sum_{n=-\infty}^{\infty} x[n+m]\,y[n] = \sum_{n=-\infty}^{\infty} x[n-(-m)]\,y[n] =$$

$$= \sum_{n=-\infty}^{\infty} y[n]\,x[n-(-m)] = r_{yx}[-m] \qquad (9.17)$$

Ejemplo 2 (Matlab)

Obtenga la autocorrelación y la correlación cruzada de las señales $x[n]$ e $y[n]$ que se representan a continuación:

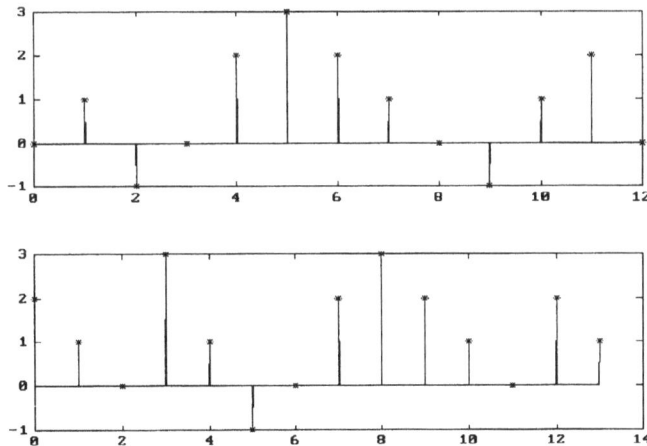

Fig. 9.5. Secuencias del ejemplo 2. Arriba: x[n]; abajo: y[n]

Usando la instrucción *xcorr* del Matlab, se obtienen los resultados siguientes:

a) $r_{xx}[m]$ y $r_{yy}[m]$:

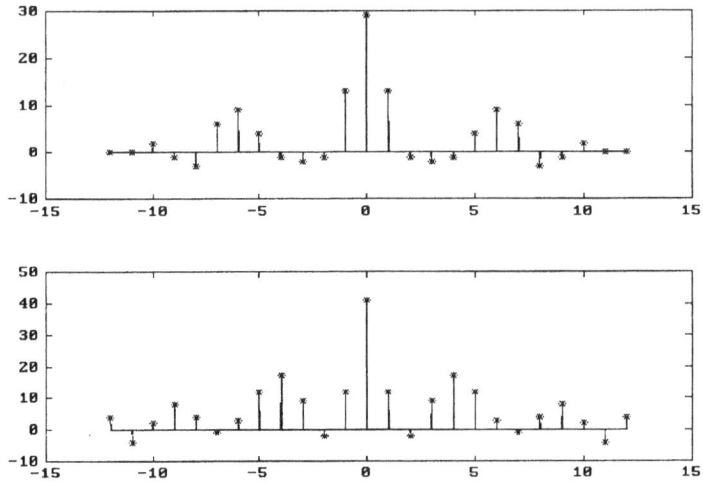

Fig. 9.6. Autocorrelación de x[n] *(arriba) y de* y[n] *(abajo)*

Puede apreciarse que el máximo de ambas autocorrelaciones se produce en el origen ($m = 0$), y que tienen simetría par.

b) $r_{xy}[m]$:

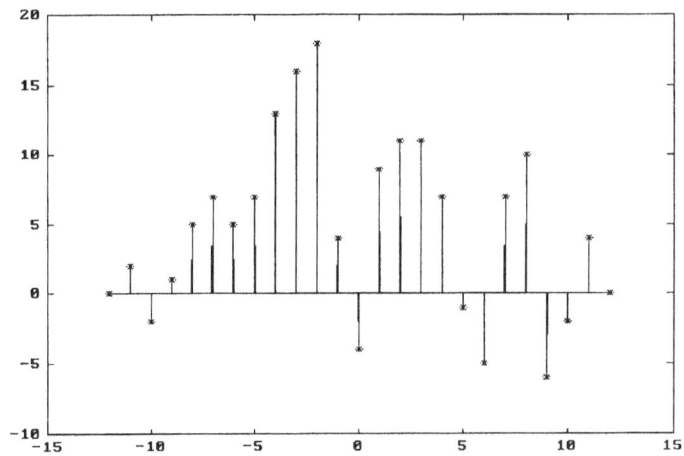

Fig. 9.7. Correlación cruzada entre x[n] *e* y[n]

c) $r_{yx}[m]$:

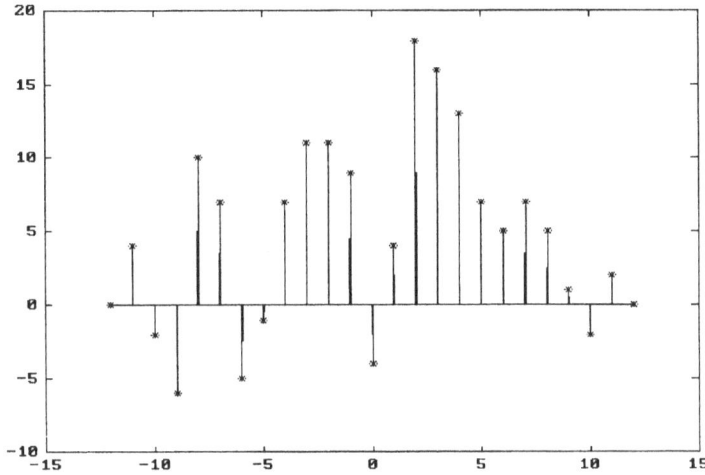

Fig. 9.7 (bis). Correlación cruzada entre y[n] y x[n]

Comparando las dos correlaciones cruzadas, se comprueba que $r_{xy}[m] = r_{yx}[-m]$.

9.3.3. Correlación en el origen

Si $m = 0$, entonces:

$$r_{xx}[0] = \sum_{m=-\infty}^{\infty} x^2[n] = E_x \geq |r_{xx}[m]| \tag{9.18}$$

El máximo de la autocorrelación se produce en el origen de tiempos ($m = 0$), y *coincide con la energía de la señal*. Nótese que si la señal no fuera de energía finita, la definición de funciones de autocorrelación que se está utilizando no daría un valor acotado de la autocorrelación en el origen. En el apartado siguiente se verá cómo se define la correlación para señales de potencia media finita. Asimismo, la correlación cruzada de dos secuencias está acotada por sus energías respectivas según la relación:

$$|r_{xy}[m]| \leq \sqrt{E_x E_y} \tag{9.19}$$

Precisamente, por producirse el valor máximo de la secuencia de autocorrelación en el origen, se definen las *secuencias normalizadas* de autocorrelación (*coeficientes de autocorrelación*):

$$\rho_{xx}[m] = \frac{r_{xx}[m]}{r_{xx}[0]} = \frac{r_{xx}[m]}{E_x} \tag{9.20}$$

y *de correlación cruzada*:

$$\rho_{xy}[m] = \frac{r_{xy}[m]}{\sqrt{r_{xx}[0] \cdot r_{yy}[0]}} = \frac{r_{xy}[m]}{\sqrt{E_x E_y}} \qquad (9.21)$$

de modo que el valor máximo (normalizado) no puede ser superior a la unidad.

$$|\rho_{xx}[m]| \leq 1,$$

$$|\rho_{xy}[m]| \leq 1. \qquad (9.22)$$

Gracias al coeficiente de correlación, se independiza la medida de la similitud entre secuencias del valor relativo de las muestras de una de ellas respecto a la otra. Así, por ejemplo, si se tienen unas secuencias:

$x_1[n] = [1, 4, 2, -4, 5]$
$x_2[n] = [6, 9, -1, 3, 1]$
$x_3[n] = [5, 20, 10, -20, 25]$
$x_4[n] = [30, 45, -5, 15, 5]$

se observa que la secuencia $x_1[n]$ es tan parecida a $x_2[n]$ como $x_3[n]$ lo es a $x_4[n]$, obviando un factor de escala de 5. El valor de $r_{x1\,x2}[0]$ es 33, y el de $r_{x3\,x4}[0]$ es 825. En una interpretación incorrecta se podría decir que $x_3[n]$ es más parecido a $x_4[n]$ que $x_1[n]$ lo es a $x_2[n]$. En cambio, el coeficiente de ambas correlaciones es el mismo. De este modo, el coeficiente de correlación cruzada entre la salida y la entrada de un amplificador perfectamente lineal será unitario, independientemente del valor de la amplificación.

Cuanto más cercano a 1 sea el valor de $|\rho_{xy}[m]|$, más parecidas serán las secuencias $x[n]$ e $y[n]$. Un valor de -1 significa una correlación total entre las secuencias (igual que un valor de +1), pero en sentido opuesto. Por ejemplo, podría tratarse de señales de fase opuesta. De igual modo, un valor cercano a 0 es un indicador de poca similitud entre las dos secuencias (hay que leer con precaución los valores cercanos a cero, valor difícil de conseguir en la práctica: puede darse la paradoja de que dos secuencias que, por experiencia, no tengan ningún tipo de relación, no den una correlación nula. Podría ser el caso de la correlación entre el envejecimiento de una obra de arte en Brasil y la variación del precio del aceite en Alemania. Por esto, conviene leer valores no nulos, pero cercanos a cero, como secuencias no relacionadas).

9.4. Correlación de secuencias de potencia media finita

Si las secuencias $x[n]$ o $y[n]$ no son de energía finita (son señales de potencia), la correlación cruzada y la autocorrelación en el origen, según las definiciones anteriores, darán valores infinitos. En este caso, se utiliza otra definición que guarda una gran similitud con el cálculo de potencias medias de señales. Así, para señales de potencia media finita, la correlación cruzada y la autocorrelación se definen, respectivamente, como:

$$\varphi_{xy}[m] = \lim_{M \to \infty} \frac{1}{2M+1} \sum_{n=-M}^{M} x[n]\,y[n-m]$$

$$\varphi_{xx}[m] = \lim_{M \to \infty} \frac{1}{2M+1} \sum_{n=-M}^{M} x[n]\,x[n-m]$$

(9.23)

En el caso de ser secuencias periódicas, de período N_0, las definiciones anteriores se reducen a:

$$\varphi_{xy}[m] = \frac{1}{N_0} \sum_{n=0}^{N_0-1} x[n]\,y[n-m]$$

$$\varphi_{xx}[m] = \frac{1}{N_0} \sum_{n=0}^{N_0-1} x[n]\,x[n-m]$$

(9.24)

(el término $1/N_0$ es un factor de escala que puede obviarse).

Tanto la autocorrelación como la correlación cruzada son secuencias periódicas de período N_0.

La correlación cruzada de dos secuencias de potencia media finita en el origen se denomina potencia cruzada de ambas secuencias:

$$r_{xy}[0] = \lim_{M \to \infty} \frac{1}{2M+1} \sum_{n=-M}^{M} x[n]\,y[n] = P_{xy} \geq |\,r_{xy}[m]\,|$$

(9.25)

En consecuencia, cuando $x[n] = y[n]$, se tiene que la autocorrelación en el origen de una secuencia es la potencia de dicha secuencia:

$$r_{xx}[0] = \lim_{M \to \infty} \frac{1}{2M+1} \sum_{n=-M}^{M} x^2[n] = P_x \geq |\,r_{xx}[m]\,|$$

(9.26)

Ejemplo 3
Dada la secuencia $x[n] = \cos\left(\frac{\pi}{4} n\right)$:

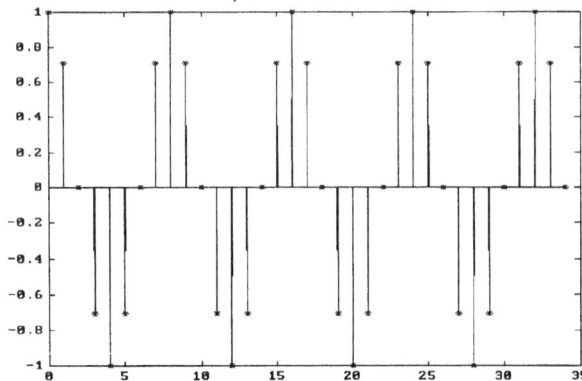

Fig. 9.8. Secuencia $x[n] = \cos\left(\frac{\pi}{4} n\right)$

se pide obtener su autocorrelación y representarla gráficamente.

El período de la secuencia $x[n]$ es:

$$\frac{\Omega}{2\pi} = \frac{n}{N_0} \rightarrow \frac{\pi/4}{2\pi} = \frac{1}{8} \rightarrow N_0 = 8 \, muestras$$

Aplicando la definición para señales periódicas, se obtiene:

$$r_{xx}[m] = \frac{1}{N_0} \sum_{n=0}^{N_0-1} x[n]\,x[n-m] =$$

$$= \frac{1}{8} \sum_{n=0}^{7} \cos[\frac{\pi}{4}n] \cos[\frac{\pi}{4}(n-m)] =$$

$$= \{ \, aplicando \, \cos a \, \cos b = \frac{1}{2}(\cos(a+b) + \cos(a-b)) \, \} =$$

$$= \frac{1}{2} \cos(\frac{\pi}{4}m)$$

La potencia media de la secuencia es $P_x = r_{xx}[0] = \frac{1}{2}$, y el coeficiente de autocorrelación será:

$$\rho_{xx}[m] = \frac{r_{xx}[m]}{P_x} = \cos\left(\frac{\pi}{4}m\right)$$

Su representación gráfica es la de la figura siguiente:

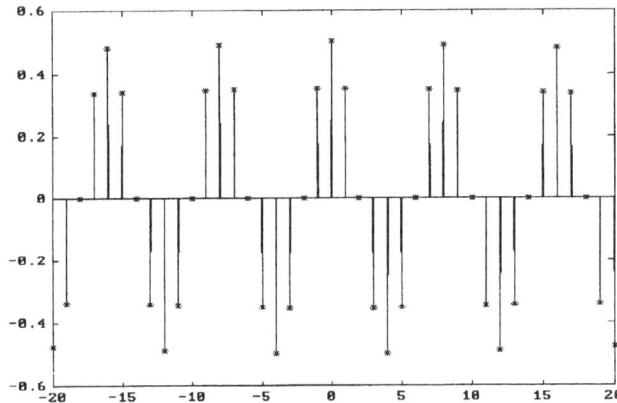

Fig. 9.9. Autocorrelación de la secuencia de la figura 9.8

El período de $N_0 = 8$ muestras puede identificarse tanto en la secuencia $x[n]$ como en su $r_{xx}[m]$. Ello es consecuencia de que la correlación de secuencias periódicas da como resultado otra secuencia periódica.

Ejemplo 4: Detección de señales enmascaradas por ruido.

Considérese una secuencia $s[n]$, formada por la secuencia $x[n]$ del ejemplo anterior, durante cuya transmisión se le ha añadido un ruido en el canal. La forma de las primeras muestras de la secuencia recibida, $s[n]$, es:

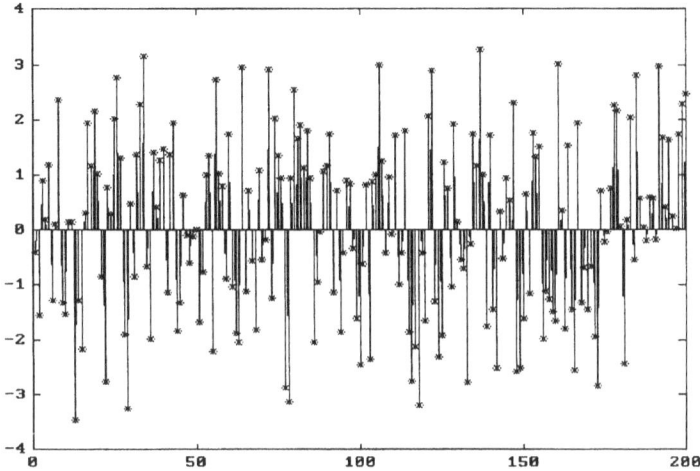

Fig. 9.10. Secuencia contaminada con ruido aditivo

Como puede observarse, la periodicidad de la senoide $x[n]$ no es evidente al quedar enmascarada por el ruido en $s[n]$. Si, con ayuda del Matlab (instrucción *xcorr*), se obtiene la autocorrelación de $s[n]$:

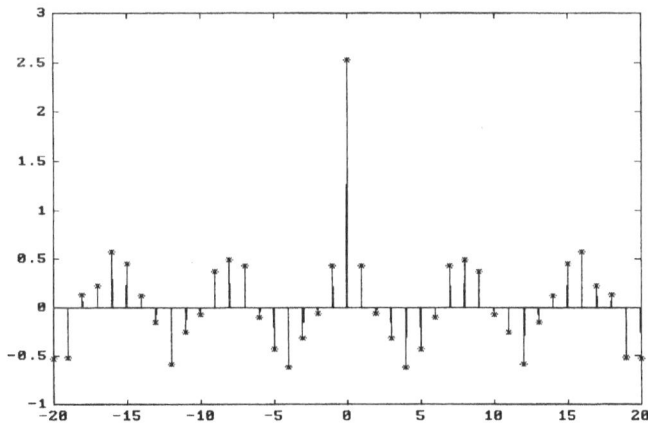

Fig. 9.11. Autocorrelación de la secuencia de la figura anterior

se ve que, gracias a la función de autocorrelación, puede volverse a detectar una senoide con un período de repetición de 8 muestras. En el apartado 9.9 se estudiarán las características de las secuencias de ruido, y quedará de manifiesto por qué la muestra en $m = 0$ ha quedado magnificada.

9.5. Energía de señales. Suma de energías

Sea la señal $s[n] = x[n]+y[n]$, donde los dos sumandos reales $x[n]$ e $y[n]$ son señales de energía. Recordando el apartado 9.3.3, la energía de la suma, señal real $s[n]$, es:

$$energía\ (s[n]) = \sum_{n=-\infty}^{\infty} [s[n]]^2 = \sum_{n=-\infty}^{\infty} [x[n] + y[n]]^2 =$$

$$\sum_{n=-\infty}^{\infty} x^2[n] + \sum_{n=-\infty}^{\infty} y^2[n] + 2 \sum_{n=-\infty}^{\infty} x[n]\, y[n] = \tag{9.27}$$

$$= r_{xx}[0] + r_{yy}[0] + 2\, r_{xy}[0] =$$

$$= energía\ (x[n]) + energía\ (y[n]) + 2\, r_{xy}[0]$$

Se observa que si las señales $x[n]$ e $y[n]$ no están correladas ($r_{xy}[0] = 0$), es posible obtener la energía de la suma como la suma de energías de las dos partes.

Utilizando la formulación alternativa en forma de productos escalares:

$$energía\ (s[n]) = \langle s[n]\, ,\, s[n] \rangle =$$

$$= \langle x[n]\, ,\, x[n] \rangle + \langle y[n]\, ,\, y[n] \rangle + 2 \langle x[n]\, ,\, y[n] \rangle. \tag{9.28}$$

Cuando el producto escalar es cero, se dice que las señales son ortogonales. Con este lenguaje, una condición suficiente para poder sumar las energías de $x[n]$ e $y[n]$, es que sean *ortogonales*: $< x[n], y[n] > = 0$. Sin embargo, a continuación se verá que la condición de ortogonalidad puede relajarse a la condición de *incoherencia*. Dos señales son incoherentes si se anula la parte real de su producto escalar.

Si $s[n] = x[n]+y[n]$:

$$r_{ss}[m] = \sum_{n=-\infty}^{\infty} (x[n+m] + y[n+m])\ (x[n] + y[n]) =$$

$$= r_{xx}[m] + r_{yy}[m] + r_{yx}[m] + r_{xy}[m] \tag{9.29}$$

y particularizando para $m = 0$, a fin de obtener energías, se tiene:

$$r_{ss}[0] = r_{xx}[0] + r_{yy}[0] + r_{yx}[0] + r_{xy}[0] \tag{9.30}$$

Como $r_{xy}[0] = r_{yx}[0]$ para señales reales (para complejas, $r_{xy}^*[0] = r_{yx}[0]$),

$$r_{xy}[0] + r_{yx}[0] = 2\, r_{xy}[0].$$

$$energía\ (s[n]) = energía\ (x[n]) + energía\ (y[n]) + 2\, r_{xy}[0], \tag{9.31}$$

solución ya obtenida anteriormente, para señales $x[n]$ e $y[n]$ reales.

En el caso general de señales complejas (puede pensarse, para facilitar la concreción, en señales procedentes del muestreo de tensiones o corrientes en circuitos reactivos, con componentes reales e imaginarios en régimen permanente senoidal), la igualdad anterior (9.31) para señales reales:

$$r_{xy}[0] + r_{yx}[0] = 2\, r_{xy}[0]$$

se convierte en:

$$r_{xy}^*[0] = r_{yx}[0] \;\rightarrow$$

$$r_{xy}[0] + r_{xy}^*[0] = 2\, Re(r_{xy}[0]),$$

(9.32)

siendo suficiente que la parte real de la correlación cruzada se anule para que la energía de $s[n]$ sea la suma de las de $x[n]$ e $y[n]$. Si en lugar de hablar de la correlación cruzada se utiliza el lenguaje del producto escalar, la condición para poder sumar las energías es que su parte real se anule (incoherencia). Así pues, la incoherencia es condición necesaria y suficiente para poder sumar las energías.

$$Re \langle x[n] , y[n] \rangle = 0. \tag{9.33}$$

Por último, conviene notar que, de la relación anterior (9.31):

$$energía\ (s[n]) = energía\ (x[n]) + energía(y[n]) + 2\, r_{xy}[0],$$

se desprende que para unas secuencias $x[n]$ e $y[n]$ dadas, con una determinada energía, la energía de la suma será máxima si hay una coherencia total entre $x[n]$ e $y[n]$. Tal sería el caso en que ambas señales fueran senoides de la misma frecuencia y fase $(r_{xy}[0]$: máximo), o el de dos personas tirando de una polea para levantar un peso: la experiencia demuestra que se optimiza el esfuerzo (energía) si ambas tiran de forma coordinada (correlación entre los "tirones" de las dos personas).

Lo mismo es aplicable si $x[n]$ e $y[n]$ son señales de potencia media finita. En este caso, la potencia de la suma, $s[n]$, viene dada por:

$$P_s = P_x + P_y + 2\, r_{xy}[0] \tag{9.34}$$

Ejemplo 5

Sean $x[n] = y[n] = \cos (\pi/4\ n)$. Su autocorrelación (véase el ejemplo del apartado 9.4) es $r_{xx}[m] = (\tfrac{1}{2}) \cos (\pi/4\ m)$, y el período de la secuencia es de $N_0 = 8$ muestras. La potencia de cada señal es:

$$P_x = P_y = \frac{1}{N_0} \sum_{n=0}^{N_0-1} \cos^2\left(\frac{\pi}{4} n\right) = 4/8 = 0,5 \ watios$$

La potencia de la suma de $x[n]$ con $y[n]$ es:

$$P_{x+y} = \frac{1}{N_0} \sum_{n=0}^{N_0-1} 4 \cos^2\left(\frac{\pi}{4} n\right) = 2 \ watios =$$

$$= P_x + P_y + 2 r_{xy}[0] = 0,5 + 0,5 + 2 \cdot 0,5$$

Si la secuencia $x[n]$ fuera la misma, pero $y[n]$ estuviera desplazada un fase inicial, $y[n] = \cos(n\pi/4 + \pi/8)$, los valores de P_x y de P_y serían los mismos, pero la correlación cruzada en el origen sería de $r_{xy}[0] = 0,4619$. La potencia de la suma sería entonces: $P_x + P_y + 2 r_{xy}[0] = 1,9238$ watios.

9.6. Transformada Z de secuencias de correlación cruzada y de autocorrelación

9.6.1. Correlación cruzada

La transformada Z de la correlación entre dos secuencias complejas $x[n]$ e $y[n]$ se obtiene de modo siguiente:

$$Z\left[\sum_{n=-\infty}^{\infty} x[n+m] \ y^*[n]\right] = \{m = k\} =$$

$$= \sum_{k=-\infty}^{\infty} \sum_{n=-\infty}^{\infty} x[n+k] \ y^*[n] \ z^{-k} =$$

$$= \sum_{n=-\infty}^{\infty} y^*[n] \sum_{k=-\infty}^{\infty} x[n+k] \ z^{-k} = \qquad (9.35)$$

$$= \sum_{n=-\infty}^{\infty} y^*[n] \ z^n \ X[z] = [k = -n] =$$

$$= Z(y^*[-k]) \cdot X[z] = Y^*\left(\frac{1}{z^*}\right) X(z)$$

Es decir:

$$Z[r_{xy}[m]] = Y^*((z^*)^{-1}) \ X(z) = S_{xy}(z) \qquad (9.36)$$

en cuya demostración se han aplicado las propiedades de desplazamiento y de inversión del eje de tiempos de la transformada Z. Un camino alternativo, que se propone como ejercicio, para obtener el mismo resultado es partir de la expresión $r_{xy}[m] = x[m]*y[-m]$, y aplicar las propiedades de convolución y de inversión temporal de la transformada Z. Para señales reales, la transformada de la correlación cruzada es:

$$Z[r_{xy}[m]] = Y(z^{-1})\, X(z) = S_{xy}(z) \tag{9.37}$$

9.6.2. Autocorrelación

Si $y[n] = x[n]$, se obtiene, para secuencias complejas:

$$Z(r_{xx}[m]) = X^*((z^*)^{-1})\, X(z) = S_{xx}(z) \tag{9.38}$$

Esta ecuación se convierte, para señales reales, en:

$$Z(r_{xx}[m]) = X(z^{-1})\, X(z) = S_{xx}(z) \tag{9.39}$$

Ejemplo 6: Aplicación de la transformada Z.

Un radar primario localiza móviles a partir del "rebote" que éstos producen a una onda electromagnética emitida por el propio radar. Conociendo la velocidad de propagación de la onda, el radar contabiliza el tiempo transcurrido desde la emisión de la onda hasta la recepción del eco (si se produce) debido a la presencia de un blanco. Conociendo el tiempo y la velocidad, es fácil calcular la distancia del blanco y, a partir de la orientación de la antena, su dirección. (Cambiando la onda electromagnética por un ultrasonido y la antena por transductores capaces de emitir y detectar ondas de presión, se obtiene el sónar.) Uno de los problemas que pueden presentarse en un radar pulsado es que el eco se presente deformado y contaminado con ruidos, lo que dificulta decidir en qué instante concreto ha sido recibido.

Un radar pulsado podría describirse según el siguiente diagrama de bloques simplificado:

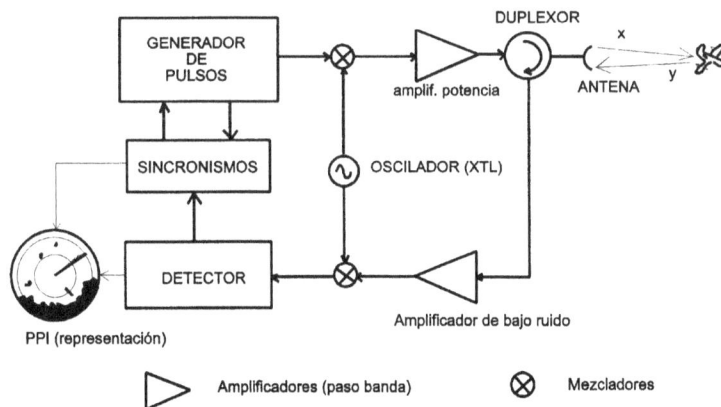

Fig. 9.12. Esquema de bloques de un radar pulsado

donde *x* representa la señal transmitida por la antena, e *y* la recibida. Los mezcladores elevan el espectro de la señal procedente del generador de pulsos alrededor de la frecuencia del oscilador (en emisión), y bajan la frecuencia de la señal recibida a banda base para su detección (en recepción).

En el caso ideal en que no hubiera ruidos en el proceso y en que la señal recibida (eco del blanco) no llegara distorsionada, sería muy fácil calcular la distancia a la que se encuentra el blanco.

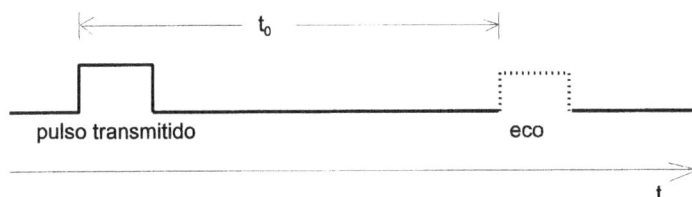

Fig. 9.13. Medida del tiempo t_0 entre la transmisión de un pulso y la recepción de un eco del blanco

Aproximando la velocidad de la onda electromagnética a $v = 300.000$ km/s, el blanco que ha generado el eco estaría a una distancia de $s = v\, t_0 / 2$ (considerando el doble camino de ida y vuelta).

El problema aparece cuando la respuesta del blanco es un pulso distorsionado y ruidoso. En este caso, no es posible determinar exactamente el tiempo t_0.

Fig. 9.14. Imprecisión en la determinación de la posición temporal del eco

Este problema, junto con otros como la probabilidad de una falsa alarma (blancos inexistentes) o la potencia necesaria en el emisor para que el eco tenga aún la suficiente energía, puede solucionarse con el uso de radares secundarios. En éstos, el blanco es activo y, cuando detecta un código determinado, contesta identificándose.

Pero, si no se recurre a radares secundarios, o no es posible hacerlo por el tipo de blancos, una posibilidad para detectar el retardo con que llega el eco es usar secuencias de Barker (son secuencias de ±1 tales que su autocorrelación en el origen, $r_{xx}[0]$, es de valor igual a su longitud, al ser todos los elementos de la secuencia unos, y queda bien diferenciada de los restantes valores de $r_{xx}[m]$).

Subejemplo 6.1

Dada una secuencia de Barker de 5 puntos:

$$x[n] = [1, 1, 1, -1, 1]$$

Se pretende obtener $s_{xx}(z)$, la transformada Z de $r_{xx}[m]$.

$$X(z) = \sum_{n=0}^{5} x[n]\, z^{-n} = 1 + z^{-1} + z^{-2} - z^{-3} + z^{-4}$$

Como se ha visto, para una secuencia $x[n]$ real:

$$s_{xx}(z) = X(z^{-1})X(z),$$

siendo, en este caso, $X(z^{-1}) = 1 + z + z^2 - z^3 + z^4$. Efectuando el producto entre $X(z^{-1})$ y $X(z)$, se obtiene:

$$s_{xx}(z) = z^4 + z^2 + 5 + z^{-2} + z^{-4},$$

cuya antitransformada $r_{xx}[m]$ es inmediata:

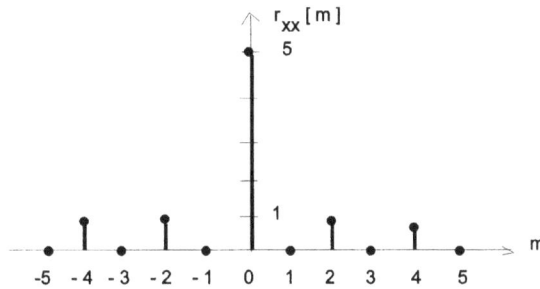

Fig. 9.15. Autocorrelación de una secuencia de Barker de 5 puntos

Como se puede comprobar en la figura 9.15, la autocorrelación de la secuencia en el origen es 5 (valor igual al de la longitud de la secuencia), y en los restantes valores de m es, como máximo, 1. Si la secuencia procediera del muestreo de una tensión eléctrica, la ganancia de la autocorrelación en el origen respecto a los demás puntos sería de $20 \cdot \log(5) = 13{,}98$ dB. En la tabla siguiente se muestran códigos de Barker de distinta longitud.

Longitud del código	Elementos del código	Nivel de $r_{xx}[0]$
2	+ - , + +	6 dB
3	+ + -	9,5 dB
4	+ + - + , + + + -	12 dB
5	+ + + - +	14 dB
7	+ + + - - + -	16,9 dB
11	+ + + - - - + - - + -	20,8 dB
13	+ + + + + - - + + - + - +	22,3 dB

Tabla 9.1. Algunas secuencias de Barker

Subejemplo 6.2

Un radar primario ha emitido la secuencia $x[n]$ del ejercicio anterior y ha recibido:

$$y[n] = \alpha\, x[n-D] + \gamma[n],$$

donde D es el retardo, α la atenuación y $\gamma[n]$ un ruido aditivo. Se pide hallar la transformada Z de $r_{xy}[n]$, si se sabe que $\gamma[n]$ no está relacionado con $x[n]$ al estar producido por causas independientes del contenido de la secuencia que se transmite (ruidos electrónicos, atmosféricos, etc.). La transformada Z de la ecuación anterior es:

$$Y(z) = \alpha\, z^{-D} X(z) + \gamma(z)$$

Aplicando el resultado de la ecuación 9.37:

$$S_{xy}(z) = Y(z^{-1})\, X(z),$$

se tiene:

$$S_{xy}(z) = [\alpha\, z^{D} X(z^{-1}) + \gamma(z^{-1})]\, X(z) =$$

$$= \alpha\, z^{D} X(z^{-1})\, X(z) + \gamma(z^{-1})\, X(z) =$$

$$= \alpha\, z^{D} S_{xx}(z) + S_{x\gamma}(z).$$

y la correlación cruzada en el dominio del tiempo será:

$$r_{xy}[m] = \alpha\, r_{xx}[m+D] + r_{x\gamma}[m] = \alpha\, r_{xx}[m+D]$$

pues $r_{x\gamma}[m] = 0$ al ser independientes $x[n]$ y $\gamma[n]$. Así, la correlación cruzada entre $x[n]$ e $y[n]$ tendrá su máximo ($r_{xy}[0]$) desplazado D muestras respecto al máximo de $r_{xx}[m]$, de modo que será fácil identificar el retardo entre la señal transmitida por el radar y el eco recibido.

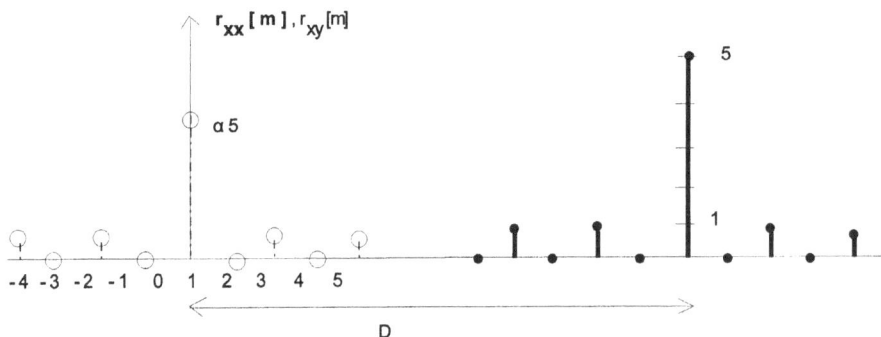

Fig. 9.16. Determinación del retardo D entre la señal transmitida y la recibida

9.7. Transformada de Fourier de funciones de correlación. Densidad espectral de energía y de potencia

Anotando la correlación cruzada de dos secuencias como:

$$r_{xy}[m] = x[m] * y[-m] \tag{9.40}$$

y aplicando el teorema de convolución y la propiedad de inversión temporal de la TFSD, se obtiene la TFSD de la correlación cruzada:

$$S_{xy}(e^{j\Omega}) = X(e^{j\Omega})\, Y(e^{-j\Omega}) = X(e^{j\Omega})\, Y^*(e^{j\Omega}) = \sum_{m=-\infty}^{\infty} r_{xy}(m)\, e^{-j\Omega m} \tag{9.41}$$

siendo $S_{xy}(e^{j\Omega}) = S(\Omega)$ la densidad espectral cruzada de energía. Su antitransformada (TFSD inversa) es:

$$r_{xy}[m] = \frac{1}{2\pi} \int_{-\pi}^{\pi} S_{xy}(e^{j\Omega})\, e^{j\Omega m}\, d\Omega \tag{9.42}$$

Si se adecuan estas expresiones para la autocorrelación de una secuencia $x[n]$, se obtiene la densidad espectral de energía de una secuencia $x[n]$:

$$S_{xx}(e^{j\Omega}) = X(e^{j\Omega})\, X(e^{-j\Omega}) = X(e^{j\Omega})\, X^*(e^{j\Omega}) = |X(e^{j\Omega})|^2 \tag{9.43}$$

$$r_{xx}[m] = \frac{1}{2\pi} \int_{-\pi}^{\pi} S_{xx}(e^{j\Omega})\, e^{j\Omega m}\, d\Omega \tag{9.44}$$

De 9.43 se observa que la función $S_{xx}(e^{j\Omega})$ es un función real y con simetría par.

Como ya se ha visto, el valor de la autocorrelación en el origen, $m = 0$, es la energía de la señal $x[n]$. De las ecuaciones anteriores se desprende que esta energía puede obtenerse de forma alternativa integrando la función de densidad espectral:

$$r_{xx}[0] = \frac{1}{2\pi} \int_{-\pi}^{\pi} S_{xx}(e^{j\Omega})\, d\Omega = \sum_{n=-\infty}^{\infty} x^2[n] = E_x \tag{9.45}$$

Si $x[n]$ es una señal de potencia media finita (no es de energía), el valor de $r_{xx}[0] = \varphi[0]$ es, entonces, la potencia media de la señal:

$$\varphi_{xx}[0] = \frac{1}{2\pi} \int_{-\pi}^{\pi} S_{xx}(e^{j\Omega}) \, d\Omega = \frac{1}{N_0} \sum_{n=0}^{N_0-1} x^2[n] = P_x \qquad (9.46)$$

La función $S_{xx}(e^{j\Omega})$, también expresable como $S_{xx}(\Omega)$, es una función de densidad espectral de energía si $x[n]$ es de energía finita. Si $x[n]$ fuera de potencia finita, $S_{xx}(\Omega)$ sería una función de densidad espectral de potencia. Estas funciones de densidad espectral indican la cantidad de energía, o de potencia, según sea el caso, que posee la señal para cada frecuencia.

Si no interesa el contenido energético total de una señal, sino sólo la energía comprendida dentro de una cierta banda frecuencial, basta con reemplazar los límites de la integral anterior (entre π y $-\pi$) por los límites de esta banda. Entre las aplicaciones de las funciones de densidad, cabe mencionar los radiómetros, dispositivos destinados a detectar la presencia de emisiones dentro de una banda frecuencial, que inicialmente se usaron en aplicaciones bélicas en aviones para conocer si un radar enemigo estaba detectando un blanco. Su esquema funcional es el de la figura 9.17, donde el filtro paso-banda (FPB) se ajusta a la banda frecuencial en la que se quieren detectar emisiones. La función del comparador es la de decidir, en función de la energía detectada, si hay o no emisión significativa.

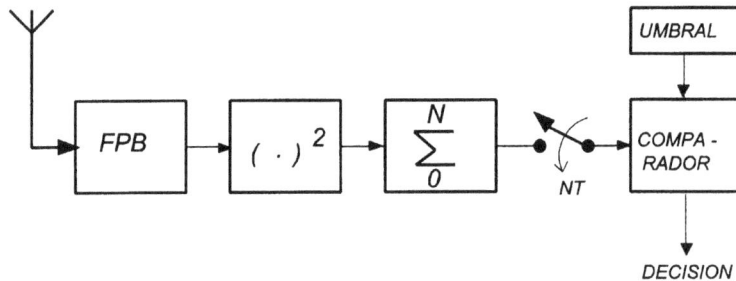

Fig. 9.17. Esquema básico de un radiómetro

Véase la ecuación de dimensiones para el caso de una señal de energía: si $r_{xx}[0]$ tiene dimensión de energía, las unidades de $S_{xx}(\Omega)$ son julios/radián (en frecuencia discreta; para frecuencia continua serían julios/Hz). Por otro lado, si $x[n]$ es una señal de potencia finita (como las periódicas o las aleatorias), las unidades de $S_{xx}(\Omega)$ son watios/radián (o watios/Hz, si se convierte la frecuencia discreta en continua).

La función $S_{xy}(\Omega)$ se denomina *de densidad espectral cruzada de energía* (para señales de energía finita) o *de potencia* (para señales de potencia media finita). No tiene interpretación en términos de potencias físicas, a diferencia de $S_{xx}(\Omega)$.

Conviene resaltar que $S_{xx}(\Omega)$ *no es* la transformada de Fourier de $x[n]$, sino que es la transformada de su función de autocorrelación. Concretamente, y como ya se ha visto, es el módulo al cuadrado de la transformada de Fourier. La confusión puede producirse porque la transformada de Fourier también tiene dimensiones de función de densidad, pero sus unidades no son de energía ni de potencia. En el caso de señales eléctricas, las unidades de la transformada de Fourier son voltios/radián (o voltios/Hz, en sistemas continuos) o amperios/radián (amperios/Hz, en frecuencia continua).

9.8. Aplicación a la identificación de sistemas lineales

En muchas ocasiones, no se conoce la función de transferencia de un sistema y es preciso identificarla como paso previo a posteriores diseños. Tal podría ser el caso de un filtro desconocido, de un canal de comunicaciones o de un proceso que se pretende controlar. El problema de la identificación también se presenta ante sistemas cuya $H(z)$ puede ser conocida en un determinado momento, pero que por su carácter variante con el tiempo hay que ir actualizando periódicamente. Si la dinámica del sistema desconocido es simple, de primer o segundo orden, puede plantearse su excitación con un escalón unitario y, a partir de la respuesta, identificar el sistema con parámetros básicos (constantes de tiempo, frecuencias de amortiguamiento, etc.). Otra posibilidad, también elemental, es vobular la entrada del sistema excitándolo progresivamente con una senoide cuya frecuencia se va aumentando gradualmente, de modo que se pueda trazar la respuesta frecuencial del sistema. Si bien este tipo de métodos tienen la ventaja de su simplicidad, obligan a parar el funcionamiento normal del sistema para poder efectuar su identificación. Hay otros métodos, como los basados en técnicas de mínimos cuadrados (LS, RLS, ELS, GLS, VI), que permiten efectuar una identificación de la función de transferencia del sistema sin tener que alterar su funcionamiento normal. Con las funciones de correlación, también se puede identificar un sistema sin tener que cambiar su funcionamiento normal, siempre y cuando la entrada $x[n]$ tenga la suficiente dinámica (variación) como para poder excitar todas las frecuencias de paso del sistema desconocido. O, en otras palabras, que su transformada de Fourier cubra todo el ancho de banda del sistema lineal a identificar.

Sea $x[n]$ la secuencia de entrada a un sistema LTI, $y[n]$ la secuencia de salida y $h[n]$ la respuesta impulsional desconocida del sistema.

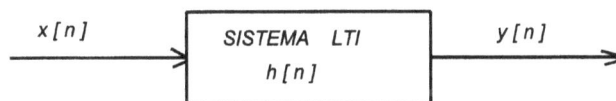

Fig. 9.18. Sistema LTI con h[n] desconocida

Aplicando la definición de la correlación cruzada, se tiene:

$$r_{yx}[m] = \sum_{n=-\infty}^{\infty} y[n]\,x[n-m] = \sum_{n=-\infty}^{\infty} \left(\sum_{k=-\infty}^{\infty} h[k]\,x[n-k] \right) x[n-m] =$$

$$= \sum_{k=-\infty}^{\infty} h[k] \sum_{n=-\infty}^{\infty} x[n-k]\,x[n-m] = \{\, aplicando \ (9.14) \,\} =$$

$$= \sum_{k=-\infty}^{\infty} h[k] \sum_{n=-\infty}^{\infty} x[n]\,x[n-(m-k)] = \sum_{k=-\infty}^{\infty} h[k]\,r_{xx}[m-k] =$$

$$= h[m] * r_{xx}[m]$$

(9.47)

Así, la transformada Z de $r_{yx}[m]$ es:

$$S_{yx}(z) = H(z) \, S_{xx}(z) \tag{9.48}$$

y la TFSD será:

$$S_{yx}(e^{j\Omega}) = H(e^{j\Omega}) \, S_{xx}(e^{j\Omega}) \;\;\rightarrow$$

$$H(e^{j\Omega}) = \frac{S_{yx}(e^{j\Omega})}{S_{xx}(e^{j\Omega})} \tag{9.49}$$

de modo que se puede obtener $H(z)$ como cociente entre la densidad espectral cruzada entre la salida y la entrada al sistema, respecto a la densidad espectral de la entrada.

Si la entrada fuera un ruido perfectamente aleatorio,[2] de forma que una trama de él sólo se pareciera a sí misma pero no a ninguna otra trama, su autocorrelación sería cero para todos los valores de m, excepto en el origen ($m = 0$). La autocorrelación de este ruido se podría denotar como $r_{nn}[m] = \eta_0 \, \delta[m]$, siendo η_0 la potencia del ruido, y su función de densidad espectral de energía sería constante (transformada de una delta), de valor η_0. Este tipo de ruido, al tener una densidad espectral constante en toda la banda de frecuencias, es denominado *ruido blanco* (por similitud con el espectro de la luz blanca compuesta por todos los colores -frecuencias- del espectro visible). Así, si la secuencia de entrada corresponde a un ruido blanco, la $H(z)$ del sistema a identificar sería:

$$H(e^{j\Omega}) = \frac{S_{yx}(e^{j\Omega})}{\eta_0} \tag{9.50}$$

En ocasiones, es más cómodo trabajar con autocorrelaciones que con correlaciones cruzadas. Partiendo de la autocorrelación de la salida del sistema a identificar:

$$S_{yy}(e^{j\Omega}) = |\, Y(e^{j\Omega}) \,|^2 \tag{9.51}$$

y recordando que $Y(e^{j\Omega}) = X(e^{j\Omega}) \, H(e^{j\Omega})$, se ve que:

$$\begin{aligned} S_{yy}(e^{j\Omega}) &= |\, X(e^{j\Omega}) \,|^2 \; |\, H(e^{j\Omega}) \,|^2 = \\ &= S_{xx}(e^{j\Omega}) \; |\, H(e^{j\Omega}) \,|^2 = S_{xx}(e^{j\Omega}) \, S_{hh}(e^{j\Omega}) \end{aligned} \tag{9.52}$$

---

[2]   En el apartado 8.10 se profundizará sobre la identificación basada en entradas de ruido.

y se puede determinar el módulo de $H(e^{j\Omega})$ como:

$$| H(e^{j\Omega}) |^2 = \frac{S_{yy}(e^{j\Omega})}{S_{xx}(e^{j\Omega})} \tag{9.53}$$

Aplicando la propiedad de convolución a la igualdad anterior, se obtiene otra relación importante:

$$r_{yy}[m] = r_{xx}[m] * r_{hh}[m] \tag{9.54}$$

Por un procedimiento similar, también se puede obtener la relación entre la densidad espectral cruzada entrada-salida respecto a la densidad espectral de la entrada, que vendrá dada por:

$$S_{xy}(e^{j\Omega}) = X(e^{j\Omega}) Y^*(e^{j\Omega}) = | X(e^{j\Omega})|^2 H^*(e^{j\Omega}) = S_{xx}(e^{j\Omega}) H^*(e^{j\Omega}) \tag{9.55}$$

con lo que la función de correlación cruzada entrada-salida puede escribirse como:

$$r_{xy}[m] = r_{xx}[m] * h[-m] \tag{9.56}$$

Ejemplo 7

La respuesta impulsional de un sistema viene dada por:

$$h[n] = a^n u[n], \qquad |a| < 1$$

a) Halle la autocorrelación de la respuesta impulsional.

$$r_{hh}[m] = \sum_{n=-\infty}^{\infty} a^n u[n] \, a^{n-m} u[n-m] =$$

para $m \geq 0$ domina el término $u[n-m]$ →

$$\sum_{n=m}^{\infty} a^n a^{n-m} = a^{-m} \sum_{n=m}^{\infty} a^{2n} = a^{-m} \frac{a^{2m}}{1-a^2} = \frac{1}{1-a^2} a^m$$

para $m < 0$ domina el término $u[n]$ →

$$a^{-m} \sum_{n=0}^{\infty} a^{2n} = a^{-m} \frac{1}{1-a^2}$$

$$\rightarrow r_{hh}[m] = \frac{1}{1-a^2} a^{|m|}, \qquad -\infty < m < \infty$$

Para $a = 0,5$, esta autocorrelación es la que se indica en la figura siguiente:

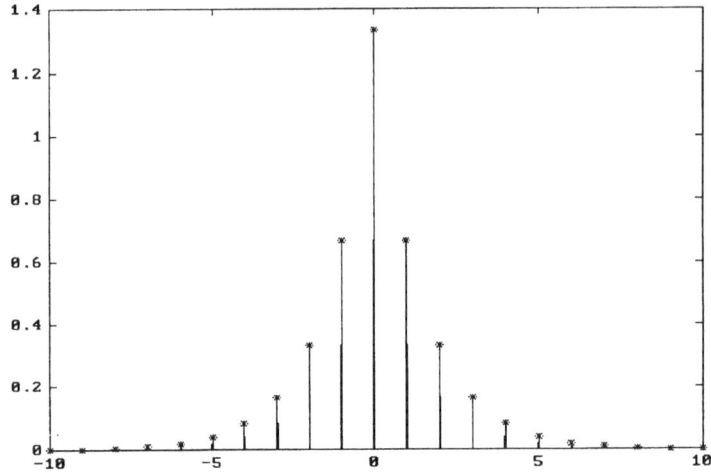

Fig. 9.19. Autocorrelación de h[n] = aⁿ u[n]

b) Si la entrada al sistema es un ruido blanco, $r[n]$, de potencia $P_r = 100$ watios, determine la densidad espectral del ruido a la salida.

La potencia del ruido, que se sabe que es de 100 watios, viene determinada por la expresión:

$$P_r = r_{rr}[0] = \frac{1}{2\pi} \int_{-\pi}^{\pi} S_{rr}(e^{j\Omega})\, d\Omega = 100 \rightarrow S_{rr}(e^{j\Omega}) = 100 \text{ watios / radián}$$

Como el ruido es blanco, sólo tiene autocorrelación no nula en el origen:

$$r_{rr}[m] = F(S_{xx}(e^{j\Omega})) = 100\ \delta[m]$$

Por otro lado, la $H(z)$ del sistema es:

$$H(z) = \frac{1}{1 - az^{-1}}$$

Sustituyendo $z = e^{j\Omega}$, y operando con la exponencial, se obtiene:

$$|H(e^{j\Omega})|^2 = \frac{1}{1 - 2a\cos(\Omega) + a^2}$$

donde se ha aplicado $|H(e^{j\Omega})|^2 = H(e^{j\Omega})\, H(e^{-j\Omega})$.

Así pues, la densidad espectral del ruido a la salida del sistema será:

$$S_{yy}(e^{j\Omega}) = S_{xx}(e^{j\Omega})\, |H(e^{j\Omega})|^2 = \frac{100}{1 - 2a\cos(\Omega) + a^2}$$

correspondiente a la siguiente figura (para $a = 0,5$):

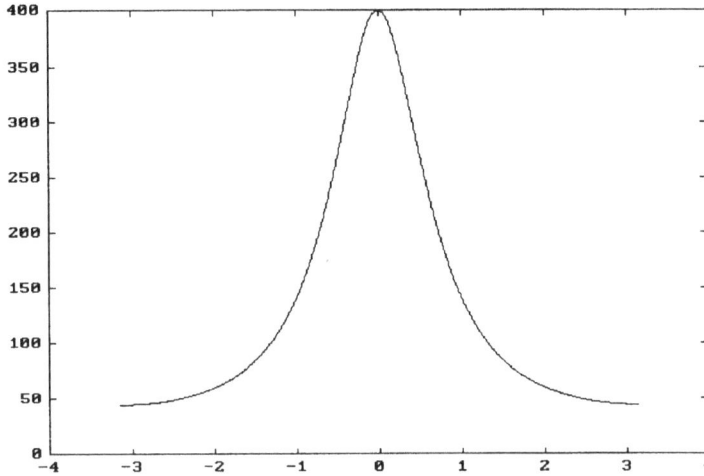

Fig. 9.20. Densidad espectral del ruido a la salida

Como la entrada tiene una densidad espectral constante ($S_{xx}(e^{j\Omega}) = S_{rr}(e^{j\Omega}) = 100$), la forma de $S_{yy}(e^{j\Omega})$ es la misma que la del módulo de la $H(e^{j\Omega})$ del sistema.

c) Halle la función de autocorrelación del ruido a la salida.

La función de autocorrelación del ruido a la salida puede obtenerse como la transformada inversa de Fourier de la densidad espectral de potencia obtenida en el apartado *b*, o bien puede determinarse directamente como:

$$r_{yy}[m] = r_{rr}[m] * r_{hh}[m] = 100 \, \delta[m] * r_{hh}[m] = 100 \, r_{hh}[m] =$$

$$= 100 \, \frac{a^{|m|}}{1 - a^2}$$

9.9. Secuencias de ruido. Ruido pseudoaleatorio

Si una secuencia de ruido $w[n]$ ha sido generada de forma que cada una de sus muestras sea totalmente independiente de las restantes, no será posible encontrar subtramas de la secuencia $w[n]$ parecidas entre ellas. Es decir, la secuencia $w[n]$ sólo se parecerá a sí misma si la comparación muestra a muestra se efectúa sobre una misma referencia de tiempos (en este caso, el parecido será la identidad). Esto implica que la autocorrelación de la secuencia de ruido $x[n]$ será nula para todos los desplazamientos relativos, excepto en el origen. Si la potencia del ruido es η_o, su función de autocorrelación será $r_{ww}[m] = \eta_o \, \delta[m]$. Su densidad espectral de potencia será:

$$S_{ww}(\Omega) = F(r_{ww}[m]) = \eta_o \qquad\qquad (9.57)$$

es decir, será constante para todas las frecuencias. Como ya se ha dicho, por similitud con el espectro de la luz blanca, que ocupa todo el espectro visible, a este tipo de ruido se le denomina *ruido blanco*.

En algunas aplicaciones de sistemas, las secuencias de ruido blanco no son consideradas perturbaciones, sino que se generan intencionadamente. Tal es el caso de la identificación de sistemas estudiada en el apartado 9.8; si la entrada era un ruido blanco, resultaba más fácil medir la función de transferencia del sistema a identificar ya que la función de densidad espectral de la entrada es una constante. Además, como su espectro ocupa toda la banda, no quedan zonas frecuenciales escondidas en la identificación puesto que el ruido introducido a la entrada del sistema las excita a todas (se dice que la excitación es persistente). Otro caso en que las secuencias de ruido se introducen intencionadamente son ciertas modulaciones de código (espectro ensanchado). Una alternativa para generar secuencias de ruido son las secuencias pseudoaleatorias (o de pseudorruido), que si bien son deterministas en el sentido de que se conoce perfectamente su forma y que se pueden reproducir, sus características frecuenciales y estadísticas recuerdan a las de un ruido blanco, al menos dentro de una cierta banda frecuencial. Una secuencia de ruido pseudoaleatorio está formada por una secuencia base (período), de una cierta longitud, que se va repitiendo en el tiempo. Se caracterizan por la longitud del período base, que a su vez determina la forma de la función de autocorrelación, como se verá más adelante.

Las secuencias pseudoaleatorias (también conocidas como PRS, de *pseudo random sequence*, o como PRBS, de *pseudo random binary sequence*) se generan realimentando registros de desplazamiento mediante puertas X-OR (llamadas también sumadores módulo 2). Sean $x_1, x_2,..., x_n$ los n estados internos de un registro de desplazamiento de n etapas (véase la figura 9.21). Según cuales sean los estados internos realimentados por el sumador de módulo 2, se obtienen secuencias pseudoaleatorias con un período base de distinta longitud.

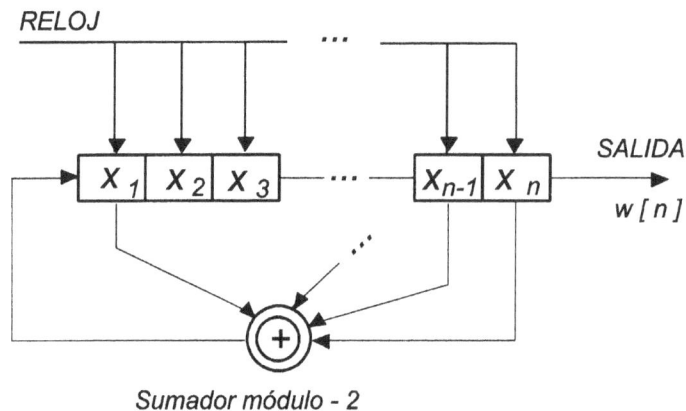

Fig. 9.21. Generación de una secuencia pseudoaleatoria

Si, por ejemplo, se realimentan hacia el sumador de módulo 2 los estados primero (x_1) y cuarto (x_4), en un registro de desplazamiento de cuatro etapas ($n = 4$), la secuencia base de salida será:

$$0\ 0\ 0\ 1\ 1\ 1\ 1\ 0\ 1\ 0\ 1\ 1\ 0\ 0\ 1$$

que se irá repitiendo consecutivamente.

No todas las realimentaciones son igualmente válidas. Se denominan *secuencias de máxima longitud* las que reproducen la secuencia base cada p pulsos del reloj, siendo:

$$p = 2^n - 1 \tag{9.58}$$

En la tabla siguiente se muestran los estados a realimentar para diferentes secuencias de máxima longitud, así como la variable n que fija la longitud de la secuencia base según la ecuación anterior:

n	Estados del registro de desplazamiento a realimentar	
1	1	
2	1,2	
3	1,3	2,3
4	1,4	3,4
5	2,5	3,5
6	1,6	5,6
7	1,7	6,7
8	1,3,5,8	2,3,4,8
9	4,9	5,9
10	3,10	7,10
11	2,11	9,11
12	1,4,6,12	2,10,11,12
13	1,3,4,13	1,11,12,13
14	1,6,10,14	2,12,13,14
15	1,15	14,15

Tabla 9.2. Estados del registro de desplazamiento que se realimentan para la generación de secuencias de máxima longitud, en función de n

Las secuencias pseudoaleatorias de *máxima longitud* tienen las características siguientes:

a) Tienen una longitud base de $2^n - 1$.

b) Los picos de su autocorrelación se producen cada $2^n - 1$ muestras (consecuencia de que la secuencia base sea periódica).

c) La secuencia base contiene 2^{n-1} "unos" y $2^{n-1} - 1$ "ceros".

d) Su densidad espectral es prácticamente plana en la banda frecuencial sobre la que se quiere generar el ruido. Su ancho de banda depende de la longitud de la secuencia base.

En la figura siguiente se muestra la autocorrelación de la secuencia anterior (0 0 0 1 1 1 0 1 0 1 1 0 0 1), obtenida realimentando los estados primero y cuarto. Según la tabla, esto produce una secuencia de longitud $2^4 - 1 = 15$, que se comprueba que también es el período de repetición de la función de autocorrelación. Lógicamente, si $n \to \infty$, el período también será infinito, y la $\delta[m]$ quedará en el origen. Ello conllevará un espectro totalmente plano.

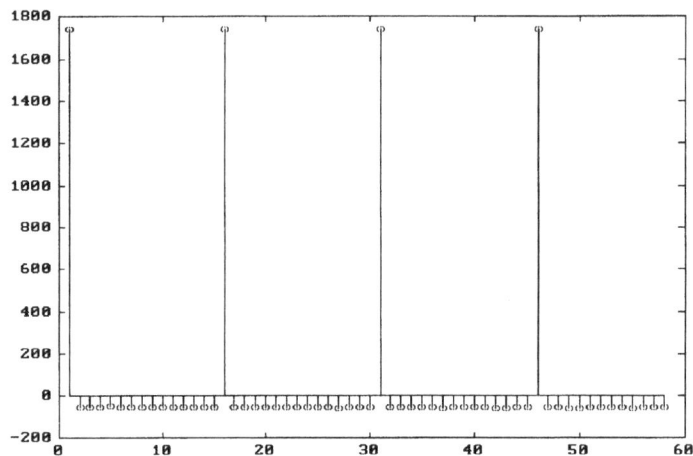

Fig. 9.22. Autocorrelación de la secuencia: 0 0 0 1 1 1 1 0 1 0 1 1 0 0 1

Si la salida del generador de pseudorruido no es una secuencia muestreada, sino una salida con niveles A y $-A$, continua en el tiempo y con una duración mínima (la del pulso más estrecho) de T segundos, como se muestra en la figura 9.23:

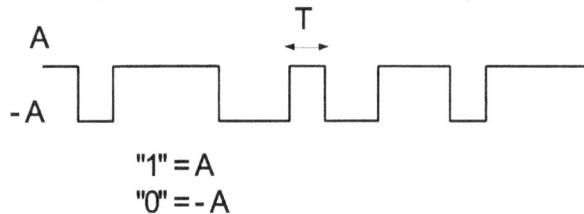

"1" = A
"0" = - A

Fig. 9.23. Ruido pseudoaleatorio de tiempo continuo

la función de autocorrelación, en tiempo continuo, toma la forma siguiente:

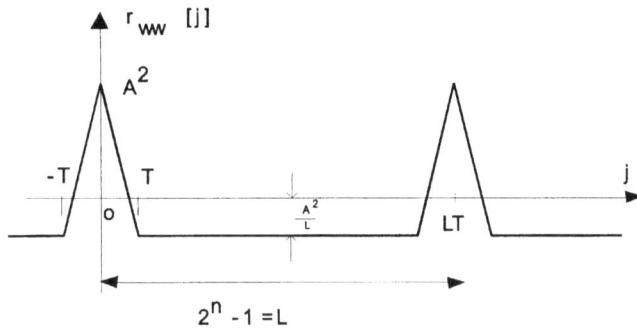

Fig. 9.24. Autocorrelación de un ruido pseudoaleatorio de tiempo continuo

y su densidad espectral, en función de la longitud de la secuencia, es la que se muestra a continuación.

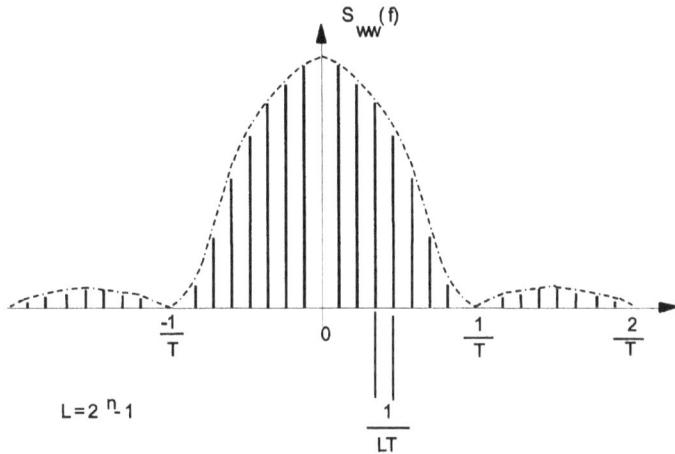

Fig. 9.25. Densidad espectral del ruido pseudoaleatorio de tiempo continuo en función de L y de T

Nótese que si T es lo suficientemente reducido (frecuencia de reloj elevada), el lóbulo principal se alarga en frecuencia. Además, si n es elevado, las rayas espectrales tienden a un espectro continuo, con lo que el ruido puede considerarse blanco dentro de la banda de bajas frecuencias.

9.10. Identificación de sistemas mediante secuencias de ruido

Una de las formas de identificar respuestas impulsionales o funciones de transferencia de sistemas se basa en la correlación cruzada entre la salida del sistema y su entrada, cuando ésta es un ruido o un pseudorruido. Este tipo de identificación presenta la ventaja de no ser intrusivo para el funcionamiento normal del sistema. Sus aplicaciones son múltiples: piénsese, por ejemplo, en una máquina dentro de una línea de producción. Como ya se ha avanzado en el apartado 9.8, cabría plantearse su identificación por técnicas de respuesta al escalón, que sería fácil si la respuesta tiene un comportamiento de primer o segundo orden; procesando esta respuesta se obtendrían parámetros típicos como la constante de tiempo, el coeficiente de amortiguamiento o la frecuencia natural. Otra alternativa posible sería una vobulación de la máquina, excitándola con senoides de igual amplitud y diferente frecuencia y representando, manual o automáticamente, su curva de amplificación. A partir de ella, hay varios métodos –como puede ser una aproximación asintótica mediante diagramas de Bode – para identificar su función de transferencia. Pero éstos métodos suponen que previamente se detenga el funcionamiento normal de la máquina para poder efectuar su identificación, con las pérdidas consiguientes en la línea de fabricación. Igual situación se produce si se quiere identificar una sala de conciertos, cuya función de transferencia varía según si está llena de público o vacía. La excitación de los altavoces con fuertes impulsos o con señales senoidales de frecuencias variadas sería molesta.

Con ruidos o pseudorruidos se puede excitar el sistema con unos niveles de amplitud mucho menores que los que serían necesarios para su identificación mediante pulsos o vobulaciones, con lo que su efecto no es tan molesto. Incluso en ocasiones casi es imperceptible. En el caso de la identificación de una máquina en una línea de producción, las propias vibraciones debidas al funcionamiento normal de la máquina no falsifican su identificación si son independientes de la secuencia de ruido aplicada a su entrada, superpuesta a las órdenes normales de funcionamiento: la correlación cruzada será nula entre componentes independientes.

El esquema general para identificar un sistema por correlación cruzada es el de la figura 9.26.

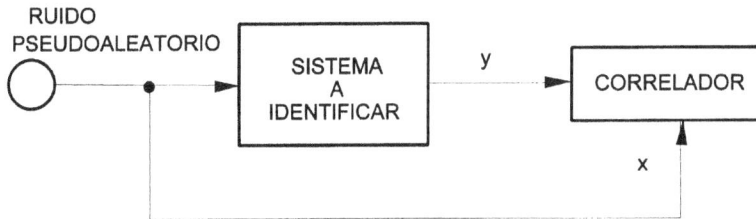

Fig. 9.26. Identificación de un sistema por correlación cruzada entre su entrada y su salida

La correlación cruzada entre la secuencia de salida $y[n]$ y la de entrada $x[n]$ viene dada por:

$$r_{yx}[m] = y[m] * x[-m] \tag{9.59}$$

La salida $y[n]$ es la convolución de la entrada por la respuesta impulsional desconocida, $h[n]$, del sistema:

$$y[n] = h[n] * x[n] \tag{9.60}$$

Sustituyendo esta expresión en la ecuación anterior, se tiene:

$$r_{yx}[m] = h[m] * (x[m] * x[-m]) =$$
$$= h[m] * r_{xx}[m]$$

(9.61)

tomando transformadas de Fourier, esta última expresión se convierte en:

$$S_{yx}[\Omega] = H[\Omega] S_{xx}[\Omega]$$

(9.62)

Si $x[n]$ es un ruido blanco (véase el apartado 9.8), su densidad espectral $S_{xx}(\Omega)$ es una constante de valor igual a la potencia del ruido η_0.

$$S_{yx}[\Omega] = H[\Omega] \eta_0 \rightarrow$$
$$\rightarrow H[\Omega] = \frac{S_{yx}[\Omega]}{\eta_0}$$

(9.63)

Esta ecuación permite identificar la respuesta frecuencial del sistema. En el dominio temporal, se puede identificar la $h[n]$ del sistema directamente de la correlación cruzada salida-entrada, de la forma:

$$h[n] = \frac{r_{yx}[n]}{\eta_0}$$

(9.64)

El sistema a identificar puede estar contaminado por una señal $v[n]$, que puede corresponder a ruidos internos del sistema, a los efectos de una señal de entrada $r[n]$ correspondiente a la entrada de funcionamiento normal, o bien a la suma de ambos efectos. Por ejemplo, en la identificación de una sala de conciertos, $v[n]$ podría ser el ruido generado por el público asistente durante la identificación de la respuesta frecuencial de la sala. O, en el caso de la identificación del comportamiento dinámico de un manipulador en una línea de fabricación, $v[n]$ podría ser la respuesta de éste a las órdenes de producción si se hace la identificación sin parar la línea. Este efecto se muestra en la figura siguiente, donde se pretende identificar un proceso sin detener su funcionamiento normal (excitado por una entrada $r[n]$), añadiendo a la entrada $r[n]$ una secuencia de ruido $x[n]$. Además, se supone que el proceso genera un ruido interno $v[n]$ que puede ser debido a vibraciones de las máquinas.

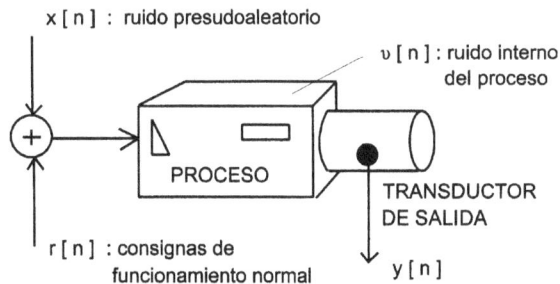

Fig. 9.27. Identificación de un proceso industrial sin interrumpir su funcionamiento normal mediante la adición de un ruido pseudoaleatorio de baja amplitud a sus ordenes de funcionamiento

La señal de salida, $y[n]$, estará formada por:

$$y[n] = x[n] * h[n] + r[n] * h[n] + v[n] \tag{9.65}$$

Si la consigna $r[n]$ y el ruido $v[n]$ son independientes de la secuencia de ruido a la entrada $x[n]$, sus correlaciones cruzadas, r_{vx} y r_{rx}, serán nulas. Con ello:

$$
\begin{aligned}
r_{yx}[m] &= y[m] * x[-m] = (h[m] * x[m] + h[m] * r[m] + v[m]) * x[-m] = \\
&= h[m] * x[m] * x[-m] + h[m] * r[m] * x[-m] + v[m] * x[-m] = \\
&= h[m] * r_{xx}[m] + h[m] * r_{rx}[m] + r_{vx}[m] = \\
&= \{\ r_{rx}[m] = r_{vx}[m] = 0\ \} = h[m] * r_{xx}[m]
\end{aligned}
\tag{9.66}
$$

es decir, se obtiene de nuevo la ecuación anterior, cuando sólo se suponía una entrada de ruido $x[n]$. Así pue, la presencia de ruidos internos al proceso o la presencia de entradas adicionales a la secuencia de ruido, si no están correlacionados con ésta, no alteran la identificación.

En la figura 9.28 se muestra una aplicación de la correlación para identificar la fuerza y el retardo con que llegan a una posición de una sala (donde está el micrófono) las ondas acústicas generadas por un altavoz, considerando tres ondas simultáneas: la que atraviesa un obstáculo (2), otra reflejada en el techo (1) y una tercera propagada por el suelo (3). Se observa que el camino 1 llega más retardado que el 2 y menos que el 3, y que es el camino por el que llega una señal de mayor amplitud.

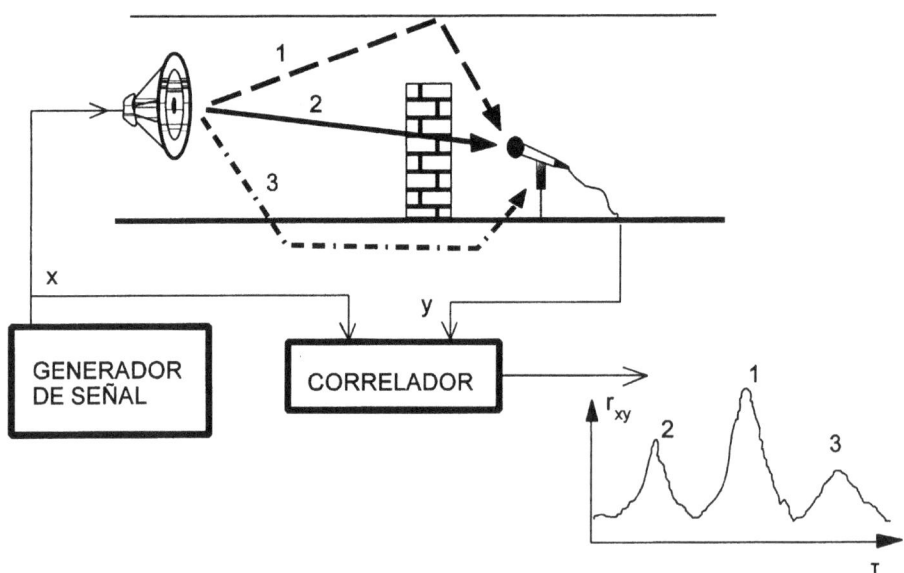

Fig. 9.28. Identificación de los caminos de propagación de una onda acústica en una sala

9.11. Función de coherencia

En sistemas ruidosos, con oscilaciones internas o no linealidades, pueden aparecer términos a su salida en régimen permamente que no procedan de la respuesta lineal a la entrada. En la salida puede haber componentes no intencionados en el diseño del sistema, como consecuencia de perturbaciones exógenas (ruidos, oscilaciones de estados internos del sistema, etc.) o como consecuencia de distorsiones de la señal de entrada por no linealidades del sistema.

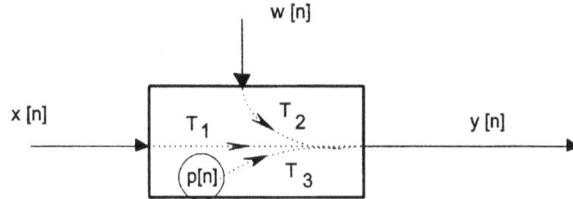

Fig. 9.29. Sistema donde la salida y[n] depende de la entrada x[n], de perturbaciones externas w[n] y de internas p[n]

Se puede describir la salida $y(t)$ del sistema como:

$$y[n] = x[n] \odot T_1 + w[n] \odot T_2 + p[n] \odot T_3 \qquad (9.67)$$

siendo $\odot$ un operador que depende de cada caso concreto. Si la transmitancia T_1 incluye una parte lineal ($h_1(t)$) y otra no lineal (T_{1a}), la ecuación anterior puede, en una primera tentativa, descomponerse del modo siguiente:

$$y[n] = x[n]*h_1(t) + x[n] \odot T_{1a} + w[n] \odot T_2 + p[n] \odot T_3 = r[n] + v[n], \qquad (9.68)$$

siendo $r[n] = x[n]*h_1(t)$ la parte de la respuesta esperada del sistema lineal y $v[n]$ la debida a las perturbaciones y alinealidades.

Tomando muestras de las secuencias de entrada y de salida, se define la función de coherencia como:

$$coherencia = \frac{S_{xy}(\Omega)\, S_{xy}^{*}(\Omega)}{S_{xx}(\Omega)\, S_{yy}(\Omega)} \qquad (9.69)$$

en que los términos del numerador son las densidades espectrales cruzadas entrada-salida (* indica el complejo conjugado) y los del denominador las densidades espectrales de la entrada y de la salida.

Si la entrada es $x[n]$ y la salida $y[n]$ está formada por los términos $r[n]$ y $v[n]$ anteriores:

$$r_{xy}[m] = x[m] * (r[-m] + v[-m]) \rightarrow$$

$$\rightarrow S_{xy}(\Omega) = S_{xr}(\Omega) + S_{xv}(\Omega) \qquad (9.70)$$

Sustituyendo esta expresión en la función de coherencia de la ecuación 9.69 y notando (ecuación 9.55):

$$S_{xr}(\Omega) = S_{xx}(\Omega)\, H_1^{*}(\Omega) \qquad (9.71)$$

puede comprobarse que la coherencia es cero si $r[n] = 0$ (en este caso, la salida $y[n]$ es sólo el término de perturbaciones $v[n]$, incorrelado con la entrada $x[n]$), mientras que es uno si $v[n] = 0$.

En sistemas de comunicación, se usa la función de coherencia cuando se sospecha que una cierta señal del sistema puede aparecer inintencionadamente en la salida (por malas masas del circuito, acoplamientos o no linealidades de los dispositivos). Si la coherencia entre la salida y la entrada es baja, es que las sospechas son ciertas: hay componentes en la salida consecuencia de esta señal indeseada.

9.12. Clasificación de secuencias. Receptores de correlación

En algunas aplicaciones, hay que decidir qué secuencia se ha recibido dentro de un alfabeto finito de secuencias posibles. Tal es el caso de un mensaje de un solo dígito en un sistema de comunicaciones, donde el símbolo recibido tiene que corresponder necesariamente a uno dentro de un conjunto de 10 símbolos posibles (0-9), o de un carácter ASCII. O, en otros ámbitos, como puede ser el procesado de imágenes, puede que interese reconocer una secuencia (imagen) para clasificarla entre un conjunto finito, o rechazarla si no se parece a ningún elemento del conjunto. Por ejemplo, podría pensarse en un sistema de reconocimiento automático de tornillos, tuercas y arandelas para su clasificación en cajas. Si en la línea de producción aparece un elemento que, captado por una cámara y una vez digitalizada la imagen, se parece (dentro de un margen de confianza en el parecido) a un tornillo, una tuerca o una arandela, se dirigirá a la caja correspondiente. Si no se tirará a una caja de elementos desconocidos. Podrían enumerarse muchos más ejemplos similares, como sería el caso del reconocimiento de la voz de un locutor de entre posibles oradores, el reconocimiento de una frase de entre un conjunto de frases posibles, o el análisis del color o de la textura de una imagen de entre un alfabeto de colores o de texturas.

El esquema general de un receptor de correlación (o de un clasificador de correlación, según cuál sea la aplicación) se muestra en la figura siguiente:

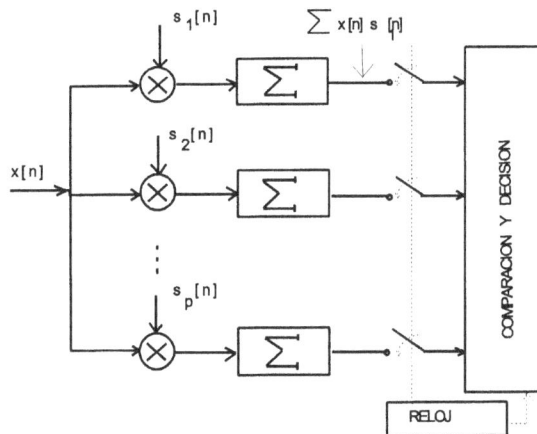

Fig. 9.30. Clasificación de una secuencia de entrada por correlación con un conjunto de secuencias patrón

Del banco de correladores salen distintos resultados. El valor más alto indica al bloque de decisión cuál de las secuencias $s_1[n]$, $s_2[n]$,..., $s_p[n]$ se parece más a la secuencia de entrada $x[n]$. Si ésta no está contaminada por ruido ni distorsiones, deberá ser igual a una de las secuencias $s_i[n]$ del alfabeto, con lo que su detección será trivial. En presencia de ruido, se optará por la salida del correlador de mayor valor. El reloj fija el intervalo de tiempo en que se comparan las muestras de la señal de entrada $x[n]$ con las secuencias $s_i[n]$. En este esquema, se supone que con un circuito de sincronización se ha logrado ajustar el instante de inicio de las secuencias $s_i[n]$ con la señal de entrada $x[n]$.

El esquema de la figura anterior puede tener otra aplicación si las secuencias s_1, s_2,..., s_p no corresponden a diferentes elementos de una gramática, sino que son una misma secuencia desplazada en el tiempo. Por ejemplo, si:

$$s_2[n] = s_1[n-1]$$

$$s_3[n] = s_2[n-1]$$

$$...$$

$$s_p[n] = s_{p-1}[n-1]$$

podrá alinearse perfectamente en el tiempo a la secuencia recibida con una réplica local (en el receptor) de ella misma. Esta aplicación se usa en comunicaciones para obtener réplicas sincronizadas de secuencias pseudoaleatorias, útiles para ciertos demoduladores.

9.13. Correlación de secuencias de longitud finita

Considérese la secuencia $x_1[n] = [1,2,1,2]$ y la secuencia $x_2[n] = [4,1,4,1]$. Su correlación cruzada en el origen es $r_{x1x2}[0] = 12$. Si ahora se amplía la longitud de las secuencias, formando $x_1[n] = [1,2,1,2,1,2,1,2]$ y $x_2[n] = [4,1,4,1,4,1,4,1]$, la correlación cruzada pasará a ser de 24.

Sin embargo, el grado de parecido entre las dos secuencias es el mismo. Una práctica habitual para independizar el resultado de la longitud de las secuencias que se correlacionan, es dividirlo por N, siendo N el número de muestras de cada secuencia (supuestas de igual longitud).

Otro efecto que se produce al tratarse de secuencias de longitud finita es el de la correlación en las colas de las secuencias. A partir de un cierto valor de m, la secuencia que se va desplazando para obtener la correlación ya no se superpone totalmente a la otra, lo que hace disminuir el valor de la correlación al haber menos muestras no nulas que participen en ella. Es el efecto que se indica en la figura 9.31.

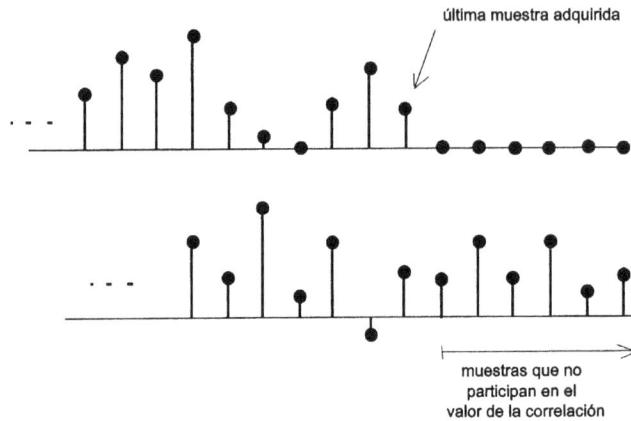

Fig. 9.31. La primera secuencia es de longitud finita: al calcular su correlación cruzada con la segunda secuencia hay muestras de ésta que no participan en el valor de la correlación, al multiplicarse por muestras de valor cero de la primera secuencia

Una solución para reducir este efecto es adquirir secuencias más largas (más tiempo total de conversión A/D). O, si se trata de secuencias periódicas, puede repetirse artificialmente el período, de modo que crezca la longitud de la secuencia. En las figuras siguientes se muestra la autocorrelación de la secuencia $x[n] = 9 \cos(\frac{\pi}{3} n)$ para diferentes longitudes de n. Las primeras gráficas (figura 9.32) corresponden a la autocorrelación de secuencias de longitud 10. Las segundas (figura 9.33), a secuencias de longitud 100.

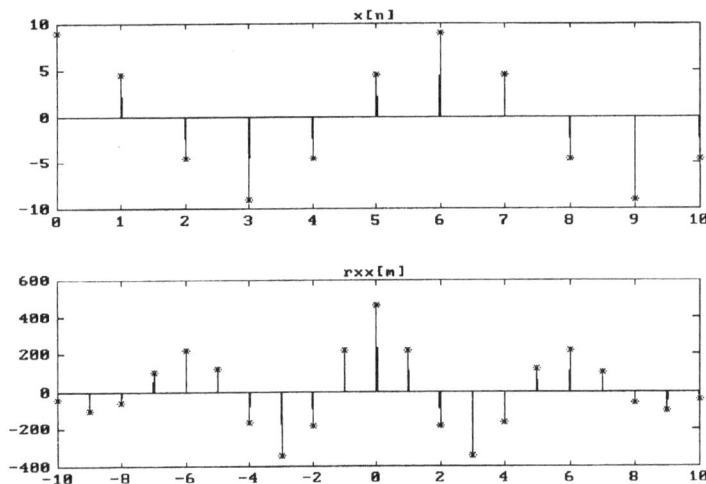

Fig. 9.32 . Autocorrelación de una secuencia cosenoidal x[n] de longitud 10

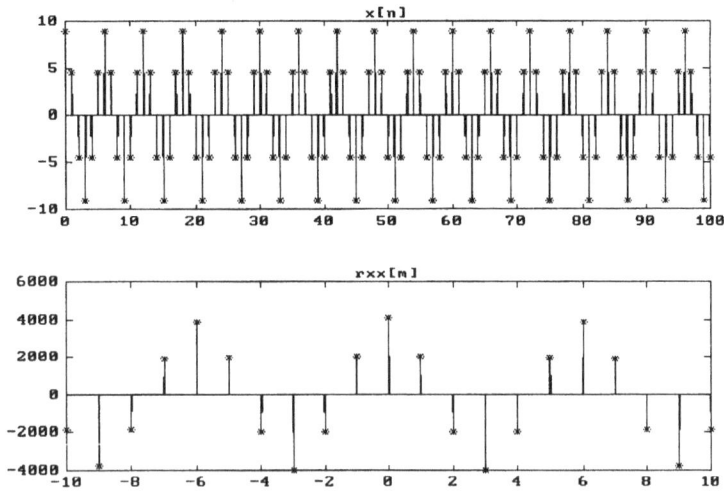

Fig. 9.33. Autocorrelación para un longitud de 100 muestras de la misma secuencia cosenoidal de la gráfica anterior

En estas gráficas no se ha normalizado el resultado de las correlaciones dividiendo por la longitud de la secuencia $x[n]$, de modo que el efecto comentado al principio del presente apartado queda evidente. Como puede observarse en la gráfica de la figura 9.33, donde se ha partido de 100 muestras de la secuencia cosenoidal, la autocorrelación en el intervalo $m = [-10,10]$ prácticamente repite los valores en cada período de la autocorrelación, a diferencia de la gráfica anterior (figura 9.32), en que éstos iban decreciendo.

Sin embargo, en la gráfica siguiente (figura 9.34), donde se ha aumentado el margen de visualización (margen de m), se ve que también existe un efecto de bordes: los períodos de la autocorrelación no son constantes al ir variando m, sino que su amplitud disminuye siguiendo el perfil de una recta.

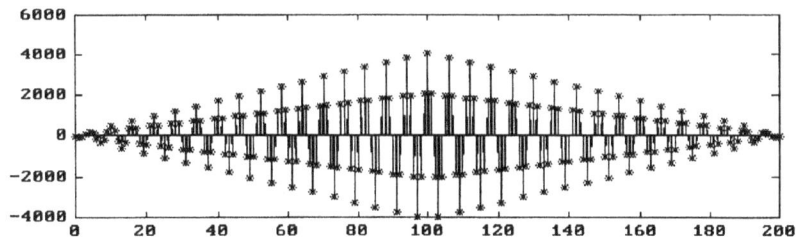

Fig. 9.34. Ampliación del intervalo m de la autocorrelación de la figura anterior

Este efecto de disminución del valor de la correlación por efecto de colas se ilustra en la figura 9.35, donde N es el número de muestras de la secuencia.

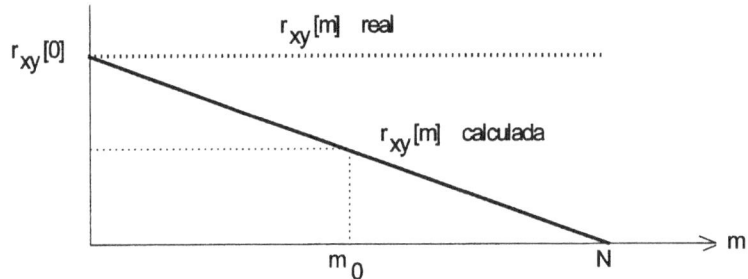

Fig. 9.35. Error debido al efecto de las colas en el cálculo de correlaciones

Una forma de compensarlo es deducir el valor de la $r_{xy}[m]$ real aplicando simetría de triángulos en la gráfica anterior:

$$\frac{r_{xy}[m]\,\{real\} - r_{xy}[m]\,\{calculada\}}{m_0} = \frac{r_{xy}[0]}{N} \rightarrow$$

$$\rightarrow r_{xy}[m]\,\{real\} = r_{xy}[m]\,\{calculada\} + m_0\,\frac{r_{xy}[0]}{N}$$

(9.72)

9.14. Respuesta de sistemas LTI a entradas aleatorias

Sea el sistema lineal, invariante y causal de la figura, donde la entrada $x[n]$ es una secuencia aleatoria estacionaria.

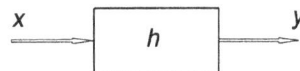

Fig. 9.36. Sistema lineal, invariante y causal

La autocorrelación de la secuencia de salida del sistema LTI, $y[n]$, que también es estacionaria, viene dada (en el apéndice E puede encontrarse una revisión de las definiciones principales de variables aleatorias, particularizadas para señales de tiempo discreto) por:

$$R_{yy}[m] = E\{y[n]y[n+m]\} =$$

$$= E\{\sum_{k=-\infty}^{\infty} h[k]x[n-k] \sum_{j=-\infty}^{\infty} h[j]x[n+m-j]\} =$$

$$= \sum_{k=-\infty}^{\infty} \sum_{j=-\infty}^{\infty} h[k]h[j] E\{x[n-k]x[n+m-j]\} = \quad (9.73)$$

$$= \sum_{k=-\infty}^{\infty} \sum_{j=-\infty}^{\infty} h[k]h[j] R_{xx}[k-j+m]$$

y su densidad espectral de potencia es:

$$S_{yy}(\Omega) = \sum_{m=-\infty}^{\infty} R_{yy}[m] e^{-j\Omega m} =$$

$$= \sum_{m=-\infty}^{\infty} (\sum_{k=-\infty}^{\infty} \sum_{l=-\infty}^{\infty} h[k]h[l] R_{xx}[k-l+m]) e^{-j\Omega m}$$

$$= \sum_{k=-\infty}^{\infty} \sum_{l=-\infty}^{\infty} h[k]h[l] (\sum_{m=-\infty}^{\infty} R_{xx}[k-l+m] e^{-j\Omega m}) \quad (9.74)$$

$$= \{ k-l+m = q \} =$$

$$= S_{xx}(\Omega) (\sum_{k=-\infty}^{\infty} h[k] e^{j\Omega k}) (\sum_{l=-\infty}^{\infty} h[l] e^{-j\Omega l}) =$$

$$= S_{xx}(\Omega) H^*(\Omega) H(\Omega) = S_{xx}(\Omega)|H(\Omega)|^2$$

con lo que también se obtiene la relación anterior:

$$|H(\Omega)|^2 = \frac{S_{yy}(\Omega)}{S_{xx}(\Omega)} \quad (9.75)$$

para señales aleatorias.

Si $x[n]$ es un ruido blanco, definido como de media cero y con función de densidad espectral de potencia constante durante todo el espectro de frecuencias de interés (idealmente todo el espectro, $-\pi < \Omega < \pi$):

$$R_{xx}[n] = N_0 \delta[n] \rightarrow S_{xx}(\Omega) = N_0 \quad (9.76)$$

se puede identificar, como en el caso de las señales deterministas, el módulo de la función de transferencia midiendo la función de densidad espectral de potencia a la salida:

$$|H(\Omega)|^2 = \frac{1}{N_0} S_{yy}(\Omega) \tag{9.77}$$

Nótese que de la ecuación anterior se obtiene el módulo al cuadrado de la función de transferencia. Si lo que se desea obtener es $H(\Omega)$, debe efectuarse la descomposición:

$$|H(\Omega)|^2 = H^*(\Omega)\, H(\Omega) \tag{9.78}$$

operación denominada de *factorización espectral* y cuya solución sólo es fácil de obtener para procesos sencillos (sistemas de primer orden).

La función de densidad del ruido blanco utilizado en comunicaciones y en control cubre toda la banda de frecuencias de interés para cada aplicación con un valor constante. Visto como una variable aleatoria, un ruido blanco es una secuencia incorrelada de media cero, tal que:

$$R_{xx}[m] = N_0\,\delta[m] = E\{x[n]x[m+n]\},$$

$$\begin{aligned}
E\{x(n)x(m+n)\} &= 0\,, & \forall\ m \neq 0 \\
&= N_0\,, & m = 0
\end{aligned} \tag{9.79}$$

Ejemplo

La autocorrelación de la secuencia de salida de un sistema LTI es:

$$R_{yy}[m] = 10a^{|m|}\,, \qquad a < 1$$

Se sabe que la entrada es un ruido blanco cuya potencia se ha medido con un instrumento que tiene un ancho de banda comprendido entre $w_{min} = 100$ rad·s^{-1} y $w_{máx} = 2.000$ rad·s^{-1}. Este instrumento adquiere una muestra cada milisegundo, y se han leído 2 watios. Se pide:

a) La función de autocorrelación del ruido a la entrada.
b) El espectro de potencia del ruido a la salida.
c) La función de transferencia del sistema LTI.

Solución

a)   La potencia total del ruido blanco $-S_{xx}(\Omega)$ constante e igual a N_0 para todas las $\Omega-$ a la entrada se obtiene integrando la función de densidad para todas las frecuencias entre $-\pi$ y π.

$$P_x = \frac{1}{2\pi} \int_{-\pi}^{\pi} S_{xx}(\Omega)\, d\Omega = N_0$$

El instrumento de medida sólo es sensible al margen comprendido entre las frecuencias discretas:

$$\Omega_{mín} = w_{mín} \cdot T = 100 \cdot 10^{-3} = 0,1 \; rad$$

y

$$\Omega_{máx} = w_{máx} \cdot T = 2000 \cdot 10^{-3} = 2 \; rad$$

Recordando que el espectro es bilateral:

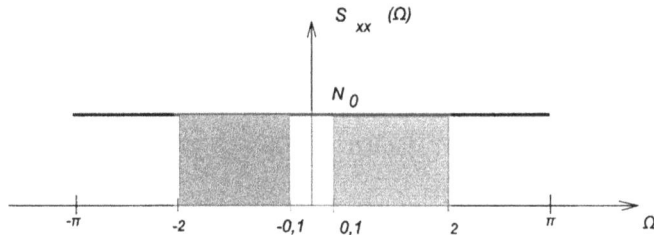

Fig. 9.37. Función de densidad del ruido en el instrumento

$$P_{in} = \frac{1}{2\pi} \cdot 2 \int_{0,1}^{2} N_0 \, d\Omega = \frac{1,9}{\pi} N_0 = 2 \; watios \quad \rightarrow \quad N_0 = 3,3 \; watios/rad$$

y, con este parámetro:

$$R_{xx}[m] = N_0 \; \delta[m] = 3,3 \; \delta[m]$$

b)

$$R_{yy}[m] = 10 \; a^{|m|}$$

$$S_{yy}(\Omega) = \sum_{m=-\infty}^{\infty} 10 \; a^{|m|} \; e^{-j\Omega m} =$$

$$= 10 \sum_{m=0}^{\infty} (a \, e^{-j\Omega})^m + 10 \sum_{m=-1}^{-\infty} (a^{-1} \, e^{-j\Omega})^m =$$

$$= \frac{10}{1 - a \, e^{-j\Omega}} + \frac{10 \, a \, e^{j\Omega}}{1 - a \, e^{j\Omega}} \quad \rightarrow$$

$$S_{yy}(\Omega) = 10 \; \frac{1 - a^2}{1 - 2a\cos\Omega + a^2}$$

c)

$$|H(\Omega)|^2 = \frac{S_{yy}(\Omega)}{S_{xx}(\Omega)} = \frac{1}{N_0} S_{yy}(\Omega) =$$

$$= 3,03 \; \frac{1-a^2}{1-2a\cos\Omega+a^2}$$

La factorización espectral de esta expresión es difícil. Incluso deshaciendo el término cos Ω con las fórmulas de Euler:

$$|H(\Omega)|^2 = H^*(\Omega)H(\Omega) = 3,03 \; \frac{1-a^2}{1-a(e^{j\Omega}+e^{-j\Omega})+a^2}$$

no se obtiene una dependencia lineal con Ω. Sin embargo, operando en el dominio de la transformada Z, se tiene:

$$\Omega \to Z \quad \longrightarrow \quad e^{j\Omega} \to z$$

$$|H(z)|^2 = H(z^{-1}) \; H(z) =$$

$$= 3,03 \; \frac{1-a^2}{1-a(z+z^{-1})+a^2} = \frac{3,03 \; (1-a^2)}{(1-\alpha z^{-1})(1-\beta z)}$$

$$\alpha = a$$

$$\beta = a$$

$$|H(z)|^2 = H(z^{-1}) \; H(Z) = \frac{\sqrt{3,03 \; (1-a^2)}}{1-az} \; \frac{\sqrt{3,03 \; (1-a^2)}}{1-az^{-1}}$$

Para $a < 1$, los polos de $|H(\Omega)|^2$ son los que se indican en la figura:

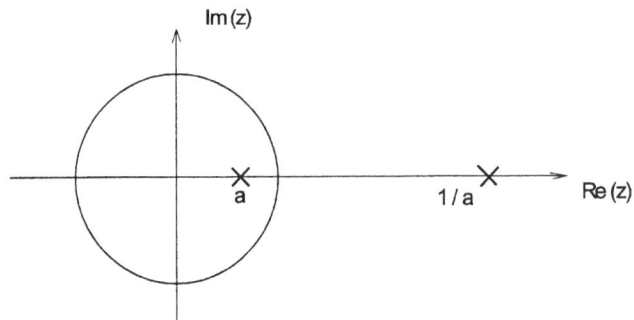

Como la salida del sistema está acotada, $H(z)$ corresponde a un sistema estable. Por ello, el polo interior a la circunferencia debe corresponder a una secuencia causal (ROC exterior al polo), mientras que el polo exterior corresponde a una secuencia anticausal (la parte anticausal corresponde al término $H(z^{-1})$, del cual se sabe por las propiedades de la transformada Z, que está asociado a una secuencia anticausal $h[-n]$).

El término causal y estable $H(z)$, que es la función de transferencia del sistema LTI, será:

$$H(z) = \frac{\sqrt{3{,}03\ (1-a^2)}}{1-az^{-1}}$$

9.15. Periodograma

La función de densidad espectral de energía puede obtenerse directamente de la transformada de Fourier de señales de energía finita. Si las señales no son de energía finita, la densidad espectral de potencia sólo puede hallarse en casos concretos, como son las señales deterministas periódicas. Pero para señales aleatorias, la transformada de Fourier no se puede determinar directamente, ya que no se dispone de una expresión analítica de la señal temporal. En este caso, hay que hacer una estimación de la densidad espectral de potencia. Si $x[n]$ es una proceso aleatorio estacionario, su autocorrelación viene dada por:

$$r_{xx}[m] = E\left(x^*[n]\,x[n+m]\right) \tag{9.80}$$

cuya transformada de Fourier es la densidad espectral de potencia:

$$S_{xx}(\Omega) = \sum_{m=-\infty}^{\infty} r_{xx}[m]\,e^{-j\Omega m} \tag{9.81}$$

Para poder trabajar con secuencias de longitud finita, se define la autocorrelación promediada en el tiempo, $r'_{xx}[m]$, de una secuencia de longitud N como:

$$r_{xx}^{/}[m] = \frac{1}{N-m}\sum_{n=0}^{N-1-m} x^*[n]\,x[n+m], \quad para\ 0 \le m < N \tag{9.82}$$

Se dice que $r'_{xx}[m]$ es un estimador no sesgado porque su esperanza coincide exactamente con la función de autocorrelación $r_{xx}[m]$ que pretende estimar:

$$E(r_{xx}^{/}[m]) = \frac{1}{N-m}\sum_{n=0}^{N-m-1} E(x^*[n]x[n+m]) = r_{xx}[m] \tag{9.83}$$

Sin embargo, este estimador es poco consistente (la varianza de la estimación $r'_{xx}[m]$ no es nula) especialmente cuando m se acerca a N, ya que entonces el número de muestras que se promedian, $N\text{-}m$, es pequeño. Por ello se usa el estimador:

$$\hat{r}_{xx}[m] = \frac{1}{N} \sum_{n=0}^{N-m-1} \hat{x}^{*}[n]\, x[n+m] \tag{9.84}$$

donde el sombrero en x y en r indica que la secuencia ha sido previamente enventanada (normalmente con una ventana triangular). La transformada de Fourier de $\hat{r}_{xx}[m]$ es una estimación de la densidad espectral de potencia llamada *periodograma*:

$$\hat{S}_{xx}(\Omega) = \sum_{n=-\infty}^{\infty} \hat{r}_{xx}[n]\, e^{-j\Omega n} =$$

$$= \frac{1}{N} \sum_{n=-\infty}^{\infty} E(\hat{x}^{*}[n]\, \hat{x}[n+m])\, e^{-j\Omega n} = \frac{1}{N}\, |\,\hat{X}(\Omega)\,|^{2} \tag{9.85}$$

que puede calcularse mediante la DFT, de la forma:

$$\hat{S}_{xx}[k] = \frac{1}{N}\, |\,\hat{X}(k)\,|^{2} \tag{9.86}$$

Es decir, la densidad espectral de potencia puede estimarse elevando al cuadrado cada uno de los coeficientes de la transformada discreta de Fourier de la señal y dividiéndolos por el número total de muestras N.

Existen diversas aproximaciones para el cálculo del periodograma. Una que proporciona buenos resultados, propuesta por Welch en 1967, consiste en dividir la secuencia de longitud N en L segmentos enventanados (que se denominarán x_i) de longitud $M = N/L$, y calcular L periodogramas según 9.86, modificados de la forma:

$$\hat{S}_{xx}^{i}[k] = \frac{1}{E_{w}}\, |\, \sum_{n=0}^{M-1} w[n]\, x_i[n]\, e^{-j\frac{2\pi}{N}kn} \,|^{2} \tag{9.87}$$

donde el término $w[n]$ corresponde a la ventana seleccionada y E_w es su energía:

$$E_{w} = \sum_{n=0}^{M-1} w^{2}[n] \tag{9.88}$$

Nótese que si la ventana es la rectangular, $E_w = M$. El espectro estimado es el promediado de los L periodogramas modificados:

$$\hat{S}_{xx}[k] = \frac{1}{L} \sum_{i=1}^{L} \hat{S}_{xx}^{i}[k] \tag{9.89}$$

Los métodos de estimación espectral basados en el periodograma se denominan *métodos no paramétricos* y se caracterizan por su simplicidad y facilidad de cálculo vía FFT. Sin embargo, requieren secuencias largas para que puedan presentar una buena resolución frecuencial, y pueden presentar errores de amplitud (*leakage*) más o menos importantes según las ventanas utilizadas. Los métodos paramétricos, como el de Yule-Walker o el de Capon, que suponen la secuencia $x[n]$ como la salida de un sistema lineal y excitado por ruido blanco, reducen estos problemas. Hay otros métodos alternativos para el análisis espectral basados en el análisis de autovectores y autovalores de la matriz de correlación de la señal, especialmente útiles para la estimación de senoides y de señales de banda muy estrecha, como los algoritmos MUSIC y ESPRIT.

9.16. Correlación y regresión. Ejemplos de autocorrelaciones de señales aleatorias

Si se representa en un eje de ordenadas el peso de un conjunto de individuos y en el de abscisas sus alturas, es de esperar que, al haber una alta correlación entre ambas variables, el resultado sea un conjunto de puntos (al que se denominará *nube de puntos*) que se agruparán de forma similar a una recta (figura 9.38):

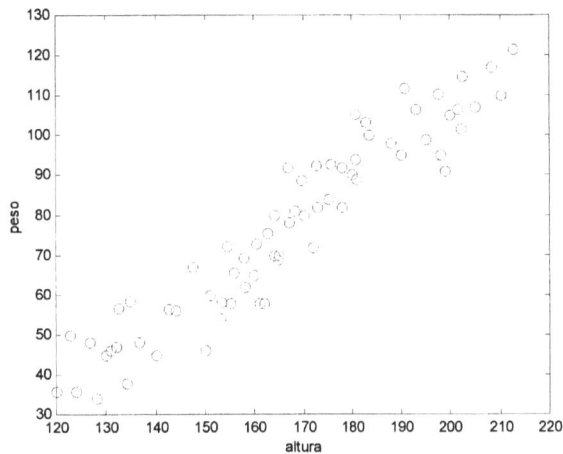

Fig. 9.38. Nube de puntos entre dos variables correladas

Si ahora se representa la altura de estos mismos individuos en relación con el peso de sus vecinos de escalera, la correlación será menor y la nube de puntos quedará más dispersa (figura 9.39):

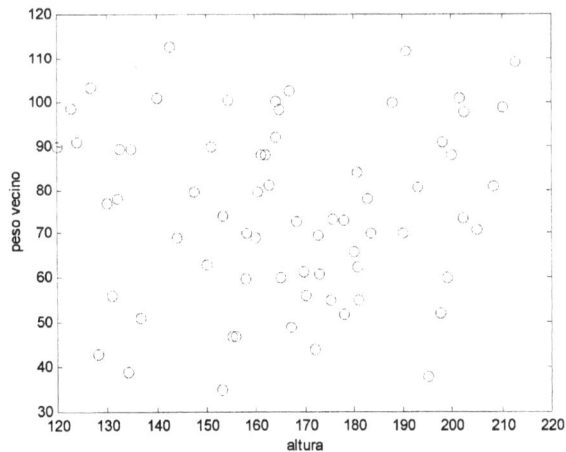

Fig. 9.39. Datos poco correlados

Cuando hay una cierta correlación, puede representarse una recta que se ajuste a los datos, denominada *recta de regresión*. Ésta pasa por el punto que determinan las medias aritméticas de x e y, y está determinada por la ecuación:

$$y - \mu_y = m\,(x - \mu_x) \tag{9.90}$$

donde μ representa la media aritmética de los puntos y σ la desviación típica. La pendiente m de la curva es:

$$m = \frac{\sigma_{xy}}{\sigma_x^2} \tag{9.91}$$

El grado de ajuste de la recta de regresión a una determinada nube de puntos se mide por el coeficiente de correlación lineal ρ, definido ahora como:

$$\rho = \frac{\sigma_{xy}}{\sigma_x\,\sigma_y} = m\,\frac{\sigma_x}{\sigma_y} \tag{9.92}$$

ecuación que recuerda la 9.21, que se ha visto anteriormente:

$$\rho_{xy}[m] = \frac{r_{xy}[m]}{\sqrt{r_{xx}[0] \cdot r_{yy}[0]}} = \frac{r_{xy}[m]}{\sqrt{E_x\,E_y}}$$

La ecuación 9.92 se puede deducir de la 9.21 cuando la correlación se calcula en el origen de tiempos, $\rho[0]$, y notando que en la ecuación 9.90 se ha restado la media de las variables x e y, por lo que el valor medio del resultado es cero (véase la ecuación E.12 de apéndice E).

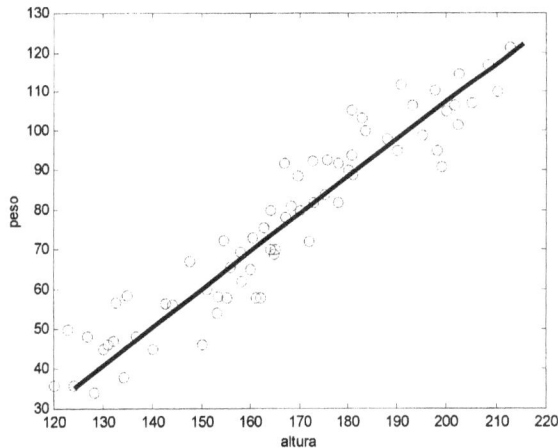

Fig. 9.40. Recta de regresión de la nube de puntos de la figura 9.38

La forma de la nube de puntos tiene una relación directa con la forma de las correlaciones. En lo sucesivo, se presentan varios ejemplos en que se ilustra la autocorrelación de diferentes señales aleatorias. La figura 9.41 muestra la nube de puntos del ruido del tubo de escape de un automóvil, donde se ha representado la relación entre las muestras captadas por un micrófono en el instante n y las muestras en el instante anterior n-1.

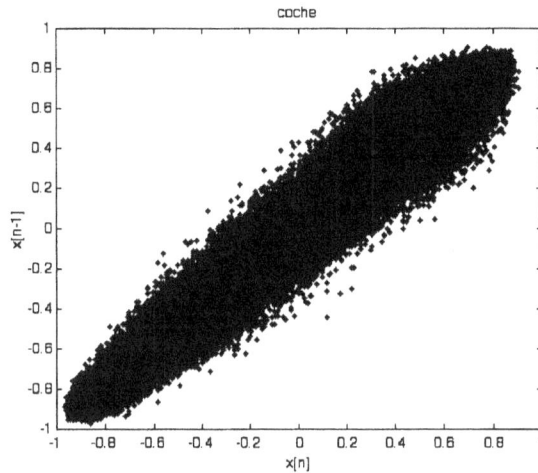

Fig. 9.41. Nube de puntos del ruido de un automóvil

Como puede apreciarse, la correlación es alta ya que la nube de puntos se agrupa claramente alrededor de una recta. De la gráfica de autocorrelación (figura 9.42) se observa que se van produciendo máximos relativos para diferentes desplazamientos de la señal, que se van repitiendo con períodos cortos y largos (altas y bajas frecuencias).

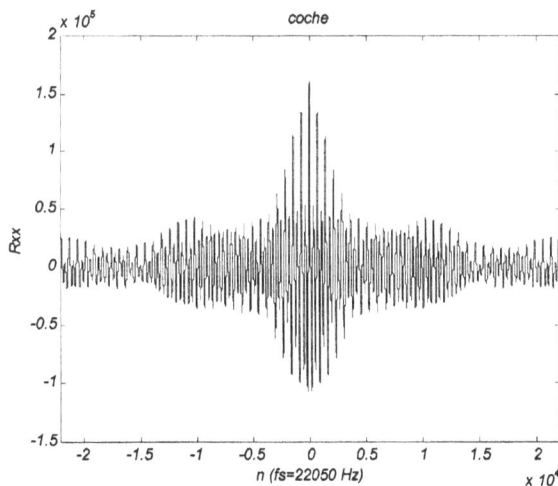

Fig. 9.42. Autocorrelación del ruido de un automóvil

Estas periodicidades en la función de autocorrelación son indicativas de la presencia de armónicos en la señal captada por el micrófono, los cuales se pueden apreciar en la figura 9.43, que es la DFT del ruido del automóvil.

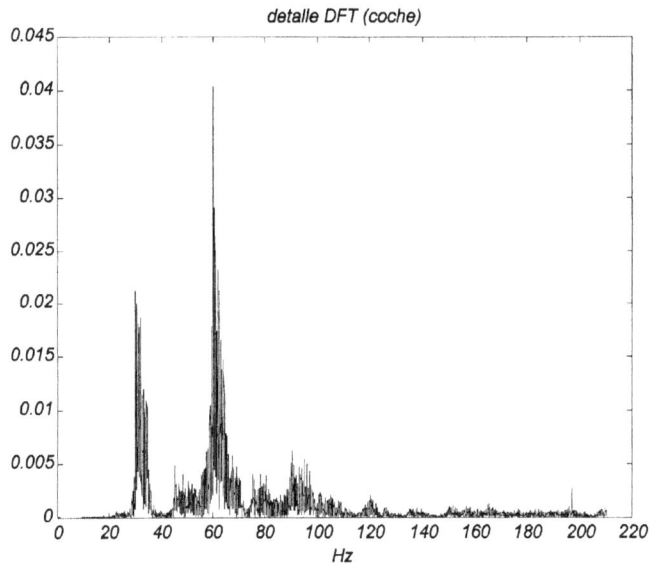

Fig. 9.43. DFT del ruido de un automóvil

En las figuras siguientes se repite el mismo experimento para una señal de ruido parecida a un ruido blanco (la autocorrelación se asemeja a una delta en el origen del eje de desplazamientos).

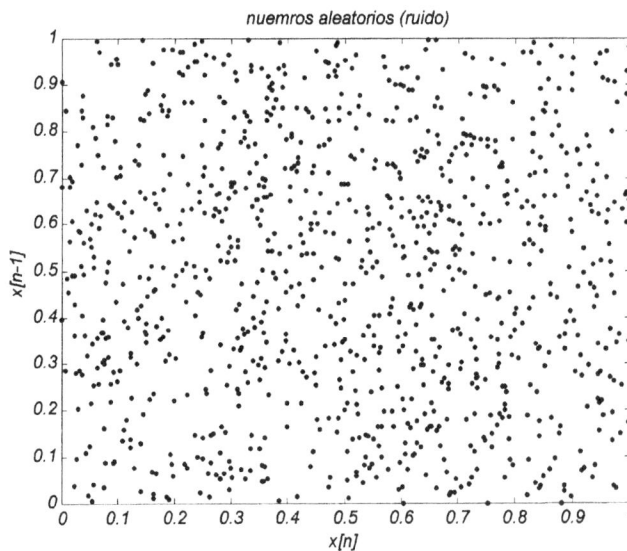

Fig. 9.44. Nube de puntos de un ruido blanco

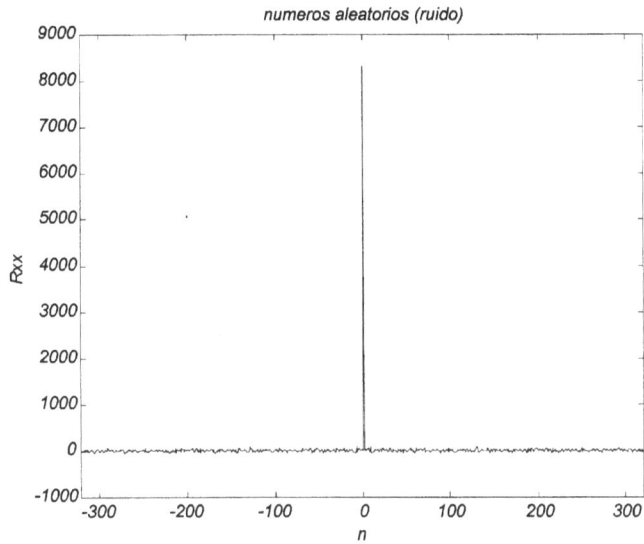

Fig. 9.45. Autocorrelación de un ruido blanco

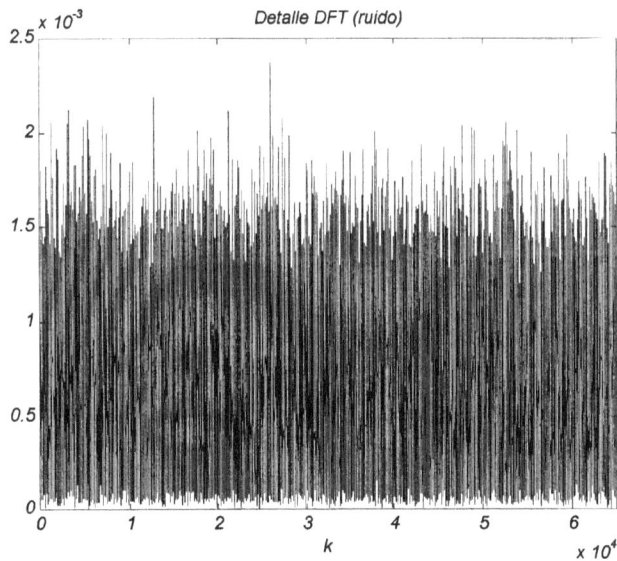

Fig. 9.46. DFT del ruido anterior. (Nota: no es la DFT de la función de autocorrelación, sino la de la secuencia captada por el micrófono. No debe confundirse con la densidad espectral de potencia.)

En las figuras sucesivas se ilustran los resultados para otras señales aleatorias. Las primeras corresponden al ruido producido por una catarata de agua. Nótese en la figura 9.47 que la recta de regresión tendría una pendiente de signo opuesto a la de la figura 9.38; ello es debido a que el coeficiente de correlación es ahora de signo negativo.

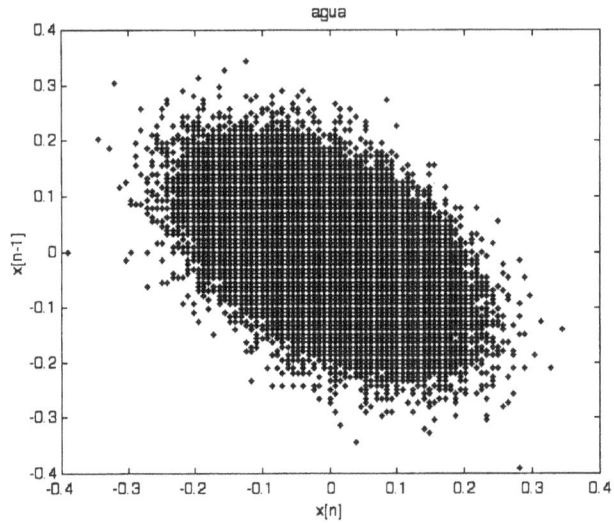

Fig. 9.47. Nube de puntos del ruido producido por una catarata de agua

La autocorrelación recuerda un ruido blanco (delta en el origen), más una serie de componentes frecuenciales que producen máximos relativos para pequeños desplazamientos de la secuencia (alrededor de 0).

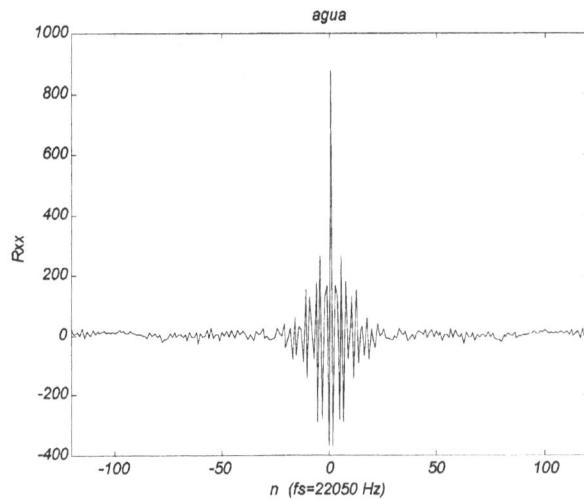

Fig. 9.48. Autocorrelación del ruido producido por una catarata de agua

Estas componentes de baja frecuencia pueden apreciarse en la DFT de la señal captada por el micrófono (figura 9.49):

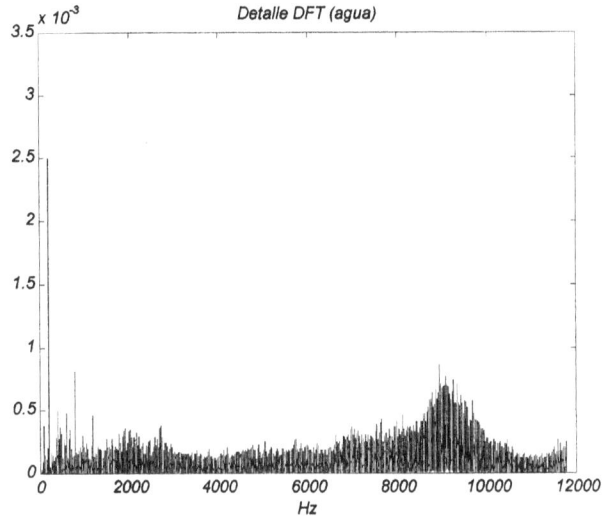

Fig. 9.49. DFT del ruido producido por una catarata de agua

El ruido producido por una lavadora durante el centrifugado contiene componentes de diversas frecuencias: las más altas son debidas al motor eléctrico; otras intermedias, a la transmisión del movimiento del motor hacia el tambor de la lavadora y a vibraciones mecánicas del cuerpo, y las bajas, al movimiento circular de la carga (ropa) en el interior de la lavadora.

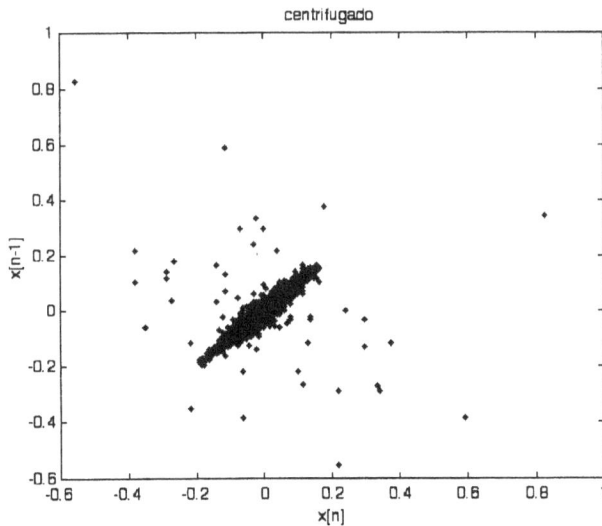

Fig. 9.50. Nube de puntos del ruido producido por un centrifugado

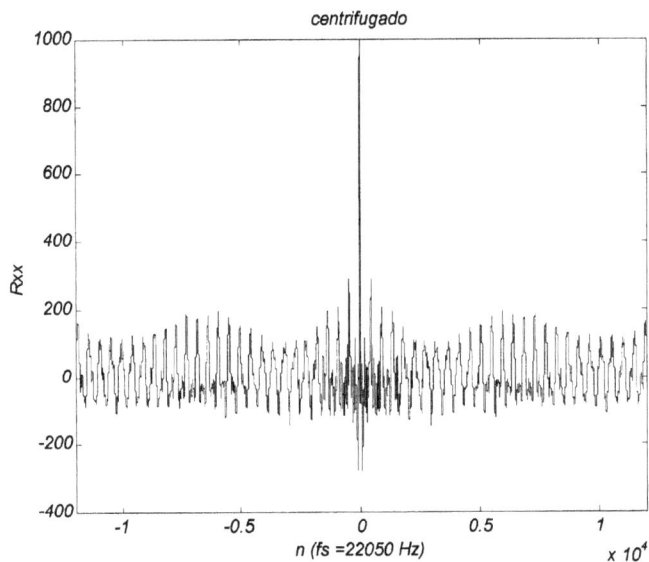

Fig. 9.51. Autocorrelación del ruido producido por un centrifugado

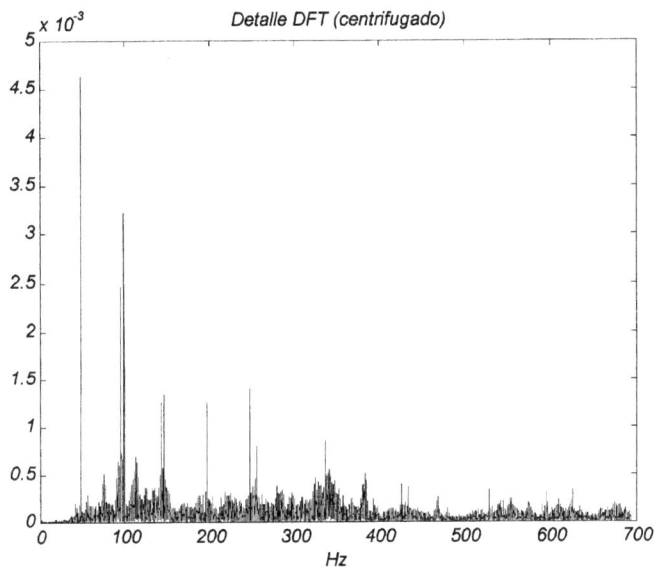

Fig. 9.52. DFT del ruido producido por un centrifugado (señal captada por el micrófono)

Finalmente, se analiza la autocorrelación de los dos primeros fonemas contenidos en la palabra *espacio*. En primer lugar, se estudia el fonema "es...", cuya nube de puntos es más dispersa y su autocorrelación se asemeja a un ruido blanco (debido al carácter fricativo del fonema).

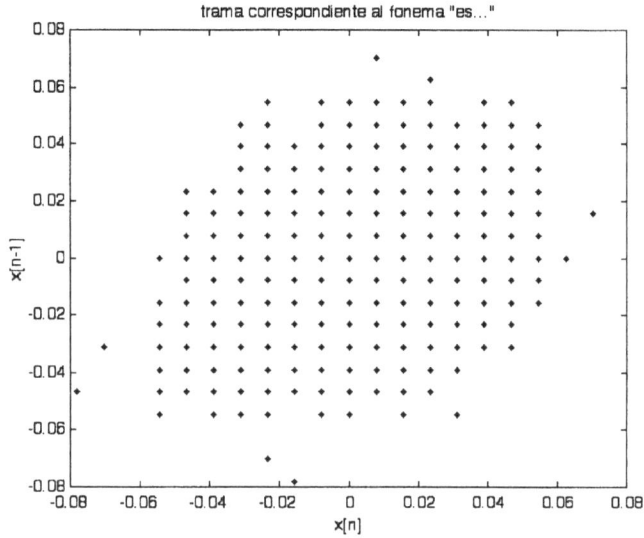

Fig. 9.53. Nube de puntos del fonema "es..."

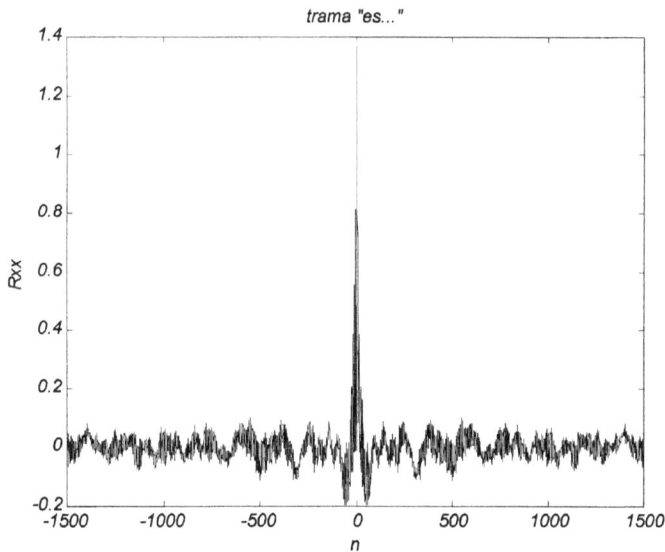

Fig. 9.54. Autocorrelación de las muestras correspondientes al fonema "es..."

El fonema "...pa..." muestra una mayor autocorrelación (nube de puntos más parecida a una recta) y gráfica de autocorrelación con valores mayores que en el fonema anterior y para más desplazamientos relativos de la secuencia. Nótese en la nube de puntos la poca variación entre las muestras en la posición n respecto de las captadas en el instante anterior, n-1.

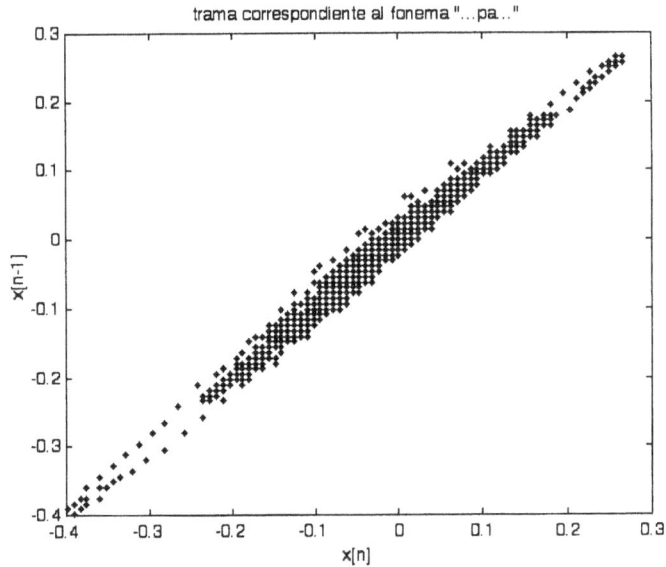

Fig. 9.55. Nube de puntos de las muestras correspondientes al fonema "...pa..".

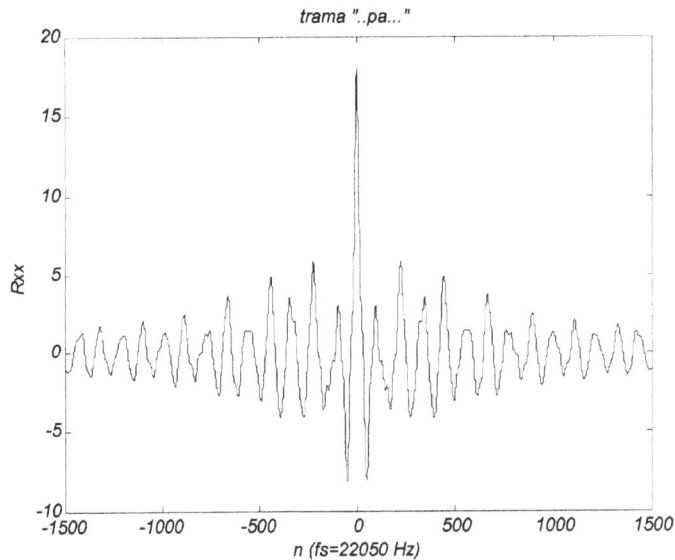

Fig. 9.56. Autocorrelación de las muestras correspondientes al fonema "...pa..."

9.17. Introducción a la predicción lineal: codificación DPCM

En el capítulo 4 se ha visto que la cuantificación introduce un ruido inversamente proporcional al número de bits con que se trabaja. En las figuras 4.73 y 4.74 del apartado 4.13, que se reproducen a continuación, se introdujo un filtro predictor para la codificación DPCM que no se estudió en detalle.

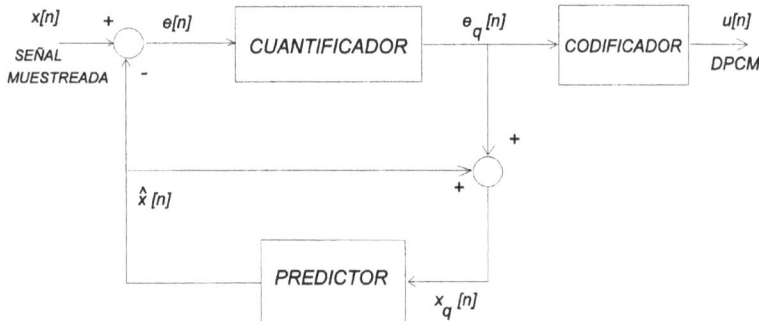

Fig. 9.57. Transmisor DPCM (repetición de la figura 4.73)

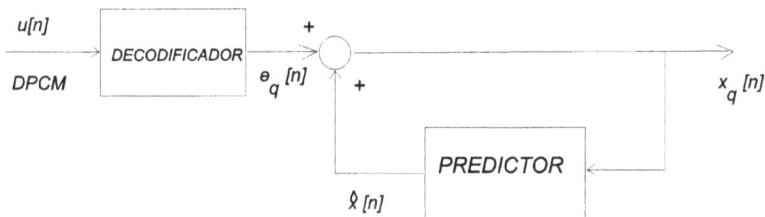

Fig. 9.58. Receptor DPCM (repetición de la figura 4.74)

Una versión simplificada del filtro predictor podría ser la que se ilustra en la figura 9.59, donde el coeficiente *a* se ajusta según criterios estadísticos sobre la señal $x_q[n]$.

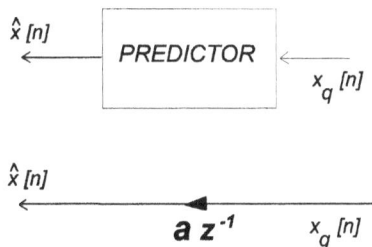

Fig. 9.59. Implementación elemental del predictor

Si el predictor fuera perfecto, la señal $\hat{x}[n]$ coincidiría con $x[n]$, por lo que $e[n] = 0$. En consecuencia, $e_q[n] = 0$, y $x_q[n] = \hat{x}[n] = x[n]$. Partiendo de esta hipótesis, se busca el valor del parámetro a que permite cumplirla:

$$E\{e^2[n]\} = E\{(x[n] - a\hat{x}[n-1])^2\} = E\{(x[n] - ax[n-1])^2\} =$$

$$E\{x^2[n]\} - 2ar_{xx}[1] + a^2 E\{x^2[n-1]\} =$$

$$= r_{xx}[0](1 + a^2 - 2a\frac{r_{xx}[1]}{r_{xx}[0]}) = \sigma_x^2(1 + a^2 - 2a\frac{r_{xx}[1]}{\sigma_x^2}) \qquad (9.93)$$

y el valor de a que minimiza la esperanza de este error cuadrático será:

$$\frac{\delta}{\delta a} E\{e^2[n]\} = 0 \quad \rightarrow$$

$$\rightarrow \sigma_x^2(2a - 2\frac{r_{xx}[1]}{\sigma_x^2}) = 0 \quad \rightarrow \quad a = \frac{r_{xx}[1]}{\sigma_x^2} \qquad (9.94)$$

Con este valor, la ecuación 9.93 pasa a ser:

$$E\{e^2[n]\} = \sigma_x^2\left(1 + \left(\frac{r_{xx}[1]}{\sigma_x^2}\right)^2 - 2\left(\frac{r_{xx}[1]}{\sigma_x^2}\right)^2\right) =$$

$$= \{\frac{r_{xx}[1]}{\sigma_x^2} = \rho_{xx}\} = \sigma_x^2(1 - \rho_{xx}^2[1]) \qquad (9.95)$$

Nótese que $\rho_{xx}[1]$ es siempre menor o igual que la unidad. Por ello:

$$E\{e^2[n]\} = \sigma_e^2 < \sigma_x^2 \qquad (9.96)$$

lo que confirma la idea inicial en el codificador DPCM de que es preferible cuantificar la señal $e[n]$ en vez de la señal directa $x[n]$, pues al tener una menor varianza permite trabajar con un menor número de bits manteniendo la misma SNR (apartado 4.13).

Los predictores aplicados en la práctica son de orden superior al que se acaba de presentar, siguiendo una expresión del tipo:

$$\hat{x}[n] = \sum_{k=1}^{m} a_m[k] \, x[n-m] \qquad (9.97)$$

expresión cuya resolución conlleva *m* ecuaciones recursivas, para lo cual hay algoritmos computacionales como el de Levinson-Durbin.

En este apartado, se ha supuesto que la señal de entrada $x[n]$ es estacionaria, es decir, que sus parámetros estadísticos no varían con el tiempo. Cuando ello no es así se utilizan codificadores adaptativos, como el ADPCM, que van ajustado continuamente los parámetros del predictor a la estadística de la señal de entrada. Éste es el caso, por ejemplo, de la codificación de voz en telefonía móvil GSM.

EJERCICIOS

9.1.   Halle gráficamente la $r_{xx}[m]$ de la secuencia $x[n]$ = [0, 1, 2, -2, 0, 3, 1], $0 \le n \le 6$. Verifique el resultado con ayuda del Matlab.

9.2.   Determine gráficamente la correlación cruzada $r_{xy}[m]$, siendo $x[n]$ la secuencia del ejercicio anterior e $y[n]$ = [0, 3, 1, 2, 0, 1, 2]. Verifique el resultado con ayuda del Matlab y extraiga conclusiones del resultado obtenido.

9.3.   Demuestre que:

$$| r_{xy}[m] | \le \sqrt{r_{xx}[0]\, r_{yy}[0]} = E_x E_y$$

siendo E_x y E_y las energías de $x[n]$ y de $y[n]$, respectivamente. (Sugerencia: calcule la energía de la secuencia $s[n]$ = $x[n]+y[n-m]$, recordando que una energía debe ser siempre positiva.)

9.4.   Determine el período de la secuencia $x[n] = 5 \sin(\dfrac{\pi}{5} n)$. Calcule su autocorrelación y represéntela gráficamente.

9.5.   Un sistema descrito por la ecuación en diferencias:

$$y[n] = -0{,}1\, y[n-1] + 0{,}02\, y[n-2] + 3\, x[n]$$

es excitado con un ruido blanco de potencia P_r = 10 watios. Calcule la densidad espectral de potencia a la salida.

9.6.   Se pretenden identificar las reverberaciones que se producen en un determinado punto de una sala de audiciones. Para ello, se excita la sala con una secuencia de ruido $x[n]$ a través de un altavoz y se mide su respuesta colocando un micrófono en el punto objeto de estudio de la sala, que capta una señal $y[n]$. Suponiendo que la señal del altavoz llega al micrófono por tres caminos: el directo, con una atenuación α y un retardo D_1, a través de rebotes en el techo de la sala, con una atenuación β y un retardo D_2 y a través del suelo, con una atenuación δ y un retardo D_3, obtenga la expresión de la correlación cruzada entre $y[n]$ y $x[n]$ en función de la autocorrelación de $x[n]$. En función del resultado obtenido, discuta cómo mediría las tres atenuaciones y los tres retardos de la sala.

9.7.   Dada una secuencia $x[n]$ = [1, -0.5, 2, 1], definida para $0 \le n \le 3$, se pide:

   a) Halle su autocorrelación.

b) Determine su energía o su potencia (determine primero de qué tipo de secuencia se trata).

c) Halle el coeficiente de autocorrelación.

9.8. Repita el ejercicio del apartado 9.14 si ahora se ha medido una potencia del ruido blanco a la entrada de 10 W, con un instrumento cuyo ancho de banda va de 10 rad·s^{-1} a 100000 rad·s^{-1}, adquiriendo una muestra cada 0,5 ms.

9.9. En el ejercicio 8.9 del capítulo anterior se han seguido técnicas de DFT para resolver una señalización DTMF (*Dual-Tone Multi-Frequency*). Ahora se estudiará un esquema de decodificador alternativo, consistente en un banco de filtros adaptados (o de correladores), cada uno de los cuales debe presentar un máximo cuando se presente a la entrada la señal asociada al dígito correspondiente. El esquema se muestra a continuación:

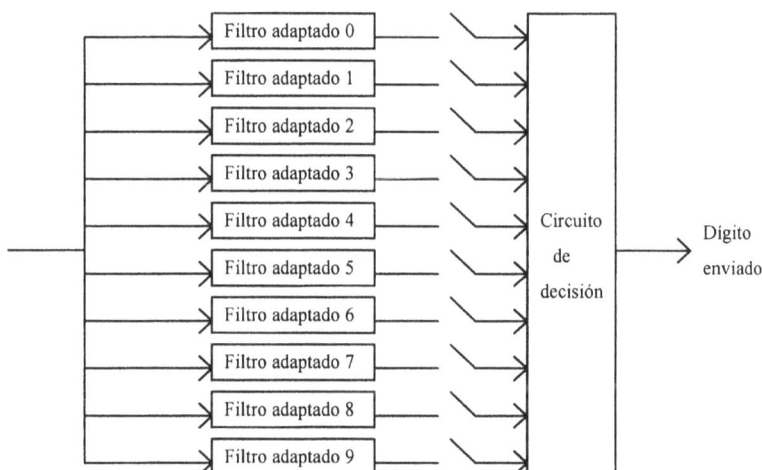

Para estudiar la forma de los filtros adaptados, considérese la transmisión de una señal *s*[*n*] a través de un canal de comunicaciones que se supone ideal (no introduce atenuación ni retardo) [3]. La señal recibida *x*[*n*] puede describirse como:

$$x[n] = r[n] + s[n]$$

donde *r*[*n*] modela el ruido que se introduce en la transmisión. El objetivo es determinar la forma del filtro adaptado que debe colocarse en el receptor, de modo que la contribución de la señal a la salida *y*[*n*] tome el máximo valor posible en un instante *n*$_o$ y simultáneamente reduzca al mínimo la potencia de ruido a la salida.

---

[3]

El hecho de considerar un canal real modifica ligeramente las expresiones que se obtienen en este apartado. Sin embargo, para los fines perseguidos en la práctica, el canal puede considerarse ideal sin que ello suponga una pérdida de generalidad sobre los resultados.

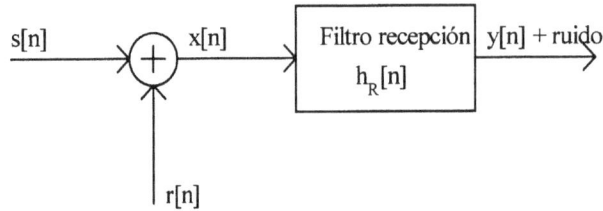

Nótese que $y[n]$ es la señal de salida debida únicamente a $s[n]$, es decir, sin tener en cuenta la contribución del ruido.

Para resolver el problema, se sugiere seguir los pasos siguientes:

1. Exprese $y[n_o]$ en función de $X(\Omega)$ y $H_R(\Omega)$.

2. Sabiendo que la densidad espectral del ruido a la entrada es $F_{nn}(W)$, obtenga una expresión para la potencia de ruido a la salida del filtro (que se denotará por P_n) en función de $H_R(\Omega)$ y de la densidad espectral del ruido a la entrada.

3. La función objetivo a maximizar, J, viene dada por la expresión:

$$J = \frac{y[n_0]^2}{P_n}$$

    donde el numerador representa la potencia de señal y el denominador la de ruido. Utilizando los resultados obtenidos en los pasos 1 y 2, exprese J en función de $H_R(\Omega)$, $F_{nn}(\Omega)$ y $X(\Omega)$, dejando indicadas las integrales.

4. Aplicando la desigualdad de Schwarz en la forma:

$$\frac{\left| \int_{-\pi}^{\pi} V(\Omega) W^*(\Omega) d\Omega \right|}{\int_{-\pi}^{\pi} |V(\Omega)|^2 d\Omega} \leq \int_{-\pi}^{\pi} |W(\Omega)|^2 d\Omega$$

    y sabiendo que la condición de menor o igual resulta ser una igualdad cuando $V(\Omega) = K \cdot W(\Omega)$, lo que conlleva la maximización del miembro izquierdo de la desigualdad, demuestre que la función objetivo J propuesta en el paso 3 será máxima si:

$$H_R(\Omega) = K \cdot \frac{X^*(\Omega) e^{-j\Omega n_0}}{\Phi_{nn}(\Omega)}$$

    donde K es una constante arbitraria, al igual que n_o.

5. Aplicando las propiedades de la transformada de Fourier, obtenga $h_R[n]$ para el caso particular de ruido blanco ($F_{nn}(\Omega) = N_o$). Seleccione la constante K de forma que la expresión quede simplificada al máximo.

6. Si $h_R[n] = x[n_o -n]$, formule $y[n]$ como la convolución de $h_R[n]$, con $x[n]$. ¿Qué operación ha resultado? ¿Qué indica cualitativamente esta operación? ¿Para qué valor de n toma su valor máximo $y[n]$?

7. Para el caso anterior y suponiendo que $x[n]$ es una secuencia causal de longitud L, ¿cuál es el valor mínimo de n_o de forma que el filtro receptor óptimo sea causal?

9.10. Este ejercicio se centra en la reducción activa de ruidos. En algunos entornos, como líneas de producción, helicópteros o ciertos automóviles, se desean cancelar ruidos acústicos tanto para el bienestar de las personas como para facilitar comunicaciones de voz con bajo ruido de fondo. Por ejemplo, en el caso de un helicóptero, el ruido debido a las hélices es muy acusado dentro de la cabina, lo que dificulta las comunicaciones y perjudica el sistema auditivo del piloto. Para ello se utiliza un sistema de micrófonos que consiste básicamente en el uso de un micrófono adicional al del piloto (que se denominará *micrófono auxiliar*), situado en un punto de la cabina donde sólo se capte el ruido de las hélices. Si bien en la práctica este ruido no es estacionario, pues depende de factores como el viento, la carga o la velocidad del helicóptero, para los fines de este ejercicio se supondrá estacionario, de forma que el ruido captado por el micrófono auxiliar, $w[n]$, tendrá una varianza constante en el tiempo. El esquema del cancelador de ruidos que se propone es el de la figura, donde α es un parámetro que hay que diseñar de forma que la varianza del error $e[n]$ sea mínima. Las señales $v[n]$ y $w_p[n]$ corresponden, respectivamente, a la señal de voz y al ruido de las hélices captadas por el micrófono principal (el del piloto).

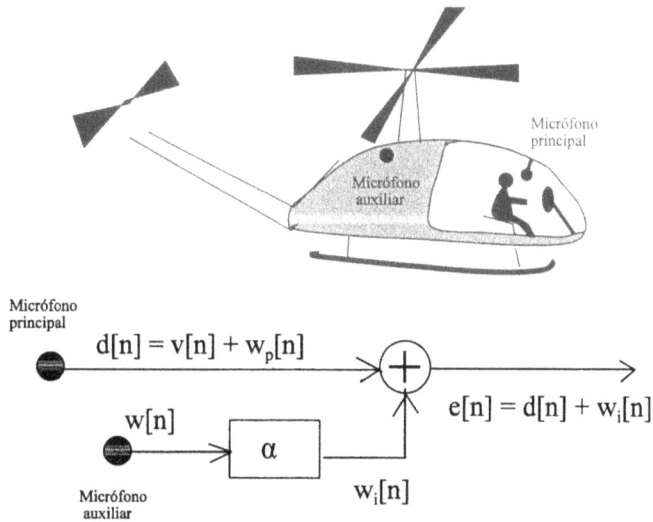

a) Indicando $w_i[n]$ como $\alpha \cdot w[m]$, obtenga la expresión de la varianza del error $E\{e^2[n]\}$, a partir de $d[n]$ y $\alpha \cdot w[m]$. Desarrolle el término cuadrático e indique el resultado en función de la varianza de $d[n]$, que se denominará σ_d^2, la correlación entre $d[n]$ y $w[n]$, $r_{dw}[n]$, y la varianza del ruido, σ_w^2.

b) Halle el valor de α que minimiza $E\{e^2[n]\}$. (Resultado: $\alpha = \dfrac{r_{dw}[0]}{\sigma_w^2}$)

10

DISEÑO DE FILTROS DIGITALES

10.1. Introducción

La finalidad de un filtro es procesar una señal presente a su entrada, de forma que la señal de salida presente unas características frecuenciales cambiadas conforme a ciertas especificaciones. Este objetivo de todo filtro es independiente de su realización, sea ésta digital o analógica, y su comportamiento selectivo en frecuencias puede manifestarse en el módulo de la señal de salida, en la fase, o en ambos.

Los filtros analógicos están constituidos por elementos reactivos, fáciles de conseguir en el mercado y cuya impedancia varía con la frecuencia (condensadores e inductores); pudiendo haber, además, elementos resistivos u otros componentes activos. Según las especificaciones del filtro (frecuencias de corte, transiciones entre bandas de paso y bandas atenuadas, etc.), su realización puede ser más o menos compleja. Filtros sencillos, como pueden ser filtros pasivos de orden reducido, son soluciones cuya realización óptima se halla, habitualmente, en el dominio analógico; su realización digital encarecería el coste si tuviera que implementarse un sistema digital, con sus correspondientes conversores A/D y D/A, sólo para ello.

Otro de los atractivos de los filtros analógicos es su capacidad para manejar niveles de potencia importantes, aspecto difícil o, en muchos casos, imposible de conseguir solamente con filtros digitales. Y, finalmente, los filtros analógicos permiten trabajar con bandas frecuenciales muy altas, aspecto que en los filtros digitales se ve limitado por la velocidad del procesado. Si a esto se añade el hecho que, por cursos básicos de teoría de circuitos o de electrónica analógica, el lector ya puede estar familiarizado con la realización de sencillos filtros analógicos, la pregunta que surge es si el estudio de los filtros digitales aporta nuevas soluciones de filtrado o simplemente es una forma alternativa, quizás más elegante, de realización de los filtros analógicos.

Un filtro digital es un algoritmo matemático, expresable como una ecuación en diferencias e implementado en hardware y/o en software, cuyo objetivo es el mismo que el de los filtros analógicos: ofrecer un procesado selectivo en frecuencias de la señal de entrada. Al ser digital, ya se pueden intuir algunas de sus ventajas, como por ejemplo la capacidad de memorización o de ejecución de decisiones basadas en reglas lógicas, según valores observados en las señales de entrada o de salida. Y, a partir de aquí, la imaginación nos apunta muchas ventajas del filtrado digital: filtros con auto-aprendizaje basado en la memorización de resultados previos, ajuste automático de las especificaciones del filtro, listados y estadísticas de resultados, etc.

Los filtros digitales, por su tecnología, presentan ventajas tecnológicas respecto a los analógicos. Algunas de estas ventajas son su mayor insensibilidad a condiciones ambientales (como, por ejemplo, la temperatura); su pequeño tamaño gracias a tecnologías VLSI; su menor coste para filtros de orden elevado; la repetibilidad de resultados (menor tolerancia a valores de los componentes); su versatilidad para efectuar diversos tipos de filtrado sin tener que modificar el hardware, o su capacidad para operar con señales de muy baja frecuencia sin necesidad de voluminosos condensadores ni de compensar derivas de tensiones o corrientes en dispositivos activos, como ocurre con los filtros analógicos. Esta última ventaja es la que los hace idóneos en muchas aplicaciones, como es el campo de la electromedicina, donde las frecuencias a procesar suelen ser muy bajas.

Pero, aparte de estas ventajas tecnológicas, con el filtrado digital se pueden conseguir filtros de fase lineal, imposibles con filtrado analógico (la fase lineal, propia de los filtros FIR, sólo es aproximable en una limitada banda frecuencial en el caso analógico), y se pueden efectuar filtrados no lineales, predicciones del comportamiento de señales u optimizaciones del comportamiento del filtro según determinados criterios que el propio algoritmo puede ir supervisando. Por ello, son muy atractivos en aplicaciones de procesado de voz y de imagen, de control y de comunicaciones.

Con esta introducción se han expuesto algunas ventajas del filtrado digital, pero ello no debe llevar a concluir que es siempre "mejor" que el analógico. El concepto "mejor" es muy relativo, pues depende de la infraestructura para el desarrollo, del coste y de las prestaciones exigibles al filtro. Aparte de las ventajas de los filtros analógicos en el procesado de potencia y de señales de muy alta frecuencia, los filtros digitales pueden presentar problemas (ciertamente reducibles utilizando tecnologías adecuadas) debidos a efectos de la aritmética finita (longitud finita de las palabras digitales en los procesadores y en las memorias), que producen un cierto tipo de ruido a la salida del filtro, o incluso inestabilidades si el número de bits con que se opera obliga a truncamientos o redondeos inaceptables de los resultados. También aspectos más internos de los sistemas basados en microprocesadores o DSP, como posibilidades de saltos de los contadores de programa frente a interferencias eléctricas en los buses de datos o de direcciones, y que pueden alterar la ejecución correcta de las subrutinas, son problemas potenciales de los filtros digitales.

Los riesgos que se acaban de exponer de los filtros digitales son superables utilizando tecnologías adecuadas, lo que supone disponer de los oportunos presupuestos. Además, hay otro aspecto relevante para el presupuesto: el tiempo de diseño y desarrollo de un filtro digital es algo más largo que el de un filtro analógico, aspecto que los hace desaconsejables para filtrados sencillos (excepto si se aprovecha una infraestructura digital ya existente para programar la ecuación en diferencias del filtro).

Como en todo trabajo de ingeniería, es el diseñador quien, a la vista del presupuesto, del material de laboratorio disponible para el desarrollo y de la complejidad del problema, ha de decidir qué solución tomar, en función de la complejidad del filtro, los niveles de potencia y los anchos de banda.

10.2. Tipos de filtros digitales. Criterios de elección

Los filtros digitales pueden realizarse como filtros de respuesta impulsional infinita (IIR) o de respuesta impulsional finita (FIR).

Como ya se ha visto en el capítulo 3, la salida $y[n]$ de un filtro FIR no tiene memoria de sí misma en instantes anteriores $y[n$-$1]$, $y[n$-$2]$..., $y[n$-$m]$ al actual. Si la entrada $x[n]$ es el impulso unitario δ[*n*], la respuesta de estos sistemas se anula después de *M* muestras:

$$y[n] = \sum_{k=0}^{M-1} a_k\, x[n-k] \tag{10.1}$$

Los filtros IIR se diferencian de los FIR en que la salida sí tiene memoria de sí misma en instantes anteriores *y*[*n*-1], *y*[*n*-2]..., *y*[*n*-*m*], y su respuesta al impulso unitario sólo se anula en el infinito. Su expresión es del tipo:

$$y[n] = \sum_{k=0}^{\infty} h[k]\, x[n-k] = \sum_{k=0}^{M-1} a_k x[n-k] - \sum_{k=1}^{N} b_k y[n-k] \tag{10.2}$$

siendo a_k y b_k los coeficientes del filtro. A diferencia de los FIR, no todos los polos se encuentran en el origen del plano *Z*.

Las ventajas de los filtros FIR son:

- Pueden presentar un desfase perfectamente lineal, lo que implica que el filtro no introduce distorsión de fase.

- Siempre son estables. Al no haber recursividad, no pueden entrar en inestabilidad.

Mientras que los filtros IIR presentan las ventajas siguientes respecto a los FIR:

- Pueden diseñarse a partir de prototipos analógicos, transformando resultados. Por ello, se puede partir de especificaciones y de técnicas de diseño propias de filtros analógicos, y posteriormente se discretizan los resultados. Una situación práctica que se beneficia de esta ventaja es cuando se pretende reemplazar, por motivos de actualización tecnológica, un filtro analógico por otro digital equivalente.

- Requieren menos coeficientes que un filtro FIR para diseñar filtros de un mismo orden (pendiente del filtro). Como consecuencia, los requisitos de tiempo de cálculo y de capacidad de memoria son menores en los filtros IIR.

- La sensibilidad de la salida del filtro por efectos de truncamientos y redondeos de los resultados es menor en los filtros IIR (salvo en situaciones de inestabilidad).

Como guía para seleccionar el tipo de filtro digital, puede partirse de las directrices siguientes:

FILTROS IIR:
- Diseños en que no se prevean problemas de estabilidad.

- Filtros de orden muy elevado.

- Aprovechamiento de especificaciones basadas en aproximaciones analógicas (de Butterworth, de Chebyschev, elípticos, etc.).

FILTROS FIR:

- Requisitos de fase lineal.

- Diseños que con filtros IIR producen polos críticos, cercanos a la zona de inestabilidad.

- Frecuencia de muestreo holgada (pues requieren más tiempo de cálculo). Ello conlleva, por el teorema de Nyquist, o bien que las señales sean de baja frecuencia, o bien que el presupuesto para conversores A/D y procesadores rápidos sea suficiente.

10.3. Diseño de filtros IIR

10.3.1. Relaciones entre sistemas continuos y sistemas discretos

En el capítulo 5, destinado al estudio de la transformada Z, ya se han avanzado algunas relaciones entre sistemas continuos, transformables al plano S, y sistemas discretos, transformables al plano Z. La mayoría de los métodos de diseño de filtros IIR parten de especificaciones en tiempo continuo, a partir de las cuales se diseña un filtro analógico que, con las trasformaciones oportunas, se convertirá en un filtro IIR de comportamiento frecuencial equivalente. En las transformaciones que se presentan a continuación, se revisan y amplían algunas de las relaciones entre el plano S y el plano Z.

10.3.1.1. Transformación invariante

Recuérdese que, como se ha visto al tratar el tema del muestreo de señales analógicas, si una señal $x(t)$ como la de la figura:

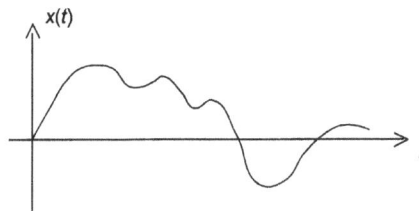

Fig. 10.1. Señal en el dominio del tiempo

tiene la transformada de Fourier $X(w)$,

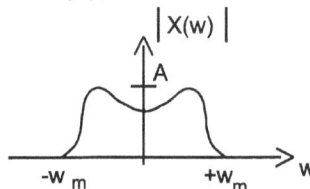

Fig. 10.2. Espectro de la señal de la figura 10.1

la señal muestreada $x(nT)$:

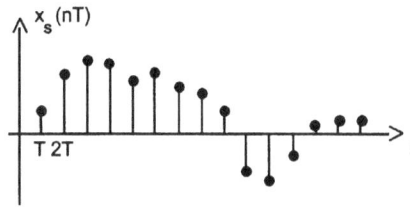

Fig. 10.3. Muestreo de la señal en el dominio del tiempo

tiene el espectro de la figura siguiente:

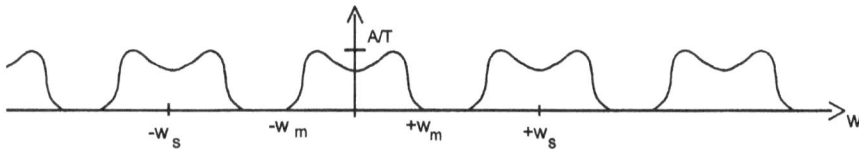

Fig. 10.4. Espectro de la señal muestreada

donde la amplitud es A/T.

Las transformadas de Laplace y Z de la señal muestreada son:

$$x_s(t) = \sum_{-\infty}^{\infty} x(nT)\ \delta(t-nT) \quad => \quad X_s(s) = \sum_{-\infty}^{\infty} x(nT)\ e^{-nTs} \quad =>$$

$$=> \quad X_s(z) = \sum_{-\infty}^{\infty} x(nT)\ z^{-n} \tag{10.3}$$

expresión que recuerda la equivalencia $z \leftrightarrow e^{Ts}$.

Del análisis en régimen permanente senoidal (RPS) para sistemas de tiempo continuo, se sabe que $s = jw$; por tanto: $z = e^{jwT}$. Recordando la relación entre frecuencia discreta y frecuencia continua:

$$\Omega = wT \tag{10.4}$$

se tendrá:

$$z = e^{j\Omega} \tag{10.5}$$

relación que ya se ha utilizado en el capítulo 7 para encontrar la transformada de Fourier de una secuencia. La equivalencia gráfica entre el eje imaginario del plano *S* y la circunferencia de radio unidad del plano *Z*, según la última igualdad, es la de la figura siguiente, también tratada en el capítulo 7:

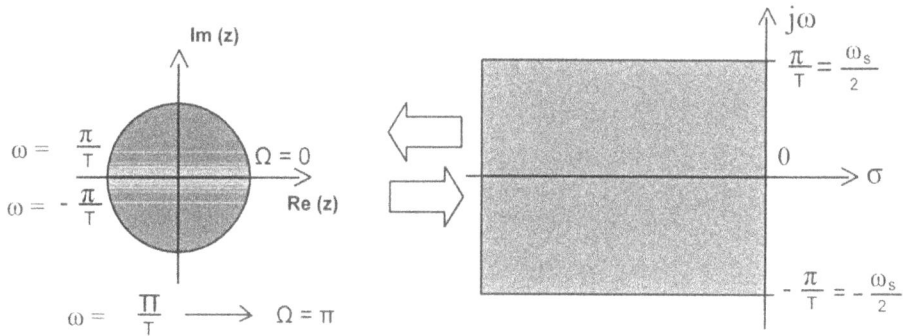

Fig. 10.5. Relación entre el plano S (Laplace) y el plano Z

Es inmediato comprobar que para $w = 0$, $\Omega = 0$ y $z = +1$, mientras que para $w = w_s/2$, $\Omega = \pi$ y $z = -1$. Un polo o un cero en $s = a$ se transforma en el plano *Z* en un polo o cero en $z = e^{aT}$.

Una transformación entre los planos *S* y *Z*, bastante engorrosa de calcular, se obtendría transformando cada polo y cada cero (si los hay) del sistema continuo en los polos (y ceros) equivalentes del sistema discreto mediante la anterior relación exponencial. Este tipo de transformación se denomina *transformada Z apareada* (*matched z-Transform*, en inglés).

10.3.1.2. Invarianza impulsional

Supóngase que se tiene un filtro analógico con la curva de amplificación de la figura:

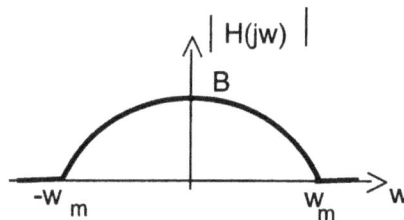

Fig. 10.6. Amplificación del filtro analógico

y se quiere reproducir exactamente sus características frecuenciales con un filtro digital. Es decir, se desea que la amplificación del filtro digital sea:

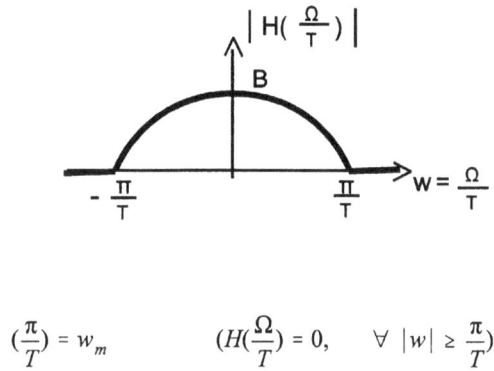

$$\left(\frac{\pi}{T}\right) = w_m \qquad (H(\frac{\Omega}{T}) = 0, \quad \forall \; |w| \geq \frac{\pi}{T})$$

Fig. 10.7. Prototipo del filtro digital

Para comprobar la similitud entre los dos filtros, se hace el montaje siguiente:

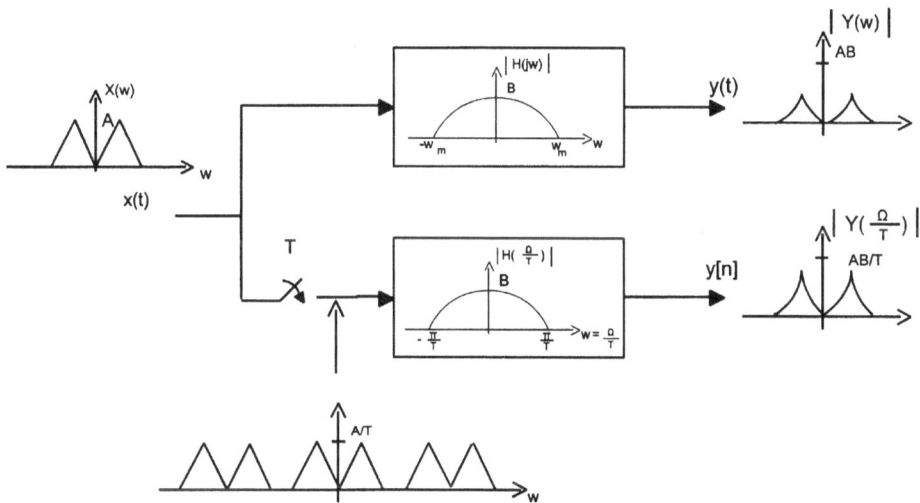

Fig. 10.8. Comparación de las salidas del filtro analógico y del digital para una misma entrada analógica

Como se observa, las amplitudes de los dos espectros difieren en un factor *T* (período de muestreo). Antitransformando, esta diferencia también se constata en el dominio temporal:

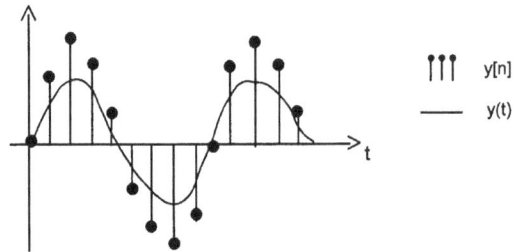

Fig. 10.9. Diferentes amplitudes en las señales temporales de salida de cada filtro

Si se denota $y_c(nT)$ la señal continua observada en los instantes $t = nT$ a fin de poder compararla con la secuencia discreta $y[n]$, vemos que $y[n]$ difiere en amplitud de la señal $y(t)$ que pretendía reproducir:[1]

$$y[n] = (1/T)\, y_c(nT) \tag{10.6}$$

Para el diseño de filtros digitales que reproduzcan la curva de amplificación de prototipos analógicos, se deberá compensar el efecto del período de muestreo, forzando que:

$$h[n] = T\, h_c(nT) \quad , \quad \text{o bien } H(z) = T\, H_c(z) \tag{10.7}$$

siendo $h[n]$ la respuesta impulsional del filtro digital y $h_c(nT)$ la del filtro analógico particularizada en los instantes $t = nT$. El nombre de *invarianza impulsional* dado a este método viene precisamente del hecho de que se basa en forzar la igualdad entre la respuesta impulsional del sistema continuo y la del discreto.

Aplicación

Si se tiene un sistema continuo, causal, con transformada de Laplace:

$$H_c(s) = \sum_{k=1}^{N} \frac{A_k}{s - s_k} \tag{10.8}$$

en que los polos s_k pueden ser reales o complejos y cuya respuesta impulsional es:

$$h_c(t) = \sum_{k=1}^{N} A_k\, e^{s_k t} \quad (t \geq 0) \tag{10.9}$$

---

[1] Aparte de los objetivos de este capítulo, este efecto debe tenerse en consideración en el desarrollo de programas de simulación de sistemas analógicos.

su transformada Z (*matched*) vendrá dada por:

$$H_c(z) = \sum_{n=-\infty}^{\infty} \sum_{k=1}^{N} A_k e^{s_k nT} z^{-n} = (n \geq 0) = \sum_{n=0}^{\infty} \sum_{k=1}^{N} A_k e^{s_k Tn} z^{-n} =$$

$$= \sum_{k=1}^{N} \frac{A_k}{1 - e^{Ts_k} z^{-1}} \tag{10.10}$$

Y para que la respuesta impulsional del sistema discreto sea la misma que la del continuo, debe forzarse la igualdad:

$$h_c(t)|_{t=nT} = h[n] \quad \Rightarrow \quad H(z) = T H_c(z) = \sum_{k=1}^{N} \frac{T A_k}{1 - e^{Ts_k} z^{-1}} \tag{10.11}$$

10.3.1.3. Transformación bilineal

Este método, también llamado *método de Tustin*, corresponde a una aproximación de la transformada Z. Partiendo de la expresión anterior $z = e^{Ts}$, y tomando logaritmos, se tiene:

$$s = (1/T) \ln(z) \tag{10.12}$$

Si ahora se desarrolla en serie el $\ln(z)$ y se aproxima por el primer término del desarrollo:

$$\ln(z) = 2\left(u + \frac{1}{3} u^3 + \frac{1}{5} u^5 + \dots\right) \tag{10.13}$$

$$u = \frac{1 - z^{-1}}{1 + z^{-1}}$$

se llega a la relación bilineal:

$$s \rightarrow \frac{2}{T} \frac{1 - z^{-1}}{1 + z^{-1}} \quad \rightleftarrows \quad z = \frac{1 + (T/2)s}{1 - (T/2)s} \tag{10.14}$$

Hay otras transformaciones alternativas a la bilineal, menos utilizadas que ésta. Se basan en truncar la serie anterior considerando más términos que el primero. Se emplean muy poco, ya que se llega a expresiones más complejas que la de la ecuación 10.14, y la ponderación entre las ventajas que ofrecen estas transformaciones y el engorro de los resultados (no sólo operativo, sino también económico: recuérdese que cada término en z acaba conllevando más operaciones y consumo de memoria al programar el filtro digital) no aconseja su uso.

La transformación bilineal también puede interpretarse geométricamente como un método numérico para calcular integrales por el método de los trapecios. De ahí que también se la conozca como método de *integración trapezoidal*.

Recordando que el área por debajo de una curva es su integral:

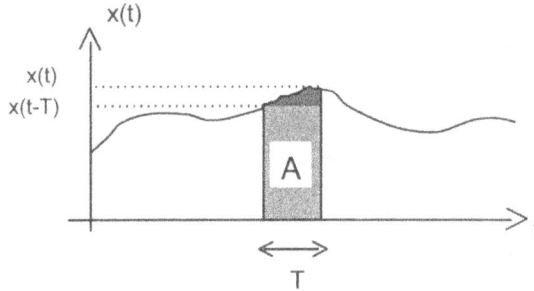

$$A = [\text{área}] = T\,\frac{x(t) + x(t-T)}{2} \tag{10.15}$$

el área acumulada hasta un instante n es:

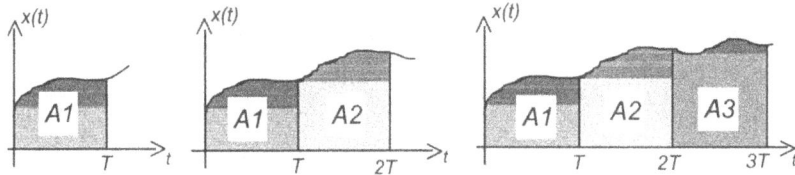

$$A_n = A_{n-1} + \frac{T}{2}\,[x(n) + x(n-1)] \tag{10.16}$$

Tomando la transformada Z de esta última ecuación:

$$A(1 - z^{-1}) = \frac{T}{2}\,X(1 + z^{-1}) \tag{10.17}$$

se llega a la relación:

$$\frac{A(z)}{X(z)} = \frac{T}{2}\,\frac{1 + z^{-1}}{1 - z^{-1}} \tag{10.18}$$

que puede interpretarse como la función de transferencia de un integrador, ya que la salida es el área de la función de entrada (integrando). Así, la operación que efectúa el integrador analógico:

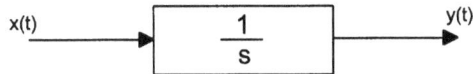

Fig. 10.10. Integrador analógico

será equivalente, en el dominio digital, a:

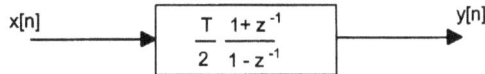

Fig. 10.11. Integrador en tiempo discreto (bilineal)

(siendo $y[n]$ el área –o sea, la salida del integrador – acumulada hasta el instante n).

Con ello queda probado el efecto integrativo de la transformación bilineal y se estable la relación entre los operadores de Laplace (s) y Z:

$$s \quad <\text{ - }> \quad \frac{2}{T}\frac{1-z^{-1}}{1+z^{-1}} \tag{10.19}$$

que ya se había obtenido.

Análisis frecuencial

La transformación bilineal no deja de ser una aproximación de la transformada Z. Recuérdese que se ha obtenido truncando un desarrollo en serie de Taylor a su primer término. Ello conllevará que la respuesta frecuencial del sistema discreto obtenido por transformación bilineal de un prototipo analógico no reproduzca fielmente la respuesta frecuencial de éste. De un análisis frecuencial en régimen permanente se obtiene:

$$\frac{2}{T}\frac{1-z^{-1}}{1+z^{-1}} \quad => \quad \frac{2}{T}\frac{1-e^{-j\Omega}}{1+e^{-j\Omega}} =$$

$$[\textit{multiplicando y dividiendo por } e^{j\frac{\Omega}{2}}] = \frac{2}{T}\frac{e^{j\frac{\Omega}{2}}-e^{-j\frac{\Omega}{2}}}{e^{j\frac{\Omega}{2}}+e^{-j\frac{\Omega}{2}}} =$$

$$= \frac{2}{T}j\frac{sen(\frac{\Omega}{2})}{\cos(\frac{\Omega}{2})} = j\frac{2}{T}\tan(\frac{\Omega}{2}) \tag{10.20}$$

Por tanto:

$$jw_c \quad < - > \quad j\frac{2}{T}\tan(\frac{\Omega}{2}) \tag{10.21}$$

Así, la frecuencia continua ($s = jw_c$) se transforma en discreta (Ω) según la relación:

$$w_c \quad < - > \quad \frac{2}{T}\tan(\frac{\Omega}{2}) \tag{10.22}$$

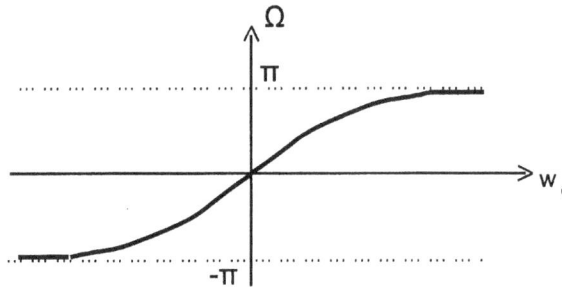

Fig. 10.12. Transformación entre frecuencias continuas y discretas con el operador bilineal

Gráficamente, se observa que el eje *jw* se transforma desde *w* = - ∞ hasta *w* = ∞ sobre la circunferencia de radio unidad en el plano *Z*, con una compresión de las frecuencias continuas alrededor de los puntos Ω = ± π. Esta distorsión en el mapeado de frecuencias es poco importante si las frecuencias discretas de interés (polos en las especificaciones del filtro) se han situado dentro de un ángulo de ± 45° alrededor del eje real positivo en el plano *Z* (bajas frecuencias en comparación con la de muestreo: si 180° corresponden a una frecuencia continua de π / *T*, un ángulo de 45° corresponde a π / 4*T*).

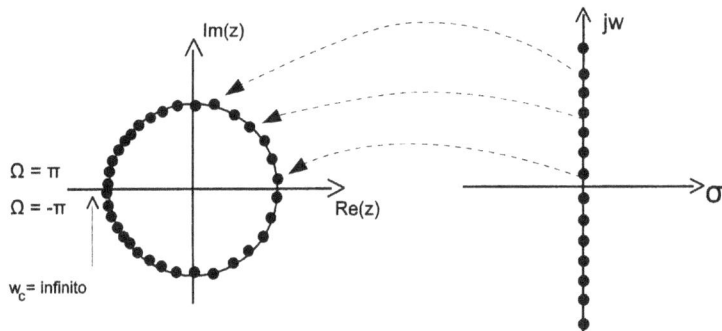

Fig. 10.13. Mapeado de frecuencias

En la figura siguiente se muestra el efecto de compresión de las altas frecuencias del prototipo del filtro analógico.

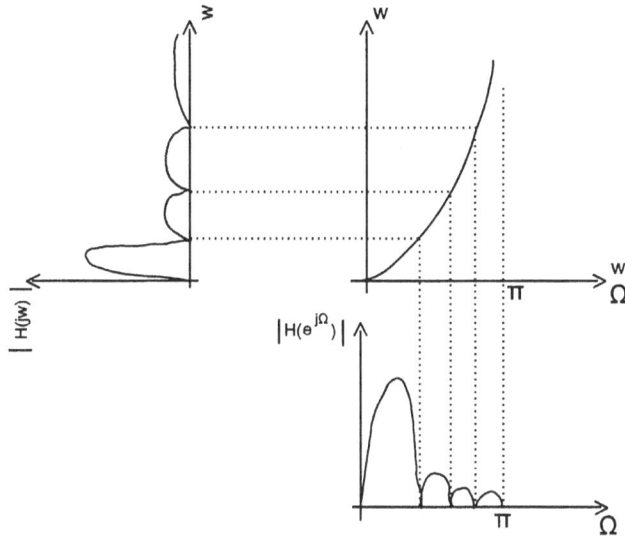

Fig. 10.14. Efecto de compresión en el mapeado de frecuencias

Afortunadamente, se conoce la relación analítica de la distorsión frecuencial entre el plano S y el plano Z. Más adelante se verá cómo puede utilizarse este conocimiento para provocar un predistorsión (*prewarping*) de las frecuencias críticas del filtro analógico, de modo que compense (ecualice) la distorsión que se producirá al pasarlo a filtro digital mediante la transformación bilineal.

En ocasiones, se utilizan modificaciones de la transformación bilineal para obtener filtros diseñados por transformación de frecuencias a partir de prototipos paso bajo. Por ejemplo, la teoría de filtros analógicos muestra que, con la transformación de frecuencias:

$$\omega \rightarrow -\frac{w_0}{\omega} \tag{10.23}$$

o, multiplicando ambos miembros por j:

$$j\omega \rightarrow \frac{w_0}{j\omega} \Rightarrow (s = j\omega) \Rightarrow s \rightarrow \frac{w_0}{s} \tag{10.24}$$

la $H(s)$ de un filtro paso bajo pasa a ser la de un paso alto. (Nótese que esta transformación convierte la amplificación a frecuencia 0 a la de la frecuencia infinita, y la de infinito a cero.) La amplificación a frecuencia w_0 queda invariante, siendo esta frecuencia el pivote de la transformación.

Así, si se hace la transformación bilineal modificada:

$$s \quad \rightarrow \quad \cfrac{w_0}{\cfrac{2}{T}\cfrac{1-z^{-1}}{1+z^{-1}}} \tag{10.25}$$

se pasa de un prototipo $H(s)$ paso bajo a un filtro digital $H(z)$ paso alto. Esta misma transformación puede ajustarse más, teniendo en cuenta que la frecuencia w_0 se verá distorsionada en el filtro digital según la relación anterior:

$$w_c \quad \rightarrow \quad \frac{2}{T}\tan\left(\frac{\Omega_c}{2}\right) \tag{10.26}$$

con lo que la transformación es:

$$s \rightarrow \tan(\Omega_c/2)\,\frac{1+z^{-1}}{1-z^{-1}} \tag{10.27}$$

Sin embargo, se considera menos complejo hacer las transformaciones de filtros en el dominio analógico y aplicar posteriormente la transformación bilineal sin modificaciones.

Conviene hacer otro comentario sobre la transformación bilineal. En ocasiones, aparece como:

$$s \quad <-> \quad \frac{1-z^{-1}}{1+z^{-1}} \tag{10.28}$$

es decir, sin el factor de escala $2/T$. Si se parte de un diseño con las especificaciones en el plano Z, pero se quieren utilizar aproximaciones usuales para filtros analógicos (de Butterworth, de Chebyschev, de Cauer, etc.), el primer paso es la traducción de las especificaciones de diseño del plano Z al S. Sobre este plano se hará el diseño del filtro, el cual habrá que volver a trasladar al dominio discreto (plano Z) para su realización. En este camino de ida y vuelta del plano Z al S, y de éste al Z, el factor $2/T$ es irrelevante, ya que se neutraliza. Por ello, no es de extrañar la presencia de transformaciones bilineales sin el factor de escala cuando se diseñan filtros IIR especificados e implementados en el dominio digital, pero diseñados con herramientas analógicas. De todos modos, y para no confundir al lector, se recomienda como criterio general el uso de las sustituciones de la ecuación 10.14 en el diseño de filtros.

10.3.1.4. Aproximación de derivada o de primera diferencia de retorno (*First Difference Backward*, FDB)

Esta aproximación consiste en la sustitución (ya realizada en un ejemplo introductorio del capítulo 2):

$$s \quad <-> \quad \frac{1-z^{-1}}{T} \tag{10.29}$$

Puede justificarse fácilmente a partir de la definición de la derivada. Se sabe que, en tiempo continuo:

$$\frac{d\,x(t)}{dt} \;\rightarrow\; \lim_{\Delta t \to 0} \frac{x(t+\Delta t) - x(t)}{\Delta t} \tag{10.30}$$

Para poder efectuar una derivada digitalmente, el menor incremento de tiempo posible es el de un período de muestreo, $\Delta t_{min} = T$. Además, si se quiere efectuarla de modo causal, se cambia la diferencia "hacia adelante" en el tiempo (numerador de la definición de la derivada) por una diferencia "hacia atrás":

$$\frac{dx(t)}{dt} \approx \frac{x(t) - x(t-T)}{T} \tag{10.31}$$

Recordando la propiedad de derivación de la transformada de Laplace, que establecía que la derivación en el tiempo equivale a multiplicar por el operador s en el dominio transformado, se puede aproximar la relación siguiente entre las transformadas de Laplace y Z:

$$s\,X(s) \;\rightleftharpoons\; \frac{1 - z^{-1}}{T}\,X(z) \tag{10.32}$$

Por tanto, se tienen las aproximaciones:

$$s \rightleftharpoons \frac{1 - z^{-1}}{T} \;\rightarrow\; z \rightleftharpoons \frac{1}{1 - Ts} \tag{10.33}$$

Con esta transformación también se mapea todo el eje de frecuencias continuas sobre una circunferencia, pero ahora ya no es la circunferencia de radio unidad, sino una circunferencia interior. Ello conlleva un efecto estabilizador al mapear polos sobre el eje imaginario del plano S al interior de la circunferencia de radio unidad (y no sobre su perímetro). Este efecto negativo en el diseño de filtros y osciladores suele ser bien aceptado en aplicaciones de control.

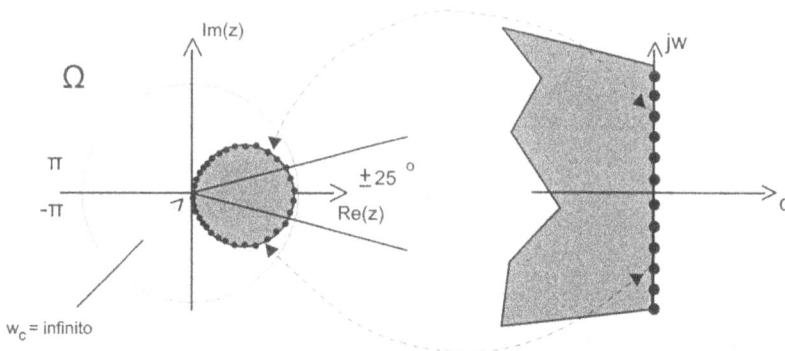

Fig. 10.15. Mapeado de frecuencias con el operador FDB

Empíricamente, si las frecuencias mapeadas no se separan más de unos ± 25° del eje real del plano Z, la distorsión no suele ser muy importante. Ello ocurre así cuando la frecuencia de muestreo es muy superior a la estrictamente necesaria según la condición de Nyquist.

10.3.1.5. Ejemplos de diseño de filtros digitales IIR

Ejemplo conductor

Supóngase que se tiene el filtro analógico siguiente:

$$H(s) = \frac{10s}{(s+5)(s^2+2s+5)}$$

cuyo comportamiento es satisfactorio pero que, por motivos tecnológicos, tiene que sintetizarse de forma digital.

a) Método de la invarianza impulsional

Se descompone $H(s)$ como una suma de fracciones simples:

$$H(s) = \frac{10s}{(s+5)(s^2+2s+5)} = \frac{k_1}{s+5} + \frac{k_2}{s+1-2j} + \frac{k_2^*}{s+1+2j}$$

donde los valores de k_i vienen dados por:

$$k_1 = Lim_{s \to -5}(s+5)H(s) = -2,5$$

$$k_2 = Lim_{s \to -1+2j}(s+1-2j)H(s) = 1,25$$

$$k_2^* = 1,25$$

(Nota. Estas operaciones pueden efectuarse en Matlab, con las instrucciones *series* y *residue*.)

Por tanto:

$$H(s) = \frac{-2,5}{s+5} + \frac{1,25}{s+1-2j} + \frac{1,25}{s+1+2j}$$

Si se calcula la transformada Z y se corrige el numerador con el factor de escala T, se tiene la función de transferencia del filtro digital:

$$H(z) = \sum_{n=1}^{3} \frac{Tk_n}{1-e^{s_n T}z^{-1}} = \frac{-2,5\,T}{1-e^{-5T}z^{-1}} + \frac{1,25\,T}{1-e^{(-1+2j)T}z^{-1}} + \frac{1,25\,T}{1-e^{(-1-2j)T}z^{-1}}$$

donde queda pendiente la elección del período de muestreo *T*. Para ello, primero se representan las curvas de respuesta frecuencial del filtro analógico, y se observa a partir de qué frecuencia su salida puede considerarse despreciable (suficientemente atenuada). Se procede de este modo porque el filtro no es ideal y, en consecuencia, no existe una frecuencia bien definida a partir de la cual la salida del filtro sea cero.

Selección del período de muestreo T

Primero se dibuja el diagrama de Bode del filtro analógico con la ayuda del programa Matlab. Un posible conjunto de instrucciones es:

```
n1=[10,0];
d1=[1 5];
n2=[1];
d2=[1 2 5];
[n,d]=series(n1,d1,n2,d2);
bode(n,d);
```

y se obtienen las gráficas siguientes:

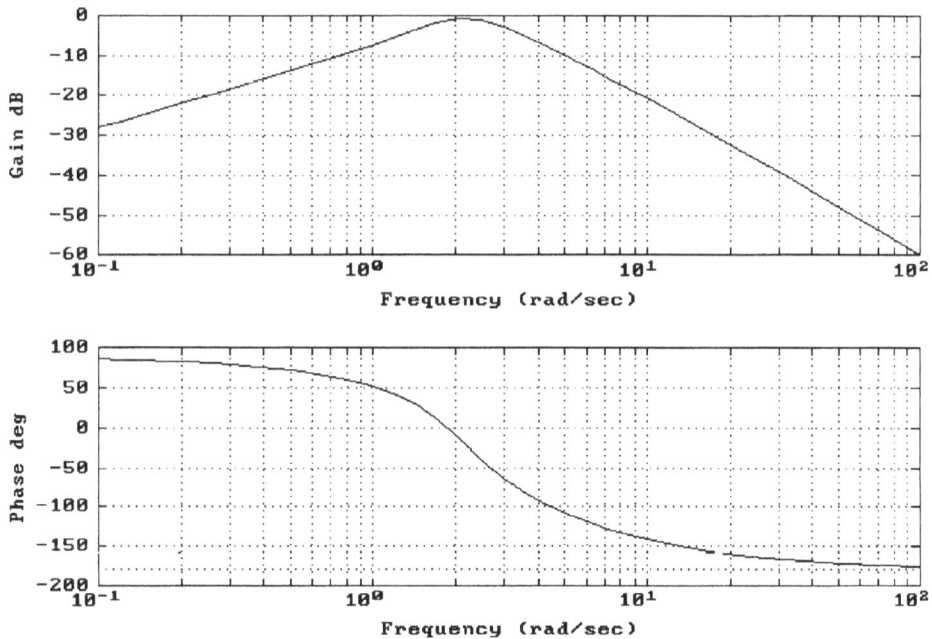

Se observa, que para *w* = 50 rad·s^{-1}, se tiene:

$$|H(jw)| \approx -50 \ dB$$

$$-50 \ dB = 20 \log \left(\frac{V_o}{V_i}\right) \ => \ \frac{V_o}{V_i} = 3,16 \cdot 10^{-3}$$

El filtro atenúa del orden de la milésima a $w = 50$ rad·s^{-1}. Suponiendo que la milésima ya sea una atenuación suficiente,[2] se considera que el filtro es de banda limitada a $w = 50$ rad·s^{-1}, y se aplica la condición de Nyquist:

$$w_c = 50 \ rad\cdot s^{-1} \ \Rightarrow \ w_s = 100 \ rad\cdot s^{-1} \ \Rightarrow \ T_s = \frac{2\pi}{100} = 0,05 \ s$$

Si se sustituye dicho valor en la expresión anterior de $H(z)$, se tiene

$$H(z) = 0,0215 \frac{z(z-1,06)}{(z-0,778)(z^2 - 1,19z + 0,911)}$$

y de esta ecuación se deduce la ecuación en diferencias que habrá que programar para realizar el filtro IIR deseado:

$$y[n] = 0,0215x[n-1] - 0,0228x[n-2] + 1,968y[n-1] -$$

$$- 1,8368y[n-2] + 0,7088y[n-3]$$

En la gráfica siguiente se muestran los diagramas de polos y ceros del sistema analógico y los del digital obtenido por invarianza impulsional:

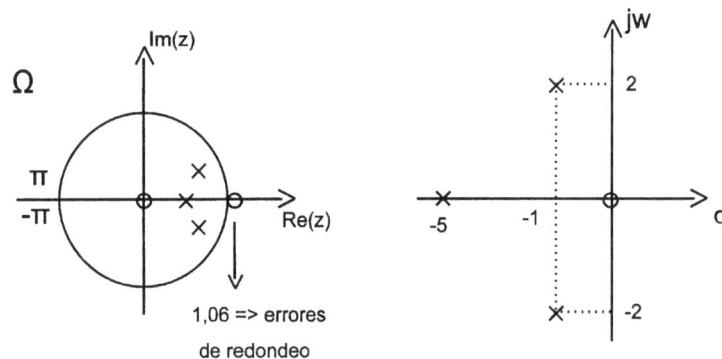

En realidad, el cero debería estar en $z = 1$, ya que éste es el punto en el que se mapea la frecuencia continua $w_c = 0$, y el prototipo analógico tenía un cero en esta frecuencia (en el origen). El cero en $z = 1,06$ (debería estar en $z = 1$) se ha producido por errores de truncamientos y redondeos en los cálculos. Como este tipo de errores puede ser importante (imagine que se hubiera tratado de un cero: ¡el sistema discreto sería inestable!), no se ha querido ocultar aquí su presencia.

Con ayuda del programa Matlab se han obtenido las siguientes gráficas:

[2] La atenuación depende de cada aplicación. Así, en un buen sistema de audio pueden forzarse atenuaciones del orden de -100 dB.

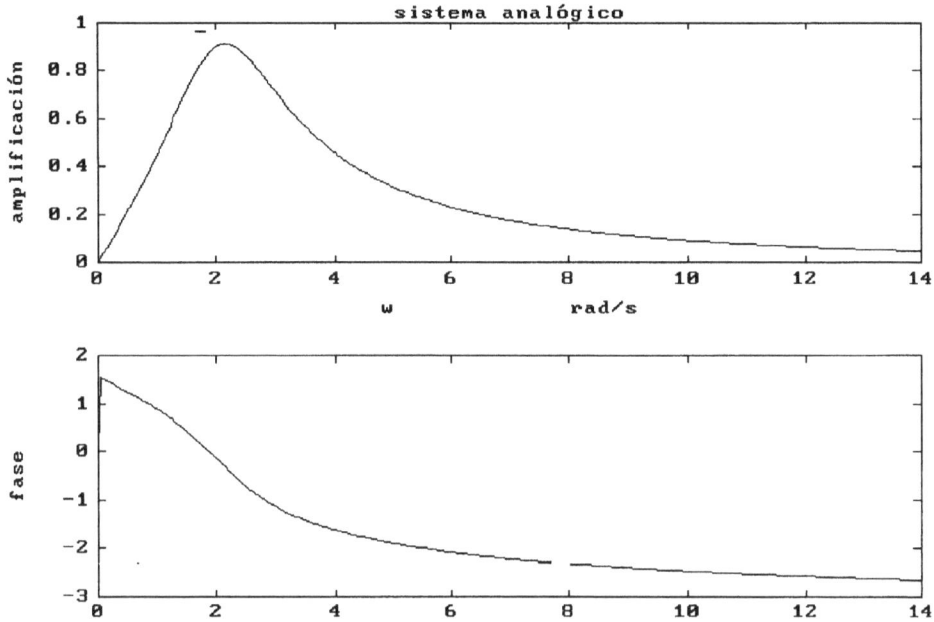

Sistema analógico (prototipo)

Estas gráficas se han obtenido con el fichero que se detalla a continuación:

```
function [ ]=analog
w=[0:0.05:14];
n1=[10 0];
d1=[1 5];
n2=1;
d2=[1 2 5];
[n,d]=series(n1,d1,n2,d2);
r=freqs(n,d,w);
y=abs(r);
f=unwrap(angle(r));
subplot(211)
plot(w,y,'w')
title ('sistema analógico')
ylabel ('amplificación')
xlabel (' w        rad/s')
subplot(212)
plot(w,f,'w')
ylabel ('fase')
```

Filtro diseñado por invarianza impulsional:

El siguiente programa se ha empleado para obtener las curvas de amplificación y desfase del filtro digital. El intervalo de frecuencia discreta de las gráficas va de 0 a π.

```
function [ ]=invar(t)
subplot(111)
n1=-2.5*t;
d1=[1,-exp(-5*t)];
n2=1.25*t;
d2=[1,-exp((-1+2*i)*t)];
n3=1.25*t;
d3=[1,-exp((-1-2*i)*t)];
[n4,d4]=parallel(n1,d1,n2,d2);
[n,d]=parallel(n4,d4,n3,d3);
[r,w]=freqz(n,d,500);
subplot(211)
y=abs(r);
f=unwrap(angle(r));
plot(w,y,'w')
title('invarianza impulsional')
ylabel ('amplificación')
xlabel ('frecuencia discreta')
subplot(212)
plot(w,f,'w')
ylabel ('fase')
gtext('pi/T = 62,8 rad/s')
pause
```

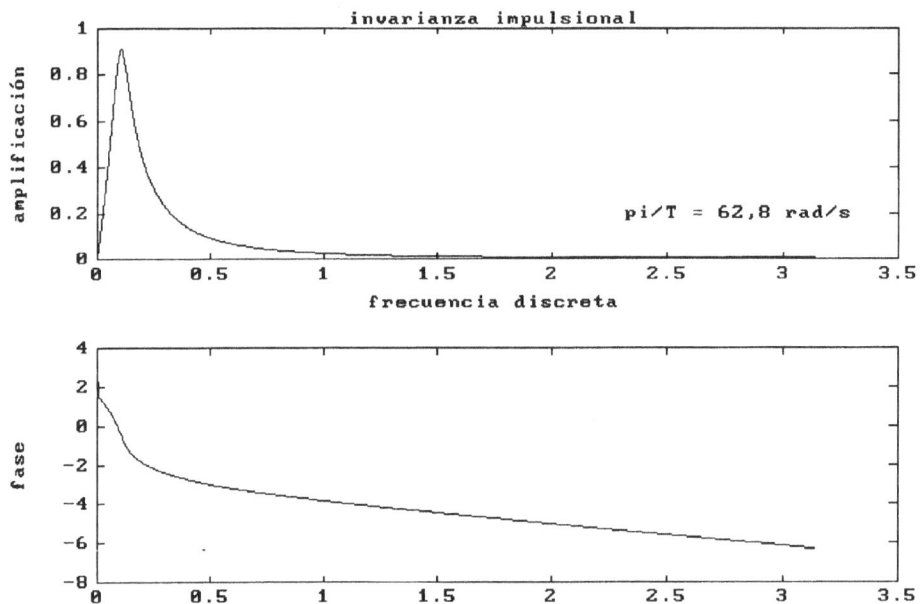

Reescalando el eje de frecuencia con el factor de muestreo *T* se pueden representar las gráficas anteriores sobre un eje de frecuencias continuas. En la figura siguiente se ha hecho así, acotando el intervalo de frecuencias de 0 a 14 rad/s a fin de facilitar la comparación de las curvas con las del prototipo analógico:

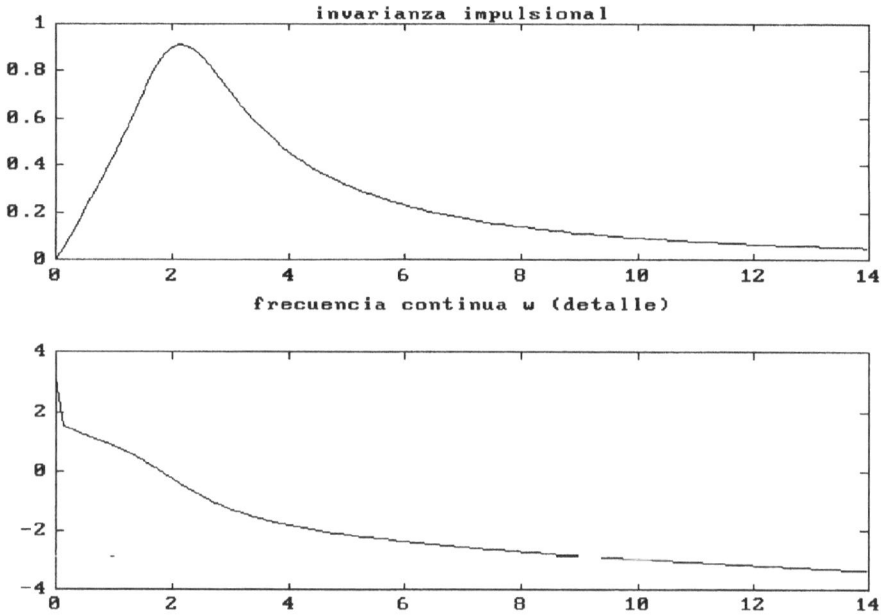

Estas últimas gráficas se han dibujado con el fichero de Matlab que se lista a continuación:

```
function []=invar(t)
subplot(111)
n1=-2.5*t;
d1=[1,-exp(-5*t)];
n2=1.25*t;
d2=[1,-exp((-1+2*i)*t)];
n3=1.25*t;
d3=[1,-exp((-1-2*i)*t)];
[n4,d4]=parallel(n1,d1,n2,d2);
[n,d]=parallel(n4,d4,n3,d3);
[r,w]=freqz(n,d,500);
% conversión a frecuencia continua
o=w/t;
% acotación del vector de frecuencias a un valor inferior y cercano a 14,
% para poder comparar las gráficas con las del prototipo analógico
for i=1:length(o)
        if o(i)<=14
                if o(i)>=13.5
                l=i;
                end
        end
end
```

```
s=o(1:l);
subplot(211)
y=abs(r);
f=unwrap(angle(r));
plot(s,y(1:l),'w')
title('invarianza impulsional')
ylabel ('amplificación')
xlabel ('frecuencia continua')
subplot(212)
plot(s,f(1:l),'w')
ylabel ('fase')
pause
```

(Este programa podría hacerse de forma mucho más corta, tarea que se propone al lector. Aquí se ha forzado el uso de alguna instrucción del Matlab para ayudar a familiarizarse con ellas, lo cual se repetirá en otros listados.)

El diagrama de polos y ceros es:

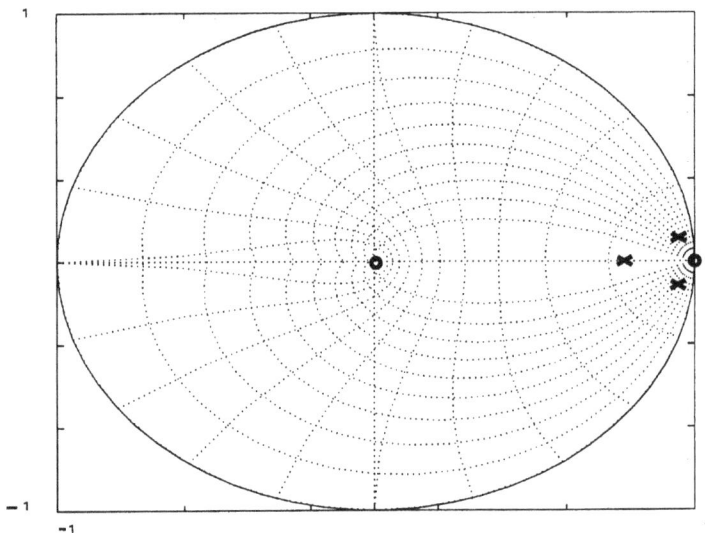

En la gráfica anterior se han utilizado las instrucciones *axis* –concretamente, con los valores: *axis([-1,1,-1,1])*–, *pzmap (n,d)* y *zgrid*, en este orden. La instrucción *zgrid* dibuja una retícula dentro del círculo de radio unidad, útil para transformar especificaciones de sistemas de segundo orden analógicos a polos y ceros del sistema discreto equivalente. Concretamente, las curvas cerradas que pasan por el punto $z = 1$ son lugares geométricos con un mismo coeficiente de amortiguamiento, mientras que las curvas abiertas con orientación vertical son lugares de puntos con una misma frecuencia natural. Este ábaco de curvas es útil en aplicaciones de control digital de plantas sencillas, pues permite ubicar directamente los polos y ceros de la $H(z)$ de la planta continua, una vez factorizada en términos de segundo orden, sin necesidad de realizar cálculos engorrosos para pasar de $H(s)$ a $H(z)$. En el caso de filtros de segundo orden, puede servir para estimar la forma de su respuesta temporal. En la figura siguiente se muestran los valores de amortiguamiento y de frecuencia natural del ábaco:

Root Locus of Constants ζ and ω_n

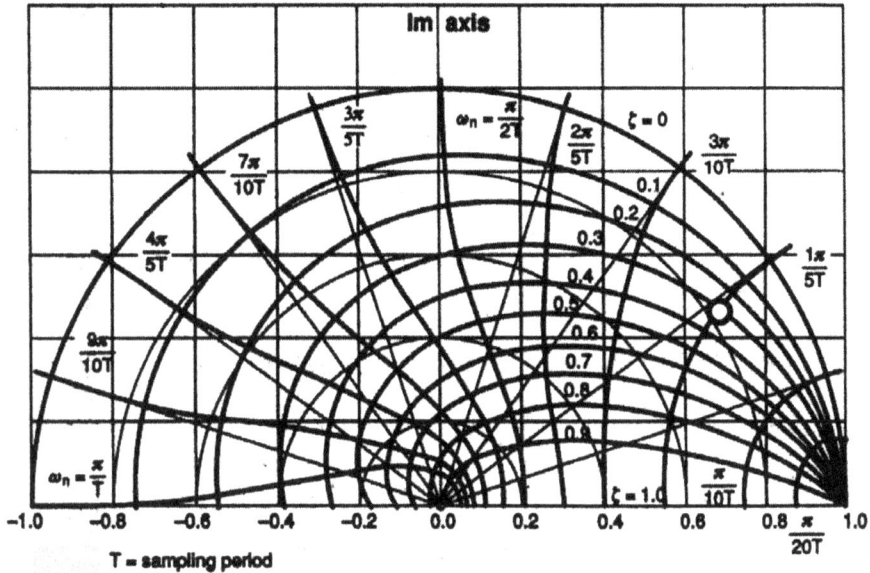

$$H(s) = \sum_{n=1}^{N} \frac{K_n}{s^2 + 2\zeta_n \omega_{on} s + \omega_{on}^2}$$

Como ejemplo de utilización del ábaco anterior, supóngase un sistema analógico tal que:

$$H(s) = \frac{10}{s^2 + 18{,}84\,s + 986}$$

El coeficiente de amortiguamiento es $\zeta = 0{,}3$ y la frecuencia natural es $w_0 = 31{,}4$. Si se desea obtener un sistema discreto equivalente, por muestreo del sistema continuo a un intervalo $T = 0{,}02$ se puede comprobar que $w_0 = \pi/5T$, posición que corresponde al punto marcado con una pequeña circunferencia en el ábaco. Proyectando gráficamente (con el ábaco de la figura anterior) este punto sobre los ejes real e imaginario del plano Z, se observa que los polos del sistema discreto están, aproximadamente, en: $z = 0{,}68 \pm j\,0{,}48$. Así, la $H(z)$ será:

$$H(z) = \frac{K}{z^2 - 1{,}36\,z + 0{,}6928}$$

Con las instrucciones del Matlab *impulse* y *dimpulse* se simulan las respuestas impulsionales del sistema continuo y del discreto, y se obtiene la similitud de resultados que muestra la figura siguiente. Como se puede apreciar, el ábaco es válido para traducir dinámicas continuas a discretas (y viceversa), pero aparece un factor de escala en las amplitudes (fácilmente compensable).

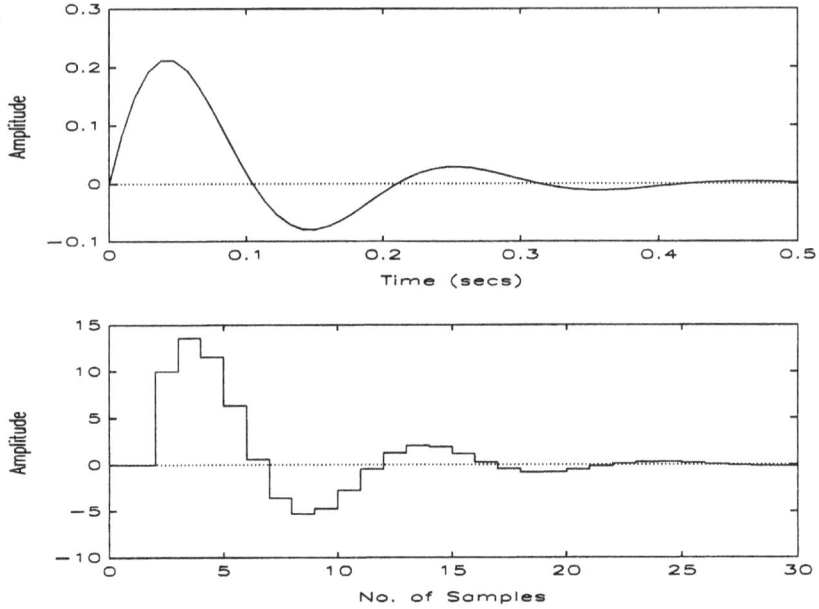

b) Transformación bilineal

Aplicando al prototipo analógico anterior la transformación:

$$s \rightarrow \frac{2}{T} \frac{1-z^{-1}}{1+z^{-1}}$$

se obtiene:

$$H(s) \rightarrow H(z) = \frac{0,0053(z^3+z^2-z-1)}{z^3-2,671z^2+2,3775z-0,704}$$

con el diagrama de raíces siguiente:

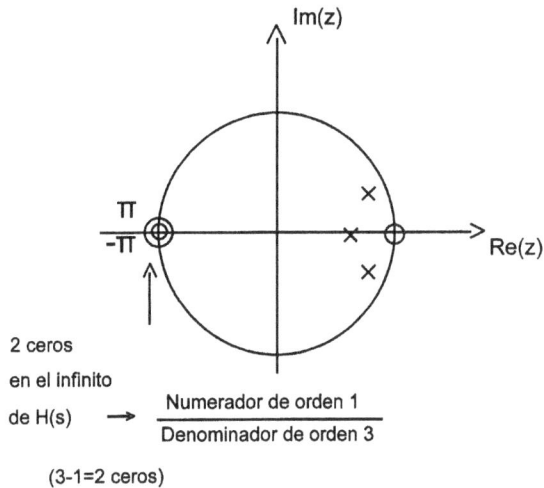

La $H(s)$ del sistema continuo tiene un cero y tres polos. O, utilizando otro lenguaje, si se desea que todas las $H(s)$ tengan tantos polos como ceros, se dirá que $H(s)$ tiene dos ceros "en el infinito". Pues bien, como se puede comprobar en el diagrama de polos y ceros anterior, estos dos ceros "en el infinito" se han mapeado en $\Omega = \pi$.

Utilizando la sentencia *bilinear* del Matlab, es inmediato el paso de $H(s)$ a $H(z)$. Con ello, se obtiene la expresión anterior de $H(z)$. Los resultados gráficos de la respuesta frecuencial del filtro discreto diseñado por la transformación bilineal son los siguientes:

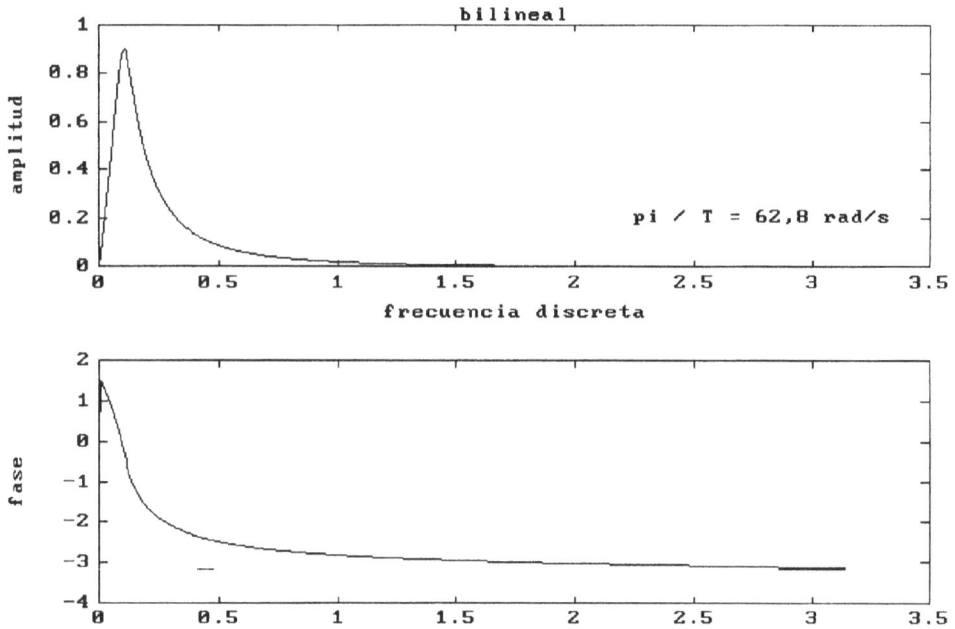

o, escalándolas en frecuencia continua:

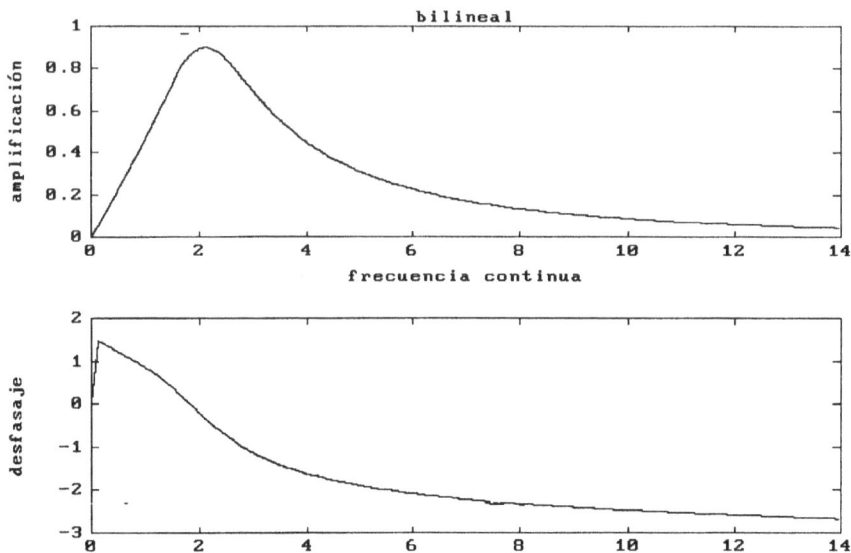

Las primeras gráficas se ha obtenido con las instrucciones Matlab:

```
function [ ]=bilin()
subplot(111)
n1=[1,1,-1,-1];
n=0.0053*n1;
d=[1,-2.671,2.3775,-0.704];
[r,w]=freqz(n,d,500);
y=abs(r);
f=unwrap(angle(r));
subplot(211)
plot(w,y,'w')
title('bilineal')
ylabel('amplitud')
xlabel('frecuencia discreta')
subplot(212)
plot(w,f,'w')
ylabel('fase')
gtext('pi / T = 62,8 rad/s')
pause
```

El diagrama de polos y ceros es el de la figura siguiente:

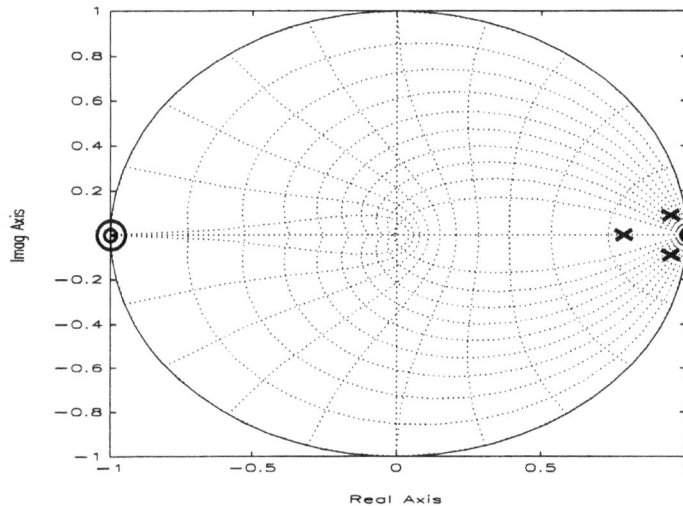

c) *Transformación de la primera diferencia (derivada)*

Haciendo la sustitución (transformación) de la primera diferencia de retorno, se obtiene:

$$H(s) = \frac{10s}{s^3 + 7s^2 + 15s + 25} \quad \rightarrow \quad s = \frac{1 - z^{-1}}{T}$$

$$H(z) = [T = 0,05] = \frac{0,025z^2(z-1)}{1,3906z^3 - 3,7375z^2 + 3,35z - 1}$$

con el diagrama de polos y ceros siguiente:

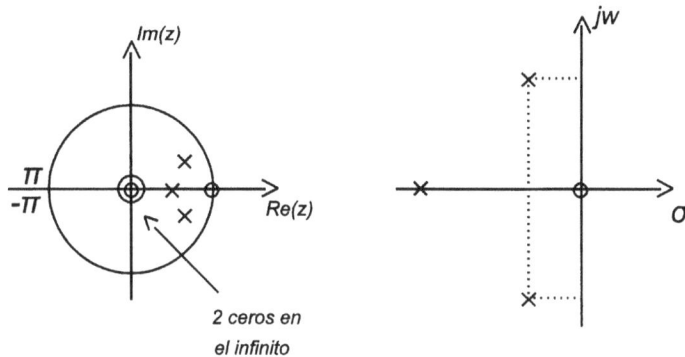

2 ceros en
el infinito

En este caso, los dos ceros en el infinito de $H(s)$ se han mapeado al origen del plano Z.

La respuesta frecuencial de este filtro puede obtenerse con ayuda del programa siguiente en Matlab:

```
function [ ]=deriv()
subplot(111)
n1=[1,-1,0,0];
n=0.025*n1;
d=[1.3906,-3.7375,3.35,-1];
[r,w]=freqz(n,d,500);
y=abs(r);
f=unwrap(angle(r));
subplot(211)
plot(w,y,'w')
title('primera diferencia (derivada)')
ylabel('amplitud')
xlabel('frecuencia discreta')
subplot(212)
plot(w,f,'w')
ylabel('fase')
gtext('pi / T = 62,8 rad/s')
pause
```

Representado en frecuencia discreta, la respuesta del filtro sería:

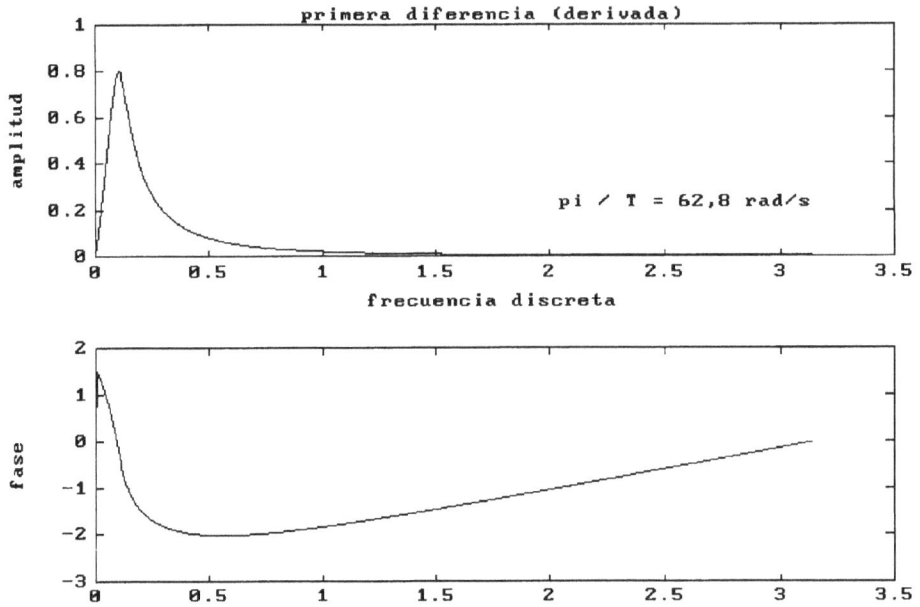

Y el diagrama de polos y ceros es:

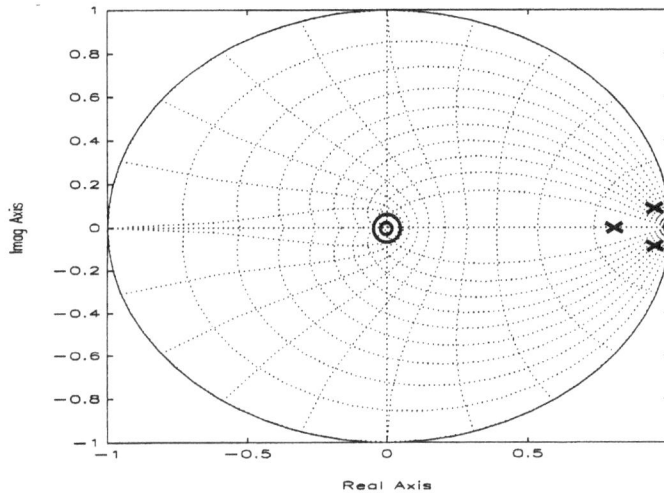

En las gráficas siguientes se comparan las características del filtro analógico con las de los discretos diseñados por los tres métodos del presente ejemplo:

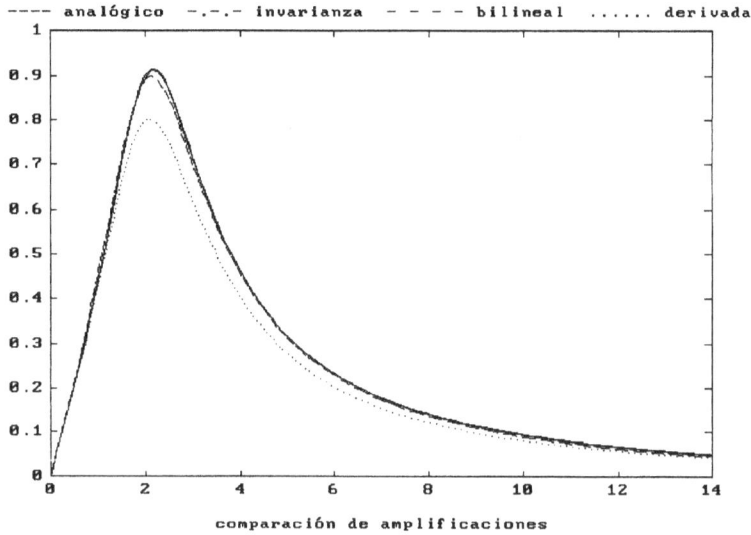

---- analógico -.-.- invarianza - - - - bilineal ...... derivada

comparación de amplificaciones

No es de extrañar que la transformación de la derivada conlleve una menor resonancia. Recuérdese que esta transformación desplaza los polos hacia el interior de la circunferencia de radio unidad, dentro de una circunferencia situada entre $z = 1$ y $z = 0$.

Representando ahora $20 \cdot \log |H(\Omega)|$ (nota: en el programa Matlab el logaritmo decimal debe denotarse como "log10"), se tiene:

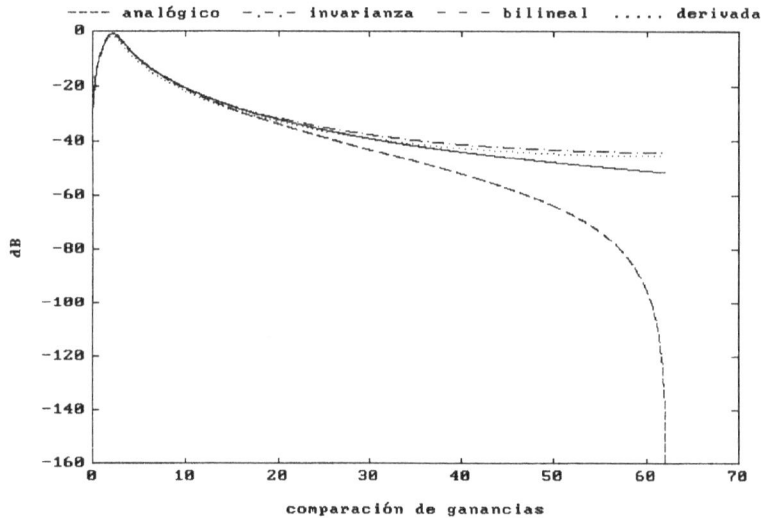

---- analógico -.-.- invarianza - - - bilineal ..... derivada

comparación de ganancias

Como puede apreciarse en la figura anterior, los dos ceros que impone la transformación bilineal en $z = -1$ conllevan una atenuación total de la señal en $\Omega = \pi$.

Y las curvas de fase son:

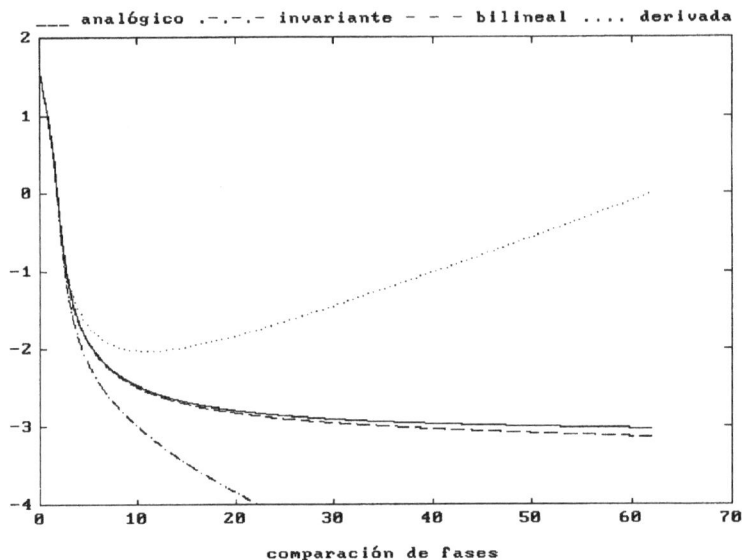

comparación de fases

Modificación de la frecuencia de muestreo

Si la atenuación del filtro no tuviera que llegar a ser del orden de la milésima, y, por ejemplo, se hubiese tomado w_s = 10 rad·s^{-1}, el valor del período de muestreo sería T = 0,6 s. Con este valor, se repiten los tres diseños anteriores.

(En los casos siguientes, se ha tomado exactamente T = 0,6666 => f_s = 1,5.)

a) Invarianza impulsional

$$H(z)=\frac{-0,0005z^2+0,1422z+0,4322}{z^3-0,277z^2+0,2723z-0,0094}$$

b) Bilineal

Se propone como ejercicio obtener esta aproximación mediante el Matlab.

Matlab:

si $H(s)$ = nc/dc
y si $H(z)$ = nb/db

la instrucción para obtener $H(z)$ es:

[nb,db]=bilinear(nc,dc,1.5);

donde nc, dc, nb y db son los correspondientes vectores de coeficientes (c: sistema continuo; d: sistema discreto) y el parámetro 1.5 corresponde a f_s.

c) Primera diferencia hacia atrás (o de retorno)

$$H(z) = \frac{4{,}44z^2(z-1)}{19{,}74z^3 - 65{,}2z^2 + 7{,}66z - 1}$$

En las figuras siguientes, se vuelven a mostrar los resultados obtenidos con este nuevo período de muestreo.

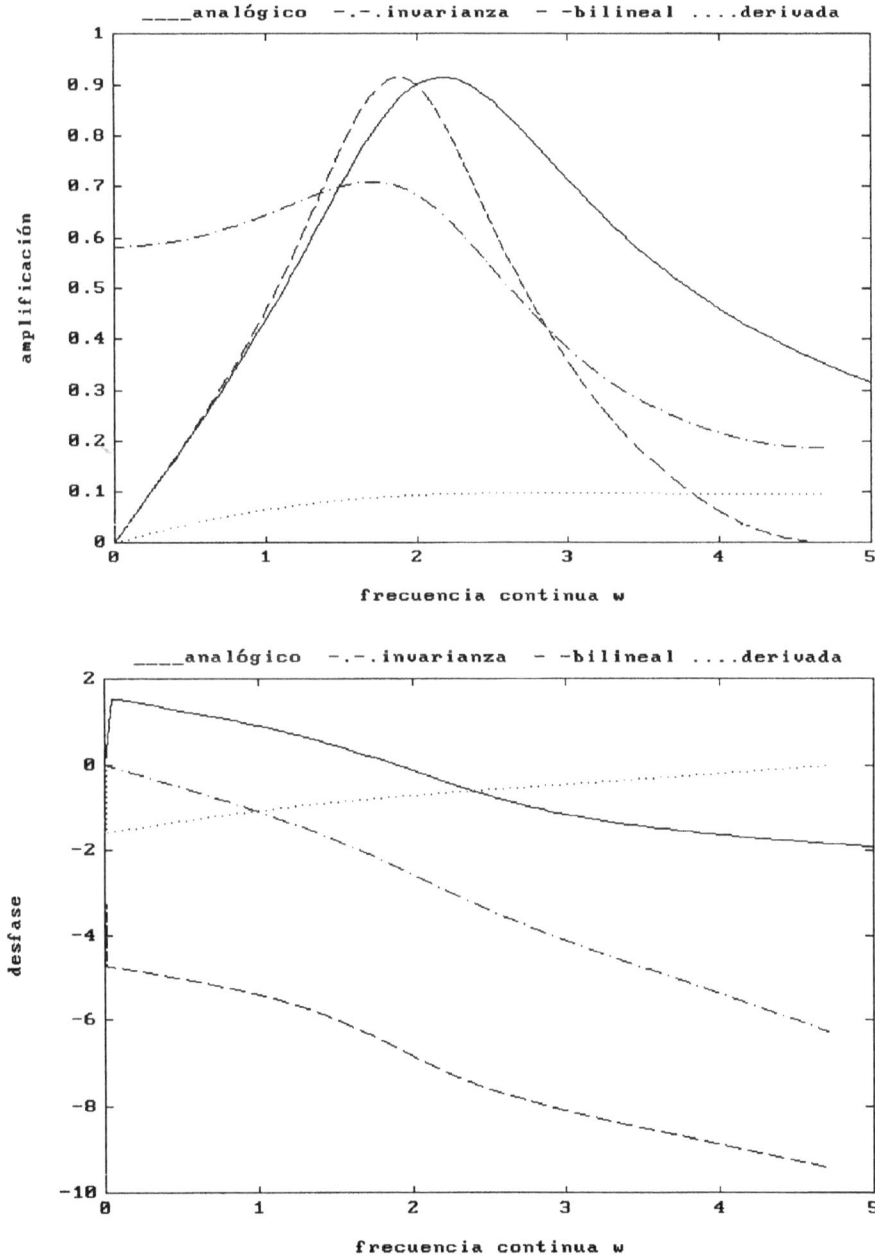

Comparación de resultados. Prewarping

Con este último período de muestreo, el filtro diseñado por la transformación bilineal presenta el diagrama siguiente de polos y ceros:

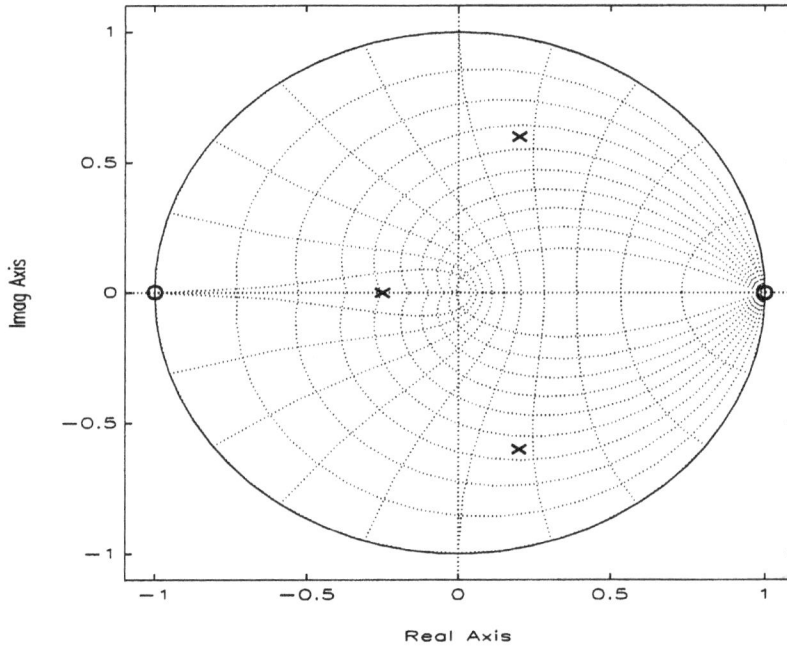

Mientras que con la aproximación de la primera diferencia el diagrama es:

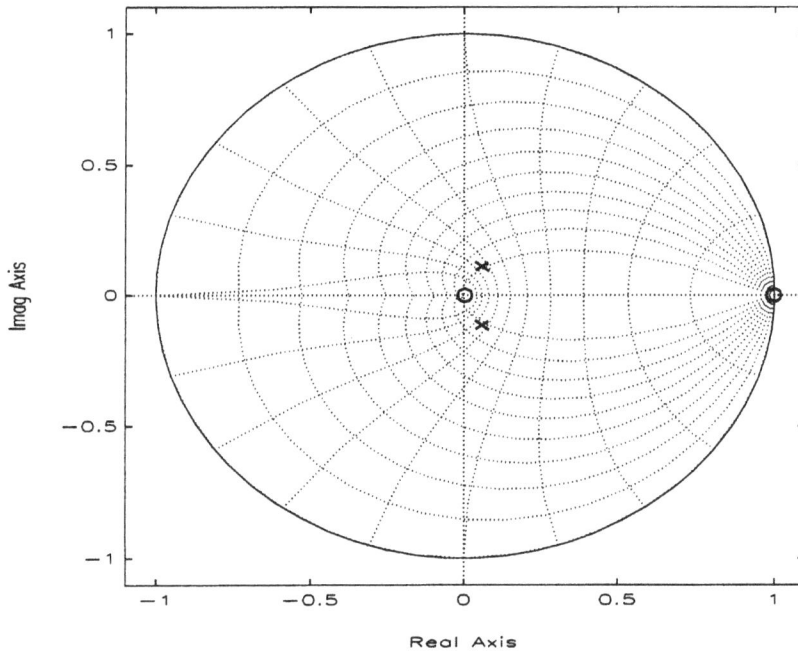

Se observa que aparece un problema con la *transformación de la primera diferencia*: el mapeado incorrecto de los polos de $H(s)$ en $H(z)$ ha situado los polos del sistema discreto cercanos al origen del plano Z (véase la figura), por lo que la respuesta frecuencial del filtro digital no es correcta. Al quedar estos polos separados de la circunferencia de radio unidad, ha desaparecido el efecto resonante del filtro.

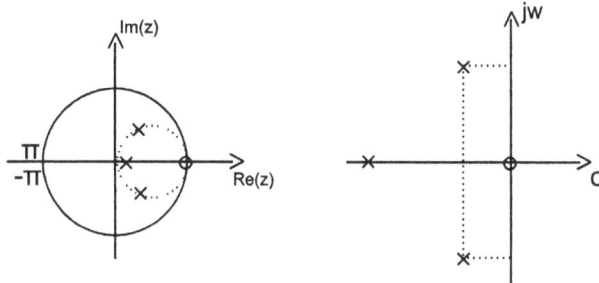

La respuesta de la *transformación bilineal* todavía podría ser aceptable alrededor de la frecuencia de resonancia si no fuera porque ésta ha cambiado de valor respecto al especificado. Afortunadamente, se conoce la ley que rige este cambio de frecuencia (distorsión):

$$w_c = \frac{2}{T} tg(\frac{\Omega}{2})$$

La resonancia del filtro analógico era $w_{rc} = 2{,}2$ rad·s^{-1}, mientras que la del digital, medida después del conversor D/A, es de:

$$2{,}2 = \frac{2}{0{,}6666} tg(\frac{\Omega}{2}) \;=> \; tg(\frac{\Omega}{2}) = 0{,}7333 \;=> \; \Omega = 1{,}2655 \;\rightarrow\; w_{rd} = \frac{\Omega}{T} = 1{,}8984 \; rad·s^{-1}$$

Este cambio del valor de la frecuencia de resonancia de $H(s)_{s=jw}$, que se había diseñado para $w_{rc} = 2{,}2$ al valor de la resonancia del filtro digital, que se produce en $w_{rd} = 1{,}8984$, se puede evitar si se "predistorsiona" la w_{rc} original de forma que al experimentar la transformación:

$$w_{rc} = \frac{2}{T} tg(\frac{\Omega_r}{2})$$

la $w_{rd} = \Omega / T$ del filtro digital se coloque en $w_{rd} = 2{,}2$:

$$w_{rc} = \frac{2}{T} tg(\frac{w_{rd}T}{2})$$

Se quiere: $\quad w_{rd} = 2{,}2 \quad => \quad \dfrac{2}{0{,}6666} \; tg\left(\dfrac{2{,}2 \; 0{,}6666}{2}\right) \;=\; 2{,}7027 \;=\; w_{rc}$

Modificación de H(s) para que la w_{rd} sea correcta

La función de transferencia del filtro analógico (prototipo) es:

$$H(s) = \frac{10s}{(s+5)(s^2+2s+5)}$$

Como es un filtro paso banda, la frecuencia de resonancia coincide con la frecuencia propia, $w_{rc}^2 = w_o^2 = 5$.

En vez de $w_o^2 = 5$, se coge el valor preecualizado $w_o^2 = 2{,}7027^2 = 7{,}305$. Así se tiene el prototipo modificado:

$$H'(s) = \frac{10s}{(s+5)(s^2+2s+7{,}305)}$$

Ahora, realizando el cambio:

$$s = \frac{2}{T}\frac{1-z^{-1}}{1+z^{-1}}$$

se obtiene la $H(z)$.

Esta técnica, consistente en modificar previamente las frecuencias críticas del filtro original a otras preecualizadas antes de aplicar la transformación bilineal, es la llamada de *prewarping* (la propia sentencia *bilinear* del Matlab permite hacer el *prewarping*) y es tanto más necesaria cuanto menor sea la frecuencia de muestreo. De alguna manera, la necesidad del *prewarping* va asociada al presupuesto económico del diseño: reducir el período de muestreo es más caro.

Los resultados se muestran en la figura siguiente:

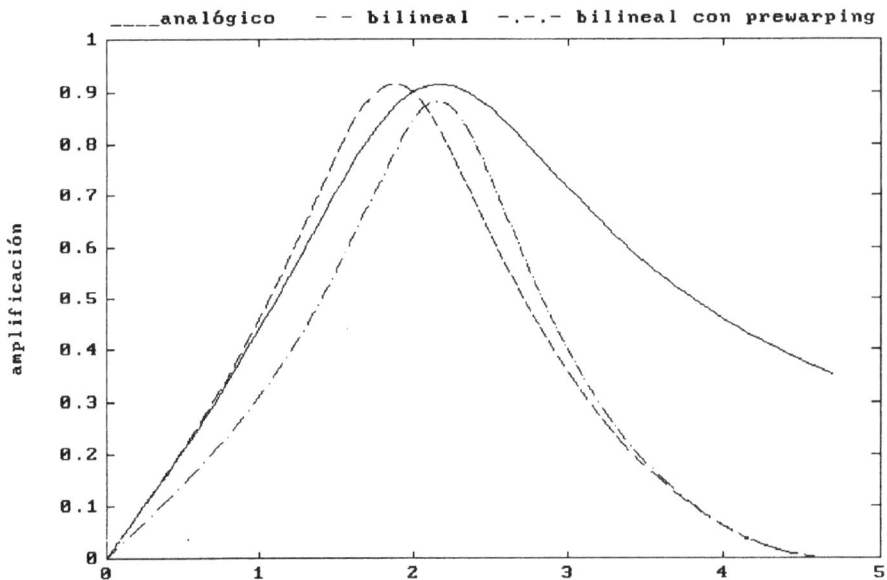

Ejemplo diseño basado en CAD

Se quiere obtener un filtro digital paso bajo según la plantilla siguiente de ganancia (las curvas de amplificación deben estar comprendidas en las zonas no sombreadas de la plantilla):

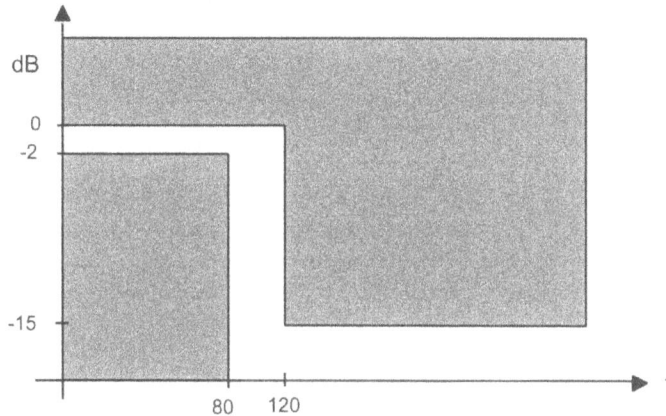

Los pasos a seguir son:

1. Diseño de un filtro analógico.
2. Discretización (bilineal) del diseño anterior.
3. Verificación de diseño.
4. *Prewarping*, si es necesario.
5. Nueva verificación.
6. Programación de la ecuación en diferencias del filtro.

Diseño vía Matlab

Se elige arbitrariamente un filtro elíptico y se siguen las instrucciones siguientes (recuérdese que puede utilizarse el comando *help* para pedir al Matlab aclaraciones sobre su uso y sintaxis):

```
[z,p,k,]=ellipap(4,1,30);
[n,d]=zp2tf(z,p,k);
[nt,dt]=lp2lp(n,d,628);
w=[0:10:2000];
h=freqs(nt,dt,w);
m=abs(h);
f=angle(h);
f=unwrap(f);
subplot(211), plot(w,m)
subplot(212), plot(w,f)
subplot(111)
plot(w,m,'w');
ylabel ('amplificación')
xlabel ('w (rad / seg)')
title ('prototipo analógico')
```

y se obtiene la siguiente curva de amplificación del filtro analógico:

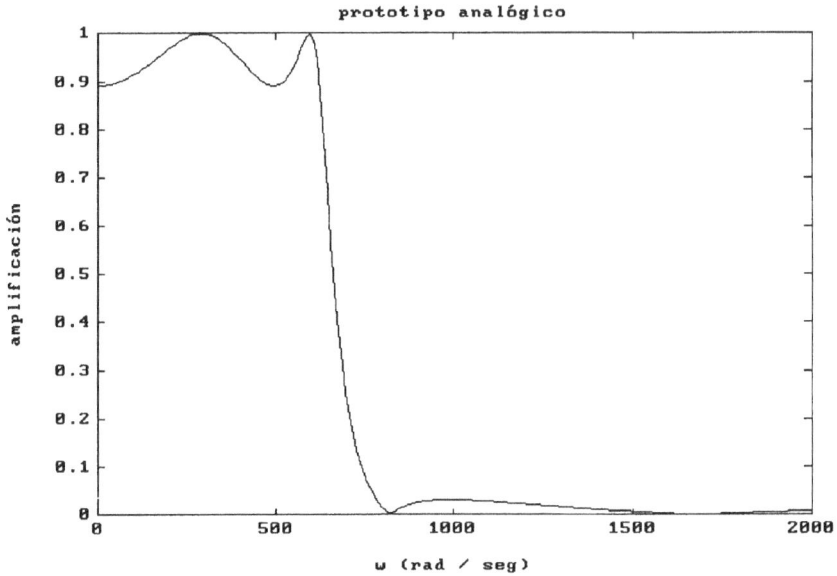

Si se elige una frecuencia de muestreo w = 1.500 rad·s^{-1}, el período T será de 0,0042 s y la frecuencia f_s de 238,7325 Hz.

Continuando con el Matlab y siguiendo con los vectores anteriores

```
fs = 238.7325;
[nb2,db2]=bilinear(nt,dt,fs);
[nb,fb]=freqz(nb2,db2,500):
nbb=abs(nb)
plot (fb,nbb)
```

se obtiene la curva de amplificación, con frecuencias discretas (Ω) en las abscisas:

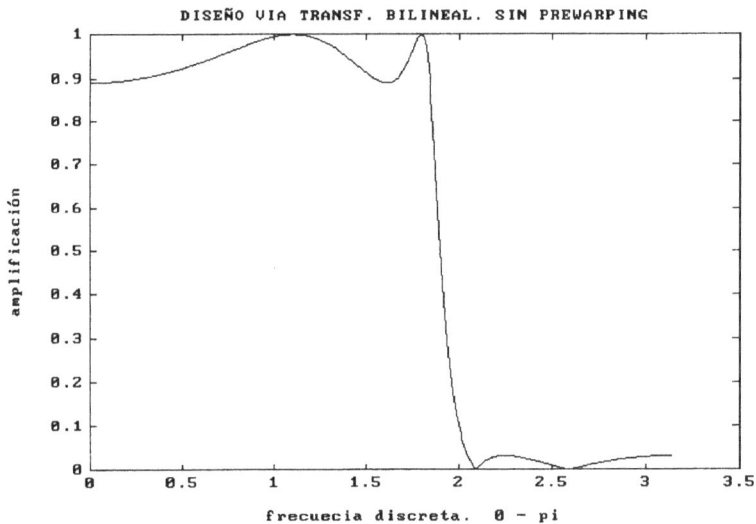

Arreglando el eje de frecuencias discretas Ω, de forma que se obtenga un eje de frecuencias continuas $w = \Omega / T$, se tiene:

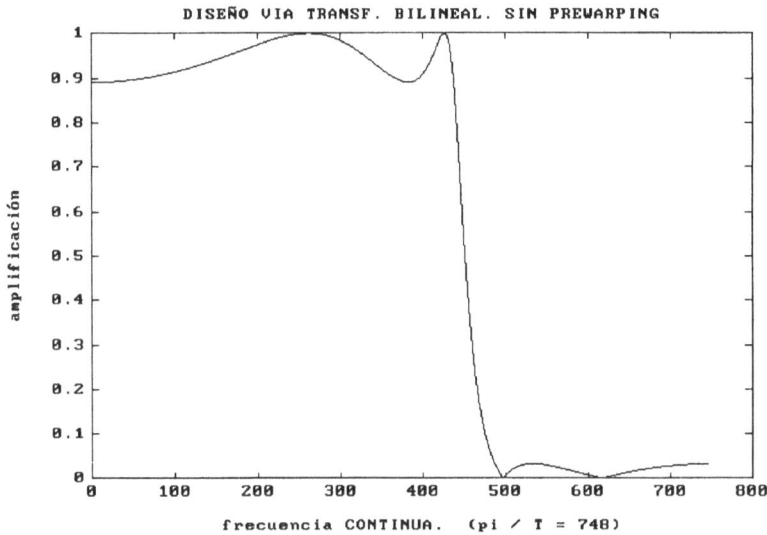

Como se puede comprobar, la banda de paso del filtro digital resultante ha salida más reducida que la del prototipo analógico. Una forma de arreglar este problema, continuando con el uso de la transformación bilineal, es hacer un *prewarping* a la frecuencia en que se entiende que finaliza la banda de transición del prototipo analógico ($w = 620$ rad·s^{-1}). Ello se puede seguir efectuando desde el Matlab:

[z,p,k]=tf2zp(nt,dt);

[zb,pb,kb]=bilinear(z,p,k,fs,620/(2*3.1415926));

[nb3,db3]=zp2tf(zb,pb,kb);

siendo:

nb3 = [0.5059   1.9168   2.2854   1.9168   0.5059]

db3 = [1   2.6446   2.9773   1.6020   0.3829]

los coeficientes del numerador y el denominador (en potencias decrecientes de z) del filtro digital $H(z)$, a partir de los cuales se programaría la ecuación en diferencias residente en el elemento de cálculo digital (microcomputador, DSP, etc.). En la gráfica siguiente se compara el resultado del diseño del filtro digital usando la transformación bilineal, con y sin *prewarping*.

bilineal: ----- SIN PREWARPING.   - - - - CON PREWARPING

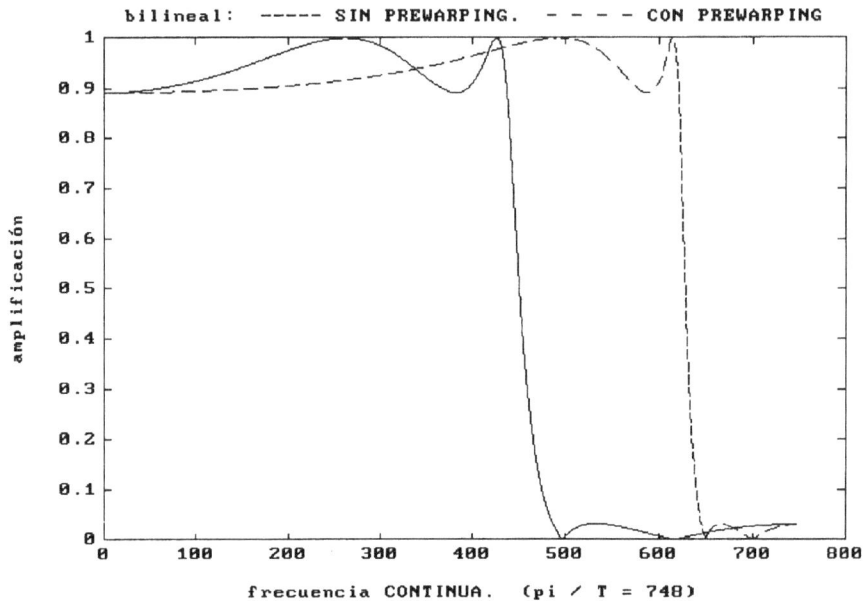

frecuencia CONTINUA.   (pi / T = 748)

10.3.2. Diseño de filtros IIR por técnicas en el dominio digital

Hasta ahora se ha planteado el diseño de filtros IIR partiendo de prototipos analógicos. También se pueden diseñar los filtros IIR siguiendo técnicas puramente digitales, sin tener que referirse a diseños analógicos previos. En este caso, las especificaciones deben postularse en el dominio digital, ya sea como la $h[n]$ del filtro deseado, o como una plantilla de la respuesta frecuencial buscada.

No nos extenderemos en la exposición de métodos de diseño totalmente digitales para filtros IIR. En el libro de J. G. Proakis y D. G. Manolakis, *Digital Signal Processing: Principles, Algorithms and Applications* hay un buen resumen de estos métodos puramente digitales de diseño de filtros.

Los métodos de Padé y de mínimos cuadrados parten de especificaciones sobre la respuesta impulsional deseada, y se calculan en el dominio temporal. Ambos métodos persiguen la minimización del error cuadrático (de forma que no intervenga el signo, sólo el valor absoluto del error) entre la respuesta impulsional deseada $h_d[n]$ (especificada) y la del filtro, $h[n]$:

$$E = \sum_{n=0}^{P} (h_d[n] - h[n])^2 \tag{10.34}$$

siendo P el número de muestras que intervienen en el cálculo de la función de coste anterior (E).

Para ello, se parte de una $H(z)$ del tipo:

$$H(z) = \frac{\displaystyle\sum_{k=0}^{M} b_k z^{-k}}{1 + \displaystyle\sum_{k=1}^{N} a_k z^{-k}} \qquad (10.35)$$

siendo a_k y b_k los coeficientes que fijan los polos y los ceros del filtro.

El método de Padé empieza particularizando la ecuación en diferencias del filtro para una entrada en forma de impulso unitario, y va resolviendo un sistema de ecuaciones de modo que los coeficientes a_k y b_k de la ecuación en diferencias reproduzcan la $h_d[n]$ deseada. El problema de este método es que el resultado suele contener muchos polos y ceros, por lo que es poco útil en aplicaciones prácticas.

El método de mínimos cuadrados, como su nombre indica, también busca la minimización de la función de coste E, y la función de transferencia del filtro obtenido sólo contiene polos. Para estimar también los ceros, se puede utilizar el método de Prony, que básicamente es una combinación del método de mínimos cuadrados para estimar los polos y del de Padé para estimar los ceros. Otro método que estima polos y ceros es el de Shanks (1967), que descompone el filtro IIR en la conexión en cascada de un filtro con sólo polos y otro con sólo ceros.

Otros métodos parten de especificiones frecuenciales. Son métodos iterativos que van variando los coeficientes del filtro hasta que su respuesta frecuencial, calculada en un número finito de muestras en frecuencia, se aproxima (en diferencia cuadrática) lo suficiente a la deseada. Además, permiten ponderar en qué bandas de frecuencia el error de aproximación es más importante que en otras. Ejemplos de este tipo de métodos son los de Fletcher y Powell (1963) y el de Deczky (1972).

En el Matlab, se encuentra la instrucción *yulewalk*, que da como resultado un filtro IIR ajustado a la plantilla de la respuesta frecuencial deseada. Esta instrucción utiliza métodos de mínimos cuadrados, usando técnicas numéricas de Yule-Walker para estimar los coeficientes del filtro. Se propone al estudiante que efectúe un *help* en Matlab de esta instrucción. Asimismo, podrá descubrir que el Matlab también permite diseñar filtros FIR con aproximaciones frecuenciales clásicas, mediante instrucciones como: *butter, cheby1, cheby2 o ellip*, entre otras.

10.3.3. Diagramas de programación de un filtro digital

Como ejemplo conductor para ilustrar las principales formas de implantación (programación) del filtro digital, se retorna un ejemplo anterior:

$$H(z) = \frac{0,0215z(z-1)}{(z-0,778)(z^2-1,9z+0,911)} = \frac{0,0215z^2-0,0215z}{z^3-2,678z^2+2,3892z-0,709}$$

Los diagramas de programación en las formas directas I y II ya han sido introducidos en el capítulo 3.

a) Forma directa I

$$H(z) = \frac{0,0215z^{-1} - 0,0215z^{-2}}{1 - 2,678z^{-1} + 2,3892z^{-2} - 0,709z^{-3}}$$

$$y(n) = 2,678y(n-1) - 2,3892y(n-2) + 0,709y(n-3) +$$

$$+ 0,0215x(n-1) - 0,0215x(n-2)$$

Se necesitan un total de 5 retardos, 4 sumadores y 5 multiplicaciones por valores constantes.

b) Forma directa II

Se necesitan 3 retardos, 4 sumadores y 5 multiplicaciones por constantes.

c) Cascada

Este diagrama de programación se basa en una factorización previa de $H(z)$ en términos de primer orden, o de segundo orden si las raíces son complejas, para después interconectarlos en cascada.

$$H(z) = \frac{0,0215z}{z - 0,778} \frac{z - 1}{z^2 - 1,9z + 0,911} = \frac{0,0215}{1 - 0,778z^{-1}} \frac{z^{-1} - z^{-2}}{1 - 1,9z^{-1} + 0,911z^{-2}}$$

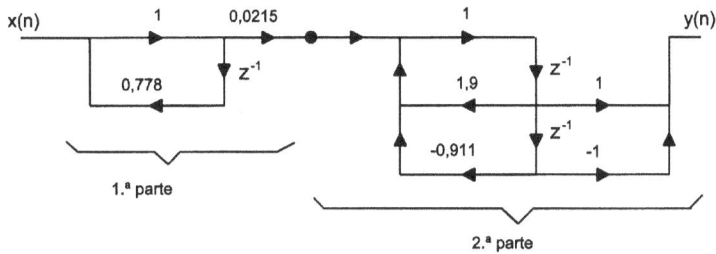

Se necesitan 3 retardos, 4 sumadores y 5 multiplicadores por constantes (considerando el cambio de signo (-1)).

A partir de filtros de orden 10, la conexión en cascada conlleva un número de multiplicaciones que ya empieza a ser significativamente superior al de las formas directas. En contrapartida, es algo menos sensible que las formas directas a problemas debidos a truncamientos y redondeos en los cálculos.

Una de las ventajas principales de la conexión en cascada respecto a las formas directas es que cada bloque de la cascada representa o bien un polo simple, o bien un par de polos complejos conjugados. De la misma forma, los ceros se van repartiendo por cada bloque de la cascada. Es fácil identificar cada polo y cada cero, y retocar su posición sin tener que recalcular los otros coeficientes.

d) Paralelo

En este caso, se descompone $H(z)$ en varios sumandos simples, cada uno de los cuales se representará por un camino paralelo en el diagrama de programación.

$$H(z) = \frac{0,0215z^2 - 0,0215z}{z^3 - 2,678z^2 + 2,3892z - 0,709} =$$

$$= \frac{A}{z - 0,778} + \frac{Bz + C}{z^2 - 1,9z + 0,911}$$

Igualando los numeradores:

$$Az^2 - 1,9Az + 0,911A + Bz^2 + Cz - 0,778Bz - 0,778C = 0,0215z^2 - 0,0215z$$

se obtiene el siguiente sistema de ecuaciones:

$$A + B = 0,0215$$

$$-1,9A + C - 0,778B = -0,0215$$

$$0,911A - 0,778C = 0$$

y, resolviéndolo, se llega a:

$$A = -0,098$$
$$B = 0,12$$
$$C = -0,1142$$

El diagrama de programación es el siguiente:

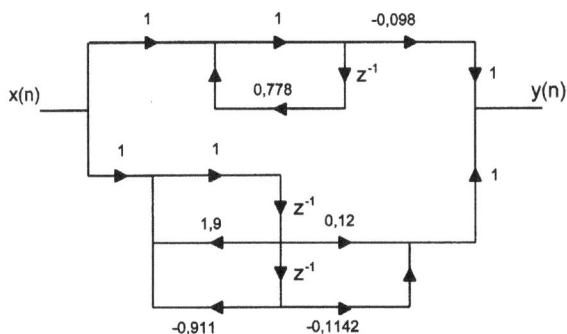

Se requieren 3 retardos, 5 sumadores y 6 multiplicaciones por constantes.

Al igual que la conexión en cascada, cada rama contiene un polo simple o dos polos complejos conjugados, pero ahora no resulta evidente donde están los ceros.

También es más insensible que las formas directas a problemas de truncamiento y redondeo en los cálculos.

e) Lattice *(celosía)*

Los filtros en celosía tienen ramas de realimentación interna, lo que les confiere una mayor robustez. Su estructura es de la forma indicada en la figura:

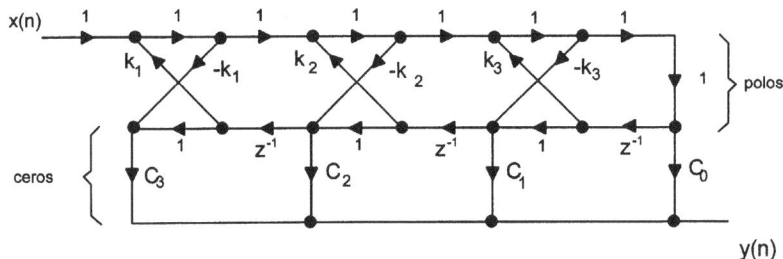

Conllevan más operaciones, pero son bastante insensibles a problemas de truncamientos y redondeos. Se revisarán al final del presente capítulo.

10.4. Diseño de filtros FIR

Como ya se ha estudiado en el capítulo 7 y se ha recordado en la introducción del presente capítulo, los filtros FIR son los únicos que pueden presentar un comportamiento de fase lineal, aspecto de gran importancia en aplicaciones de vídeo, de transmisión de datos o de electromedicina. Recuérdese que una fase lineal conlleva que todos los armónicos de una señal presenten el mismo retardo al atravesar el filtro, por lo que se sumarán correctamente a la salida. Es decir, no habrá distorsión de fase. Si la amplificación del filtro es unitaria, una fase lineal implicará que la señal a la salida sea idéntica a la de la entrada, retardada un tiempo proporcional a la pendiente de la curva de fase del filtro.

Otro de los atractivos de los filtros FIR, y seguramente de los más importantes, es que siempre son estables al estar todos los polos en el origen del plano Z. Esto es importante en diseños de algunos filtros, como podría ser el caso de filtros paso bajo o paso alto con una fuerte pendiente entre las bandas de paso y atenuada, o el de filtros paso banda o de banda eliminada muy estrechos (con resonancias acusadas). Para conseguir estos filtros con soluciones IIR hay que aproximar mucho los polos del filtro a la zona de inestabilidad, con el peligro que ello conlleva. Esta estabilidad intrínseca de los filtros FIR también es de interés frente a problemas de truncamientos y redondeos en los cálculos que, como se verá, pueden provocar oscilaciones a la salida del filtro. Desde el punto de vista tecnológico, hay un alternativa de implementación, fácil aunque muy cara, basada en líneas de retardo analógicas. Esta alternativa facilita un mayor ancho de banda que con soluciones software sobre microprocesador o DSP.

En contrapartida, no se pueden diseñar los filtros FIR directamente a partir de prototipos analógicos y, para un mismo orden del filtro, su programación requiere muchas más operaciones que con un filtro IIR. En consecuencia, el tiempo de muestreo será mayor que con un filtro IIR para un filtro del mismo orden.

A continuación se presentan los principales métodos de diseño de filtros FIR, para concluir con aspectos de programación y realización.

10.4.1. Diseño con ventanas (o por enventanado)

Este método de basa en obtener la $h_d[n]$ del filtro digital como transformada inversa de la $H_d(\Omega)$ deseada. Truncando la $h_d[n]$ a la longitud escogida para el filtro FIR, ya se tendría el diseño concluido si no fuera por los sobreimpulsos y rizados que aparecen en la respuesta frecuencial como consecuencia del truncamiento (fenómeno de Gibbs). Estos rizados pueden reducirse seleccionando adecuadamente la ventana con que se efectúe el truncamiento de $h_d[n]$. Así como en la DFT la selección de la ventana era un compromiso entre la resolución frecuencial y la fiabilidad de las amplitudes de la transformada, en el diseño de filtros FIR es un compromiso entre el rizado añadido a la respuesta frecuencial deseada y la pendiente del filtro.

Supóngase que se desea realizar un filtro especificado por su respuesta frecuencial (respuesta deseada):

$$H_d(e^{j\Omega}) = \sum_{n=-\infty}^{\infty} h_d[n]\, e^{-j\Omega n} \tag{10.36}$$

Se pueden trasladar las especificaciones al dominio temporal mediante la transformada inversa de Fourier:

$$h_d[n] = \frac{1}{2\pi} \int_{-\pi}^{\pi} H_d(e^{j\Omega}) \, e^{j\Omega n} \, d\Omega \tag{10.37}$$

Lo normal es que $h_d[n]$ sea de duración infinita (IIR), pero puede aproximarse con un FIR de orden $M+1$ si se trunca la secuencia:

$$h[n] = \quad h_d[n] \qquad \text{para } 0 \le n \le M$$

$$0 \qquad \text{para } n > M \tag{10.38}$$

Esta operación se puede interpretar como:

$$h[n] = h_d[n] \cdot w[n] \tag{10.39}$$

donde $w[n]$ corresponde a una ventana rectangular:

$$w[n] = \quad 1 \qquad 0 \le n \le M$$

$$0 \qquad \text{resto} \tag{10.40}$$

Fig. 10.16. Ventana rectangular de longitud M+1

La ventana rectangular que aparece como efecto del truncamiento de la repuesta impulsional $h_d[n]$ del filtro deseado presenta el problema de alterar la respuesta frecuencial del filtro resultante respecto a las especificaciones. Así, por ejemplo, si $H_d(e^{j\Omega})$ es un filtro paso bajo ideal, la secuencia $h[n]$ tendrá como transformada la convolución de dicho paso bajo con una función sinc (transformada de la ventana rectangular):

$$H(e^{j\Omega}) = H_d(e^{j\Omega}) * F(w[n]) \tag{10.41}$$

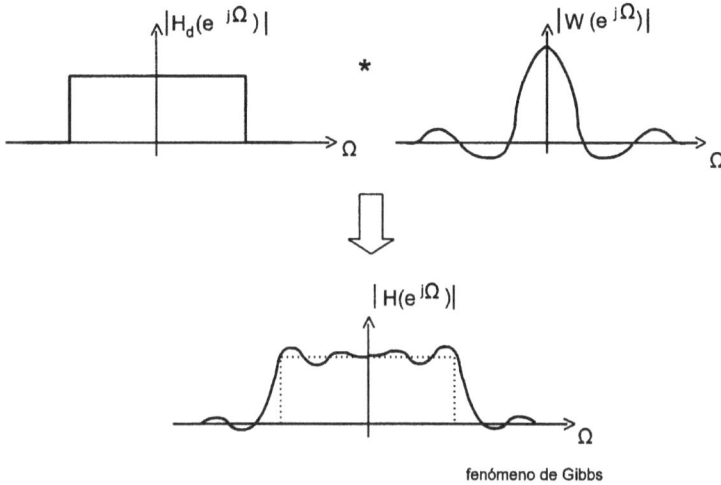

fenómeno de Gibbs

Fig. 10.17. Efectos del truncamiento de la respuesta impulsional sobre la respuesta frecuencial del filtro FIR. Detalle de la forma del espectro de la ventana rectangular:

$$F(w[n]) = \sum_0^M e^{-j\Omega n} = \frac{1 - e^{-j\Omega(M+1)}}{1 - e^{-j\Omega}} = e^{-j\Omega\frac{M}{2}} \frac{\sin(\frac{\Omega(M+1)}{2})}{\sin(\frac{\Omega}{2})}$$

Para conseguir que $H(e^{j\Omega}) = H_d(e^{j\Omega})$ es necesario que $W(e^{j\Omega}) = \delta(\Omega)$, es decir, que $w[n]$ sea una secuencia unitaria desde $n = -\infty$ a $n = +\infty$, lo que es claramente incompatible con el objetivo de diseñar un filtro FIR. Una solución de compromiso es utilizar otras ventanas, alternativas a la rectangular. Estas ventanas han de cumplir el objetivo de aproximarse a una delta, en el sentido de que su transformada de Fourier se concentre alrededor de $\Omega = 0$ (módulo estrecho alrededor de $\Omega = 0$ y muy realzado respecto al módulo en frecuencias $\Omega \neq 0$). Por otro lado, su cálculo no debe ser demasiado dificultoso, ya que ello alargaría el período de muestreo de la señal.

Las ventanas más habituales ya han sido introducidas en el capítulo 8, dedicado a la DFT, y son las rectangulares, triangulares, de Hanning (o de Von Hann), de Hamming, de Blackman y de Kaiser. Esta última es programable variando alguno de sus parámetros, en función de los cuales va presentando comportamientos similares a los de las demás ventanas. Su expresión analítica es:

$$w[n] = \frac{I_0(\beta(1 - [\frac{(n-\alpha)}{\alpha}]^2)^{\frac{1}{2}}}{I_0(\beta)} \qquad 0 \leq n \leq M, \qquad \alpha = \frac{M}{2} \qquad (10.42)$$

$$0 \quad \textit{en el resto de puntos}$$

donde $I_0(x)$ es la función de Bessel modificada de orden cero:

$$I_0(x) = 1 + \sum_{k=1}^{\infty} (\frac{1}{k!}(\frac{x}{2})^k)^2 \qquad (10.43)$$

La forma de esta ventana se puede controlar con el parámetro ß. Para valores grandes de ß, aumenta la anchura del lóbulo principal y la atenuación de los lóbulos secundarios. Para ß = 0 se tiene una ventana rectangular.

Recuérdese que la ventana rectangular es la que tiene menos atenuación (dB) entre el lóbulo principal y los secundarios, pero en cambio es la que presenta el lóbulo principal más estrecho (buena aproximación a una delta). Por otro lado, la ventana rectangular es la más sencilla de aplicar: basta con truncar la secuencia en $n = M$ para una ventana de longitud $M+1$ (de 0 a M).

Cada ventana tiene sus propias ventajas (ancho de banda y amplitud del lóbulo principal de su transformada de Fourier, facilidad de cálculo...) e inconvenientes, por lo que no existe, objetivamente, una ventana mejor que las demás. En cada caso concreto habrá que tantear entre varias ventanas para encontrar la más idónea. Las respuestas impulsionales y frecuenciales de las principales ventanas se recuerdan en la tabla siguiente, donde se muestran aspectos comparativos entre algunas ventanas: su ancho de transición entre las bandas de paso y atenuada (pendiente del filtro), el rizado en la banda de paso y la atenuación del primer lóbulo secundario respecto al principal. Como puede comprobarse, un aumento de la banda de transición se traduce en una disminución del rizado del filtro, y viceversa.

Tipo de ventana	Banda de transición normalizada (Hz)	Rizado en la banda de paso (dB)	Atenuación del lóbulo secundario (dB)
Rectangular	0,9 / M	0,7416	13
De Hanning	3,1 / M	0,0546	31
De Hamming	3,3 / M	0,0194	41
De Blackman	5,5 / M	0,0017	57
De Kaiser	2,93 / M (ß = 4,54)	0,0275	
	5,71 / M (ß = 8,96)	0,000275	

Ejemplo 1: Diseño (aproximación) de un filtro paso bajo ideal

Se desea realizar un filtro FIR especificado por:

$$H_d(e^{j\Omega}) = \begin{cases} e^{-j\Omega\frac{M}{2}} & |\Omega| \leq \Omega_c \\ 0 & \Omega_c < \Omega \leq \pi \end{cases}$$

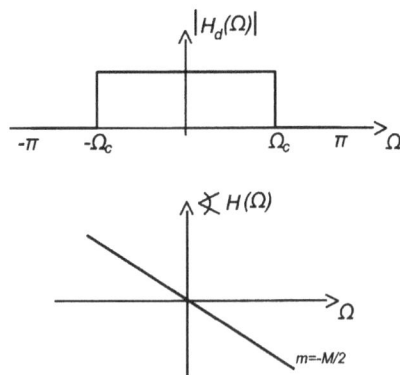

donde *M* es una constante arbitraria que determinará la longitud de la respuesta impulsional del filtro. Antitransformando las especificaciones frecuenciales (que corresponden a un filtro paso bajo ideal), se tiene:

$$h_d[n] = \frac{1}{2\pi} \int_{-\Omega_c}^{\Omega_c} e^{-j\Omega\frac{M}{2}} e^{j\Omega n} d\Omega = \frac{1}{2\pi} \int_{-\Omega_c}^{\Omega_c} e^{j\Omega(n-\frac{M}{2})} d\Omega =$$

$$= \frac{1}{2\pi} \frac{1}{j(n-\frac{M}{2})} e^{j\Omega(n-\frac{M}{2})} \Big|_{-\Omega_c}^{\Omega_c} = \frac{1}{2\pi j} \frac{1}{(n-\frac{M}{2})} (e^{j\Omega_c(n-\frac{M}{2})} - e^{-j\Omega_c(n-\frac{M}{2})}) =$$

$$= \frac{1}{2\pi j} \frac{1}{(n-\frac{M}{2})} 2j\sin(\Omega_c(n-\frac{M}{2})) = \frac{\sin(\Omega_c(n-\frac{M}{2}))}{\pi(n-\frac{M}{2})}$$

Y enventanando a $h_d[n]$ se tiene la respuesta impulsional del filtro FIR:

$$h[n] = h_d[n] w[n] = \frac{\sin(\Omega_c(n-\frac{M}{2}))}{\pi(n-\frac{M}{2})} w[n]$$

Si, por ejemplo, se escoge la ventana de Hanning, se obtiene:

$$h[n] = \frac{\sin(\Omega_c(n-\frac{M}{2}))}{\pi(n-\frac{M}{2})} 0,5 \, (1-\cos(\frac{2\pi n}{M})) \qquad 0 \le n \le M$$

cuya transformada z será de la forma:

$$H(z) = \sum_{n=0}^{M} h[n]z^{-n} = h[0] + h[1]z^{-1} + h[2]z^{-2} + \ldots + h[M]z^{-M} =$$

$$= \frac{h[0]z^M + h[1]z^{M-1} + h[2]z^{M-2} + \ldots + h[M]}{z^M}$$

con la respuesta frecuencial que se muestra a continuación (para $M = 30$ y $\Omega_c = \pi/2$):

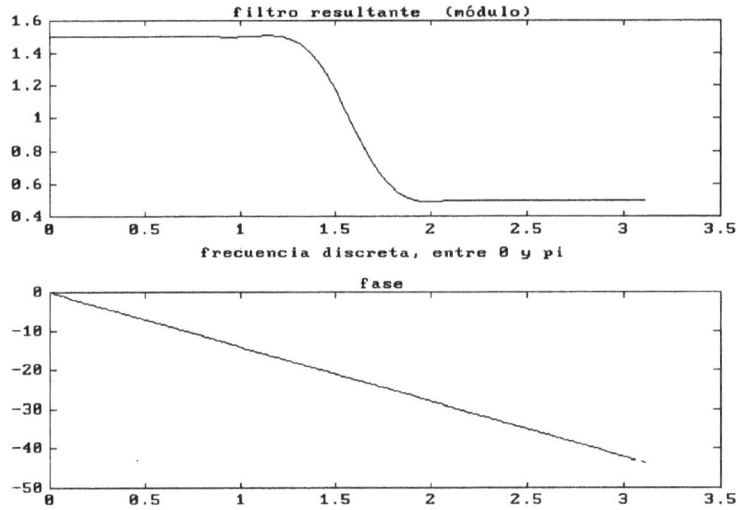

Si la ventana hubiera sido rectangular, el resultado del diseño sería el que se indica en la figura siguiente:

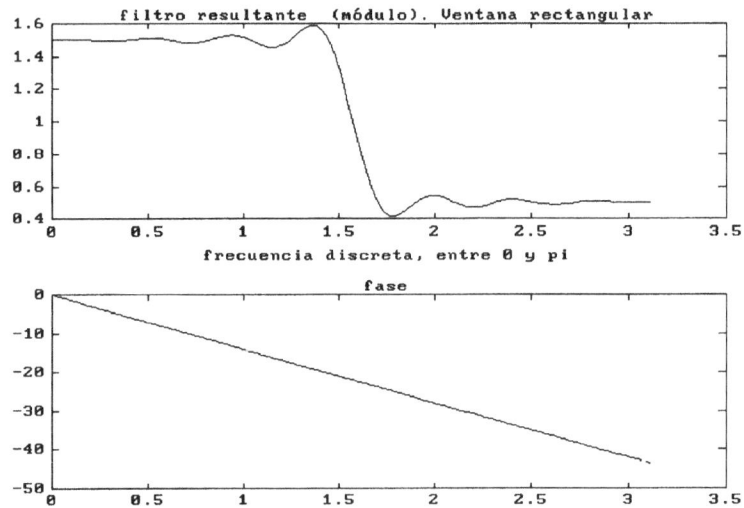

Se observa que el filtro diseñado con la ventana rectangular presenta una mayor pendiente, a costa de un mayor rizado en las bandas de paso y atenuada.

Un programa en Matlab para representar las gráficas anteriores podría basarse en las instrucciones siguientes:

$$M=30 \qquad \Omega_c = \frac{\pi}{2}$$

```
>> n=[1:30];
>> o=pi/2;
>> h=sin(o*(n-15))./(pi*(n-15));
 % notar que h(15)=infinito debido a la división sin(0)/0,
 % ya lo arreglaremos en la siguiente instrucción.
 % No hubiese hecho falta arreglarlo si M/2 no fuese un
 % entero.
>> h(15)=1;
>> H=h.*(0.5*(1-cos(2*pi*n/30)));
 % alternativa a lo anterior :  H=h.* hanning(30)';
>> num=H;
>> d1=zeros(29,1);
>> den=[1,d1'];
>> [p,w]=freqz(num,den,100);
>> m=abs(p);
>> f=angle(p);
>> f=unwrap(f);
>> subplot(211), plot(w,m)
>> subplot(212), plot(w,f)
>> subplot(111);
```

Sugerencias:

1) Repetirlo para M=60;

2) Repetirlo con otras ventanas.
help => bartlett, blackman, hamming, hanning, boxcar,
   kaiser,triang.

Ejemplo 2: Diseño de un filtro paso banda

Especificaciones:

$$H_d(e^{j\Omega}) = \qquad 0 \qquad 0 \le \Omega \le \Omega_{c_1}$$

$$e^{-j\Omega\frac{M}{4}} \qquad \Omega_{c_1} < \Omega < \Omega_{c_2}$$

$$0 \qquad \Omega_{c_2} < \Omega \le \pi$$

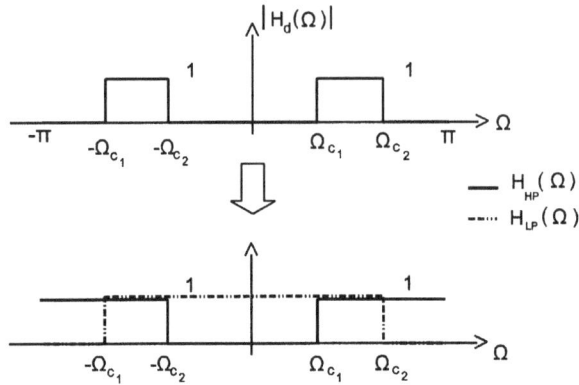

Como se ve en la gráfica anterior, el filtro paso banda puede interpretarse como el producto de un filtro paso bajo (H_{LP}) por un filtro paso alto (H_{HP}), con diferentes frecuencias de corte (Ω_c) :

$$H_d(\Omega) = H_{HP}(\Omega)\big|_{\Omega_c = \Omega_{c_1}} \; H_{LP}(\Omega)\big|_{\Omega_c = \Omega_{c_2}}$$

A su vez, el módulo del filtro paso alto es:

$$|H_{HP}| = 1 - |H_{LP}(\Omega)|\big|_{\Omega_c = \Omega_{c_1}}$$

Si se escoge un filtro paso bajo con un retardo de grupo constante, por ejemplo: $\tau_{gr} = \pi/4$:

$$H_{LP} = \begin{cases} e^{-j\Omega\frac{M}{4}} & 0 \le \Omega \le \Omega_{c_1} \\[2mm] 0 & \Omega_{c_1} < \Omega < \pi \end{cases}$$

se puede expresar el filtro paso alto como:

$$H_{HP}(\Omega) = e^{-j\Omega\frac{M}{4}} - H_{LP}(\Omega)$$

$$e^{-j\Omega\frac{M}{4}} \rightarrow |\;| = 1, \quad Arg = -\Omega\frac{M}{4} \;, \quad \Omega \le \pi$$

$$H_{LP}(\Omega) \rightarrow |\;| = 1, \; Arg = -\Omega\frac{M}{4}, \quad 0 \le \Omega \le \Omega_{c_1}$$

Por tanto:

$$|H_{HP}(\Omega)| = 1 \;, \qquad \Omega_{c_1} \le \Omega \le \pi$$

Aplicando el resultado del ejemplo anterior:

$$h_{LP} = \frac{\sin(\Omega_{c_2}(n - \frac{M}{4}))}{(\pi(n - \frac{M}{4}))}$$

y calculando $h_{HP}[n]$ a partir de la última expresión de $H_{HP}(\Omega)$, se tiene que:

$$h_{HP}[n] = \frac{\sin(\pi(n - \frac{M}{4}))}{(\pi(n - \frac{M}{4}))} - \frac{\sin(\Omega_{c_1}(n - \frac{M}{4}))}{(\pi(n - \frac{M}{4}))}$$

Una vez escogida la ventana, se tiene:

$$h[n] = h_d[n] \; w[n] = [\; h_{HP}[n] * h_{LP}[n] \;] \; w[n]$$

Tomando los valores $N = 33$, $\Omega_{c1} = \pi/3$, $\Omega_{c2} = \pi/2$, se obtiene el resultado siguiente para una ventana rectangular:

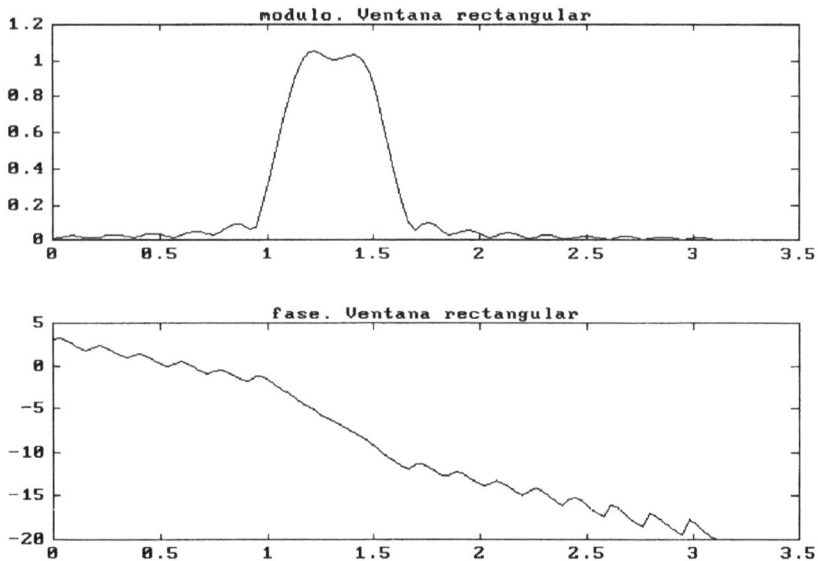

Para una ventana de Hanning, el resultado sería:

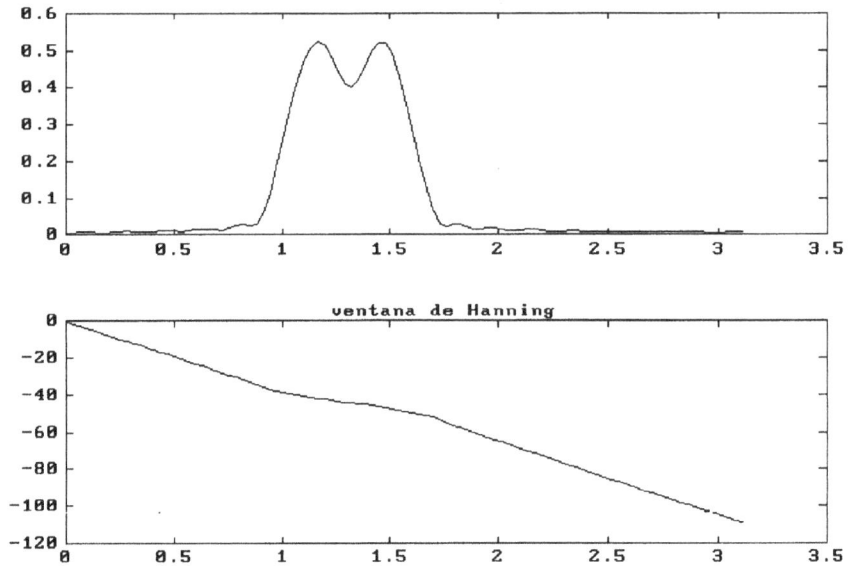

El listado siguiente muestra cómo reproducir las gráficas anteriores en entorno Matlab:

$$N=33 \quad \Omega_{c_1} = \frac{\pi}{3} \quad \Omega_{c_2} = \frac{\pi}{2}$$

```
>> Q=33;
>> M=33/4;
>> n=[1:Q];
>> o1=pi/3;
>> o2=pi/2;
>> hhp1=sin(pi*(n-M))./(pi*(n-M));
>> hhp2=sin(o1*(n-M))./(pi*(n-M));
>> hhp=hhp1-hhp2;
>> hlp=sin(o2*(n-M))./(pi*(n-M));
>> ht=conv(hhp,hlp);
>> length(ht);
% Notar que la duración de ht es la de hhp más la de hlp-1.
% Por tanto, tendremos un FIR de orden 33+33-1=65.
>> h=ht.*hanning(length(ht))';
% la instrucción anterior depende de la ventana elegida
>> d1=zeros(1,64);
>> d=[1,d1];
>> [r,w]=freqz(h,d,100);
```

y, finalmente, visualizar los resultados.

Ejercicio: Filtro paso alto

Se propone al lector que, siguiendo pasos similares a los de los ejemplos anteriores, diseñe el filtro siguiente:

$$H_d(e^{j\Omega}) = \begin{cases} 0 & 0 \le \Omega < \Omega_c \\ e^{-j\Omega\frac{M}{5}} & \Omega_c < \Omega \le \pi \end{cases}$$

y que verifique, con ayuda del programa Matlab, el resultado obtenido.

Ejemplo 3: Diferenciador discreto

En los sistemas continuos, el bloque derivador (un sólo polo en el origen de la transformada de Laplace) tenía la función de transferencia: $H(jw) = jw$:

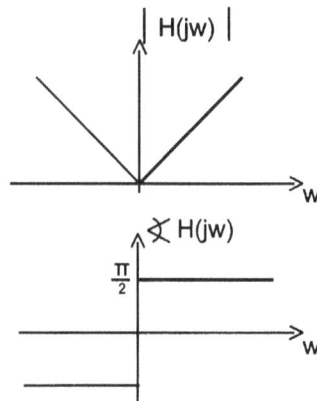

Un derivador (diferenciador) discreto con fase lineal generalizada lo puede definirse con el cambio de frecuencia continua a discreta, $\omega = \Omega/T$, como:

$$H(j\Omega) = j\frac{\Omega}{T} \qquad -\pi \le \Omega \le \pi$$

Los coeficientes de su respuesta impulsional vienen dados por:

$$H(\Omega) = \sum_{-\infty}^{\infty} h[n]\, e^{-j\Omega n}$$

$$h[n] = \frac{1}{2\pi} \int_{-\pi}^{\pi} H(\Omega)\, e^{j\Omega n}\, d\Omega = \frac{1}{2\pi} \int_{-\pi}^{\pi} j\frac{\Omega}{T}\, d\Omega =$$

$$= \frac{1}{2\pi T} \int_{-\pi}^{\pi} \Omega e^{j\Omega n}\, d\Omega = \frac{j}{2\pi T}\left[\frac{e^{j'\Omega n}}{(jn)^2}(j\pi n - 1)\right]_{-\pi}^{\pi} =$$

$$= \frac{j}{2\pi T(-n)^2}(jn\pi\,(e^{jn\pi} + e^{-jn\pi})) =$$

$$= \frac{(-1)^n}{nT}, \qquad |n| = 1,2,3,...$$

(para $n = 0$, $h[0] = 0$)

A la vista de esta expresión de h[n], puede comprobarse que la respuesta impulsional tiene simetría impar alrededor del punto situado en M/2 (sistema de fase lineal).

Si se trunca h[n] cuando n = M, se obtiene un FIR de orden M+1, que aproxima a un derivador, con respuesta impulsional:

$$h[n] = h[0] + h[1] + ... + h[M]$$

y calculando la transformada Z, se obtendría:

$$H(z) = h[0] + h[1]z^{-1} + ... + h[M]z^{-M} = \frac{h[0]z^M + h[1]z^{M-1} + ... + h[M]}{z^M}$$

Ejemplo para M = 10 (Matlab):

```
>> n=[1:30];
>> h=cos(pi*n-15)./(n-15)-sin(pi*n-15)./(pi*((n-15).*n));
>> h(15)=0;
>> d=[1,zeros(1,29)];
>> [r,w]=freqz(h,d,100);
>> m=abs(r);
>> d=angle(r);
>> f=unwrap(f);
>> subplot(211),plot(w,m)
>> subplot(212),plot(w,f)
>> % elección de la ventana
>> h=h.*kaiser(30,3)';
>> [r,w]=freqz(h,d,100);
>> m=abs(r);
>> f=angle(r);
>> f=unwrap(f);
>> subplot(111);
>> hold off
>> subplot(211);plot(w,m)
```

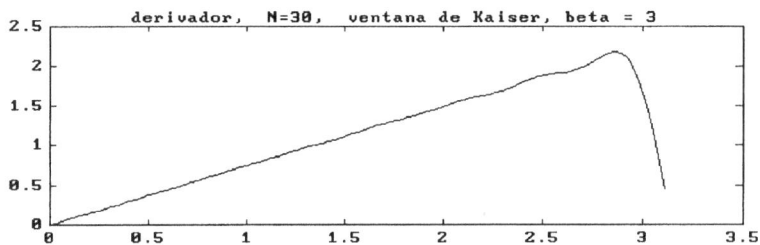

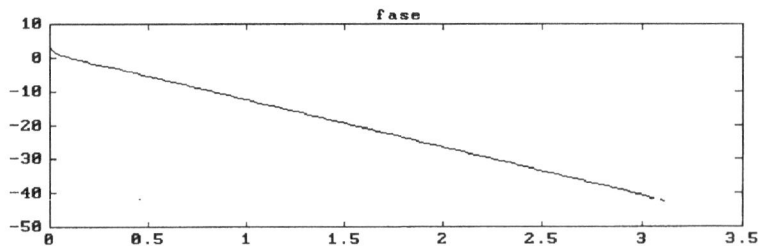

Comentarios sobre el método de diseño por enventanado

Si bien el método de diseño por enventanado de la respuesta impulsional truncada es fácil de diseñar, pierde algo de sistemática al tenerse que tantear el mejor tipo de ventana. Por otro lado, el efecto del truncamiento y posterior enventanado de la secuencia puede alterar las frecuencias de corte, por lo que es conveniente permitir una cierta tolerancia en las especificaciones del filtro.

La repuesta impulsional $h_d[n]$ es fácil de obtener para prototipos ideales. Si el perfil de la respuesta frecuencial del filtro es más complicada, resulta muy engorrosa la obtención de la respuesta impulsional. En este caso, es preferible el método de diseño por muestreo frecuencial que se presenta en el apartado 10.4.3, o el presentado en 10.4.4.

10.4.2. Transformación de frecuencias

En ocasiones, se dispone de tablas de filtros paso bajo. Si lo que se desea es otro tipo de filtrado, puede transformarse el prototipo paso bajo en otros tipos de filtros. Véase, como ejemplo, una forma para obtener un filtro paso alto a partir de uno paso bajo.

Se sabe (ejemplo 1 del apartado anterior) que la respuesta impulsional de un filtro paso bajo ideal, de fase lineal, es:

$$h_d[n] = \frac{\sin(\Omega_c(n-\frac{M}{2}))}{\pi(n-\frac{M}{2})} \tag{10.44}$$

Si se sustituye Ω por $\Omega-\pi$, se tiene que el perfil de la respuesta del filtro paso bajo (*LP*) pasa a ser de filtro paso alto (*HP*):

$$H_{HP}(e^{j\Omega}) = H_{LP}(e^{j(\Omega-\pi)}) \tag{10.45}$$

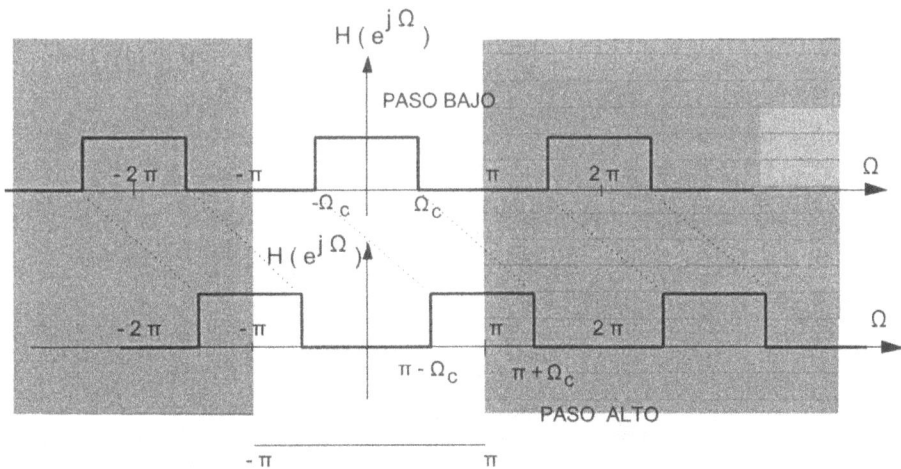

Fig. 10.18. Transformación de un filtro paso bajo a otro paso alto por desplazamiento de frecuencias

De este modo:

$$H_{HP}(e^{j\Omega}) = \sum_{n=-\infty}^{\infty} h_{LP}[n]\, e^{-jn(\Omega-\pi)} = \sum_{n=-\infty}^{\infty} h_{LP}[n] e^{jn\pi} e^{-j\Omega n} =$$

(10.46)

$$= \sum_{n=-\infty}^{\infty} h_{LP}[n](-1)^n e^{-j\Omega n}$$

Como, por definición:

$$H_{HP}(e^{j\Omega}) = \sum_{n=-\infty}^{\infty} h_{HP}[n]\, e^{-j\Omega n}$$

(10.47)

se deduce:

$$h_{HP}[n] = h_{LP}[n](-1)^n$$

(10.48)

ecuación que permite pasar de un prototipo paso bajo a un paso alto.

De igual modo, hay otras transformaciones de frecuencias que permiten pasar del filtro paso bajo a otros tipos de filtros. A continuación, se resumen las diferentes transformaciones entre respuestas impulsionales de filtros ideales (y, por tanto, no causales):

- *Paso bajo* (referencia para las restantes transformaciones)

Ya se ha visto que la respuesta impulsional de un filtro paso bajo ideal (ecuación 10.44) es:

$$h_{LP}[n] = \frac{\sin(\Omega_c(n-\frac{M}{2}))}{\pi(n-\frac{M}{2})}$$

siendo - $M/2$ la pendiente de la fase (lineal).

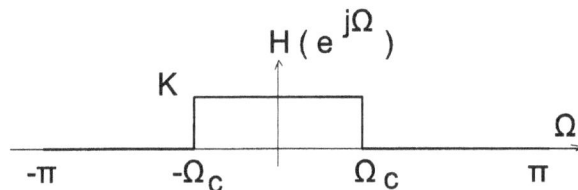

Fig. 10.19. Prototipo de filtro paso bajo ideal

- *Transformación de paso bajo (LP) a paso alto (HP)*

$$h_{HP}[n] = (-1)^n\, h_{LP}[n], \qquad |n| = 0,1,2,3,\ldots \tag{10.49}$$

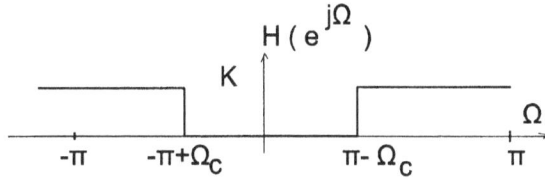

Fig. 10.20. Filtro paso alto ideal

- *Transformación de paso bajo (LP) a paso banda (BP)*

$$h_{BP}[n] = (2 \cdot \cos(n\Omega_0))\, h_{LP}[n], \qquad |n| = 0,1,2,3,\ldots$$

$$\Omega_M - \Omega_m = 2\Omega_c \qquad \Omega_0 = \frac{\Omega_M + \Omega_m}{2} \tag{10.50}$$

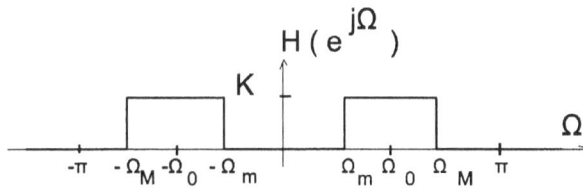

Fig. 10.21. Prototipo de filtro paso banda ideal

- *Transformación de paso banda (BP) a banda eliminada (BS)*

$$h_{BS}[n] = -h_{BP}[n], \qquad n = \pm 1, \pm 2, \pm 3, \ldots$$

$$h_{BS}[0] = K - h_{BP}[0], \qquad n = 0 \quad (muestra\ central\ de\ h[n])$$

$$\Omega_M - \Omega_m = 2\,\Omega_c \qquad \Omega_0 = \frac{\Omega_M + \Omega_m}{2} \tag{10.51}$$

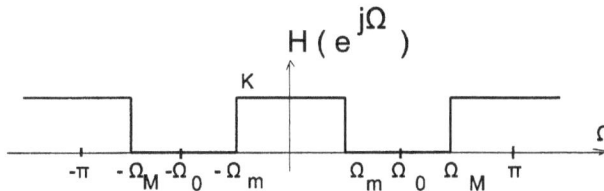

Fig. 10.22. Prototipo de filtro ideal de banda eliminada

10.4.3. Diseño de filtros FIR por muestreo en frecuencias

Otra forma para diseñar filtros FIR es ajustando su respuesta frecuencial a la de las especificaciones directamente en el dominio frecuencial, sin calcular la transformada inversa de Fourier y truncarla como en el caso anterior.

Este método se basa en el hecho de que la DFT sea un muestreo en frecuencia de la trasformada de Fourier de una secuencia (TFSD). Supóngase que la respuesta frecuencial deseada es $H(e^{j\Omega})$, y se quiere que su antitransformada $h[n]$ sea una secuencia de longitud N (filtro FIR de orden N):

$$H(e^{j\Omega}) = \sum_{n=0}^{N-1} h[n]e^{-j\Omega n} \tag{10.52}$$

Si se muestrea la respuesta frecuencial deseada en los N puntos $\Omega = 2\pi k / N$, siendo $k = 0, 1,..., N-1$, se tiene la DFT de la secuencia $h[n]$:

$$H[k] = \sum_{n=0}^{N-1} h[n]e^{-j\frac{2\pi}{N}nk} \tag{10.53}$$

Representando $h[n]$ como la IDFT de $H[k]$:

$$h[n] = \frac{1}{N} \sum_{k=0}^{N-1} H[k]\, e^{j\frac{2\pi}{N}kn} \tag{10.54}$$

se puede expresar la función de transferencia del filtro como:

$$H(z) = \sum_{n=0}^{N-1} \left(\frac{1}{N} \sum_{k=0}^{N-1} H[k]\, e^{j\frac{2\pi}{N}kn} \right) z^{-n} \tag{10.55}$$

Intercambiando el orden de los sumandos, aparecerá un segundo sumando que es una serie geométrica:

$$H(z) = \frac{1}{N} \sum_{k=0}^{N-1} H[k] \sum_{n=0}^{N-1} (e^{j\frac{2\pi}{N}k} z^{-1})^n$$

$$\tag{10.56}$$

$$\sum_{n=0}^{N-1} e^{j\frac{2\pi}{N}k} z^{-1} = \frac{1 - z^{-N}}{1 - e^{j\frac{2\pi}{N}k} z^{-1}}$$

Y la expresión del filtro resultante será:

$$H(z) = \frac{(1 - z^{-N})}{N} \sum_{k=0}^{N-1} \frac{H[k]}{1 - e^{j\frac{2\pi}{N}k} z^{-1}} \tag{10.57}$$

Esta expresión puede inducir a confusiones. ¡Aparentemente se ha diseñado un filtro FIR cuyos polos no están en el origen! Sin embargo, los polos del filtro son cancelados por ceros, por lo que no hay polos fuera del origen del plano Z. Nótese que tanto las raíces del término $(1 - z^{-N})$ como las del denominador son las N primeras raíces de la unidad. Llegados a este punto, el lector podría preguntarse que, si hay N ceros que cancelan los polos, ¿dónde están los ceros que definen al filtro FIR? La pregunta estaría muy justificada, ya que la expresión general de la ecuación 10.57 presenta tantos ceros (*N*) como polos.

Hay que tener presente que esta ecuación es, simplemente, una expresión general, que habrá que concretar en cada diseño. Por ejemplo, si se muestrean 50 puntos en frecuencia (50 valores de *H[k]*) para especificar un filtro paso bajo, de los que los primeros 23 puntos de la respuesta frecuencial tienen una amplificación de 7 y los restantes 50 - 23 = 27 puntos una amplificación de cero, la expresión 10.57 sería:

$$H(z) = \frac{(1 - z^{-50})}{50} \sum_{k=0}^{22} \frac{7}{1 - e^{j\frac{2\pi}{50}k} z^{-1}} \tag{10.58}$$

de modo que se usan 23 ceros para cancelar los polos, y los restantes 27 ceros son los que definen la respuesta frecuencial del filtro FIR.

La ecuación 10.57 puede descomponerse para su implementación. La forma más inmediata de hacerlo es conectando en cascada el filtro:

$$H_1(z) = \frac{(1 - z^{-N})}{N} \tag{10.59}$$

formado por *N* ceros distribuidos uniformemente a lo largo de la circunferencia de radio unidad del plano *Z* y por *N* polos en el origen (a este tipo de filtro se le denomina filtro *comb*), con la agrupación en paralelo de *N* filtros ponderados por un coeficiente *H[k]*, cada uno de ellos formado por un cero en el origen y un polo a la frecuencia:

$$z = e^{j\frac{2\pi}{N}k}$$

Su realización se muestra en la figura siguiente:

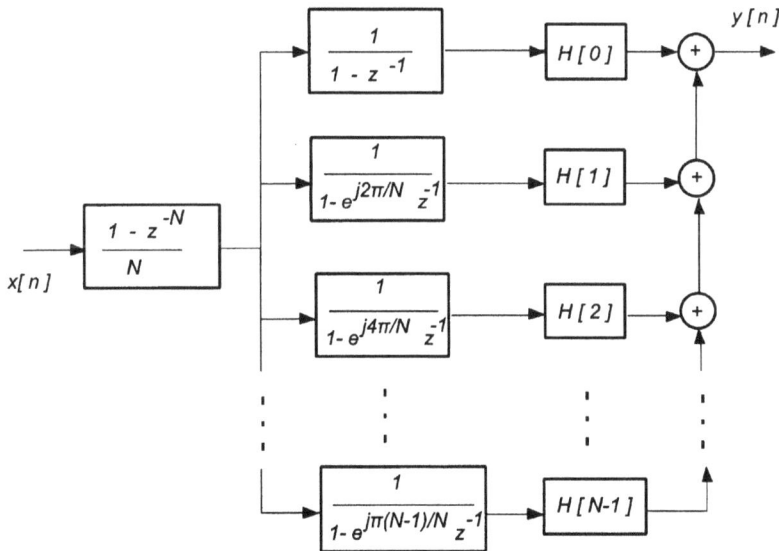

Fig. 10.23. Posible realización del filtro de la ecuación 10.57

Esta realización del filtro FIR presenta N filtros recursivos (y se denomina *forma recursiva del filtro FIR*).

Los coeficientes complejos que aparecen en la figura anterior pueden obviarse si se observa la simetría de la respuesta frecuencial a medida que se recorre la circunferencia de radio unidad: los valores del módulo de $H(e^{j\ \Omega})$ desde $k = 0$ hasta $k = (N-1)/2$, se repiten en la semicircunferencia inferior, mientras que los de la fase son los complejos conjugados. Es decir:

$$H[N-k] = H^*[k] \qquad k = 1, 2, 3, ..., (N-1)/2$$

$$e^{\frac{j2\pi k}{N}} = e^{\frac{-j2\pi(N-k)}{N}} \qquad k = 1, 2, 3, ..., (N-1)/2$$

(10.60)

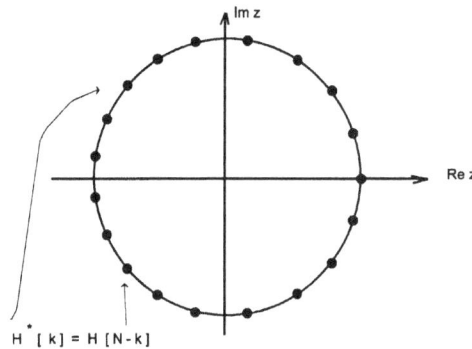

$$H^*[k] = H[N-k]$$

De este modo, puede reescribirse la última expresión 10.57 como:

$$H(z) = \frac{(1 - z^{-N})}{N} \left(\frac{H[0]}{1 - z^{-1}} + \sum_{k=1}^{(N-1)/2} \frac{H[k]}{1 - e^{j\frac{2\pi}{N}k} z^{-1}} + \frac{H^*[k]}{1 - e^{-j\frac{2\pi}{N}k}} \right)$$

(10.61)

y, operando, se llega a una expresión de $H(z)$ sin términos complejos:

$$H(z) = \frac{(1 - z^{-N})}{N} \left(\frac{H[0]}{1 - z^{-1}} + \sum_{k=1}^{(N-1)/2} \frac{2H[k] - 2H[k] \cos(2\pi k/N) z^{-1}}{1 - 2\cos(2\pi k/N) z^{-1} + z^{-2}} \right)$$

(10.62)

La $H(e^{j\Omega})$ del filtro FIR obtenido se ajusta exactamente a los objetivos de diseño en los N puntos de DFT de los que se ha partido para realizar el diseño. Para el resto de puntos de la respuesta frecuencial, habrá variaciones (por ejemplo, rizados). Este efecto se muestra en la figura siguiente:

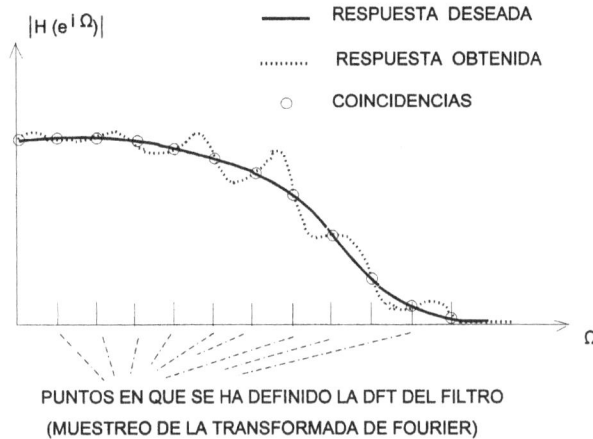

Fig. 10.24. Comparación entre la plantilla (respuesta deseada) y el filtro FIR obtenido

Ejercicio (Matlab):

Partiendo de un filtro paso banda ideal, con una banda de paso entre $\Omega = -\pi/4$ y $\Omega = \pi/4$, calcular la IDFT de la respuesta frecuencial muestreada con $N = 55$ puntos.

El resultado es la $h[n]$ del filtro FIR. Compruebe su respuesta frecuencial con ayuda de la instrucción *freqz*.

10.4.4. Diseño de filtros FIR por técnicas de optimización

Las técnicas de diseño de filtros mediante algoritmos de optimización, en el sentido de que minimizan una función matemática que será el error entre el filtro deseado y el diseñado, son muy cómodas si se dispone de soporte CAD. A continuación se analizan dos tipos de ellas, la de Parks-McClellan, que es óptima en sentido de Chebyschev, ya que permite acotar en rizado en las bandas de paso y atenuada, y la de mínimos cuadrados, óptima en el sentido de que minimiza el error cuadrático entre el filtro deseado y el obtenido.

Este tipo de diseños suele aparecer en la bibliografía como "diseño óptimo de filtros". Intencionadamente, se ha evitado aquí este nombre porque puede llevar a confusiones ya que, si éstas técnicas fueran los "óptimas", ¿por qué hablar de las anteriores? En sentido estricto, un filtro es óptimo si cumple perfectamente el compromiso entre las especificaciones del diseñador, el coste, la robustez y otros criterios de diseño y de producción. Cuando se habla de "diseño óptimo" no se entiende esta acepción de la palabra *óptimo*. Simplemente se hace referencia a la optimización de funciones matemáticas, por lo que sería más claro hablar de filtros basados en el cálculo de máximos y mínimos (o extremales) de funciones.

10.4.4.1. Técnica de Parks-McClellan. Diseño de filtros de fase lineal

Antes de entrar a analizar la técnica de diseño, se revisan algunos aspectos de los filtros FIR de fase lineal. Ya se ha visto en el capítulo 7 que los sistemas FIR con respuesta impulsional simétrica son de fase lineal. Las posibles simetrías son:

a) Para *N* par:

$$h[n] = h[N-n], \quad n = 0,1,2,...,(N/2)-1 \quad \text{(tipo I)}$$

$$h[n] = -h[N-n], \quad n = 0,1,2,...,(N/2)-1 \quad \text{(tipo III)}$$

b) Para *N* impar:

$$h[n] = h[N-n] \quad n = 0,1,...,(N-1)/2 \quad \text{(tipo II)}$$

$$h[n] = -h[N-n] \quad n = 0,1,...,(N-1)/2 \quad \text{(tipo IV)}$$

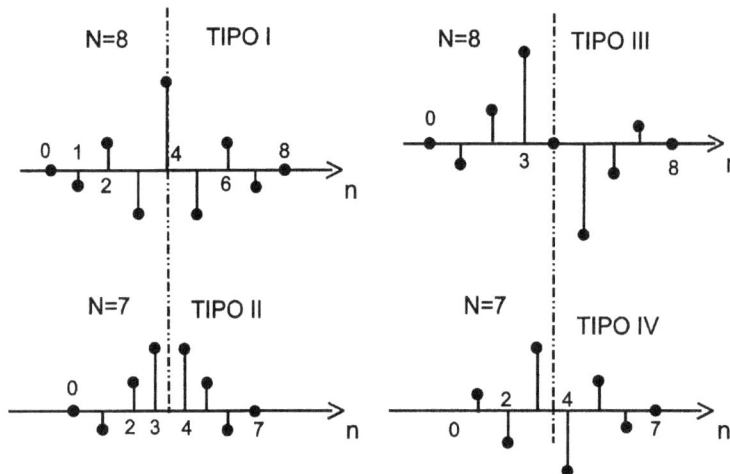

Fig. 10.25. Posibles formas de las respuestas impulsionales de filtros FIR de fase lineal

Para facilitar las presentaciones, en adelante sólo se consideran filtros de fase lineal del tipo I: $h[n] = h[N-n]$ (en cualquier caso, los ejemplos serán generalizables a otras simetrías).

Centrando la respuesta impulsional alrededor del punto donde pivota la simetría del filtro:

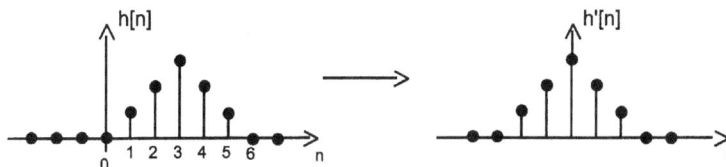

se puede escribir:

$$H(z) = z^{-\frac{N}{2}} H'(z)$$

$$H'(z) = \sum_{n=-\frac{N}{2}}^{\frac{N}{2}} h'[n]z^{-n} \tag{10.63}$$

y haciendo el cambio:

$$z = e^{j\Omega} \tag{10.64}$$

se tiene, observando la simetría par de $h'[n]$:

$$H'(e^{j\Omega}) = \sum_{n=-\frac{N}{2}}^{\frac{N}{2}} h'[n]\,(\cos(\Omega n) - j\sin(\Omega n)) = 2\sum_{n=0}^{\frac{N}{2}} h'[n]\cos(\Omega n) \tag{10.65}$$

Por tanto:

$$H(e^{j\Omega}) = e^{-j\Omega\frac{N}{2}} \sum_{n=0}^{\frac{N}{2}} 2h[n]\cos(\Omega n) \tag{10.66}$$

Obviando el término de fase, la amplitud de $H(e^{j\Omega})$ es:

$$\hat{H}(e^{j\Omega}) = \sum_{n=0}^{\frac{N}{2}} 2h[n]\cos(\Omega n) = \sum_{n=0}^{\frac{N}{2}} A[n]\cos(\Omega n) = \hat{H}(\Omega) \tag{10.67}$$

Criterio de optimización basado en el algoritmo de Parks-McClellan

Se define el error entre un filtro del cual hay que determinar los coeficientes $A[n]$, y el filtro deseado (especificado), como:

$$\varepsilon_r = W(\Omega_r)\,(D(\Omega_r) - \hat{H}(\Omega_r)) \tag{10.68}$$

donde $W(\Omega_r)$ es un factor de ponderación (penalización) del error que se permite a la frecuencia Ω_r, $D(\Omega_r)$ es la respuesta deseada del filtro a la frecuencia Ω_r y $\hat{H}(\Omega_r)$ es la respuesta del filtro que se pretende diseñar. El método de Parks-McClellan (1972) busca los valores de los coeficientes $A[n]$ del filtro $\hat{H}(\Omega_r)$ de forma que el error no supere unas cotas preestablecidas en el diseño. Ello se ilustra a través de un ejemplo.

Ejemplo de diseño

Partiendo de la siguiente plantilla de diseño de un filtro paso bajo:

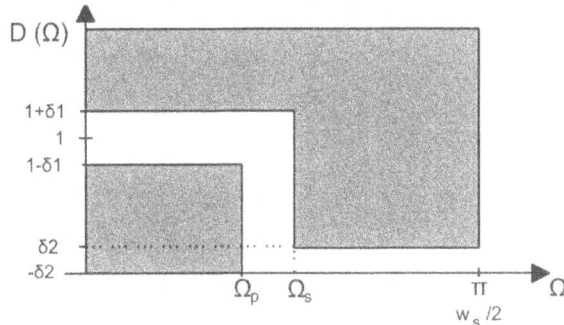

donde $2\delta_1$ y $2\delta_2$ son los máximos rizados que se permiten en las bandas de paso y atenuada, respectivamente, alrededor de una respuesta ideal definida por:

$$D(\Omega) = \quad 1 \qquad 0 \leq \Omega \leq \Omega_p$$
$$0 \qquad \Omega_s \leq \Omega \leq \pi$$

la función de ponderación $W(\Omega)$ del error se define como:

$$W(\Omega) = \quad \frac{\delta_2}{\delta_1} \qquad 0 \leq \Omega \leq \Omega_p$$
$$1 \qquad \Omega_s \leq \Omega \leq \pi$$

Nótese que si $\delta_2 > \delta_1$, se tiene que la ponderación W es más grande en la banda de paso. Así, una diferencia entre la respuesta deseada $D(\Omega)$ y la del filtro objeto de diseño $\hat{H}(\Omega)$ en la banda de paso produce un error que queda magnificado por el valor δ_2 / δ_1. Por tanto, en esta banda la diferencia:

$$D(\Omega) - \hat{H}(\Omega)$$

tiene que ser pequeña para que el error de la ecuación 10.68 se mantenga dentro de los mínimos especificados.

Si, en una formulación genérica, se permite un rizado de amplitud 2δ entre las frecuencias Ω_r y Ω_{r+1}, puede reescribirse la ecuación 10.68 como:

$$W(\Omega_r)(D(\Omega_r) - \hat{H}(\Omega_r)) = (-1)^r \delta \qquad (r=0,1,\ldots,\frac{N}{2}+1)$$

y, sustituyendo $\hat{H}(\Omega)$ por la expresión hallada anteriormente para un filtro de fase lineal del tipo I:

$$W(\Omega_r)(D(\Omega_r) - \sum_{n=0}^{\frac{N}{2}} A[n]\cos(n\Omega_r)) = (-1)^r \delta \qquad r=0,1,\ldots,\frac{N}{2}+1$$

Los valores de Ω_r son las frecuencias (puntos) en que se han especificado valores concretos de $D(\Omega_r)$. Por ejemplo, en los paquetes de software comercial que incluyen el diseño óptimo de filtros FIR, se entran los valores tabulados de Ω_r y del valor deseado $D(\Omega_r)$:

	Ω_r	$D(\Omega_r)$
Ω_o	0	1
Ω_1	$\dfrac{\pi}{5}$	1
Ω_2	$\dfrac{\pi}{3}$	1
Ω_3	$\dfrac{\pi}{2}$	1
Ω_4	$\dfrac{\pi}{1,5}$	0
Ω_5	π	0
$\vdots$	$\vdots$	$\vdots$

Despejando de la ecuación anterior, se obtiene:

$$D(\Omega_r) = (-1)^r \delta \frac{1}{W(\Omega_r)} + \sum_{n=0}^{\frac{N}{2}} A(n)\cos(n\Omega_r) \qquad r=0,1,2,\ldots,\frac{N}{2}+1$$

que, expresado en forma matricial, quedaría de la forma:

$$
\begin{bmatrix}
1 & \cos(\Omega_o) & \cos(2\Omega_o) & \ldots & \cos(\frac{N}{2}\Omega_o) & \frac{1}{W(\Omega_o)} \\
1 & \cos(\Omega_1) & \cos(2\Omega_1) & \ldots & \cos(\frac{N}{2}\Omega_1) & \frac{-1}{W(\Omega_1)} \\
\cdot & \cdot & \cdot & \ldots & \cdot & \cdot \\
\cdot & \cdot & \cdot & \ldots & \cdot & \cdot \\
1 & \cos(\Omega_{\frac{N}{2}+1}) & \cos(2\Omega_{\frac{N}{2}+1}) & \ldots & \cos(\frac{N}{2}\Omega_{\frac{N}{2}+1}) & \frac{-1^{(\frac{N}{2}+1)}}{W(\Omega_{\frac{N}{2}+1})}
\end{bmatrix}
\begin{bmatrix}
A(0) \\
A(1) \\
\cdot \\
A(\frac{N}{2}) \\
\delta
\end{bmatrix}
=
\begin{bmatrix}
D(\Omega_0) \\
D(\Omega_1) \\
\cdot \\
\cdot \\
D(\Omega_{\frac{N}{2}+1})
\end{bmatrix}
$$

El método de Parks-McClellan permite determinar el error óptimo δ en función de las especificaciones del filtro. Una vez fijado el valor de δ, se determinan los coeficientes $A[n]$ por interpolación de Lagrange. Para resolver el sistema de ecuaciones anterior, existe un algoritmo iterativo llamado *remez*, debido a E.Y. Remez (1957) y que existe como instrucción en Maltlab (en versiones de Matlab posteriores a la 6.5 es *firpm*)

Ejercicio

Usando la instrucción *remez* de Matlab, diseñe un filtro paso banda, lo más parecido posible a uno ideal, con frecuencias de corte $\Omega = -\pi/5$ y $\Omega = \pi/5$. Ejecute la instrucción *remez* especificando 20 puntos del filtro, y repita posteriormente el diseño especificando 40 puntos.

10.4.4.2. Método de mínimos cuadrados (*Least Squares*, LS)

Este método de diseño también es conocido como "diseño por ecualización" o "diseño del filtro inverso". El motivo de ello es el posible uso de los filtros resultantes para ecualizar o identificar sistemas cuya función de transferencia es desconocida.

Supóngase que se tiene un sistema (que puede ser un canal de comunicaciones o una planta a controlar) cuya función de transferencia $H_c(z)$ es desconocida, pero es posible medir su salida $x[n]$. Si se logra sintetizar una función $H_F(z)$ tal que $H_c(z)\, H_F(z) = 1$, podrá ecualizarse de forma que el conjunto se comporte como un canal ideal o como una planta de función de transferencia unitaria. De este modo, si la entrada es una función $s[n]$, la salida $y[n]$ también será $y[n] = s[n]$.

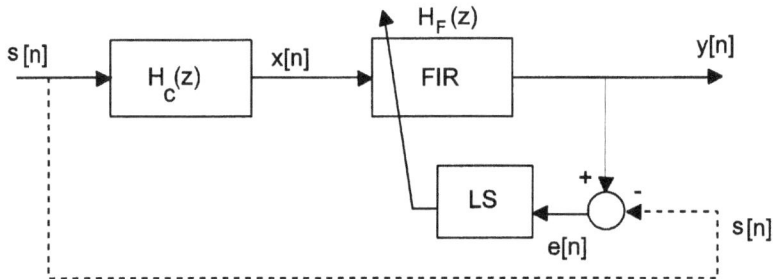

Fig. 10.25. Ecualización de un canal Hc(z). El bloque LS es el algoritmo de mínimos cuadrados que va ajustando los coeficientes del filtro FIR, s[n] es la señal de entrada e y[n] es la salida del sistema ecualizado. En aplicaciones de comunicaciones, la línea de puntos representa una réplica de la secuencia transmitida s[n] (denominada secuencia de prueba o de entrenamiento del ecualizador); en aplicaciones de control, es una medida directa de la consigna s[n]

Si $H_F(z)$ es un filtro FIR, el objetivo sólo es alcanzable si:

$$H_c(z) = \frac{b_o}{1 + \sum_{k=1}^{N} a_k z^{-k}}$$
(10.69)

es decir, si el sistema a ecualizar sólo presenta polos (ya que $H_F(z)$ debe ser FIR). Si esto no es así, habrá que conformarse con la $h_F[n]$ que dé la mejor aproximación posible de:

$$h_c[n] * h_F[n] = \delta[n]$$
(10.70)

Método

Suponiendo una entrada $s[n]$, definimos $e[n] = s[n] - y[n]$ y se busca la minimización de $e[n]$ calculando los coeficientes del FIR ($H_F(z)$) que hagan que $y[n]$ sea lo más parecido posible a $s[n]$. Si $H_c(z)$ cambia con el tiempo, se puede hacer que el cálculo de los coeficientes óptimos de $H_F(z)$ se vaya repitiendo de forma automática con una cierta periodicidad. De esta forma, se irá adaptando $H_F(z)$ a $H_c(z)$ en el caso de que $H_c(z)$ sea variante en el tiempo.

Si se parte de un filtro FIR de orden *N*:

$$H_F(z) = a_o + a_1 z^{-1} + a_2 z^{-2} + \ldots + a_{N-1} z^{-(N-1)} \tag{10.71}$$

se tendrá:

$$y(n) = a_o x(n) + a_1 x(n-1) + a_2 x(n-2) + \ldots + a_{N-1} x(n-N+1) \tag{10.72}$$

Definiendo el vector de muestras **x[n]** y el de coeficientes del filtro **θ**:

$$\boldsymbol{x(n)} = [x(n), x(n-1), \ldots, x(n-N+1)]^T$$
$$\boldsymbol{\theta} = [a_o, a_1, a_2, \ldots, a_{N-1}]^T \tag{10.73}$$

se puede escribir el error *e[n]* de la figura anterior como:

$$y(n) = \boldsymbol{x}^T\boldsymbol{(n)}\,\boldsymbol{\theta} \quad \Rightarrow \quad e(n) = s(n) - \boldsymbol{x}^T\boldsymbol{(n)}\boldsymbol{\theta} \tag{10.74}$$

Minimización del error

Como el vector de coeficientes **θ** es de dimensión *N*, habrá que preparar un sistema homogéneo para determinar los coeficientes. Para ello, se definen los vectores **e** y **s**, y la matriz de datos **X** formada por los vectores de datos **x[n]** :

$$\boldsymbol{e} = [e(n), e(n-1), \ldots, e(n-N+1)]^T$$

$$\boldsymbol{s} = [s(n), s(n-1), \ldots, s(n-N+1)]^T$$

$$\boldsymbol{X} = [\boldsymbol{x(n)}, \boldsymbol{x(n-1)}, \ldots, \boldsymbol{x(n-N+1)}]^T$$

de modo que:

$$\boldsymbol{e} = \boldsymbol{s} - \boldsymbol{X}^T\boldsymbol{\theta}$$

Si *J* representa el criterio (índice) de calidad de funcionamiento del sistema durante las últimas *N* muestras recibidas, siendo $J = \boldsymbol{e}^T\boldsymbol{e}$, el objetivo del diseño será minimizar este índice *J*. La definición de *J* como el error de funcionamiento elevado al cuadrado (multiplicación de un vector por su transpuesto) es para independizar el valor que tome el índice *J* del signo del error **e** (así, tanto participan errores positivos como negativos).

El vector **θ** (coeficientes) que minimice *J* se obtiene derivando e igualando a cero:

$$\frac{dJ}{d\theta} = \frac{d}{d\theta}((s - X^T\theta)^T(s - X^T\theta)) = \frac{d}{d\theta}(s - X^T\theta)^2 = 2X(s - X\theta) = 0$$

$$\rightarrow \quad s - X\theta = 0 \tag{10.75}$$

$$\rightarrow \quad s = X\theta \quad \rightarrow \quad X^T s = X^T X\theta \quad \rightarrow \quad (X^T X)^{-1} X^T s = \theta$$

Así, el vector óptimo de coeficientes del filtro FIR vendrá dado por:

$$\theta^{opt} = (X^T X)^{-1} X^T s \tag{10.76}$$

Ejemplo

Sabiendo que se ha transmitido $s[n] = \delta[n]$, se ha recibido:

$$x[-2] = 0$$
$$x[-1] = 0$$
$$x[0] = 1$$
$$x[1] = 1$$
$$x[2] = 0.8$$
$$x[3] = 0.6$$
$$x[4] = 0.44$$
$$x[5] = 0.32$$

A partir de este experimento (académico), se pide hallar la $H_F(z)$ de un filtro FIR capaz de ecualizar el canal.

Se escoge un FIR de orden 3 . Con ello, **X** será una matriz de (3x3) y **θ** será un vector de (1x3).

$$x[0] = \{1,0,0\}$$
$$x[1] = \{1,1,0\}$$
$$x[2] = \{0.8,1,1\}$$

$$x = (x(2), x(1), x(0))^T = \begin{bmatrix} 0.8 & 1 & 1 \\ 1 & 1 & 0 \\ 1 & 0 & 0 \end{bmatrix}$$

$$s(2) = \begin{bmatrix} 0 \\ 0 \\ 1 \end{bmatrix}$$

$$\theta_{opt} = (X^t X)^{-1} X^t s(2) = \begin{bmatrix} 1 \\ -1 \\ 0.2 \end{bmatrix}$$

$$H_F(z) = 1 - z^{-1} + 0.2z^{-2}$$

que será el filtro FIR buscado.

El método de mínimos cuadrados (LS) del ejemplo anterior presenta varios problemas prácticos. En primer lugar, si en el instante $n = n_0$ ya se ha calculado el vector de parámetros $\boldsymbol{\theta}$ y el canal es t-variante, al llegar el nuevo dato $x[n_0+1]$ hay que volver a recalcular el nuevo vector $\boldsymbol{\theta}$, sin poderse aprovechar los cálculos ya efectuados hasta el instante anterior. En segundo lugar, la validez del resultado depende de si hay ruidos en el canal. Por estos motivos, hay métodos más eficientes que el LS para resolver el problema de la ecualización adaptativa. Los principales son:

- Método de mínimos cuadrados ponderados (WLS) –también llamado de *estimadores de Markoff*–, en que se ponderan las muestras del error en el índice *J* según el ruido presente en el sistema.

- Método LS recursivo (RLS), que evita tener que calcular el vector de parámetros $\boldsymbol{\theta}$ de nuevo en cada iteración. El RLS aprovecha los cálculos de la iteración anterior y va actualizando el vector $\boldsymbol{\theta}$ a partir de la solución en el instante previo $n = n_0$, considerando el nuevo dato $x[n_0+1]$. Con ello, se reducen problemas de memoria y de tiempo de cálculo. Además, permite dar más importancia a las muestras recientes respecto a las más viejas.

- Métodos generalizado (GLS), extendido (ELS) o de variables instrumentales (IV), que, además de ser recursivos, permiten modelar el ruido presente en el proceso.

10.4.4.3. Generalización del método: Identificación de sistemas

Si, según el esquema de la figura 10.26, se define $e[n] = y[n] - \overline{y}[n]$, donde $y[n]$ es la señal deseada de un sistema cuya $H(z)$ es desconocida, y se aplica el algoritmo LS (o mejor, alguno mejorado, como el RLS), de forma que $e \to 0$, el filtro $H_F(z)$ obtenido será una réplica del sistema desconocido.

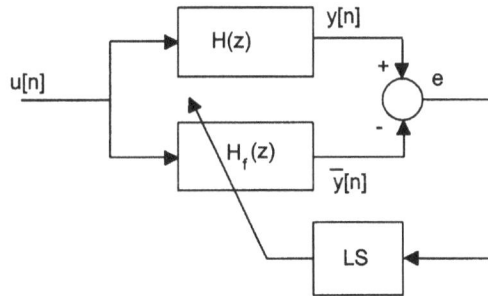

Fig.10.26. Estructura para la identificación de los parámetros de una función de transferencia H(z)

$$e[n] = y[n] - \overline{y}[n] = y[n] - u[n]\theta$$

$$e = y - u^T\theta$$

Si $e \to 0$, se tiene que $H_F(z) \to H(z)$.

10.4.4.4. Filtros FIR transversales: ajuste con el algoritmo LMS

Continuando con el "diseño por ecualización" o "diseño del filtro inverso", una alternativa al método de mínimos cuadrados es la técnica de LMS (*Least Mean Squares*). Igual que con la técnica de LS (o sus derivados, RLS, GLS, ELS,...) corresponde a los denominados *filtros adaptativos*, ya que gracias a una secuencia de entrenamiento se pueden ir alterado los coeficientes del filtro de forma que sigan y se adecuen a las variaciones temporales de $H_c[z]$. La estructura es la misma que en la figura 10.25, buscándose también que $y[n] = s[n]$.

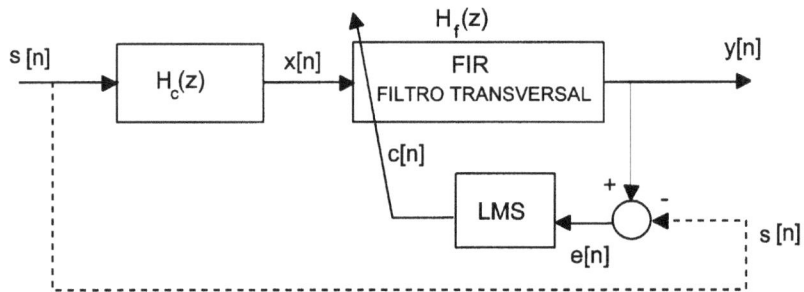

Fig.10.27. Ecualización de un canal Hc(z) con el algoritmo de LMS, encargado de ir ajustando los coeficientes del filtro transversal FIR,. En aplicaciones de comunicaciones la línea de puntos representa una réplica de la secuencia transmitida s[n] (secuencia de entrenamiento del ecualizador); en aplicaciones de control es una medida de la consigna s[n]

La expresión general del filtro transversal, supuesto de longitud *N*, es:

$$y[n] = \sum_{k=0}^{N-1} c_k[n]\, x[n-k] \qquad (10.77)$$

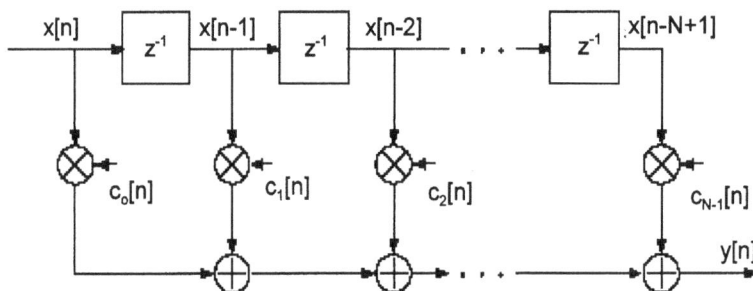

Fig.10.28. Filtro transversal con coeficientes variantes en el tiempo

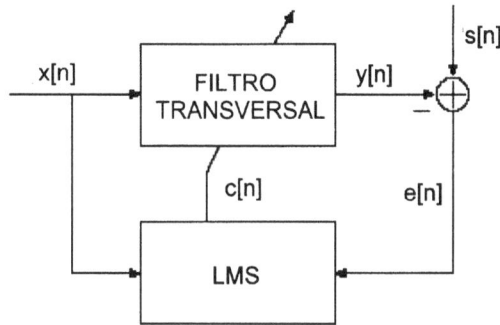

Fig.10.29. Ajuste del filtro transversal

El algoritmo de LMS va ajustando los coeficientes $c[n]$ del filtro en cada iteración, según la relación:

$$c[n+1] = c[n] + \mu\,e[n]\,x[n] \quad , \qquad \mu > 0 \tag{10.78}$$

donde $e[n] = s[n] - x[n]$. Al parámetro μ se denomina *paso* y controla la velocidad de convergencia de los coeficientes $c[n]$, así como la estabilidad (no divergencia) del algoritmo 10.78. Valores grandes de μ aceleran la convergencia al riesgo de inestabilidad, mientras que valores pequeños tienen los efectos contrarios. En realidad el algoritmo LMS es una simplificación de una técnica más compleja basada en el cálculo de un gradiente (concretamente, en el algoritmo de steepest descent), en que se sustituye al gradiente por su valor instantáneo. Un análisis detallado llevaría a que el valor de μ debe estar acotado según el autovalor máximo de la matriz de autocorrelación de la entrada $x[n]$, de forma que:

$$0 < \mu < \frac{2}{\lambda_{max}} \tag{10.79}$$

aunque en la práctica es usual ajustar empíricamente el valor de μ.

10.4.5. Programación de filtros FIR

Las estructuras usadas para la programación de un filtro FIR son las relacionadas con la programación en forma directa, la programación en cascada y las estructuras en celosía. Cada una de ellas tiene sus ventajas e inconvenientes respecto a las demás. A grandes rasgos, puede afirmarse que, a menor dificultad de representación, mayor es la complejidad de realización, bien sea por el número de operaciones o por la sensibilidad de la estructura a la precisión con que se representan los coeficientes del filtro en el procesador digital.

10.4.5.1. Forma directa (filtro transversal)

La programación en forma directa tiene la ventaja de que su obtención es inmediata a partir de la ecuación en diferencias del filtro. Además, como en un filtro FIR no hay realimentaciones de la salida sobre sí misma, la estructura resultante tiene una construcción sistemática (véase la figura 10.30), en la que se va avanzando de izquierda a derecha añadiendo en cada paso un nuevo retardo con su coeficiente correspondiente. Esta estructura se denomina *filtro transversal*, y es implementable tanto por software como por hardware. En este segundo caso, se usan líneas de retardo analógicas (que no hay que confundir en los catálogos de fabricantes con las líneas de retardo para circuitos lógicos, las cuales no llevan el calificativo de analógicas). El término *analógicas* hace referencia al tipo de señales de entrada y de salida del filtro.

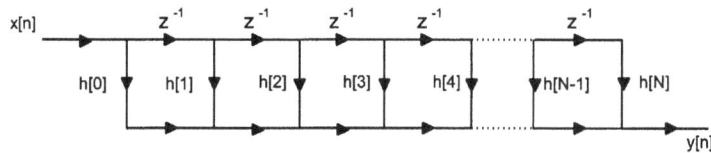

Fig.10.30. Programación en forma directa

Una alternativa es la denominada *forma directa traspuesta*, en la que los coeficientes del filtro aparecen en orden invertido:

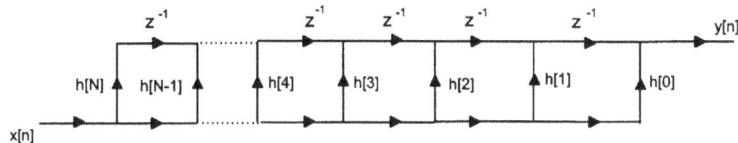

Fig.10.31. Programación en forma directa traspuesta

En el caso de filtros FIR de fase lineal, cuya respuesta impulsional es simétrica, la forma directa también presenta simetría en los coeficientes. Por ejemplo, en el caso en que $h[M-n] = h[n]$ el diagrama de programación sería:

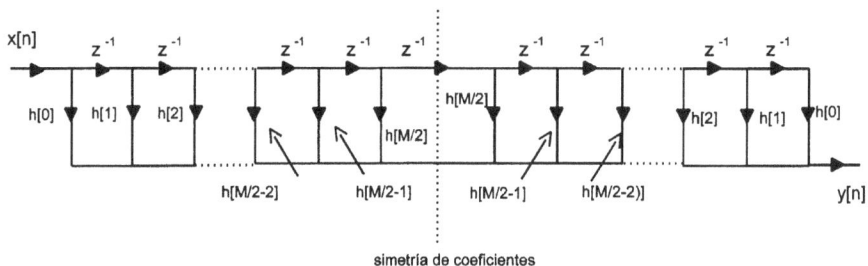

Fig. 10.32. Programación de un filtro FIR de fase lineal en forma directa

Se necesitan M retardos, $M+1$ multiplicadores y M sumas. Utilizando el siguiente esquema alternativo, que aprovecha la simetría del esquema anterior, se reduce el número de multiplicaciones a cambio de aumentar el de adiciones.

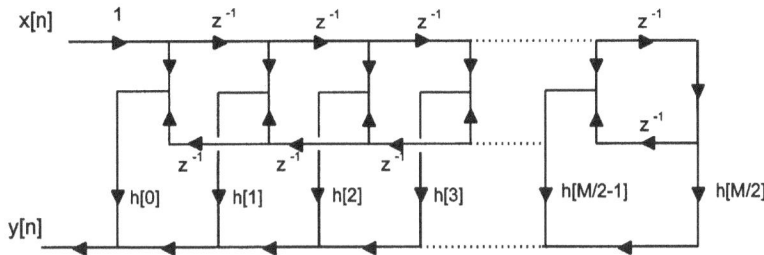

Fig. 10.33. Alternativa al esquema de la figura anterior

Con esta alternativa, se necesitan M retardos, $M/2+1$ multiplicaciones y $M+2$ sumas.

10.4.5.2. Cascada

Requiere una factorización previa de $H(z)$. Una vez obtenida, cada uno de los términos se programa de forma directa y se después se conectan en cascada.

$$H(z)=\sum_{k=0}^{N} h[k]z^{-k}=\prod_{n=1}^{\frac{N+1}{2}} (b_{0_n}+b_{1_n} z^{-1}+b_{2_n} z^{-2}) \qquad (10.80)$$

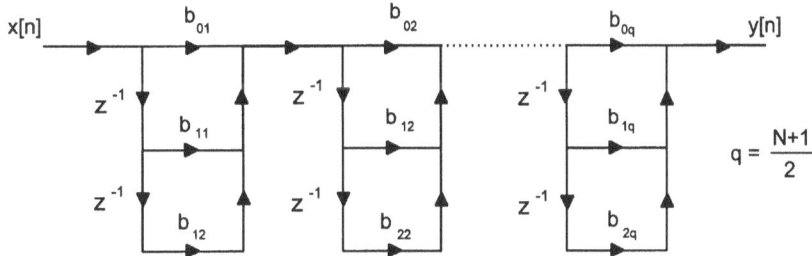

$$q = \frac{N+1}{2}$$

Fig. 10.34. Programación en cascada

Ejemplo:

$$H(z)=1-1,5z^{-1}+1,5z^{-2}-z^{-3}=(1-z^{-1})(1-0,5z^{-1}+z^{-2})$$

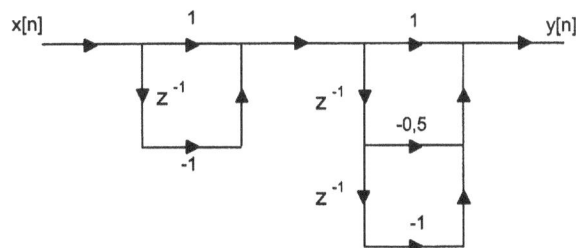

La ventaja de la estructura en cascada es que los ceros de $H(z)$ son fácilmente identificables en el tramo correspondiente del dibujo. Así, se puede modificar la posición de uno de ellos sin tener que rehacer todo el diagrama de programación; bastará con el tramo afectado por el cero en cuestión. En contrapartida, requiere un mayor número de operaciones (multiplicaciones) respecto a la forma directa.

10.4.5.3. *Lattice* (celosía)

Esta estructura no es de obtención trivial pues, a diferencia de las anteriores, no se obtiene de ninguna descomposición canónica de $H(z)$. Su interés se centra en aplicaciones específicas de filtros para predicción lineal, de modelado de señales para la estimación de espectros de potencia y de procesado de voz, por presentar una estructura similar a la del tracto vocal. Y en el caso de filtros que deban presentar un comportamiento altamente robusto frente a variaciones (por redondeos o truncamientos en los cálculos) de sus coeficientes, es la estructura más aconsejable.

El diagrama de programación para el caso de un filtro FIR tiene la forma siguiente:

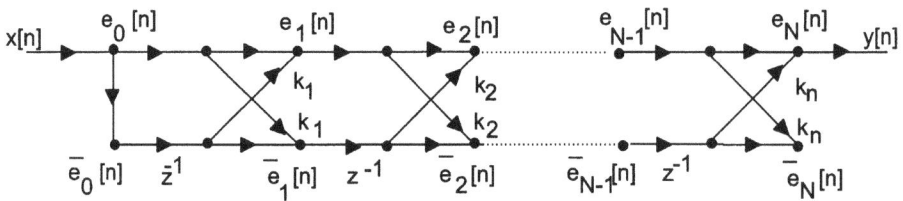

Fig. 10.35. Programación en celosía (estructura FIR o "todo ceros)

Para determinar los coeficientes k_i de la estructura anterior, primero se define la respuesta impulsional del filtro FIR normalizada de la forma siguiente:

$$H(z) = 1 + a_1 z^{-1} + a_2 z^{-2} + a_3 z^{-3} + \ldots + a_N z^{-N} \tag{10.81}$$

o, de forma más compacta:

$$H(z) = \frac{Y(z)}{X(z)} = A(z) = \sum_{m=0}^{N} a_m z^{-m} = 1 + \sum_{m=1}^{N} a_m z^{-m} \tag{10.82}$$

Observando la estructura del filtro de la figura 10.35, se ve que:

$$E_0(z) = \overline{E}_0(z) = X(z)$$

$$Y(z) = E_N(z)$$

$$E_i(z) = E_{i-1}(z) + k_i z^{-1}\overline{E_{i-1}}(z) \tag{10.83}$$

$$\overline{E_i}(z) = z^{-1}\overline{E_{i-1}}(z) + k_i E_{i-1}(z)$$

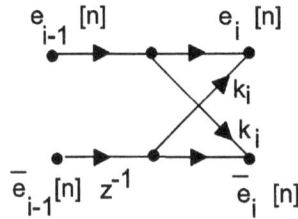

Por ejemplo, para N=2, se tiene:

$$y[n] = e_2[n] = x[n] + a_1\, x[n-1] + a_2 x[n-2] \qquad (10.84)$$

O, leyendo la figura 10.35,

$$y[n] = e_2[n] = e_1[n] + k_2 \overline{e}_1[n-1] =$$

$$= (x[n] + k_1\, x[n-1]) + k_2(k_1 x[n-1] + x[n-2]) = \qquad (10.85)$$

$$= x[n] + k_1(1 + k_2)\, x[n-1] + k_2 x[n-2]$$

Comparando 10.84 con 10.85,

$$a_1 = k_1(1 + k_2)$$

$$a_2 = k_2$$

$$\qquad (10.86)$$

$$\Rightarrow \quad k_1 = \frac{a_1}{1 + a_2}$$

De forma similar, resulta:

$$\overline{e}_2[n] = k_2\, x[n] + k_1(1 + k_2)\, x[n-1] + x[n-2] \qquad (10.87)$$

Nótese que los coeficientes han aparecido en orden inverso al de la ecuación 10.85.

Generalizando el ejemplo y reconsiderado la ecuación10.81, ahora antitransformada al dominio temporal, se puede escribir:

$$e_N[n] = \sum_{m=0}^{N} a_m\, x[n-m] \ , \qquad a_0 = 1 \qquad (10.88)$$

$$\overline{e}_N[n] = \sum_{m=0}^{N} b_m\, x[n-m] \ , \qquad b_m = a_{N-m} \qquad (10.89)$$

Si ahora se definen las funciones de transferencia intermedias entre la entrada y la etapa i-ésima del filtro como:

$$A_i(z) = \frac{E_i(z)}{E_o(z)} = \frac{E_i(z)}{X(z)} = 1 + \sum_{m=1}^{i} a_m\, z^{-m} \qquad (10.90)$$

$$\overline{A}_i(z) = \frac{\overline{E}_i(z)}{\overline{E}_o(z)} = \frac{\overline{E}_i(z)}{X(z)} \qquad (10.91)$$

las ecuaciones 10.83 se convierten en:

$$A_i(z) = A_{i-1}(z) + k_i\, z^{-1} \overline{A_{i-1}}(z)$$
$$\overline{A}_i(z) = z^{-1}\, \overline{A_{i-1}}(z) + k_i\, A_{i-1}(z) \qquad (10.92)$$

Llamando:

$$A_i(z^{-1}) = A_i(z)\, \big|_{z = z^{-1}} \qquad (10.93)$$

y retomando 10.89 y 10.90, se tiene:

$$\overline{A}_i(z) = \frac{\overline{E}_i(z)}{X(z)} = \sum_{m=0}^{i} b_m\, z^{-m} =$$

$$= \sum_{m=0}^{i} a_{i-m}\, z^{-m} = \{i - m = r\} = \sum_{r=0}^{i} a_r z^{r-i} \qquad (10.94)$$

$$= z^{-i} A_i(z^{-1})$$

Con ello, la ecuación 10.92, pasa a ser :

$$A_i(z) = A_{i-1}(z) + k_i\, z^{-i} A_{i-1}(z^{-1}) \qquad (10.95)$$

y, con ayuda de 10.94, esta ultima ecuación se puede reescribir como:

$$\sum_{m=0}^{i} a_m\, z^{-m} = \sum_{m=0}^{i-1} a_m\, z^{-m} + k_i \left(\sum_{m=0}^{i-1} a_{i-1-m}\, z^{-(m+1)} \right) \qquad (10.96)$$

De donde se obtiene:

$$a_i^{(i)} z^{-i} = k_i\, z^{-i} \;=>\; a_i^{(i)} = k_i$$

y usando 10.95,

$$a_k^{(i)} z^{-k} = a_k^{(i-1)} z^{-k} + k_i\, a_{i-k}^{(i-1)} z^{-k} \;=>\; a_k^{(i)} = a_k^{(i-1)} + k_i\, a_{i-k}^{(i-1)} \;=>$$

$$=> a_{i-k}^{(i)} = a_{i-k}^{(i-1)} + k_i\, a_k^{(i-1)} \;=>\; a_k^{(i)} = a_k^{(i-1)} + k_i\,(a_{i-k}^{(i)} - k_i a_k^{(i-1)}) \;=>$$

$$=> a_k^{(i)} = a_k^{(i-1)}(1 - k_i^2) + k_i\, a_{i-k}^{(i)} \;=>\; a_k^{(i-1)} = \frac{a_k^{(i)} - k_i\, a_{i-k}^{(i)}}{1 - k_i^2}$$

(10.97)

En las últimas ecuaciones se ha usado un superíndice (*i*) para recordar el orden de los polinomios formados según el valor de *i* al ir avanzando sobre la estructura del filtro, siguiendo la terminología:

$$A_i(z) = \sum_{k=0}^{i} a_k^{(i)} z^{-k}$$

Ejemplo de cálculo de los coeficientes *k*

Supóngase el filtro FIR:

$$H(z) = 10 + \frac{130}{24} z^{-1} + \frac{50}{8} z^{-2} + \frac{10}{3} z^{-3} = 10\left(1 + \frac{13}{24} z^{-1} + \frac{5}{8} z^{-2} + \frac{1}{3} z^{-3}\right)$$

Dejando el factor común 10 fuera de los cálculos (ya se recuperará en el diagrama de programación) y aplicando las ecuaciones 10.97 se tiene que

$$a_3^{(3)} = K_3 = \frac{1}{3} \;=>\; K_3 = \frac{1}{3}$$

$$a_2^{(2)} = \frac{a_2^{(3)} - K_3 a_1^{(3)}}{1 - K_3^2} = \frac{\frac{5}{8} - \frac{1}{3}\frac{13}{24}}{1 - \frac{1}{9}} = \frac{1}{2} \;=>\; K_2 = a_2^{(2)} = \frac{1}{2}$$

$$a_1^{(2)} = \frac{a_1^{(3)} - K_3 a_2^{(3)}}{1 - K_3^2} = \frac{\frac{13}{24} - \frac{1}{3}\frac{5}{8}}{1 - \frac{1}{9}} = \frac{9}{24}$$

$$a_1^{(1)} = \frac{a_1^{(2)} - K_2 a_1^{(2)}}{1 - K_2^2} = \frac{\frac{9}{24} - \frac{1}{2}\frac{9}{24}}{1 - (\frac{1}{2})^2} = \frac{1}{4} \;=>\; K_1 = a_1^{(1)} = \frac{1}{4}$$

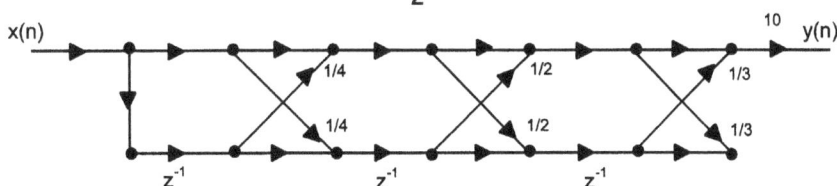

En algunos ámbitos, a los coeficientes K_i se les denomina *coeficientes de reflexión*, o *de correlación parcial* (*parcor*).

Para un filtro de orden M, se requieren M retardos, $2M$ multiplicaciones y $2M$ sumas. Se necesitan más operaciones que en las estructuras anteriores, pero tiene la ventaja de ser más insensible a variaciones de los valores nominales de los parámetros del filtro.

En este apartado se ha presentado solamente la estructura en celosía para un filtro FIR. Sobre unas bases similares, hay otras estructuras en celosía para filtros IIR con solo polos, o con polos y ceros.

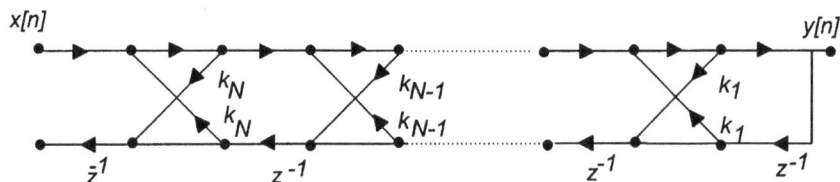

Fig. 10.36. Programación en celosía (estructura IIR con sólo polos)

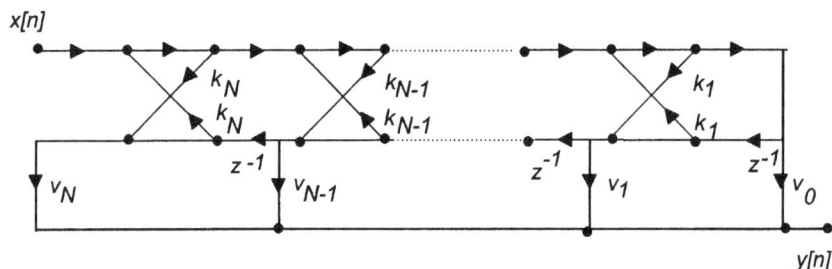

Fig. 10.37. Programación en celosía (estructura IIR con polos y ceros)

10.5. Efectos de la aritmética finita

En el capítulo 2 ya se ha visto que la aritmética finita obligaba a cuantificar, lo que se traducía en un ruido granular en los conversores A/D. Además, como el número máximo representable con un conjunto finito de bits también es finito, existe una cierta probabilidad de saturación de los conversores A/D.

A continuación se analizan, a modo introductorio, los efectos de la aritmética finita en la realización de los filtros digitales, donde las muestras de $x[n-k]$ en el caso de filtros FIR o de $x[n-k]$ y de $y[n-q]$ en los IIR se multiplican por unos coeficientes y generan un resultado que será la salida del filtro.

10.5.1. Aritmética de coma fija respecto a aritmética de coma flotante

a) Resolución en los cálculos

Coma fija

Supóngase un máquina con capacidad para operar con $m = 2^b$ (donde b es el número de bits) valores distintos. La resolución Δ entre los valores máximo ($X_{máx}$) y mínimo ($X_{mín}$) es constante en toda la banda de valores:

$$\Delta = \frac{X_{máx} - X_{mín}}{m - 1}$$

y el margen dinámico es:

$$X_{máx} - X_{mín} = m$$

El producto de dos números m_1 y m_2 ocupa un tamaño de memoria de:

$$m_1 \, m_2 \;\Rightarrow\; 2^{\,b1+b2}$$

siendo $b1$ y $b2$ el número de bits con que se representa cada uno de ellos.

Coma flotante

En este caso, un número X se representa como:

$$X = M \, 2^E$$

donde M es la mantisa y E el exponente. El producto de dos números será:

$$X_1 \, X_2 = M_1 \, M_2 \, 2^{E1+E2}$$

A diferencia de la representación en coma fija, la representación en coma flotante presenta una *resolución variable según el tamaño de los números a representar*. Para valores pequeños, la resolución es grande (incrementos pequeños), y va disminuyendo para números elevados.

b) Overflow (desbordamientos)

Supóngase, para concretar los cálculos, que se tienen unas máquinas de 32 bits. El mayor número representable será:

Coma flotante

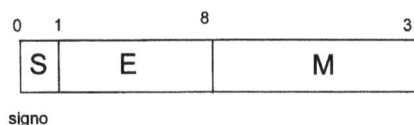

Mantisa = 23 bits, exponente: 8 bits $\;\Rightarrow\;$ Rango = de $1,18 \cdot 10^{-38}$ a $3,4 \cdot 10^{38}$

Coma fija

2^{32} = 4,2949 · 10^9; por tanto, habrá una mayor posibilidad de saturación en los cálculos (*overflow*).

c) Truncamientos

Coma fija

$m_1\, m_2 \Rightarrow 2^{\,b1+b2}$, donde $b_1 + b_2$ deben almacenarse en 32 bits.

Coma flotante

$X_1\, X_2 = M_1\, M_2\, 2^{E1+E2}$, donde $M_1\, M_2$ deben almacenarse en 23 bits (mantisa del resultado). En este caso, se tiene una *mayor posibilidad de que se produzcan truncamientos.*

10.5.2. Redondeos y truncamientos

A continuación se analizan estos efectos mediante un ejemplo conductor. Para ello, se plantea calcular la salida del sistema:

$$H(z) = \frac{1}{1 - 0{,}94z^{-1}}$$

cuya ecuación en diferencias es $y[n]$ = 0,94 $y[n$-1] + $x[n]$. Se supone que el sistema está excitado por unas condiciones iniciales:

$$x[-1] = 11$$

$$x[0] = x[1] = \ldots = x[n] = 0$$

y se redondea $y[n]$ al número entero más cercano, para seguir operando con los valores redondeados en la iteración siguiente. Se tiene:

n	y[n] exacto	y[n] redondeado
0	10,34	10
1	9,7196	9
2	9,136424	8
3	8,58823856	8
4	8,072944246	8
5	7,588567591	8
6	7,133253536	8

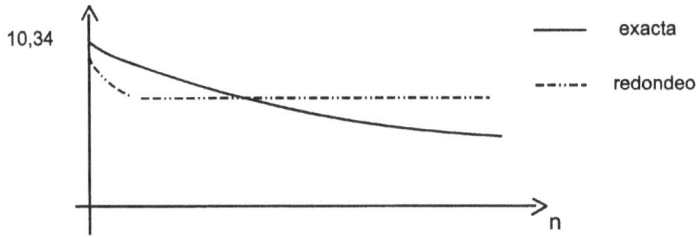

Si ahora se repite el análisis para:

$$H(z) = \frac{1}{1 + 0,94z^{-1}}$$

n	$y[n]$ exacto	$y[n]$ redondeado
0	-10,34	-10
1	9,7196	9
2	-9,136424	-8
3	8,58823856	8
4	-8,072944243	-8
5	7,588567591	8
6	-7,133253536	-8

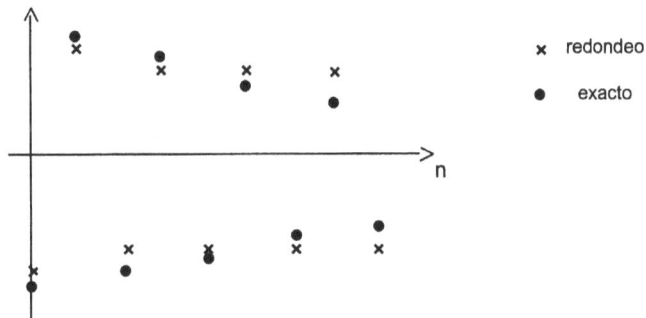

Relación de la sensibilidad a los redondeos y truncamientos para las diferentes estructuras

estructura	sensibilidad
directa	alta
cascada y paralelo	menor que la directa
celosía	baja

10.5.3. Cuantificación de los coeficientes

A continuación se analizan las posibles posiciones del polo de un sistema de primer orden según el número de bits. El caso límite se tiene cuando se trabaja con 1 bit: sólo se pueden posicionar al polo en dos lugares del eje real (por ejemplo, en +1 o en -1).

- 1 bit:

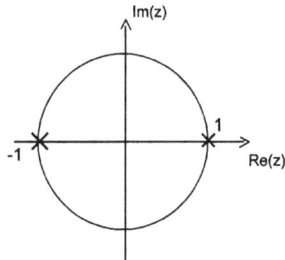

- 2 bits => 2^2 = 4 posiciones

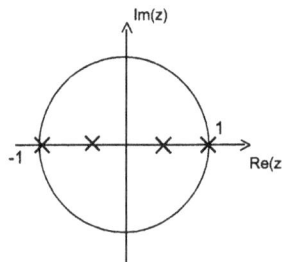

- 4 bits => 2^4 = 16 posiciones

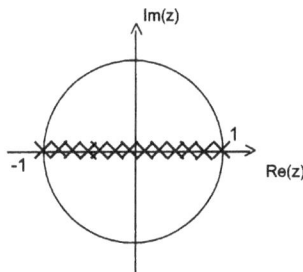

Con 8 bits se tendría una resolución en el posicionamiento de las raíces en el plano Z de:

$$\frac{1-(-1)}{2^8-1} = 7{,}8 \cdot 10^{-3}$$

Éste es el número mínimo de bits con que operan los procesadores digitales, normalmente cuando se trata de microprocesadores de propósito general. Con microcomputadores más especializados o procesadores digitales de señal, son más usuales valores de 16 o 32 bits. En el caso de utilizar aritmética de coma fija, la resolución en el posicionamiento del polo del ejemplo sería de:

16 bits:

$$\frac{1-(-1)}{2^{16}-1} = 3,05 \cdot 10^{-5}$$

32 bits:

$$\frac{1-(-1)}{2^{32}-1} = 4,65 \cdot 10^{-10}$$

Los requisitos de precisión en el posicionamiento de las raíces de la función de transferencia del filtro varían según las aplicaciones. En el caso de filtros de audio, no suelen ser muy críticos, mientras que en filtros con resonancias acusadas (polos cerca de la circunferencia de radio unidad) o que se utilizan para aplicaciones que requieran mucha resolución, como puede ser el caso de la estimación espectral, la precisión en el procesado de los coeficientes del filtro es muy importante.

EJERCICIOS

10.1.   Se pide diseñar un filtro digital capaz de sustituir un filtro paso banda analógico de segundo orden, caracterizado por:

$$|H(jw_o)| = 10 \qquad BW = 6 \ rad/s \qquad Q = 3,33$$

(*Q* : factor de calidad del filtro)

10.1.1.   Obtenga la expresión analítica del filtro analógico.

10.1.2.   Dibuje su curva de amplificación (o si se prefiere, el diagrama de Bode) y seleccione una frecuencia de muestreo correcta.

10.1.3.   Discretice el filtro analógico utilizando la transformación bilineal.

10.1.4.   Represente el diagrama de polos y ceros del filtro discreto obtenido (en un círculo de radio unidad grande y dibujado con compás sobre un papel milimetrado).

10.1.5.   Esboce la Ω de resonancia del filtro discreto y obtenga la *w* de resonancia del prototipo analógico.

10.1.6.   Repita los apartados 1.3, 1.4, 1.5 con un período de muestreo *T* = 0,033 s y decida si es necesario el *prewarping* de la frecuencia de resonancia.

10.1.7.   Si el *prewarping* es necesario para *T* = 0,033, repita los apartados 1.3, 1.4 y 1.5 correctamente.

10.2.   Diseño con ayuda del Matlab.

10.2.1.   Diseñe un filtro digital (obtenga *H(z)*), según la plantilla siguiente, seleccionando el período de muestreo.

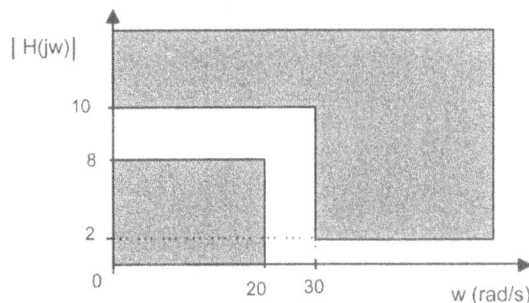

10.2.2. Escriba la ecuación en diferencias que permitiría implementar $H(z)$ en un ordenador.

Sugerencia: Obtenga el prototipo analógico y discretícelo con la instrucción bilinear *del Matlab. Después, usando* freqz *compare el resultado. Si es correcto, pase de* $H(z)$ *a la ecuación en diferencias.*

10.3. Diseñe un filtro FIR de orden 30, paso bajo y de fase lineal, con una frecuencia de corte w_c = 10 rad/s, sabiendo que T = 0,01 s.

Se puede escoger la ventana y, si fuese necesario, aumentar el orden del filtro. Si el resultado no es considerado satisfactorio (w_c incorrecta o poca diferencia entre amplificación en la banda de paso y la banda atenuada), repítalo para w_c = 200 rad/s.

Discuta los resultados y, pensando en la respuesta frecuencial de las ventanas utilizadas, comente las limitaciones que se han encontrado.

10.4. (Matlab) En un canal de comunicaciones, del que no se tiene información para caracterizarlo, se sabe que se ha transmitido (entrada al canal) la secuencia $s[n]$ = [1, 0, 1, 1, 0, 1, 0, 0, 1, 1, 0, 1] y se ha recibido $x[n]$=[1, 0.5, 1.05, 1.425, 0.503, 0.967, 0.383, -0.002, 0.923, 1.462, 0.547, 0.982].

Se pide obtener los coeficientes de un filtro FIR de orden 3 que, conectado en cascada con el canal, lo ecualice.

10.5. Obtenga el diagrama de programación del filtro (dibuje el flujograma):

$$H(z) = \frac{z^2 - 0,7z + 0,1}{(z^2 - z + 0,2)(z - 1)}$$

en las formas:

- directa I
- directa II
- serie
- paralela

11

INTERPOLACIÓN Y DIEZMADO

11.1. Modificación de la frecuencia de muestreo

Supóngase que mediante un conversor A/D se ha adquirido la señal $x[n] = x_i(nT)$, pero que no se desea trabajar con las muestras adquiridas en todos los instantes de tiempo múltiplos del período de muestreo T, sino que sólo se quieren las muestras $x[n] = x_i(nT')$, siendo $T' = kT$. Según si el valor de k sea mayor o menor que la unidad, se estará frente a un problema de diezmado de la señal muestreada o de interpolación, ambos ya avanzados en el capítulo 3. El diezmado consiste en la obtención de una nueva secuencia de muestras con una velocidad (de muestreo) entre ellas inferior a la que se ha utilizado en su adquisición. Esta operación podría parecer absurda a primera vista: ¿Para qué despreciar muestras ya adquiridas, con el consiguiente coste en la compra de conversores A/D de una cierta velocidad, si después se van a ignorar muestras emulando un sistema de menor velocidad de adquisición? En realidad, parece bastante extraño que, una vez adquirido un conversor, se decida infrautilizarlo no considerando todas las muestras. Si el motivo de no considerar todas las muestras es que las operaciones que el microcomputador tiene que ejecutar son complejas y, por consiguiente, lentas, no hacía falta seleccionar un conversor con tanta velocidad de muestreo.

En ocasiones, es preferible adquirir muestras a una velocidad superior a la impuesta por la condición de Nyquist, dándose la paradoja de que así puede abaratarse el diseño de los conversores A/D o el de algún otro subsistema. Tal será el caso de los filtros *antialiasing*, que, como se verá, permitirán menores distorsiones de cruce y de solapamiento si se aumenta la velocidad de muestreo, aunque después se haga un diezmado de las muestras para relajar la velocidad de su posterior procesado. O bien puede pensarse en los conversores A/D de 1 bit, introducidos en el capítulo 4: si al mismo tiempo que se reduce el número de bits del conversor (lo cual lo abarata) se aumenta la velocidad de muestreo, la relación señal a ruido de cuantificación del conversor se puede mantener constante.

La adquisición de muestras a una velocidad superior a la teórica (proceso de sobremuestreo o de *oversampling*) puede presentar ventajas en el diseño de la circuitería electrónica en algunos tipos de conversores. El precio es que, una vez adquiridas las muestras, la velocidad de procesado también debería ser alta, de modo que lo que se haya ganado en el diseño de los subsistemas de adquisición se pagaría en el coste de los microprocesadores, que tendrán que ser veloces, y de las memorias, cuyo tiempo de acceso deberá ser muy rápido. Entonces es cuando aparece el diezmado: eliminando muestras con posterioridad a su adquisición, se elimina este problema de velocidad en el procesado.

Hay otra línea de aplicaciones del diezmado en el que éste aparece de forma natural, sin que sea para compensar un sobremuestreo previo. Entre ellas están las de codificación en subbandas, utilizadas en equipos de audio digital.

El caso contrario al diezmado es la interpolación, en la que se efectúa el doble proceso de intercalar nuevas muestras entre cada par de muestras de la secuencia original y aplicar un filtro interpolador a la secuencia así obtenida. Con ello se obtiene una secuencia con muestras intercaladas cuya velocidad de muestreo aparente es mayor que la real; en los puntos donde no se ha efectuado un muestreo físico, se interpreta que el valor de la muestra es el calculado (o fijado a cero, según los casos). Filtrando adecuadamente la secuencia intercalada, se consigue una mejor reconstrucción de la señal, aspecto que es de gran utilidad para simplificar el diseño de los filtros reconstructores. Ambos procesos de diezmado e interpolación modifican la velocidad de muestreo de las señales originales, por lo que pertenecen al denominado *procesado multirritmo* (*multirate*, en inglés).

Cabe distinguir dos casos, según si el factor k es o no un número entero.

11.1.1. Caso 1: k es un número entero

Según si el valor de k toma un valor mayor o menor que la unidad, se presentan dos situaciones diferentes:

    a) Interpolación: $k = 1/L < 1$ (*upsampling*).

    b) Diezmado: $k = M > 1$ (*downsampling*).

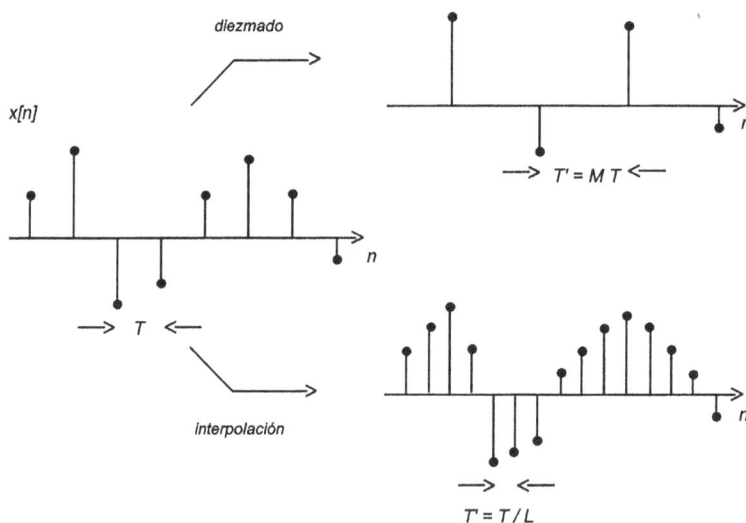

Fig. 11.1. Diezmado e interpolación

11.1.1.1. Diezmado (*downsampling*)

Si de cada M muestras tan sólo se coge una, es como si se pasara de un período de muestreo T a uno M veces mayor, lo que equivale a una disminución de la frecuencia de muestreo. Como el efecto es una compresión de la velocidad de muestreo, la constante k se denomina, en este caso, *compresor*.

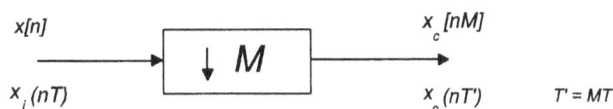

$$x[n] \qquad \boxed{\downarrow M} \qquad x_c[nM]$$
$$x_i(nT) \qquad\qquad\qquad x_c(nT') \qquad T' = MT$$

Fig. 11.2. Representación de un diezmador por M

El efecto frecuencial es una expansión de la anchura de los alias de la señal muestreada. Si se ha muestreado una señal analógica cuya frecuencia máxima es w_m, con un período de muestreo T, el espectro en banda base de la señal muestreada ocupará hasta una frecuencia $\Omega_c = w_m \cdot T$. Si se cambia esta T por una mayor, $T' = MT$, el espectro ocupará hasta otra frecuencia $\Omega = w_m \cdot T'$, *que es* M veces mayor que la Ω_c anterior. Este efecto se muestra en la figura siguiente.

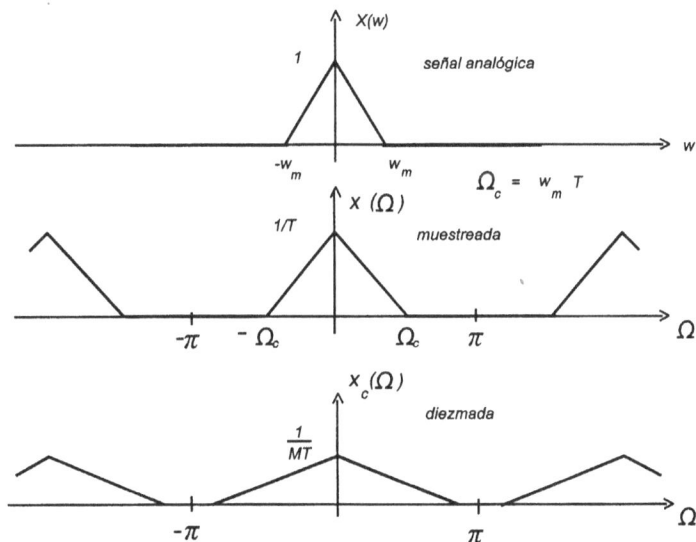

Fig. 11.3. Efectos del diezmado sobre el espectro de la señal muestreada

Pero, a partir de ciertos valores de M, se producirá *aliasing*, ya que si se eliminan demasiadas muestras es como si no se hubiera respetado la condición de Nyquist en su adquisición. El caso límite para no tener *aliasing* es cuando $\Omega = w_m T' = w_m T M = \pi$.

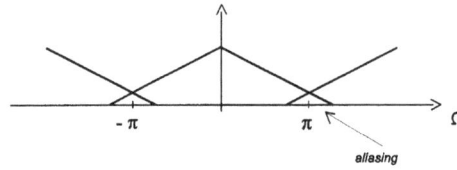

Fig. 11.4. Aliasing *por exceso de diezmado*

Si es necesario utilizar un valor de M elevado, puede reducirse este problema mediante filtros *antialiasing* tal como se muestra en la figura siguiente, donde $H_f(\Omega)$ representa la respuesta del filtro *antialiasing*.

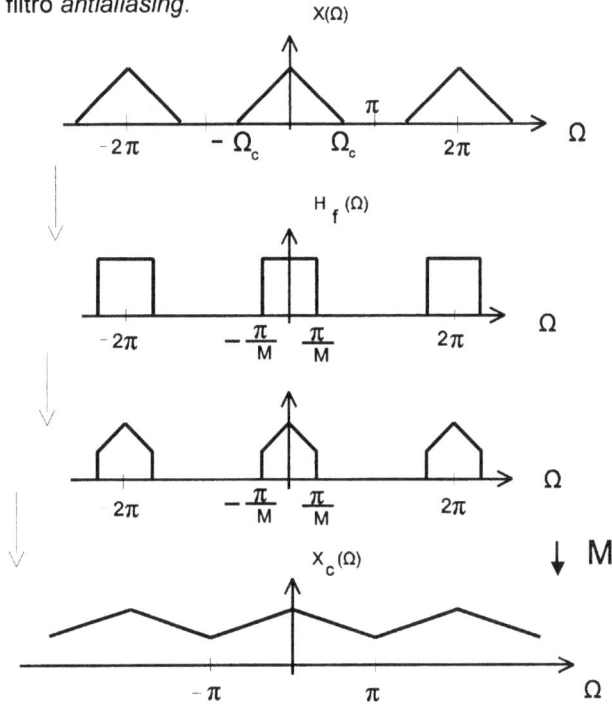

Fig. 11.5. Filtrado antialiasing

En general, se necesitan filtros *antialiasing* para el diezmado si:

$$M \geq \frac{\pi}{\Omega_c}$$ (11.1)

con lo que el esquema completo de un diezmador será el que se ilustra en la figura, donde Ω_c representa la frecuencia de corte del filtro (ideal):

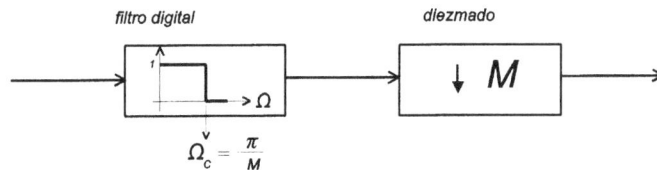

Fig. 11.6. Diezmador con filtrado antialiasing

11.1.1.2. Interpolación (*upsampling*)

Es la situación contraría al caso anterior. Ahora se pasa de un período de muestreo T a uno L veces menor $T' = T/L$, lo que equivale a un aumento (expansión) de la frecuencia de muestreo.

La salida del expansor, $x_e[n]$, es:

$$x_e[n] = \sum_{k=-\infty}^{\infty} x[k]\, \delta[n-kL] \qquad (11.2)$$

es decir, $x_e[n] = x[n/L]$ para $n = 0, \pm L, \pm 2L...$, y cero en los restantes puntos en que se intercalen muestras. Se comprueba que el espectro de la señal expandida es el de la señal original $x[n]$ con un escalado por un factor L en el eje de frecuencias:

$$X_e(\Omega)\,\big|_{(T')} = \sum_{n=-\infty}^{\infty} \left(\sum_{k=-\infty}^{\infty} x[k]\,\delta[n-kL]\right) e^{-j\Omega n} =$$

$$\qquad (11.3)$$

$$= \sum_{k=-\infty}^{\infty} x[k]\, e^{-j\Omega L k} = X(L\Omega)$$

Nótese que la amplitud de $X_e(\Omega)$ sigue siendo la de $X(\Omega)$.

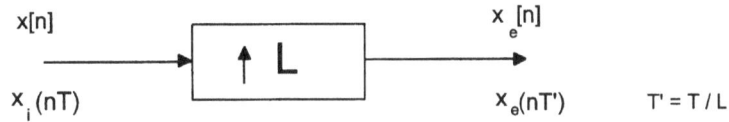

Fig. 11.7. Esquema de un interpolador por un factor L

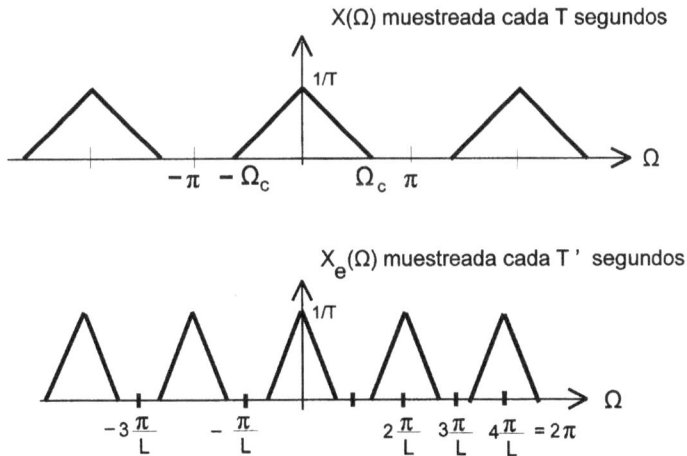

Fig. 11.8. Efecto frecuencial de la interpolación por un factor L

Si la señal con muestras intercaladas cada T' segundos se hace pasar por un filtro paso bajo como el de la figura, con amplificación L y frecuencia de corte π/L:

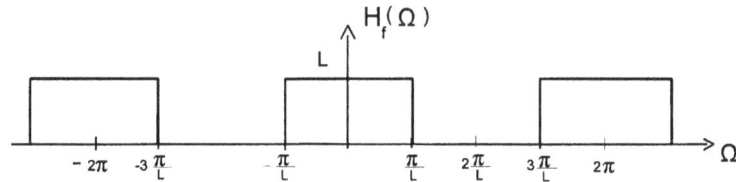

Fig. 11.9. Filtro digital paso bajo (eliminación de los alias impares de la figura anterior)

Se obtiene una señal formada por el espectro en banda base, con amplitud $1/T'$, y los alias pares:

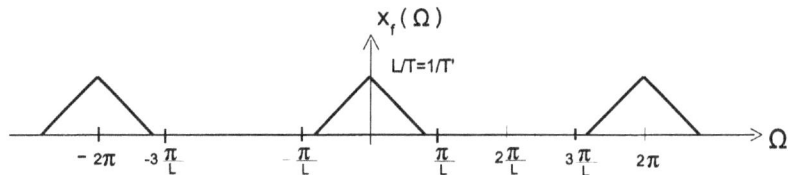

Fig. 11.10. Señal filtrada

La respuesta impulsional del anterior filtro paso bajo es:

$$h_f[n] = \frac{\sin(\pi n/L)}{\pi n/L} \tag{11.4}$$

que vale uno para $n = 0$ y cero en los restantes puntos ($n = \pm L, \pm 2L,...$). Así, la salida del filtro será:

$$x_f[n] = x_e[n] * h_f[n] = (\sum_{k=-\infty}^{\infty} x[k]\,\delta[n-kL]) * h_f[n] =$$

$$= \sum_{k=-\infty}^{\infty} x[k] \frac{\sin[\pi(n-kL)/L]}{\pi(n-kL)/L} \tag{11.5}$$

(Esta ecuación recuerda la que se ha visto en el apartado 4.5.1 al tratar el filtro reconstructor ideal.)

Nótese que el espectro de salida del filtro es exactamente el que se habría obtenido si se hubiera muestreado la señal analógica con un período de muestreo de T' segundos, con lo que $x_f[n] = x_i(nT')$. Este filtro se denomina *filtro interpolador*. Como su respuesta frecuencial es la de un paso bajo ideal, en la práctica no es posible realizarlo de forma exacta si se implementa en tiempo real, por lo que se usan otros tipos de filtros interpoladores que aproximan la respuesta frecuencial del interpolador ideal.

La figura siguiente muestra la forma temporal de las señales en el interpolador.

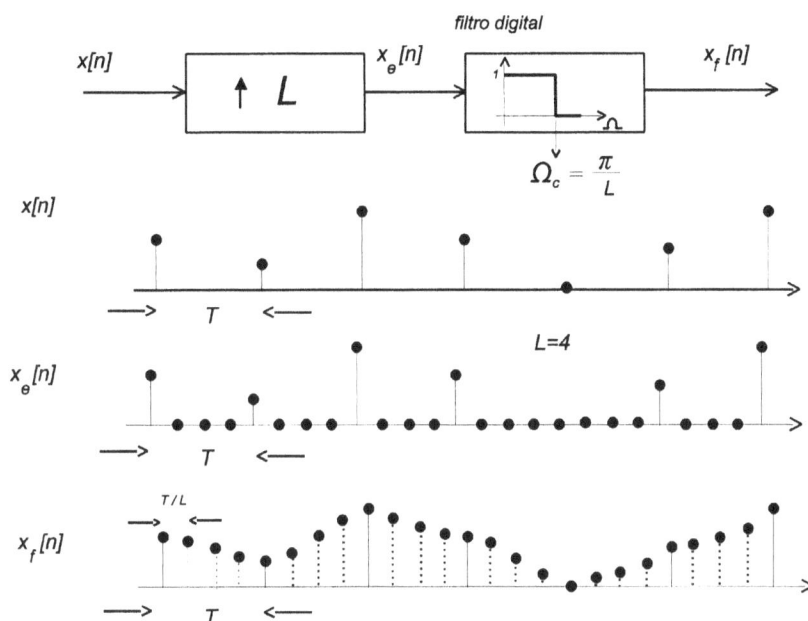

Fig. 11.11. Filtro interpolador

El filtro digital suele implementarse como un filtro FIR. Una alternativa computacionalmente más eficiente son los filtros *polifase,* obtenidos por descomposición de un filtro FIR de longitud *M* en varios subfiltros en paralelo de longitud *M/L*. El término *polifase* viene de que estos subfiltros difieren entre ellos en sus características de fase, siendo básicamente su módulo del tipo paso todo. También se usan en el proceso de diezmado. En el apéndice F se profundiza sobre los filtros polifase.

11.1.2. Caso 2: *k* no es un número entero

Para trabajar con un valor de *k* no entero, el primer paso es representarlo como el cociente de dos números enteros *M* y *L*, de la forma $k = M / L$. Según lo visto anteriormente, se puede poner en cascada un sistema de interpolación, que dará el factor $1/L$, seguido de otro de diezmado, que proporcionará el factor *M*.

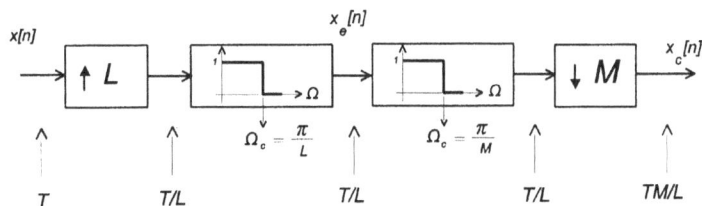

Fig. 11.12. Modificación de la frecuencia de muestreo por un número no entero

Se puede observar que aparecen dos filtros paso bajo en cascada. Ambos se pueden sustituir por uno que tenga como frecuencia de corte la menor de los dos.

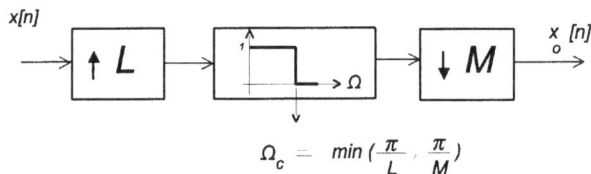

$$\Omega_c = min\left(\frac{\pi}{L}, \frac{\pi}{M}\right)$$

Fig. 11.13. Simplificación del esquema anterior

El caso de valores de k no enteros aparece cuando se desea hacer una interficie entre sistemas discretos con períodos de muestreo diferentes.

11.2. Aplicación a la conversión A/D y D/A

11.2.1. Diezmado aplicado a la conversión A/D: simplificación de los filtros *antialiasing*

Supóngase un filtro *antialiasing* no ideal $H(w)$, con una cierta pendiente de caída (filtro no ideal), utilizado para limitar en banda una señal $x(t)$ cuya frecuencia máxima es w_m. El motivo del filtrado es que la máxima frecuencia muestreable es de w_s rad·s^{-1}.

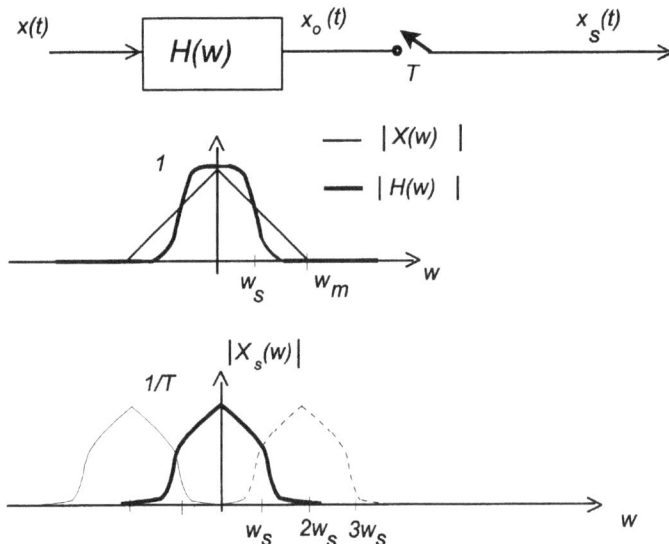

Fig. 11.14. Efectos de un filtro antialiasing real (analógico)

Como se puede apreciar en la figura 11.14, la no idealidad del filtro produce una deformación de las amplitudes del espectro de la señal (por no ser un filtro de amplificación constante), además de distorsiones de solapamiento y de cruce (por tener una banda de transición con poca pendiente). Para evitar estas distorsiones del filtro, se pueden utilizar filtros analógicos de orden elevado, lo que conlleva un incremento de coste y volumen (tamaño de los circuitos). Una solución alternativa es sobremuestrear la señal $x(t)$, es decir, utilizar una frecuencia de muestreo mucho más elevada de lo necesario, de forma que los alias queden más separados entre sí. De este modo, al haber menos peligro de *aliasing*, los filtros son más sencillos e incluso pueden llegar a ser innecesarios. A continuación de la etapa de muestreo se sitúa un sistema de diezmado, para así obtener las muestras que realmente se necesitan para el posterior procesado de la señal.

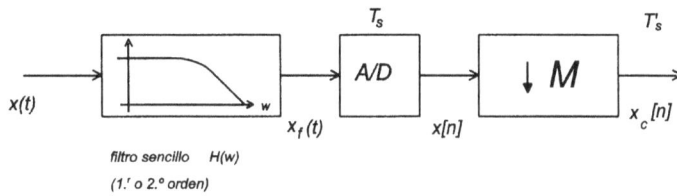

Fig. 11.15. *Sobremuestreo y posterior diezmado para simplificar la realización del filtro* antialiasing

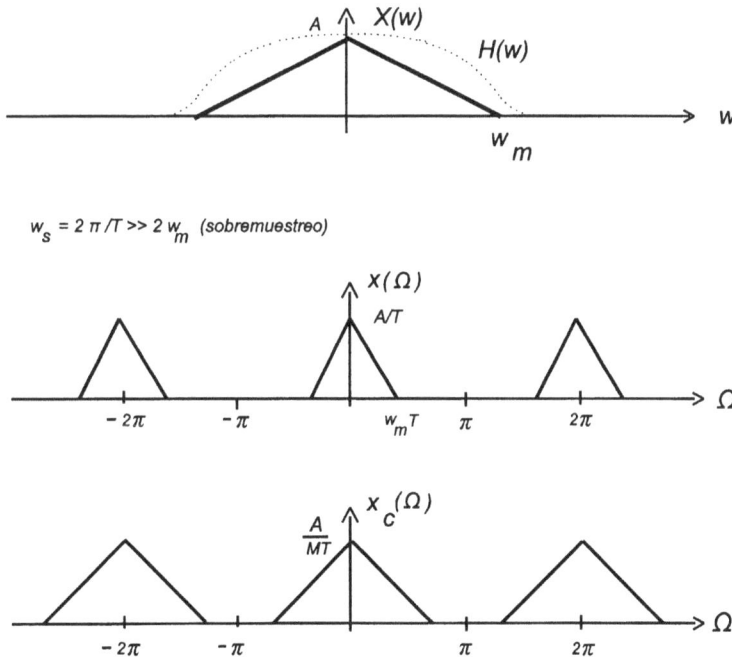

Fig. 11.16. *Espectro de las señales de la figura anterior*

11.2.2. Efecto sobre el ruido de cuantificación

Cuando alrededor del espectro de una señal aparece ruido de alta frecuencia, como es el caso de los conversores delta-sigma empleados en algunas grabaciones de audio digital, en que aparece un importante ruido de cuantificación, se efectúa un proceso de filtrado digital seguido de un diezmado de la señal de salida del filtro que permite márgenes dinámicos superiores a los 80 dB. El esquema de un conversor A/D basado en una modulación delta-sigma con filtrado digital de la salida del modulador, es el de la figura.

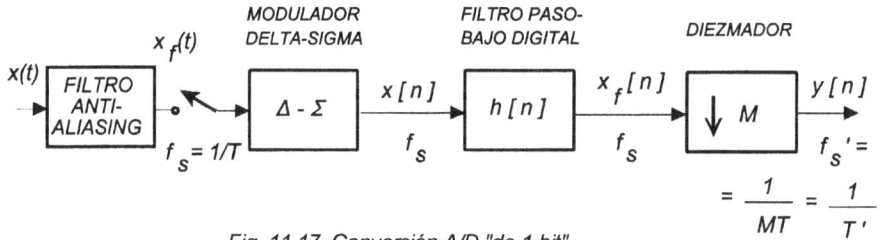

Fig. 11.17. Conversión A/D "de 1 bit"

Los espectros de las señales de los diferentes bloques se muestran a continuación.

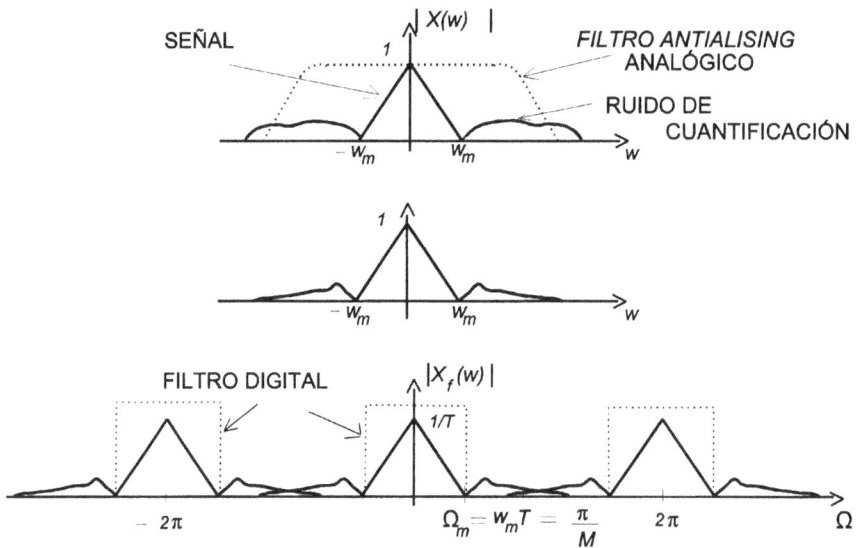

Fig. 11.18. Espectro de las señales de la figura anterior previas al diezmador

Si en la última etapa se realiza un diezmado para un valor de:

$$M = \frac{\pi}{w_m T_s} \tag{11.6}$$

se obtiene la salida siguiente, limpia de ruido:

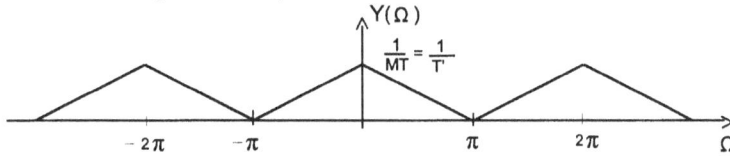

Fig. 11.19. Salida del diezmador

11.2.3. Interpolación aplicada a la conversión D/A

Cuando hay que filtrar una secuencia que se ha muestreado a la frecuencia de Nyquist o ligeramente superior, los filtros deben tener una gran pendiente, ya que se dispone de poco o nulo ancho de guarda entre los diferentes alias de la señal para incluir la pendiente de bajada del filtro. Una solución para poder trabajar con filtros más sencillos es hacer previamente una interpolación de las muestras; con ello se separan los espectros y ya no son necesarios filtros de tanta pendiente. Este efecto se aprovecha en algunos conversores D/A: si antes del conversor se sitúa un interpolador, podrán usarse filtros más sencillos para la reconstrucción de la señal analógica. El resultado del interpolador puede verse fácilmente en el dominio temporal. Para ello, supóngase un reconstructor formado por un filtro paso bajo sencillo, con una determinada constante de tiempo y un conversor D/A (véase la figura) que efectúa un efecto de mantenedor de orden cero (ZOH) sobre la secuencia $x[n]$ que le entra.

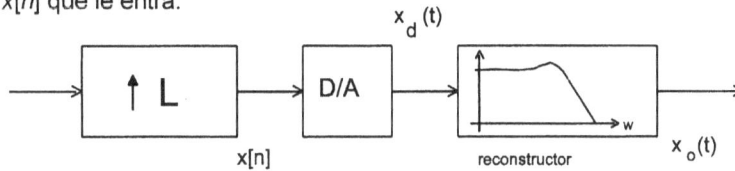

Fig. 11.20. Conversor D/A con interpolador

Si no hubiera el interpolador L, las señales serían:

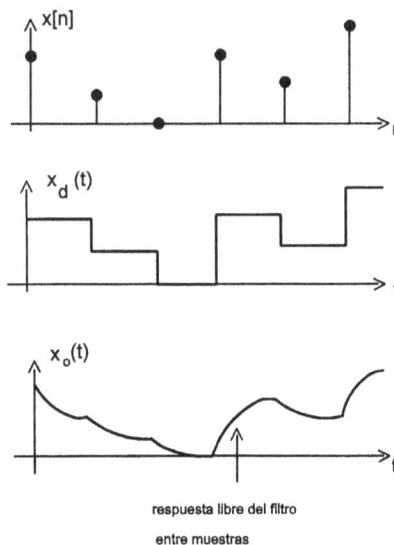

respuesta libre del filtro

entre muestras

Fig. 11.21. Señales sin interpolador

Mientras que, con el interpolador, aparecen más muestras a la entrada del conversor D/A que, al estar más cercanas entre sí, el filtro analógico ya no tiene tanto tiempo para que manifieste su respuesta libre entre muestras.

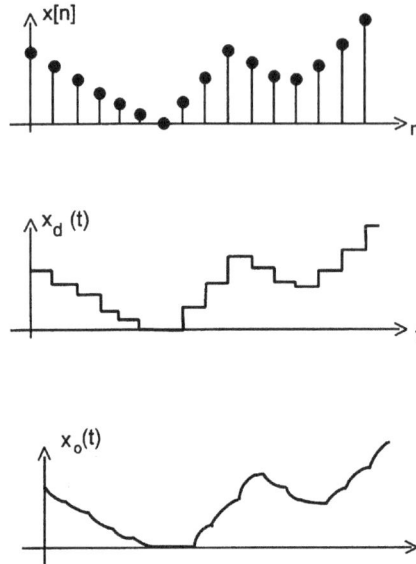

Fig. 11.21. Señales con interpolador

En algunas aplicaciones de audio digital, la interpolación se realiza antes de una modulación delta-sigma (véase el apartado 4.14), la cual ayuda a eliminar el ruido de cuantificación. Como ejemplo, se ha tomado la arquitectura del circuito integrado CS4328, que es un conversor D/A delta-sigma de 18 bits para audio digital con una relación señal-ruido de 120 dB. Su arquitectura es la de la figura siguiente:

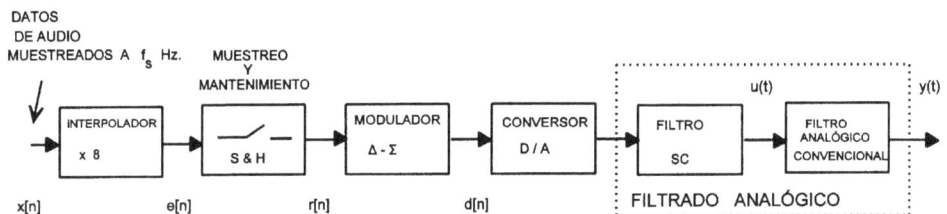

Fig. 11.22. Esquema de bloques de un conversor D/A delta-sigma

La señal de audio digital que entra en el sistema ha sido obtenida de una señal analógica de 24 kHz muestreada a f_s Hz (un valor típico es f_s = 48 kHz). El interpolador multiplica por 8 la cadencia de las muestras de entrada, con lo que su salida presenta un ritmo de muestreo de $8·f_s$ Hz. A esta velocidad, las muestras entran en el operador de muestreo y mantenimiento, el cual las mantiene durante 8 pulsos de reloj. La salida del bloque de muestreo y mantenimiento entra en el modulador delta-sigma, que los lee a un velocidad de $8·8·f_s$ = $64·f_s$ Hz (3,072 MHz para audio muestreado a 48 kHz), y desplaza el ruido de cuantificación a frecuencias más altas que las de la señal (como se ha visto en el apartado

4.14). De este modo, la señal de audio con calidad de 18 bits es modulada en un bit a 3,072 MHz a la salida del modulador delta-sigma.

El ruido de alta frecuencia es eliminado en dos etapas analógicas; la primera, basada en un filtro paso bajo de capacidades conmutadas (filtro SC) de 5 orden, seguido de un filtro analógico convencional de segundo orden que elimina las frecuencias múltiplos de $64 \cdot f_s$ que no elimina el filtro SC. Los espectros respectivos se muestran en la figura siguiente, donde se ha escalado la frecuencia discreta Ω a la continua $f = \Omega/(2\pi T)$.

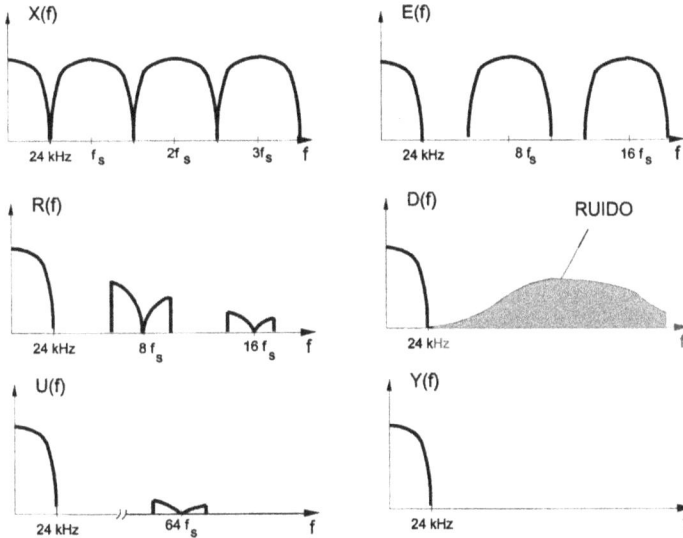

Fig. 11.23. Espectros de señales del conversor D/A delta-sigma de la figura anterior

11.3. Diezmado y filtrado simultáneos

Tanto la interpolación como el diezmado suelen conllevar un filtrado digital, en el primer caso como filtro interpolador y en el segundo como filtro *antialiasing*. Seleccionando adecuadamente la estructura, sea en hardware o por programación, puede efectuarse el filtrado simultáneamente a la intercalación o al diezmado de las muestras sin tener que programarse dos bloques separados para cada función. Como ejemplo, véase el caso de un diezmado y un filtrado simultáneos.

Sea el filtro FIR de la figura siguiente:

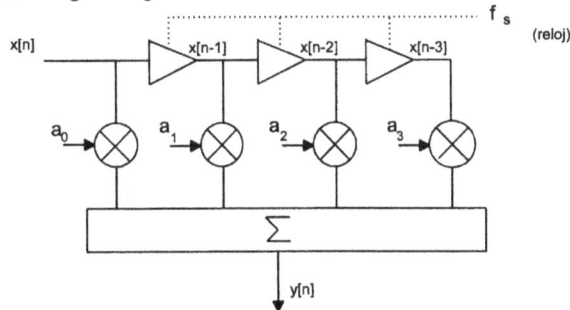

Fig. 11.24. Filtro FIR

correspondiente a la ecuación en diferencias:

$$y[n] = a_0 x[n] + a_1 x[n-1] + a_2 x[n-2] + a_3 x[n-3] \qquad (11.7)$$

Para cada instante *n* se tiene una *y[n]* sin diezmar (separación entre muestras de *T* segundos).

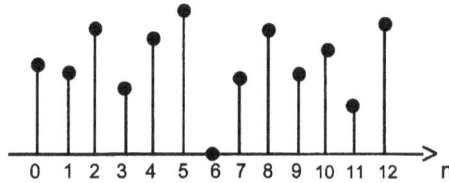

$y[7] = x[7]a_0 + x[6]a_1 + x[5]a_2 + x[4]a_3$

$y[8] = x[8]a_0 + x[7]a_1 + x[6]a_2 + x[5]a_3$

$y[9] = x[9]a_0 + x[8]a_1 + x[7]a_2 + x[6]a_3$

• • •

Si el mismo filtro se implementa con la estructura de la figura 11.25, donde mediante un registro de desplazamiento o una memoria EPROM se van desplazando los coeficientes con que se multiplican las muestras de *x[n]* en cada instante, de forma que un mismo coeficiente tarda 4 iteraciones (caso de la figura) en volver a multiplicar de nuevo a una muestra de *x[n]*. Las sucesivas salidas *y[n]* serán las de la figura 11.26.

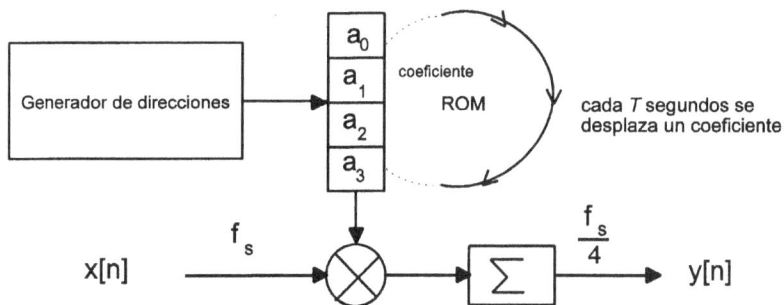

Fig. 11.25. Estructura que efectúa simultáneamente un diezmado y un filtrado FIR

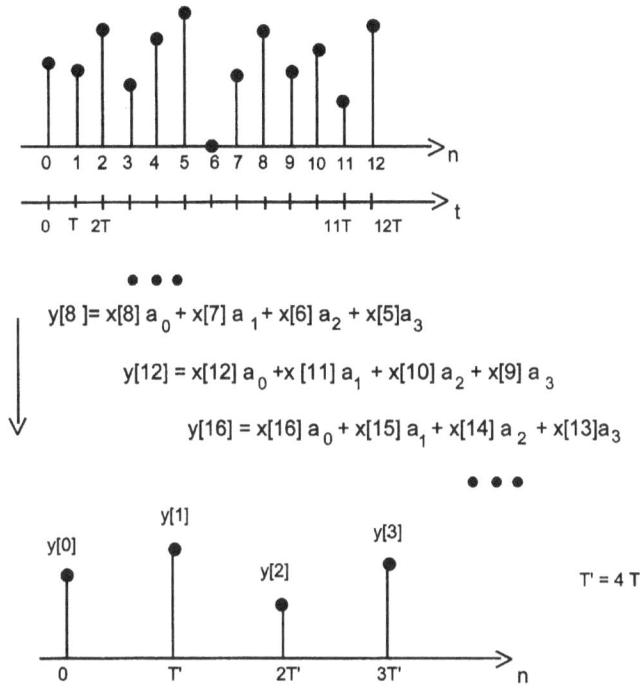

$$y[8] = x[8] a_0 + x[7] a_1 + x[6] a_2 + x[5]a_3$$

$$y[12] = x[12] a_0 + x[11] a_1 + x[10] a_2 + x[9] a_3$$

$$y[16] = x[16] a_0 + x[15] a_1 + x[14] a_2 + x[13]a_3$$

Fig. 11.26. Salida del filtro con un diezmado M = 4 (longitud del filtro FIR)

Como puede observarse, la separación entre muestras ya no es de T sino de $T' = 4T$, es decir, se consigue un diezmado por un factor $M = 4$, igual a la longitud del filtro FIR. Este tipo de estructuras de filtrado FIR son parecidas a a los filtros polifase antes mencionados. Asimismo, para implementar filtros con capacidad *antialiasing* en los procesos de diezmado pueden utilizarse filtros CIC (*Cascaded Integrator-Comb*), también de baja complejidad computacional (véase el ejercicio 11.6).

11.4. Codificación en subbandas frecuenciales

Algunos métodos de codificación de señales de audio digital o de imágenes, como los empleados en el casete digital compacto (DCC) o en el minidisco, se basan en un proceso de diezmado. Tal es el caso de la codificación en subbandas frecuenciales, que permite representar eficazmente señales tanto para su transmisión como para su almacenamiento. Esta codificación se basa en una descomposición de la señal en varias subbandas frecuenciales mediante un banco de filtros, cada una de las cuales se codifica por separado, utilizando un número desigual de bits para las diferentes subbandas. Como la mayor parte de la energía de la señal está contenida en las bajas frecuencias, en estas bandas se usan más bits, mientras que en las bandas de mayor frecuencia se va reduciendo su número. Por ejemplo, el estandard del CCITT G.722 para audio de 7 kHz a 64 kbits/s para teleconferencia en la red digital de servicios integrados (RDSI) codifica las bajas frecuencias a 48 kbits/s y las altas a 16 kbits/s. Además, en la codificación de audio se aprovechan propiedades perceptivas del oído humano, de forma que los codificadores varían el número de bits para cada banda frecuencial según su contenido energético, y el número de bits va disminuyendo a medida que la potencia en una determinada subbanda se va reduciendo en relación con las restantes, que son las que apreciará el oído. En muchos estándares, los codificadores son del tipo DPCM adaptativos (ADPCM). El esquema general de un codificador en subbandas es el de la figura siguiente (para 4 subbandas):

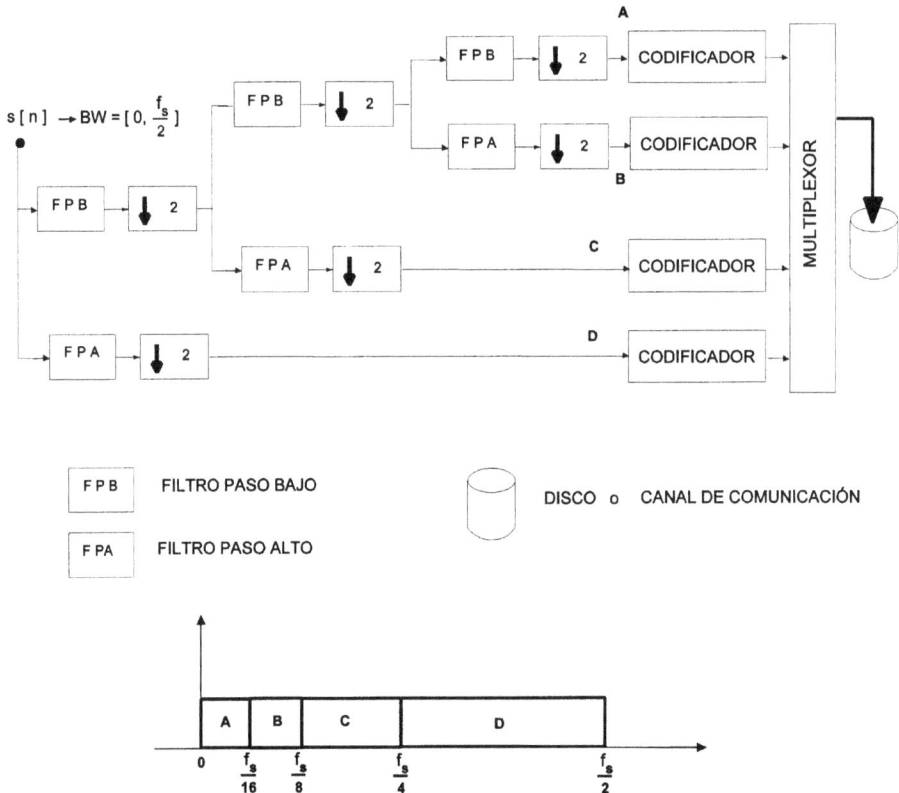

Fig. 11.27. Codificador en cuatro subbandas de frecuencia

A medida que se va reduciendo el ancho de banda de cada camino, se puede usar una menor frecuencia de muestreo, lo que permite el diezmado de la señal.

Los codificadores son los encargados de asignar un determinado número de bits a las muestras de la señal ya diezmada que aparece a su entrada. Si bien los algoritmos de asignación son variados, básicamente siguen las dos directrices anteriores: más bits para las bajas frecuencias y para las subbandas con niveles energéticos más altos.

En el caso de la figura, si cada codificador utiliza el mismo número de bits, en términos relativos se estan empleando más para la banda A que para la D, de mayor ancho de banda.

El decodificador seguiría el esquema de la figura siguiente:

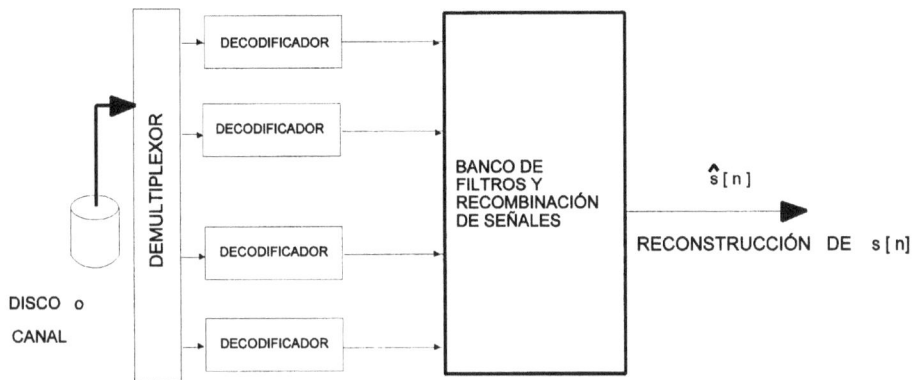

Fig. 11.28. Reconstrucción de la señal

11.5. Filtros espejo en cuadratura (*quadrature mirror filters*, QMF)

En aplicaciones como la del apartado anterior, en que es preciso dividir la señal en dos caminos diferentes para después volverla a recomponer, hay que encontrar filtros cuya respuesta frecuencial esté equilibrada entre los dos caminos. Esta situación también es habitual en electrónica analógica, por ejemplo en los filtros que separan las vías de bajos y de agudos en los equipos de audio.

Supóngase, a modo de introducción, que se quieren separar las bajas frecuencias de una secuencia por un camino, y las altas por otro. La solución ideal sería diseñar dos filtros, $H_1(\Omega)$ y $H_2(\Omega)$, tales como los de la figura 11.29.

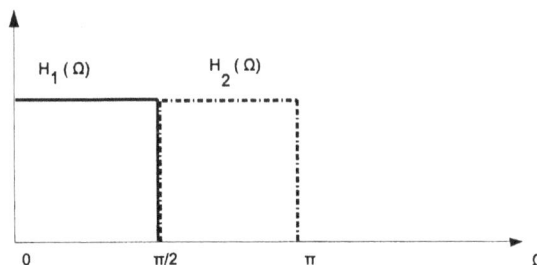

Fig. 11.29. Filtros separadores ideales

de modo que $H_1(\Omega)$ filtrará las componentes de baja frecuencia y $H_2(\Omega)$ las de alta frecuencia. El problema es que los dos filtros son ideales (de pendiente infinita) y, por tanto, no realizables de forma causal. Una alternativa igualmente válida y más fácil de realizar es buscar dos filtros equilibrados de la forma:

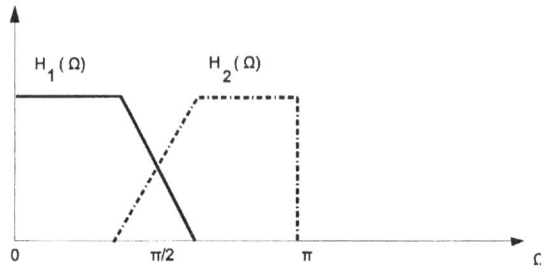

Fig. 11.30. Filtros separadores reales

de forma que la suma de las ganancias de los dos filtros a cada frecuencia da un valor constante y no queda ninguna banda frecuencial más destacada o atenuada que las restantes. Este tipo de filtros digitales son los filtros de imagen (o de espejo) en cuadratura, QMF. Para estudiarlos, se presenta un ejemplo sencillo, como es el de la figura 11.31.

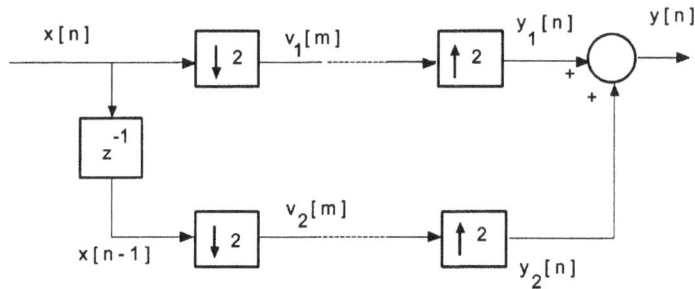

Fig. 11.31. Estructura académica con diezmado e interpolación

Como se ve en la figura:

$$v_1[m] = x[2n]$$

$$v_2[m] = x[2n-1]$$

(11.8)

Los dos interpoladores intercalan un cero entre cada par de muestras y generan unas secuencias:

$$y_1[n] = \begin{cases} x[n] & , n = 0,2,4,\ldots \\ 0 & , n = 1,3,5,\ldots \end{cases}$$

(11.9)

$$y_2[n] = \begin{cases} 0 & , n = 0,2,4,\ldots \\ x[n] & n = 1,3,5,\ldots \end{cases}$$

(11.10)

de modo que:

$$y_1[n] + y_2[n] = y[n] = x[n] \tag{11.11}$$

la salida $y[n]$ es una reconstrucción perfecta de $x[n]$. Las dos expresiones anteriores de $y_1[n]$ y de $y_2[n]$ pueden reescribirse de la forma siguiente:

$$y_1[n] = \frac{1}{2}[1+(-1)^n]x[n]$$

$$\tag{11.12}$$

$$y_2[n] = \frac{1}{2}[1-(-1)^n]x[n]$$

cuyas transformadas Z son (propiedad 5.3.8.7 de la transformada Z):

$$Y_1(z) = \frac{1}{2}[X(z)+X(-z)]$$

$$\tag{11.13}$$

$$Y_2(z) = \frac{1}{2}[X(z)-X(-z)]$$

y, al hacer la suma, los dos términos $X(-z)$ se cancelan y queda:

$$Y_1(z) + Y_2(z) = X(z) \tag{11.14}$$

Los términos $X(-z)$ cancelados representan el solapamiento que se produce al diezmar la secuencia $x[n]$. Nótese que no se ha partido de una hipótesis de sobremuestreo en la adquisición de $x[n]$, por lo que fácilmente se produce solapamiento al diezmar las muestras de entrada. Afortunadamente, al combinar ambos caminos a la salida desaparecen estos términos de solapamiento (ecuación 11.14).

Partiendo ahora de este ejemplo elemental, se ampliará a la estructura general de los QMF, donde los filtros $H(z)$ se denominan *de análisis* y los $G(z)$ son los filtros *de síntesis*. $H_1(z)$ es un filtro paso bajo y $H_2(z)$ un paso alto.

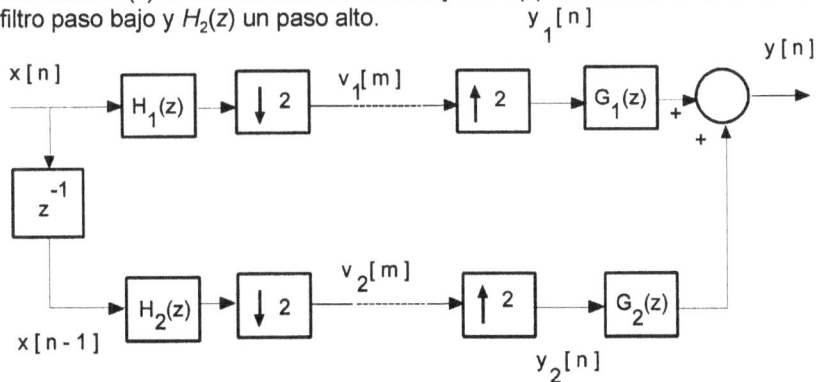

Fig. 11.32. Filtros QMF

Las secuencias $y_1[n]$ e $y_2[n]$ de la figura 11.32 serán:

$$y_1[n] = [1+(-1)^n]x[n] * h_1[n] \;\rightarrow\; Y_1(z) = \frac{1}{2}[X(z)H_1(z)+X(-z)H_2(-z)]$$

$$(11.15)$$

$$y_2[n] = [1-(-1)^n]x[n] * h_2[n] \;\rightarrow\; Y_2(z) = \frac{1}{2}[X(z)H_2(z)-X(-z)H_2(-z)]$$

con lo que la salida $Y(z)$ será:

$$Y(z) = Y_1(z)G_1(z) + Y_2(z)G_2(z) =$$

$$= \frac{1}{2}[X(z)H_1(z)G_1(z)+X(-z)H_1(-z)G_1(z)+ \tag{11.16}$$

$$+ X(z)H_2(z)G_2(z)-X(-z)H_2(-z)G_2(z)]$$

de donde se observa una doble condición para que la salida $y[n]$ sea igual a la entrada $x[n]$. La primera condición es para eliminar los términos de solapamiento:

$$H_1(-z)G_1(z) - H_2(-z)G_2(z) = 0 \tag{11.17}$$

la cual se satisface si:

$$G_1(z) = H_2(-z)$$

$$\tag{11.18}$$

$$G_2(z) = H_1(-z)$$

La segunda condición para que la reconstrucción de $x[n]$ sea perfecta es:

$$\frac{1}{2}[H_1(z)G_1(z)+H_2(z)G_2(z)] = 1 \tag{11.19}$$

que se cumple si:

$$G_1(z) = H_1(z^{-1})$$

$$\tag{11.20}$$

$$G_2(z) = H_2(z^{-1})$$

Esta condición se denomina de *complementariedad en potencia*. Se dice que dos filtros son complementarios en potencia cuando cumplen la relación:

$$|H_1(\Omega)|^2 + |H_2(\Omega)|^2 = 1 \tag{11.21}$$

o, lo que es lo mismo para filtros con coeficientes reales, que:

$$H_1(z)H_1(z^{-1}) + H_2(z)H_2(z^{-1}) = 1 \tag{11.22}$$

Como es inmediato apreciar, hay otras combinaciones matemáticas entre $G(z)$ y $H(z)$ que harían cumplir las dos condiciones anteriores. Sin embargo, no hay que perder de vista que no se pueden hacer las dos $H(z)$ iguales, pues entonces los dos caminos llevarían la misma información (por ejemplo, no podrían separarse bajas y altas frecuencias). Asimismo, tampoco pueden ser iguales las dos $G(z)$. Y tampoco se pueden hacer iguales $H(z)$ con $G(z)$, pues unos filtros van asociados a la parte de diezmado y los otros a la de interpolación. Combinando las dos condiciones, se tiene que las ecuaciones de diseño, referidas a un filtro paso bajo $H(z)$ son:

$$H_1(z) = H(z)$$

$$H_2(z) = H(-z^{-1})$$

$$G_1(z) = H(z^{-1})$$

$$G_2(z) = H(-z)$$

$$(11.23)$$

En la siguiente figura se muestran unas gráficas de amplificación de dos filtros espejo. Nótese la simetría impar respecto al punto central de la banda frecuencial.

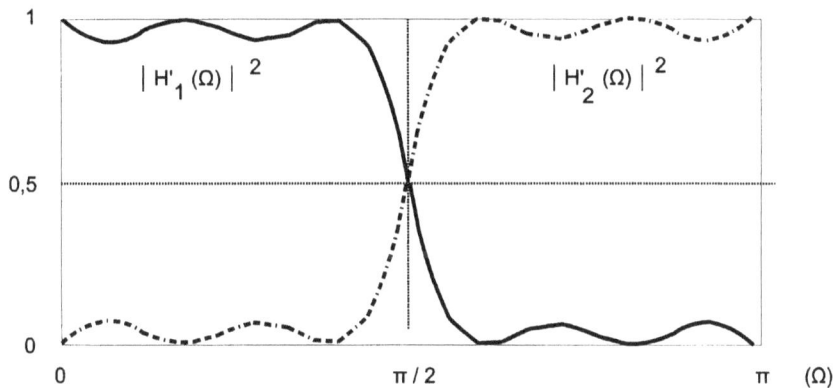

Fig. 11.33. Simulación en Matlab de dos filtros espejo, acordes a la estructura de la figura anterior

Los QMF suelen realizarse con filtros FIR (las realizaciones con filtros IIR son escasas). A la vista de las ecuaciones de diseño anteriores, cabe observar algún detalle sobre su realización. Si se quiere realizar un QMF de forma causal, que será lo más habitual, se partirá obviamente de un prototipo $H(z)$ causal. Pero al diseñar los bloques $H_2(z)$ y $G_1(z)$, sus realizaciones serán anticausales ($H(-z^{-1})$ y $H(z^{-1})$). Para poderlos implementar con una ecuación en diferencias causal, habrá que añadir tantos polos en el origen (retardos) como sea necesario. Supóngase que se han añadido M polos; entonces, las expresiones causales de $H_2(z)$ y de $G_1(z)$ son:

$$H_2(z) = z^{-M} H(-z^{-1})$$

$$G_1(z) = z^{-M} H(z^{-1})$$

$$(11.24)$$

apareciendo un retardo de *M* muestras en los dos caminos, cuyo único efecto es introducir un retardo igual en la salida *y*[*n*] sin distorsionarla, lo que no suele tener mayor importancia.

11.6. Transmultiplexores

Los transmultiplexores son dispositivos que convierten señales multiplexadas en el tiempo (TDM) en señales multiplexadas en frecuencia (FDM), y viceversa. El esquema de bloques de un transmultiplexor de TDM a FDM es el de la figura:

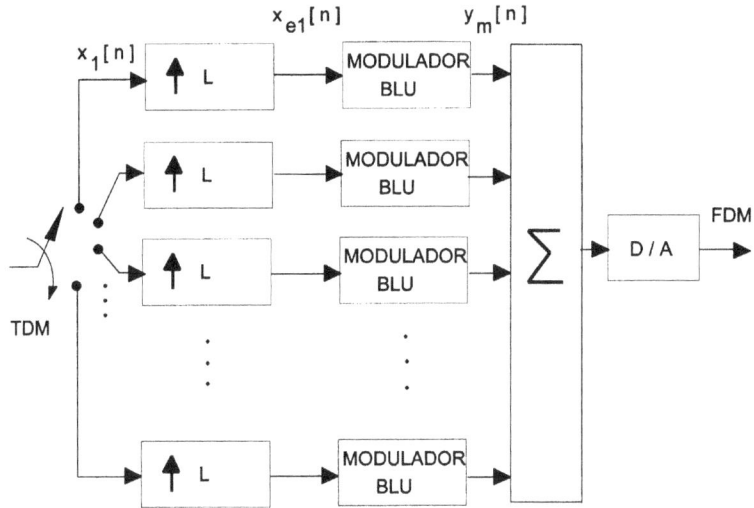

Fig. 11.34. Transmultiplexor de TDM a FDM

La señal TDM, como se ha visto en el capítulo 4, está formada por muestras de diferentes fuentes, que se van muestreando rotatoriamente, intercaladas en el tiempo. El primer paso del transmultiplexor es la desintercalación de las muestras con otro dispositivo que actúa a modo de conmutador giratorio, orientando todas las muestras de la fuente 1 por la rama superior, las de la fuente 2 por la segunda rama, y así sucesivamente. Los moduladores digitales de banda lateral única (BLU), que se supondrán de banda lateral superior, siguen el esquema de la figura:

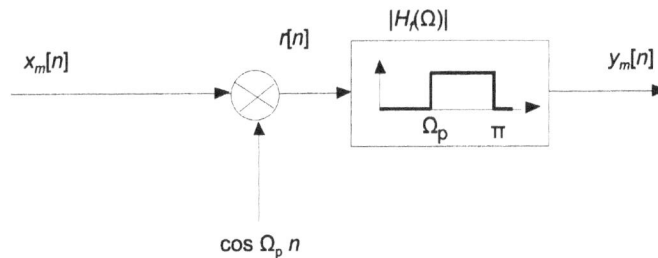

Fig. 11.35. Modulador básico de banda lateral única (BLU)

La señal modulada $r[n]$ es el producto de la moduladora $x_m[n]$ por la portadora $\cos \Omega_p n$. Su espectro, ya tratado como un ejemplo del capítulo 7, es:

$$R(\Omega) = X_m(\Omega)\, F(\cos \Omega_p n) =$$

$$= X_m(\Omega)\, \left(\pi \sum_{k=-\infty}^{\infty} [\delta(\Omega - \Omega_p + 2\pi k) + \delta(\Omega + \Omega_p + 2\pi k)]\right) = \qquad (11.25)$$

$$= \pi \sum_{k=-\infty}^{\infty} [X_m(\Omega - \Omega_p + 2\pi k) + X_m(\Omega + \Omega_p + 2\pi k)]$$

correspondiente a una modulación en doble banda lateral (DBL). La función del filtro $H_f(\Omega)$ es eliminar la banda lateral inferior y permitir el paso de la superior, de forma que su salida es una señal modulada en BLU superior. El interpolador previo al modulador BLU incluye los dos pasos de intercalado de muestras y el filtro paso bajo interpolador. Los espectros de las diferentes señales para el canal 1 de la figura 11.34 se ilustran en la figura 11.36.

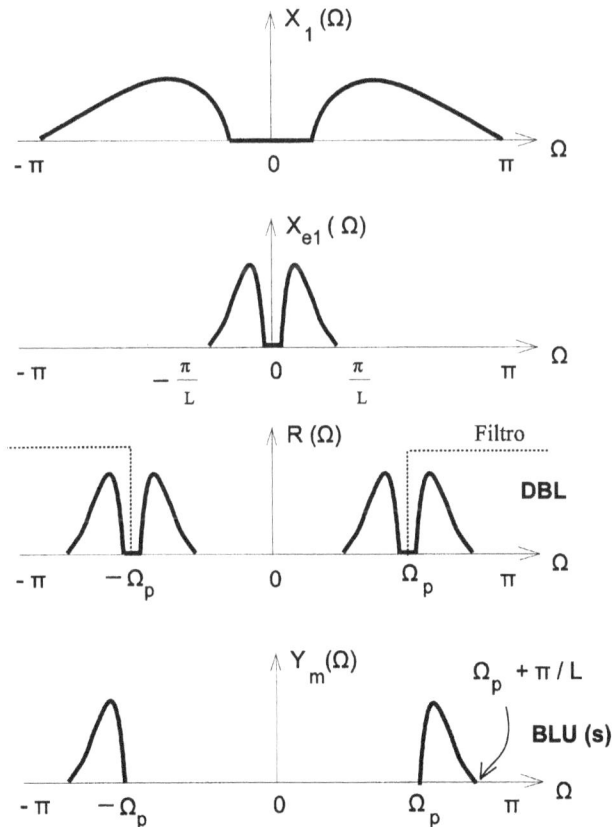

Fig. 11.36. Espectros de la señal (figuras 11.34 y 11.35) durante el proceso de transmodulación

Si las portadoras de los diferentes canales están separadas por un factor π/L, siendo L el factor de interpolación:

$$\Omega_{p(i+1)} = \Omega_{pi} + \frac{\pi}{L} \qquad (11.26)$$

la gráfica anterior de $Y_m(\Omega)$ se irá repitiendo para cada canal, con un desplazamiento de π/L radianes entre canales consecutivos. De esta forma, se obtendrá la señal múltiplex FDM.

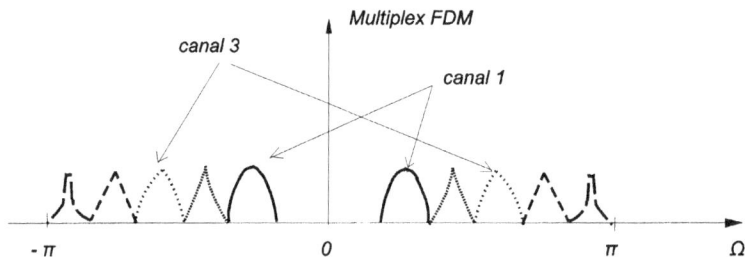

Fig. 11.37. Señales multiplexadas en frecuencia

EJERCICIOS

11.1. Sea una secuencia finita $x[n]$ de longitud N, cuya longitud se desea doblar. Para ello, se proponen tres métodos:

a) ampliarla con N ceros (*zero padding*)
b) intercalar un cero entre cada dos muestras de $x[n]$
c) repetir una vez el valor de la muestra anterior de $x[n]$

Halle la transformada de Fourier de cada secuencia ampliada a longitud $2N$ y compárela con la de $x[n]$.

(Sugerencia: Para el caso *b*, considere una secuencia $y[n] = x[n/2]$ y, para el caso *c*, descomponga la TFSD en un sumatorio con las muestras pares y otro con las impares.)

11.2. Una secuencia $x[n]$ tiene un espectro como el de la figura:

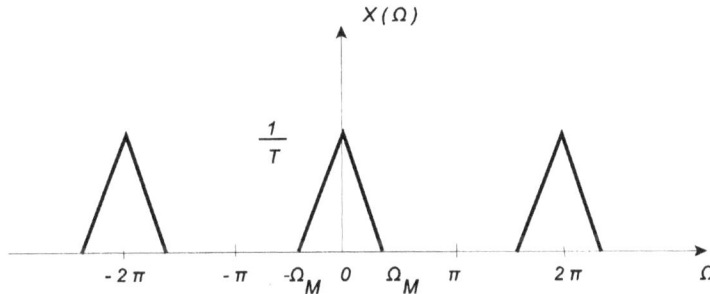

Si a partir de ella se construye la secuencia $y[n] = x[Mn]$, siendo $M = 4$, indique cuál puede ser el mayor valor de Ω_M sin que se produzca solapamiento. ¿Puede aumentarse este valor de Ω_M con filtros *antialising*? Razone la respuesta. ¿Qué sentido tendría un filtro *antialising* previo al diezmado si $\Omega_M = \pi/2$?

11.3. El espectro de una secuencia $x[n]$ obtenida del muestreo de $x(t)$ es el de la figura:

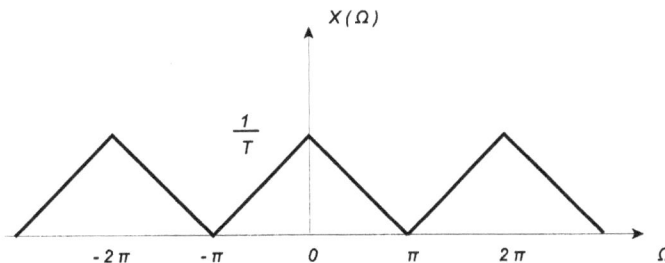

Esta señal entra a una cadena formada por un interpolador de orden $L = 5$, un conversor D/A (que actúa como operador de mantenimiento de orden cero) y un filtro paso bajo. El período de muestreo de la señal $x[n]$ ha sido de $T = 0{,}01$ s.

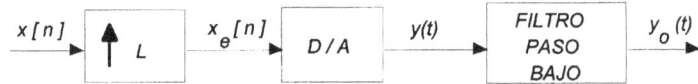

a) Dibuje los espectros de la señal de salida del interpolador y del conversor D/A y, a la vista de los resultados, seleccione el mejor filtro paso bajo (no ideal) para reconstruir $x(t)$.

b) Si se elimina el interpolador, dibuje el nuevo espectro de salida del conversor D/A y vuelva a seleccionar un filtro paso bajo.

c) ¿Qué diferencias ha encontrado entre los dos filtros paso bajo?

11.4. Demuestre que la estructura a es equivalente a la b, y que la c lo es a la d. Estas equivalencias se denominan "identidades nobles".

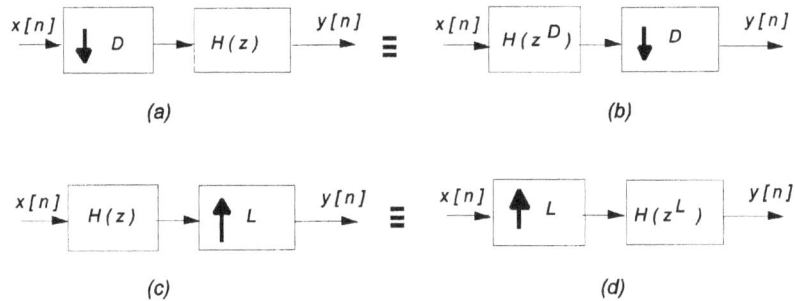

(a) (b)

(c) (d)

11.5. El espectro de una secuencia $x[n]$ es el de la figura:

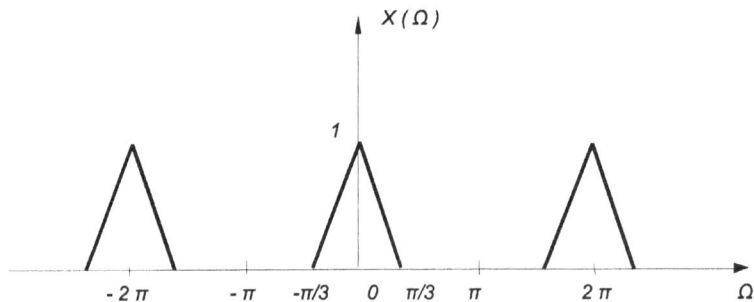

Una vez almacenada en la memoria de un ordenador, se han borrado accidentalmente las muestras almacenadas en las direcciones de memoria pares, es decir, las muestras correspondientes a los instantes $n = 0, 2, 4...$ ¿Podría sugerir un método para recuperar la información borrada?

11.6. Los filtros CIC han sido introducidos en el apartado 11.3, y su principal interés es la baja complejidad computacional para su implementación, al no requerirse multiplicaciones. Como se verá, bastan sumadores (restadores) y bloques de desplazamiento. Un filtro CIC suele denotarse como CIC (M, R), siendo M el factor de diezmado y R el orden del filtro. La estructura más habitual es la de la figura siguiente:

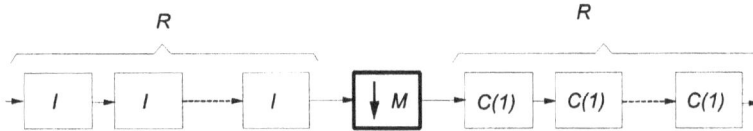

que puede analizarse por su equivalente matemático:

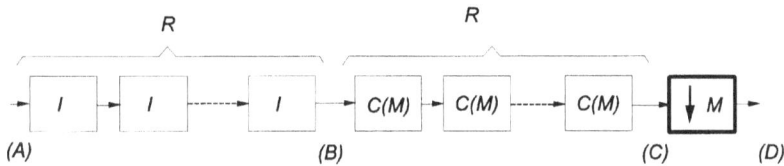

siendo los bloques integradores:

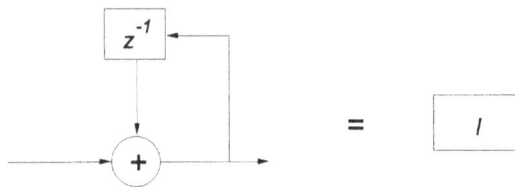

y los bloques *comb*:

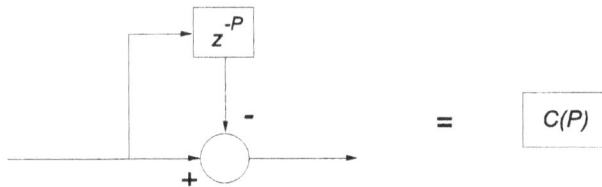

Suponiendo $R = 4$ y $M = 3$ se pide:

a) Esboce $H(\Omega)$ después de los integradores –entre el punto A y el B.

b) Ídem después de los bloques *comb* –entre el punto A y el C.

c) Ídem después del diezmador –entre el punto A y el D.

APÉNDICE A

LA TRANSFORMADA DE LAPLACE

A.1. Introducción

La transformada de Laplace se utiliza para representar y estudiar el comportamiento dinámico de señales y sistemas. A diferencia de la transformada de Fourier (que se puede entender como un caso particular de la de Laplace cuando los sistemas son causales y sólo interesa evaluar su comportamiento frecuencial en régimen permanente senoidal), la transformada de Laplace da, a la vez, información tanto temporal como frecuencial, y permite evaluar tanto el régimen transitorio como el permanente frente a entradas no necesariamente senoidales.

A.2. La transformada de Laplace

Supongáse un sistema lineal descrito por la ecuación diferencial que caracteriza su comportamiento. La resolución directa de esta ecuación diferencial, salvo en casos triviales, suele ser engorrosa y, en la práctica, no es operativa para sistemas de un cierto orden. Con ayuda de la transformada de Laplace, las ecuaciones diferenciales se convierten en ecuaciones algebraicas, mucho más sencillas de resolver y evaluar.

No obstante, las transformadas de Laplace no son sólo otro modo de resolución de ecuaciones diferenciales, sino que ofrecen una perspectiva nueva del comportamiento del sistema. Estas transformadas permiten evaluar simultáneamente señales y sistemas, tanto en el dominio temporal como en otro transformado, llamado *conjunto de definición de las frecuencias complejas*.

La transformación de Laplace se representa con un operador L, de la forma $L\{v(t)\} = V(s)$. Esta expresión nos dice que $V(s)$ es la transformada de Laplace de $v(t)$. En la operación de transformación intervienen dos conjuntos de definición: el del tiempo, en el cual la señal está caracterizada por $v(t)$, y el de las frecuencias complejas, en el cual la señal está representada por su transformada $V(s)$.

La variable s se denomina frecuencia compleja y es igual a $\sigma + j\omega$, donde σ es la constante de atenuación (relacionada con la velocidad de la respuesta transitoria) y ω es la pulsación (relacionada con la frecuencia de las oscilaciones, si las hay, y con la respuesta frecuencial).

La transformada de Laplace de una señal causal $v(t)$ se define de la forma:

$$V(s) \;=\; \int_{0^-}^{\infty} v(t)\; e^{-st}\; dt \qquad\qquad (A.1)$$

Esta integral impropia converge si la señal $v(t)$ es continua o, como mucho, continua a tramos (es decir, en todo intervalo finito tiene un número finito de discontinuidades de tipo escalón). Las funciones habituales en aplicaciones prácticas cumplen esta condición de convergencia.

Nótese que la integral convergerá aunque $v(t)$ sea una función ascendente, si existen unas constantes K y b tales que $|v(t)| < K\, e^{bt}$ para todo valor de t mayor que un cierto T. Consecuencia de esta condición es la validez de la transformada de Laplace para representar sistemas inestables (asociados a exponenciales crecientes en su respuesta impulsional).

En la ecuación A.1 se tiene un límite inferior representado por 0-, que indica un instante inmediatamente anterior a $t = 0$. Se hace esto porque al tratar con la respuesta del sistema pueden aparecer discontinuidades de $v(t)$ en $t = 0$, es decir, $v(0-) \neq v(0)$. Tal sería el caso de un interruptor que se cierra en $t = 0$. Para captar esta discontinuidad en el proceso de integración, se pone el límite inferior en $t = 0-$, inmediatamente antes del suceso. Con ello, se pueden tratar funciones con condiciones iniciales.

Otra observación importante es el hecho de que la definición anterior de la transformación de Laplace conlleva la necesidad de que las señales deben ser idénticamente nulas para todo t negativo.

A.3. Propiedades principales

1. Es una operación lineal

Si:

$$L[v_1(t)] = V_1(s) \quad y \quad L[v_2(t)] = V_2(s) \tag{A.2}$$

la transformada de su suma ponderada por unas constantes A y B será:

$$L[Av_1(t) + Bv_2(t)] = \int_0^\infty [Av_1(t) + Bv_2(t)]\, e^{-st}\, dt$$

$$= A \int_0^\infty v_1(t) e^{-st}\, dt + B \int_0^\infty v_2(t)\, e^{-st}\, dt \tag{A.3}$$

Es decir:

$$L[A\, v_1(t) + B\, v_2(t)] = A\, V_1(s) + B\, V_2(s) \tag{A.4}$$

2. Integración (supuesto sin condiciones iniciales)

$$L\left[\int_0^t v(t)\, dt\right] = \frac{V(s)}{s} \tag{A.5}$$

3. Derivación (supuesto con condiciones iniciales)

$$L[f'(t)] = s\,F(s) - f(0)$$

$$(...)$$

$$L[f^{n)}(t)] = s^n\,F(s) - s^{n-1}\,f(0) - ... - s\,f^{n-2)}(0) - f^{n-1)}(0)$$

$$L[\frac{dv(t)}{dt}] = sV(s) - v(0-)$$

$$L[\frac{d^2v(t)}{dt^2}] = s^2V(s) - sv(0-) - v'(0-) \tag{A.6}$$

$$L[\frac{d^3v}{dt^3}] = s^3V(s) - s^2v(0-) - sv'(0-) - v''(0-)$$

4. Traslación en el tiempo

$$L[f(t-a)] = e^{-as}\,F(s) \tag{A.7}$$

5. Valores inicial y final

a) $\displaystyle\lim_{t \to 0} f(t) = \lim_{s \to +\infty} s\,F(s)$

b) $\displaystyle\lim_{t \to +\infty} f(t) = \lim_{s \to 0} s\,F(s)$
$$\tag{A.8}$$

6. Convolución

$$y(t) = h(t) * x(t) \leftrightarrow Y(s) = H(s)\,X(s) \tag{A.9}$$

A.4. Tabla de transformadas

$f(t)$	$\leftrightarrow$	$F(s)$
.		.
$u(t)$	$\leftrightarrow$	$\dfrac{1}{s}$
$t^n\, u(t)$	$\leftrightarrow$	$\dfrac{n!}{s^{n+1}}$
$e^{\alpha t}\, u(t)$	$\leftrightarrow$	$\dfrac{1}{s-\alpha}$
$\cos\beta t\; u(t)$	$\leftrightarrow$	$\dfrac{s}{s^2+\beta^2}$
$\sin\beta t\; u(t)$	$\leftrightarrow$	$\dfrac{\beta}{s^2+\beta^2}$
$e^{\alpha t}\cos\beta t\; u(t)$	$\leftrightarrow$	$\dfrac{s-\alpha}{(s-\alpha)^2+\beta^2}$
$e^{\alpha t}\sin\beta t\; u(t)$	$\leftrightarrow$	$\dfrac{\beta}{(s-\alpha)^2+\beta^2}$
$t^n\, e^{\alpha t}\, u(t)$	$\leftrightarrow$	$\dfrac{n!}{(s-\alpha)^{n+1}}$
$t\cos\beta t\; u(t)$	$\leftrightarrow$	$\dfrac{s^2-\beta^2}{(s^2+\beta^2)^2}$
$t\sin\beta t\; u(t)$	$\leftrightarrow$	$\dfrac{2\beta s}{(s^2+\beta^2)^2}$
$u(t-a)$	$\leftrightarrow$	$\dfrac{e^{-as}}{s}$
$\delta(t)$	$\leftrightarrow$	1
$\delta(t-a)$	$\leftrightarrow$	e^{-as}

A.5. Transformada inversa de Laplace

El proceso de recuperación de la forma temporal a partir de su transformada se denomina *transformación inversa de Laplace*. Simbólicamente, se puede enunciar la propiedad de unicidad de la transformada de la manera siguiente:

$$Si \quad L[v(t)] = V(s), \quad \rightarrow \quad L^{-1}[V(s)] \stackrel{\circ}{=} v(t)\, u(t) \tag{A.10}$$

siendo $u(t)$ la función escalón unitario. El símbolo L^{-1} representa la transformación inversa de Laplace. La notación $\stackrel{\circ}{=}$ significa igual en casi todos los puntos. Los únicos puntos en los cuales puede no ser válida la igualdad son los de discontinuidad de $v(t)$.

Formalmente, la definición de la transformada inversa viene dada por la expresión:

$$v(t) = \frac{1}{2\pi j} \int_{\sigma_1 - j\omega}^{\sigma_1 + j\omega} V(s)\, e^{st}\, ds\,; \qquad (t > 0) \tag{A.11}$$

que es difícil de calcular (integral de variable compleja donde hay que aplicar ciertos teoremas para su resolución). Afortunadamente, en la mayoría de las aplicaciones, la transformada de Laplace resulta ser una función racional (es decir, un cociente de polinomios), con el numerador de menor grado que el denominador. Por ello, es fácil obtener la transformación inversa por el método que se presenta a continuación.

Sea $F(s) = P(s) / Q(s)$, donde P y Q son polinomios en s con coeficientes reales y grado(P) < grado(Q). Al descomponer en fracciones simples $F(s)$, pueden aparecer los sumandos siguientes:

a)   Si α es una raíz real de Q con orden de multiplicidad r, los posibles sumandos   son:

$$\frac{A_1}{s-\alpha}, \quad \frac{A_2}{(s-\alpha)^2} \quad ,..., \quad \frac{A_r}{(s-\alpha)^r} \tag{A.12}$$

para los que se tiene, en el caso general en que $k \neq 1$ (véase la tabla anterior):

$$\frac{A_k}{(s-\alpha)^k} = \frac{A_k}{(k-1)!} \frac{(k-1)!}{(s-\alpha)^k} = L\left[\frac{A_k}{(k-1)!}\, t^{k-1}\, e^{\alpha t}\right] \tag{A.13}$$

El cálculo de los diferentes coeficientes que intervienen en la descomposición puede efectuarse por el conocido método de los coeficientes indeterminados. En general:

$$A_k = \frac{1}{(r-k)!} \frac{d^{r-k}}{ds^{r-k}} \frac{P(s)}{Q(s)/(s-\alpha)^r} \quad para \quad s=\alpha \tag{A.14}$$

Para el caso trivial (y, a la vez, el más común) de $k = 1$, se tiene:

$$\frac{A_1}{(s-\alpha)} = L\,[A_1\,e^{\alpha t}] \tag{A.15}$$

b)   Si $\alpha+j\beta$ es una raíz compleja de Q, entonces $\alpha+j\beta$ también lo será, y con el mismo orden de multiplicidad por haber Q coeficientes reales. Se pueden englobar los sumandos correspondientes a estas dos raíces, con lo que los términos que aparecerán en la descomposición de $F(s)$ serán (si las raíces son simples):

$$\frac{As+B}{(s-\alpha)^2+\beta^2} = \frac{A(s-\alpha)}{(s-\alpha)^2+\beta^2} + \frac{A\alpha+B}{\beta}\,\frac{\beta}{(s-\alpha)^2+\beta^2} =$$

$$= L[A\,e^{\alpha t}\,\cos\beta t + \frac{A\alpha+B}{\beta}\,e^{\alpha t}\,\text{sen}\beta t] \tag{A.16}$$

Ejemplo

Sea una trasformada $F(s)$ tal que:

$$F(s) = \frac{s^2+3}{s^4-s^3-s^2+s}$$

Partiendo de su descomposición en factores simples, se tiene:

$$F(s) = \frac{s^2+3}{s^4-s^3-s^2+s} = \frac{A}{s-1} + \frac{B}{(s-1)^2} + \frac{C}{s} + \frac{D}{s+1}$$

$$B = \frac{s^2+3}{s(s+1)}\Big|_{s=1} = 2$$

$$A = \frac{d}{ds}\frac{s^2+3}{s(s+1)}\Big|_{s=1} = -2$$

$$C = \frac{s^2+3}{(s-1)^2(s+1)}\Big|_{s=0} = 3$$

$$D = \frac{s^2+3}{(s-1)^2 s}\Big|_{s=-1} = -1$$

es decir:

$$F(s) = \frac{s^2+3}{s^4-s^3-s^2+s} = -\frac{2}{s-1} + \frac{2}{(s-1)^2} + \frac{3}{s} - \frac{1}{s+1}$$

y, utilizando la tabla anterior de transformadas:

$$f(t) = \left(-2e^{t} + 2te^{t} + 3 - e^{-t}\right) u(t)$$

Los coeficientes anteriores del desarrollo en fracciones parciales (o en factores simples) de $F(s)$, también denominados *residuos*, pueden hallarse también de otro modo teniendo en cuenta que el objetivo final es la obtención de las antitransformadas de cada fracción. Supóngase un caso general con polos simples, múltiples y complejos. Primero se factoriza el denominador de $F(s)$ y después se desarrolla en fracciones parciales:

$$F(s) = \frac{numerador}{(s+\alpha)\,s\,(s+\beta)^{n}\,((s+r)^{2}+q^{2})} = \frac{A}{s+\alpha} + \frac{B}{s} + \frac{C}{(s+\beta)^{n}} + \frac{D}{(s+r)^{2}+q^{2}}$$

En el caso de polos simples, el residuo viene determinado por:

$$A = \lim_{s\to-\alpha}(s+\alpha)\,F(s)$$

(La segunda fracción es un caso particular para $\alpha = 0$.) Para polos múltiples (repetidos), la solución es de la forma:

$$\frac{C}{(s+\beta)^{n}} = \frac{C}{(n-1)!}\, t^{n-1}\, e^{-\beta t}\, u(t)$$

Y para polos complejos:

$$s = -r \pm jq$$

se descompone el término:

$$\frac{D}{(s+r)^{2}+q^{2}} = \frac{K_{1}}{s+r-jq} + \frac{K_{1}^{*}}{s+r+jq}$$

siendo:

$$K_{1} = \lim_{s\to-r+jq}(s+r-jq)\,F(s)$$

expresión que dará una K_{1} compleja. La antitransformada de este término es:

$$\frac{D}{(s+r)^{2}+q^{2}} \doteq 2\,|K_{1}|\,e^{-rt}\cos(qt + arg(K_{1}))$$

A.6. Plano S

La operación de sistemas mediante su función de transferencia presenta ciertas ventajas, entre ellas evitar la operación de convolución necesaria para determinar, en el dominio temporal, su salida frente a una cierta entrada (propiedad de convolución). La respuesta $y(t)$ frente a una excitación $x(t)$ de un sistema lineal descrito por una respuesta impulsional $h(t)$ –respuesta al impulso $\delta(t)$– es:

$$y(t) = h(t) * x(t)$$

operación que es más fácil de obtener, para entradas y sistemas usuales, en el dominio transformado:

$$Y(s) = H(s) \, X(s)$$

Si las funciones *f*(*s*) listadas en la tabla anterior correspondieran a la respuesta impulsional de un sistema, *F*(*s*) = *H*(*s*) sería su función de transferencia (ya que la salida coincide con *F*(*s*) al ser la transformada de la entrada unitaria). Las raíces del numerador de *F*(*s*) se denominarán *ceros de la función*, mientras que a las del denominador serán los *polos*.

Como ya se ha introducido, la variable *s* es una variable compleja: $s = \sigma + j\omega$. Observando la tabla anterior, y dejando ahora aparte la función δ(*t*) como un caso especial, puede observarse que todas las *F*(*s*) con polos positivos están asociadas a formas temporales donde aparecen exponenciales crecientes: en este caso, la *f*(*t*) del sistema tiende a infinito (sistema inestable). Por el contario, si se cambia el signo de las exponenciales que aparecen en la columna de las *f*(*t*), entonces los polos pasan a ser negativos. Cuando en *f*(*t*) no hay exponenciales, la parte real de los polos es cero, y pueden ser imaginarios en el caso de las transformadas de senoides no amortiguadas (osciladores senoidales), o estar en el origen (*s* = 0) para el caso del escalón. Así, puede generalizarse diciendo que cuando haya polos en el semiplano derecho del plano *S* (σ > 0), habrá términos inestables; si los polos están sobre el eje imaginario, habrá oscilaciones mantenidas (polos imaginarios puros) o términos constantes (polo en el origen), y si todos están en el semiplano izquierdo, entonces la respuesta libre del sistema tiende a cero (y, por tanto, será un sistema estable). Todo ello es fácil de observar gráficamente en el plano *S*.

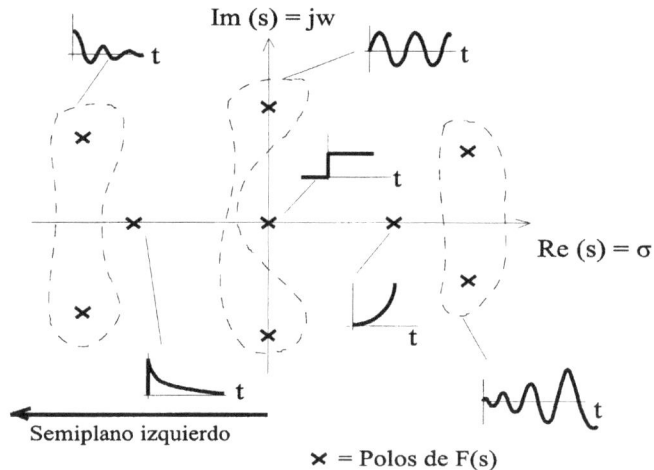

Figura A.1. Plano S

Por otro lado, los ceros de *F*(*s*) no afectan a su estabilidad (aunque sí afectan a la amplitud de los componentes de la respuesta temporal). Puede comprobarse en el ejemplo anterior que la forma de las exponenciales no varía si se cambia la posición de los ceros, pero sí lo hacen los coeficientes del resultado. En el diagrama de polos y ceros del ejemplo anterior aparecerían polos en el semiplano derecho (nótese que ha salido una *f*(*t*) inestable: exponenciales crecientes). No hace falta que todos los polos estén en el semiplano derecho para que un sistema sea inestable; con un sólo polo es suficiente.

APÉNDICE B

TRANSFORMADA DE FOURIER DE TIEMPO CONTINUO

B.1. Introducción

La transformada de Fourier de tiempo continuo (o transformada continua de Fourier) es una herramienta para representar señales en el dominio frecuencial y para operar en este dominio, que se supone conocido para el lector de este texto. El objetivo del presente apéndice es ofrecer un recordatorio de las principales definiciones, propiedades y pares de transformadas.

B.2. Definición

La transformada de Fourier de una señal $x(t)$ se define como:

$$X(\omega) = \int_{-\infty}^{\infty} x(t)\ e^{-j\omega t}\ dt \qquad\qquad (B.1)$$

siendo la transformada inversa:

$$x(t) = \frac{1}{2\pi} \int_{-\infty}^{\infty} X(\omega)\ e^{j\omega t}\ d\omega \qquad\qquad (B.2)$$

Estas transformadas no son obtenibles para todas las señales. Hay unas condiciones que deben cumplir las señales (condiciones de Dirichlet) y que garantizan la existencia de sus transformadas de Fourier. Pero, como las señales usuales en ingeniería cumplen estas condiciones, no se considera necesario detallarlas.

Un caso especial son las señales procedentes de salidas de sistemas inestables, en forma de exponenciales ascendentes o de sinusoides multiplicadas por exponenciales ascendentes.

En B.1 puede verse que, si $x(t)$ es una señal tal que para $t = \infty$, $x(t) = \infty$, la integral no convergerá. Por ello, las señales de salida de sistemas inestables no se pueden describir con transformadas de Fourier.

Ejemplo de cálculo

La transformada de Fourier de la función:

$$x(t) = e^{-at} u(t)$$

será:

$$X(\omega) = \int_0^\infty e^{-at} e^{-j\omega t} dt = \int_0^\infty e^{-(a+j\omega)t} dt =$$

$$= \frac{e^{-(a+j\omega)t}}{-(a+j\omega)} \Big|_0^\infty = \frac{1}{a+j\omega}$$

B.3. Propiedades principales

1. Linealidad

$$ax_1(t) + bx_2(t) \leftrightarrow aX_1(\omega) + bX_2(\omega) \tag{B.3}$$

2. Propiedades de simetría

Si $x(t)$ es una función de variable real en el tiempo, entonces:

$$X(-\omega) = X^*(\omega) \tag{B.4}$$

En consecuencia, si se expresa $X(\omega)$ en forma rectangular y con $x(t)$ real:

$$X(\omega) = Re\{X(\omega)\} + Im\{X(\omega)\}$$

se tiene:

$$Re\{X(\omega)\} = Re\{X(-\omega)\}$$
$$Im\{X(\omega)\} = -Im\{X(-\omega)\} \tag{B.5}$$

Se ve que la parte real es una función par de la frecuencia, mientras que la parte imaginaria es una función impar. Del mismo modo, si se considera la representación polar de la transformada:

$$X(\omega) = |X(\omega)| e^{j\theta(\omega)} \tag{B.6}$$

puede deducirse que el módulo es una función par de ω y la fase una función impar de la misma. Por ello, es suficiente representar la transformada en el eje positivo de frecuencias, ya que de ahí se pueden deducir sus valores para el negativo.

3. Desplazamiento temporal

Si:

$$x(t) \leftrightarrow X(\omega)$$

entonces:

$$x(t-t_0) \leftrightarrow e^{-j\omega t_0} X(\omega) \tag{B.7}$$

4. Diferenciación e integración

$$\frac{dx(t)}{dt} \leftrightarrow j\omega X(\omega) \tag{B.8}$$

$$\int_{-\infty}^{t} x(\tau)d\tau \leftrightarrow \frac{1}{j\omega}X(\omega) + \pi X(0)\delta(\omega) \tag{B.9}$$

5. Escalado de tiempo y frecuencia

Si:

$$x(t) \leftrightarrow X(\omega)$$

entonces:

$$x(at) \leftrightarrow \frac{1}{|a|}X(\frac{\omega}{a}) \tag{B.10}$$

6. Dualidad

Si:

$$g(t) \leftrightarrow f(\omega)$$

entonces:

$$f(t) \leftrightarrow 2\pi g(-\omega) \tag{B.11}$$

7. Teorema de Parseval

Si $X(w)$ es la transformada de Fourier de $x(t)$, entonces:

$$\int_{-\infty}^{+\infty} |x(t)|^2 dt = \frac{1}{2\pi} \int_{-\infty}^{+\infty} |X(\omega)|^2 d\omega \tag{B.12}$$

Esta expresión da la energía total de la señal $x(t)$, que puede ser calculada tanto en el dominio temporal como en el frecuencial.

8. Propiedad de convolución

$$y(t) = h(t) * x(t) \leftrightarrow Y(\omega) = H(\omega)X(\omega) \tag{B.13}$$

Esta propiedad es de las más importantes a la hora de manejar sistemas LTI.

9. Modulación

Según la propiedad de convolución y la dualidad entre el dominio transformado y el temporal, también se cumple:

$$r(t) = s(t)p(t) \leftrightarrow R(\omega) = \frac{1}{2\pi}[S(\omega) * P(\omega)] \tag{B.14}$$

B.4. Tabla de transformadas básicas

$$f(t) \quad \leftrightarrow \quad F(\omega)$$

$$\delta(t) \quad \leftrightarrow \quad 1$$

$$u(t) \quad \leftrightarrow \quad \frac{1}{j\omega} + \pi\delta(\omega)$$

$$\delta(t-t_0) \quad \leftrightarrow \quad e^{-j\omega t_0}$$

$$x(t) = 1 \quad \leftrightarrow \quad 2\pi\delta(\omega)$$

$$e^{j\omega_0 t} \quad \leftrightarrow \quad 2\pi\delta(\omega-\omega_0)$$

$$\sin(\omega_0 t) \quad \leftrightarrow \quad \frac{\pi}{j}[\delta(\omega-\omega_0) - \delta(\omega+\omega_0)]$$

$$\cos(\omega_0 t) \quad \leftrightarrow \quad \pi[\delta(\omega-\omega_0) + \delta(\omega+\omega_0)]$$

$$e^{-at}u(t), \ Re\{a\} > 0 \quad \leftrightarrow \quad \frac{1}{a+j\omega}$$

$$\sum_{n=-\infty}^{+\infty} \delta(t-nT) \quad \leftrightarrow \quad \frac{2\pi}{T} \sum_{k=-\infty}^{+\infty} \delta(\omega - \frac{2\pi k}{T})$$

$$\frac{t^{n-1}}{(n-1)!} e^{-at}u(t), \ Re\{a\}>0 \quad \leftrightarrow \quad \frac{1}{(a+j\omega)^n}$$

Pulso rectangular
de duración $2 \cdot T_0$ *segundos* $\quad \leftrightarrow \quad 2A\sin(\frac{\omega T_1}{\omega}) = 2AT_1 sinc(\frac{\omega T_1}{\pi})$
y amplitud A

Ejemplo

Si $x(t)$ es una señal de banda limitada como la de la figura, halle la transformada de Fourier de $x(t) \cdot \cos(\omega_o t)$.

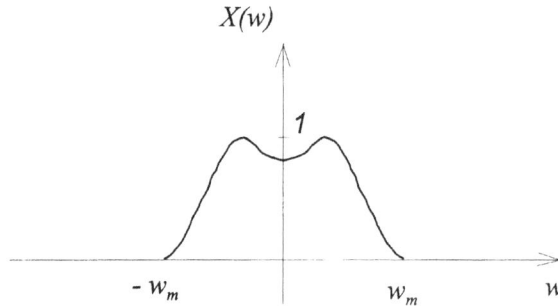

Según las tablas anteriores:

$$\cos(\omega_0 t) \quad \leftrightarrow \quad \pi[\delta(\omega - \omega_0) + \delta(\omega + \omega_0)]$$

Como ejercitación de propiedades de la transformada, se deducirá esta expresión. Para ello, se expresa el coseno según las fórmulas de Euler:

$$\cos(\omega_0 t) = \frac{e^{j\omega_0 t} + e^{-j\omega_0 t}}{2}$$

con lo que su transformada de Fourier será:

$$X_c(\omega) = \int_{-\infty}^{\infty} \frac{e^{j\omega_0 t} + e^{-j\omega_0 t}}{2} e^{-j\omega t} \, dt = \frac{1}{2} \int_{-\infty}^{\infty} e^{-j(\omega - \omega_0)t} + e^{-j(\omega + \omega_0)t} \, dt$$

Observando en la tabla de transformadas la de la función $\delta(t)$ y aplicando la propiedad de dualidad, se tiene:

$$F(\delta(t)) = 1 \implies$$

$$F(1) = \int_{-\infty}^{\infty} 1 \, e^{-j\omega t} \, dt = 2\pi \delta(-\omega) = 2\pi \delta(\omega)$$

y haciendo un cambio de variable en *w* se tiene:

$$\int_{-\infty}^{\infty} 1\, e^{-j(\omega-\omega_0)t}\, dt = 2\pi\,\delta(\omega-\omega_0)$$

Utilizando ahora este resultado en la expresión anterior de $X_c(\omega)$, se obtiene:

$$X_c(\omega) = \pi[\delta(\omega-\omega_0) + \delta(\omega+\omega_0)]$$

Puesto que la convolución de una función por una delta supone un desplazamiento de la función al punto sobre el que está centrada la delta, aplicando la propiedad de modulación se tiene:

$$F(x(t)\cos(\omega_0 t)) = \frac{1}{2\pi}[X(\omega)*X_c(\omega)] =$$

$$= F(x(t)\cos(\omega_0 t)) = \frac{1}{2\pi}[X(\omega)*X_c(\omega)] = \frac{1}{2\pi}[X(\omega)*[\pi(\delta(\omega-\omega_0) + \delta(\omega+\omega_0))]] =$$

$$= \frac{1}{2}[X(\omega-\omega_0) + X(\omega+\omega_0)]$$

Este espectro se muestra en la figura siguiente, donde se aprecia una traslación del espectro de $x(t)$ alrededor de la frecuencia del coseno.

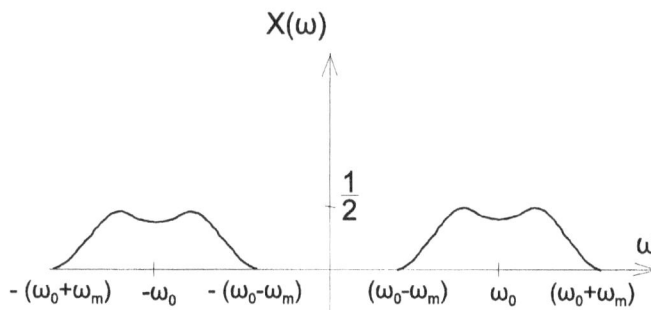

APÉNDICE C

CONVERSIÓN ANALÓGICO-DIGITAL Y DIGITAL-ANALÓGICO

La *adquisición de datos* es el proceso de transformar una señal analógica en señal digital para su posterior tratamiento o transmisión. El proceso inverso, de *extracción de datos*, consiste en transformar la señal digital en analógica. Ambas operaciones conforman la denominada *interfície analógica* en sistemas digitales. El sistema de adquisición de datos se compone de una parte que capta una señal analógica externa que se desea medir (sensores y transductores) y de un bloque de tratamiento y acondicionamiento (circuitos de multiplexado analógico, filtros *antialiasing*, de muestreo y mantenimiento –*sample & hold*– y *conversores analógicos-digitales –CAD o A/D*. La extracción de datos se basa en *conversores digitales-analógicos (CDA o D/A)* y filtros reconstructores.

Los multiplexores analógicos permiten conectar a la entrada del CAD una determinada señal analógica de entre varias posibles (actúan a modo de un conmutador de señales analógicas, con varias entradas y una salida, gobernado digitalmente). Después de ellos, puede haber otros subsistemas, como los amplificadores de ganancia programable, los filtros limitadores de banda (*antialiasing*) o los módulos de muestreo y mantenimiento –que, al igual que los filtros reconstructores, ya se han tratado en el capítulo 4.

Este apéndice se centra en la presentación de los principales tipos de CAD y CDA, elementos clave que determinan la precisión del sistema. Se inicia con una presentación de las especificaciones de estos dispositivos y la manera de interpretarlas, para después presentar sus bases de funcionamiento. El objetivo no es entrar en el detalle de su funcionamiento electrónico, sino facilitar unas bases para su selección en un catálogo comercial de conversores.

C.1. Terminología y especificaciones

Un conversor analógico digital (CAD) recibe a su entrada una señal continua a la que trata para presentarla a su salida en forma de código inteligible por un dispositivo digital (microprocesador, procesador digital de señal -DSP-, ordenador...). Debido a que la señal analógica es continua en amplitudes, mientras que la digital es discreta, el sistema efectúa una cuantificación y se comporta, por consiguiente, de forma no lineal.

En el caso de un conversor digital analógico (CDA), éste acepta un código digital en sus entradas y lo convierte en una tensión (o corriente) analógica a su salida.

En la figura C.1 se presentan las curvas de transferencia ideales de estos conversores.

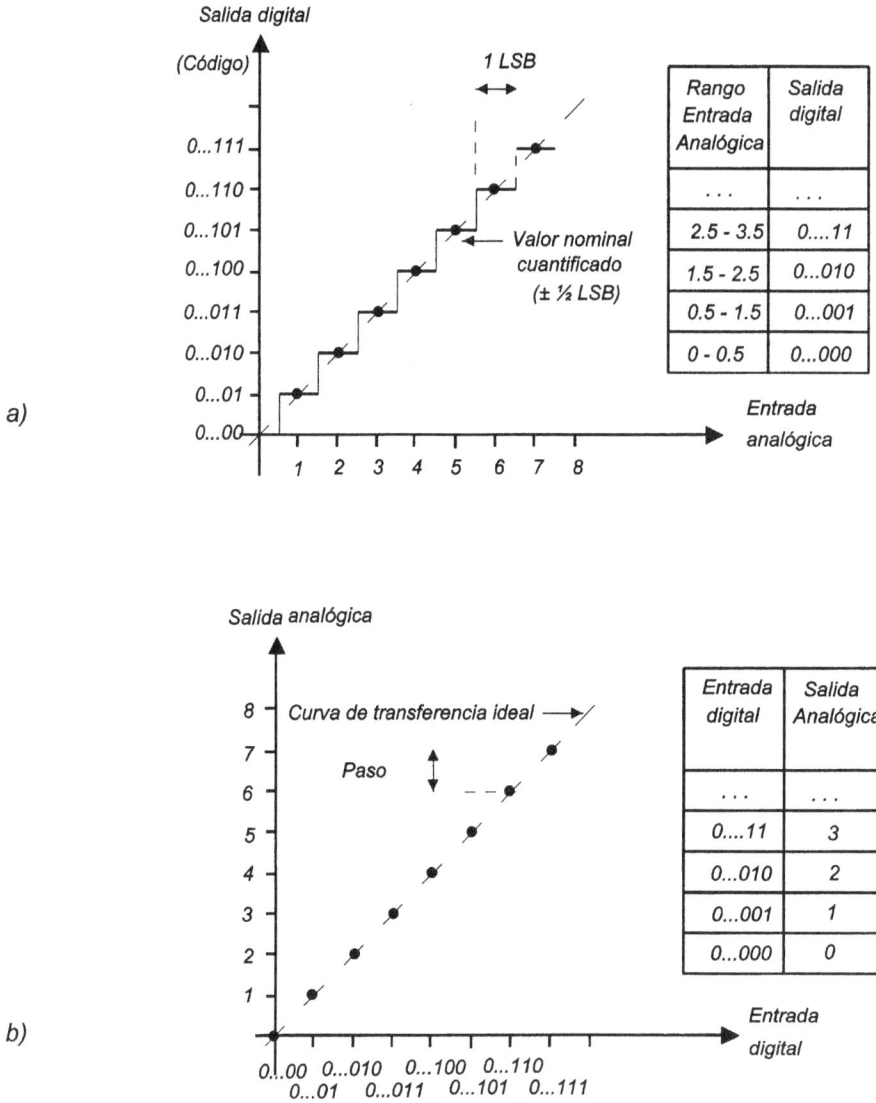

a)

b)

Fig. C.1. Curvas de transferencia para a) un CAD, b) un CDA

En la realidad, se producen ciertas desviaciones respecto al modelo representado aquí, las cuales se presentarán a medida que se vayan introduciendo las especificaciones. Éstas se pueden dividir en tres tipos: de entrada, de salida y de relación salida-entrada.

Se presentarán las correspondientes a un CAD (las más relevantes). Las de un CDA son similares si se tiene en cuenta que actúa en sentido inverso a como lo hace un CAD.

a) Características de entrada

Se especifican:

- El número de canales
- El margen de entrada (valor máximo y mínimo)
- El tipo de señal (tensión/corriente, unipolar/bipolar)

También se dispone de una tensión de referencia, V_{ref}, que puede ser interna o externa, a partir de la cual se obtiene el intervalo de cuantificación (normalmente es interna y queda transparente al diseñador). Los rizados por mala estabilización de esta tensión de referencia repercuten en imprecisiones del conversor.

b) Características de salida

Se especifican:

- El número de bits de salida que determinan la *resolución* del CAD. Ésta se define como el menor cambio que se debe producir en la señal analógica de entrada para tener un cambio perceptible en el código de salida. Esta magnitud define el LSB (*Least Significant Bit*), bit menos significativo, utilizado como unidad de referencia para otros parámetros en las especificaciones. Así, si se dispone de un conversor de n bits, se tienen 2^n códigos digitales posibles. Por tanto, se tiene que:

$$1\ \text{LSB} = V_{fe} / (2^n - 1),\ \text{donde } V_{fe} \text{ es el valor de fondo de escala.}$$

En la práctica, la resolución viene limitada por el ruido presente en el sistema de adquisición

- El código de salida (binario natural, BCD...)

- La velocidad de salida (*bit rate*) en conversores de salida en serie

c) Características de la relación entrada-salida

En la transformación de la señal se han de tener en cuenta los parámetros relativos a la *exactitud* y a la *velocidad de conversión*.

La *velocidad de conversión* se define como el tiempo que tarda el CAD para realizar una conversión para una entrada igual al fondo de escala y con una resolución determinada. Se trata de uno de los parámetros más importantes a tener en cuenta en la elección de un CAD.

En el proceso de cuantificación, se acumulan una serie de errores que afectan a la *exactitud del sistema*. Estos errores estáticos quedan englobados, principalmente, en cinco términos:

- Error de cero (*offset error*), definido como la diferencia entre el valor de *offset* nominal y el real, como se muestra en la figura C.2.a. En este caso, para un CAD, se produce un desplazamiento horizontal de la curva de ½ LSB que afecta a todos los códigos.

–   Error de ganancia (*gain error*), definido como la diferencia entre la pendiente de la curva de transferencia real y la ideal, en ausencia de otros errores (figura C.2.b).

Estos dos errores se pueden corregir mediante calibración.

–   No-linealidad diferencial (*differential non-linearity*), definida como la anchura de paso de cuantificación real y el valor ideal de un LSB. Por consiguiente, si éstos coinciden, este error es cero. Si no, se pueden perder códigos en la conversión (figura C.2.c).

–   No-linealidad integral (*integral non-linearity*), definida como la desviación de los valores de la función de transferencia real con la ideal cuando los errores de cero y ganancia son nulos (figura C.2.d).

–   Monotonicidad, que es un parámetro garante de que el conversor no cambie de polaridad, de forma que no se puedan presentar dos salidas para una misma entrada (figura C.2.e).

Estos cinco tipos de errores, sumados, dan el *error absoluto de exactitud*. En el caso de un CAD, es la diferencia entre el valor del paso real y el ideal.

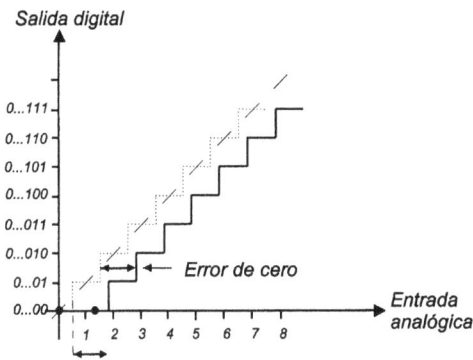

a) Error de cero

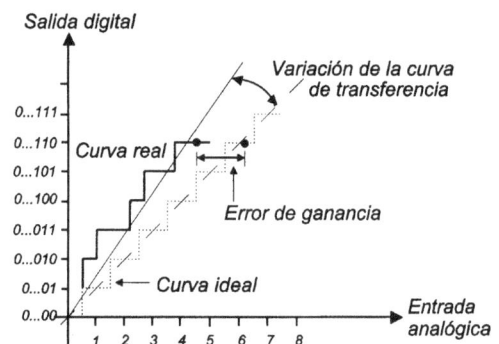

b) Error de ganancia

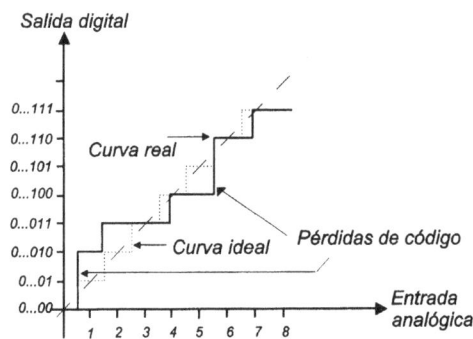

c) No-linealidad diferencial

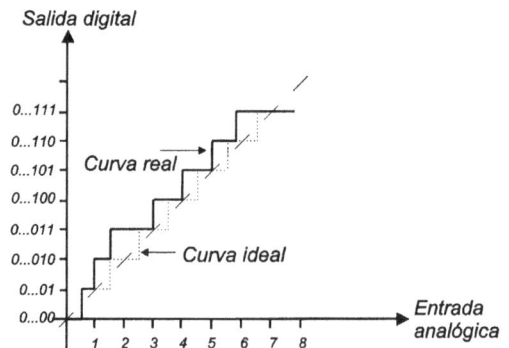

d) No-linealidad integral

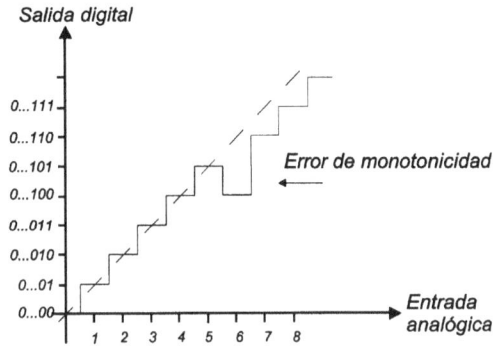

e) No monotonicidad

Fig. C.2. Errores en un CAD

Después de ver las especificaciones para un CAD, la mayoría de ellas se pueden retomar para el caso de un CDA, pues son similares.

C.2. Tipos de conversores

Los sistemas de adquisición de señal cubren una gama amplia de aplicaciones. Tanto en el campo de la instrumentación como en el campo del procesado de audio o vídeo, por ejemplo, se requiere el uso de estos dispositivos. Debido al hecho de que no todos los parámetros pueden ser optimizados simultáneamente, se han de considerar los requerimientos específicos de cada aplicación en la elección del tipo de conversor. El compromiso más restrictivo se encuentra entre el número de bits de resolución y el tiempo de conversión. Así, de entre las técnicas más comunes en la conversión analógica-digital, se ha de elegir el tipo que se ajuste mejor a las necesidades de la aplicación.

Aunque en la secuencia de bloques dentro de un sistema de adquisición la conversión A/D precede la conversión D/A, resulta que algunos tipos de CAD están basados internamente en CDA. Por ello, conviene conocer previamente la estructura de éstos.

C.2.1. Conversores digital/analógicos (D/A)

La salida analógica de un conversor D/A binario de n bits de entrada, $I_{n-1}, I_{n-2} \ldots I_0$, viene dada por la expresión:

$$V_o = V_{ref} \ (I_{n-1}2^{-1} + I_{n-2}2^{-2} + \ldots + I_0 2^{-n})$$

donde V_{ref} es la tensión analógica de referencia.

El diagrama de bloques típico de este tipo de conversores se compone de un interfaz digital, una red de interruptores, una red de resistencias de precisión alimentadas por una tensión de referencia V_{ref} y un amplificador operacional.

Los dos tipos más comunes son:

    _a)_ Conversores D/A de resistencias ponderadas
    _b)_ Conversores D/A de resistencias en escalera

a) Conversores D/A de resistencias ponderadas

En la figura C.3 se muestra un CDA basado en resistencias ponderadas. Consiste en un sumador de n entradas a las cuales se asigna un peso distinto según las _n_ potencias de 2. Así la tensión de salida es:

$$V_o = -V_{ref} R_F / (R (I_{n-1}/2 + I_{n-2}/2^2 + \ldots + I_0/2^n))$$

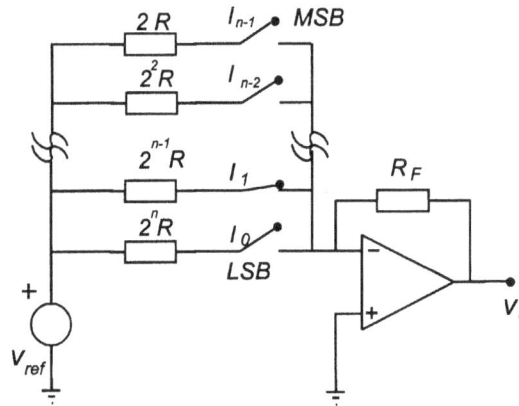

Fig. C.3. CDA de resistencias ponderadas

El inconveniente principal de este tipo de conversores deriva del gran margen de valores de resistencias de que se debe disponer, lo que produce una alta sensibilidad a sus tolerancias.

b) Conversores D/A de resistencia en escalera (R-2R)

En la figura C.4 se muestra un conversor de este tipo que, como puede observarse, dispone sólo de dos valores de resistencias en su red, _R_ y 2_R_.

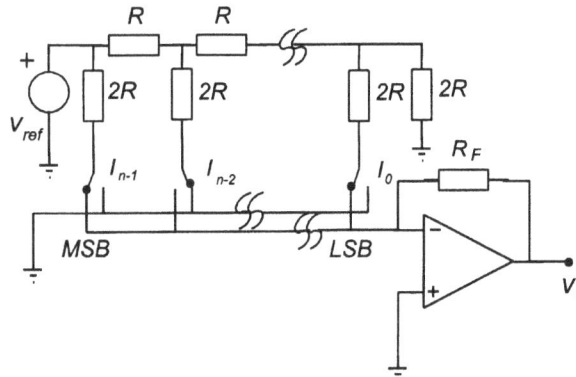

Fig. C.4. CDA de resistencias en escalera

En los dos casos, las fuentes principales de error provienen de la estabilidad de la tensión de referencia, V_{ref}, y de las tolerancias de las resistencias. Sin embargo, el conversor *R-2R* es mucho menos sensible a estas tolerancias que el de resistencias ponderadas.

C.2.2. Conversores analógico/digitales (A/D)

En el mercado, existe una gran variedad de conversores A/D. Aquí se presentan siete tipos de los más utilizados:

    a) Conversores A/D de rampa simple

    b) Conversores A/D de rampa doble

    c) Conversores A/D de aproximaciones sucesivas

    d) Conversores A/D *semi-flash* y *flash*

    e) Conversores A/D tipo servo (*tracking*)

    f) Conversores A/D delta-sigma

    g) Conversores A/D tipo *V-f* (tensión-frecuencia)

a) Conversores A/D de rampa simple

Con esta técnica, de gran simplicidad, se obtiene una salida digital comparando la señal analógica desconocida de entrada con una rampa de voltaje que empieza en 0 V y acaba cuando se alcanza el valor de la señal de entrada. El valor digital final se obtiene contando el número de pulsos de reloj necesarios para que la rampa haya alcanzado el valor de la entrada.

Los requisitos para una buena conversión son una tensión de referencia, un generador de rampa y un reloj estables. Un inconveniente importante es que trabaja con tiempos de conversión grandes.

b) Conversores A/D de rampa doble

El conversor de rampa doble (figura C.5) también tiene una buena resolución, con un tiempo de conversión más alto.

Su funcionamiento se divide en dos etapas: la primera, en la cual se integra la señal de entrada desconocida V_s durante un tiempo prefijado T_{fix} en el cual se va cargando un condensador, y la última, en la cual se descarga el condensador hasta cero usando una tensión de referencia $-V_{ref}$. Se mide el tiempo de descarga, T_{var} con la ayuda de un contador. Aplicando una simple regla de proporcionalidad, se obtiene el valor de V_s.

$$V_s = V_{ref} * T_{var} / T_{fix}$$

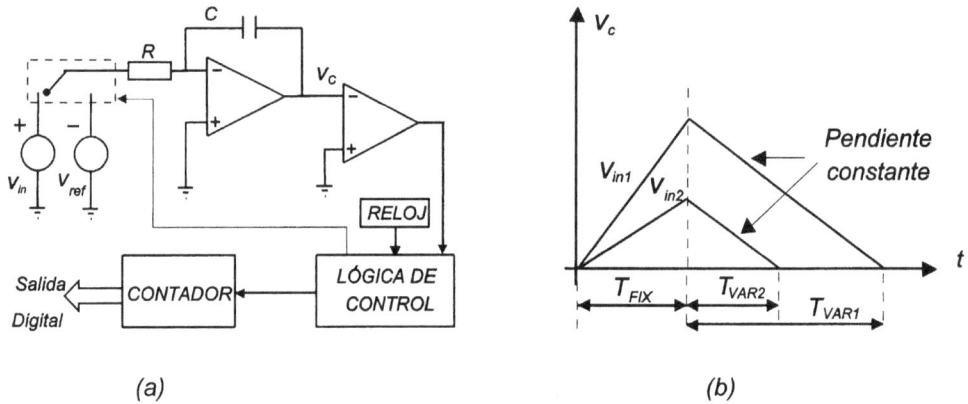

(a)   (b)

Fig. C.5. CAD de doble rampa: a) esquema de bloques, b) tiempo de descarga en función de la amplitud de entrada

Dadas las buenas prestaciones que ofrecen este tipo de conversores en cuanto a la resolución (se sitúan en los 14-16 bits), éstos son especialmente indicados para las aplicaciones que requieren mediciones precisas y económicas (aunque lentas): voltímetros digitales, paneles de control, sensores de temperatura...

Además, los conversores de rampa presentan una buena insensibilidad a ruidos en la entrada analógica al quedar suavizados por su efecto integrador.

c) Conversores A/D de aproximaciones sucesivas

El algoritmo de aproximaciones sucesivas ofrece un buen compromiso entre velocidad de conversión (los valores típicos van de 100 µs a 1 µs) y la resolución (entre 8 y 16 bits). Recibe este nombre porque va realizando comparaciones sucesivas de una señal de entrada desconocida con una serie de valores ponderados de referencia, decrementando o incrementando un registro en función del resultado obtenido en cada comparación. En la figura C.6 se muestra cómo se van ajustando los bits de salida en cada paso. Su funcionamiento recuerda el de una balanza basculante de las que se utilizaban hace tiempo en los comercios: se determinaba el peso desconocido sobre un plato poniendo y quitando pesas (en el conversor serán bits) en el otro hasta que se equilibraba.

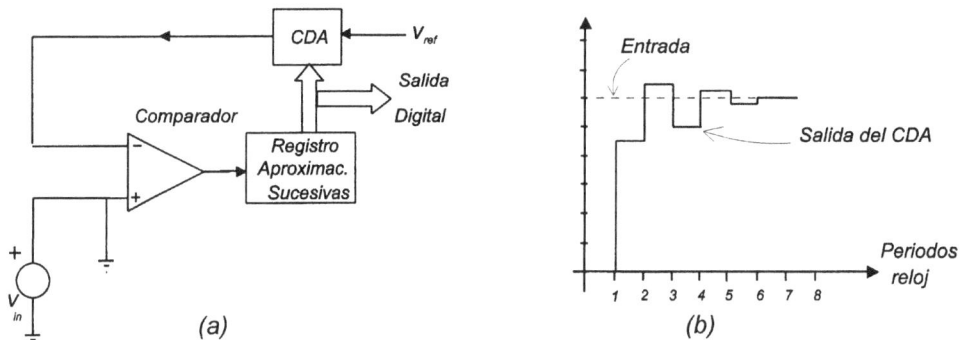

(a)   (b)

Fig. C.6. CAD de aproximaciones sucesivas: a) esquema de bloques, b) salidas del conversor D/A sucesivas en el tiempo

Se inicia la comparación de la señal de entrada V_{in} con un código binario de entrada al CDA de valor 100....00, o sea, con sólo el bit más significativo (de mayor peso) a uno, y se determina si V_{in} está por encima o por debajo de la salida del CDA. El resultado se almacena en un registro: si V_{in} está por encima, se deja el bit a uno; si no, se pone a cero. Posteriormente, se va repitiendo el proceso añadiendo cada vez un bit de menor peso, hasta llegar a la comparación con el bit menos significativo.

Este método requiere un número importante de comparaciones y, por consiguiente, se necesita que la señal de entrada no varíe durante el tiempo de conversión. Esto se consigue intercalando un circuito de muestreo y mantenimiento (*sample & hold*) entre la entrada y el conversor. Se trata de un conversor muy sensible a las variaciones bruscas a su entrada y, por consiguiente, al ruido, aunque están saliendo al mercado nuevos modelos de conversores de este tipo que llevan un mecanismo de autocalibración para evitar este problema.

Este tipo de conversor es, seguramente, el de uso más extendido al ofrecer un buen equilibrio entre el precio, la velocidad y la resolución.

d) Conversores A/D semi-flash y flash

Los CAD tipo *flash* (figura C.7) reciben este nombre debido a su capacidad de realizar una conversión rápida. Esta se realiza mediante la comparación de la entrada con cada nivel de cuantificación. Por consiguiente, un conversor *flash* de n bits de resolución requiere 2^n-1 comparadores. Todas estas comparaciones se realizan simultáneamente, lo cual provoca que se alcancen velocidades de conversión por encima de 1 GHz. Suelen tener de 4 a 12 bits de resolución.

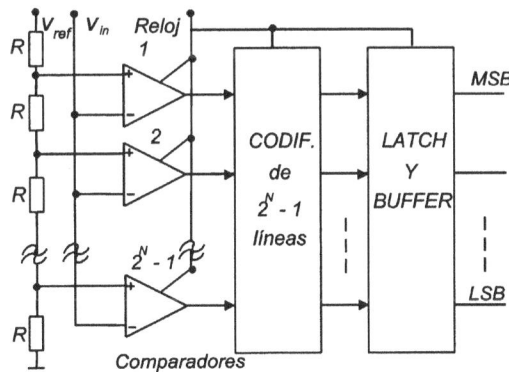

Fig. C.7. CAD tipo flash

El hecho de requerir un gran número de comparadores provoca un aumento del área de encapsulado. Una alternativa para obtener un buen compromiso entre la velocidad y el área del chip se obtiene con la utilización de un CAD tipo *semi-flash*, basado en el principio del *flash*, pero realizado en dos etapas. En este caso, la primera mitad de bits más significativos se codifica en una primera etapa, y luego se codifican los demás.

La utilización de estos CAD está en clara expansión debido a las necesidades tecnológicas de tratamiento de la información de un modo cada vez más rápido. El tratamiento de señales de vídeo o los equipos de comunicaciones basados en software-radio constituyen dos ejemplos de aplicación de este tipo de CAD.

e) Conversores tipo servo o tracking

Este conversor, poco utilizado, se basa en un contador binario tipo *up-down*, cuya salida se conecta a un CDA. Comparando la tensión de salida del CDA con la tensión desconocida de entrada, se obtiene un valor a la salida del comparador que determina si hay que incrementar (*up*) o decrementar (*down*) el contador.

Su funcionamiento es continuo, ya que busca continuamente un nulo entre la salida del CDA y la tensión de entrada ("sigue" la tensión de entrada, de ahí el nombre de *tracking* o *servo*). Para variaciones grandes de la señal de entrada, es un conversor demasiado lento.

f) Conversores A/D delta-sigma

El CAD delta-sigma (figura C.8) también conocido como CAD de sobremuestreo, contiene dos partes principales: un modulador integrador realimentado y un filtro digital. El primer bloque realiza la resta de la señal analógica de entrada y la proveniente de un CDA (operación delta) y, posteriormente, el resultado se integra (operación sigma) y se introduce en un comparador cuya salida es una secuencia de unos y ceros (conversor de un bit) a gran velocidad (muy superior a la teóricamente necesaria, situación de sobremuestreo u *oversampling*) que se introducen a su vez en el CDA. Después, el filtro digital ofrece una salida menos rápida (diezmado) pero con menor ruido y mayor resolución.

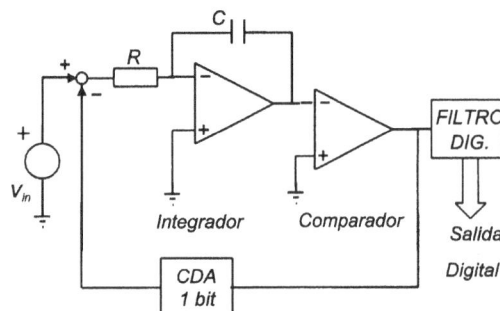

Fig. C.8. CAD delta-sigma

El efecto del sobremuestreo permite desplazar el ruido de cuantificación a frecuencias más altas, con lo cual se reduce el porcentaje de ruido en la banda de interés, y se logra una buena relación señal-ruido. Adicionalmente, el filtro *antialiasing* puede ser muy simple.

Otra ventaja la constituye el hecho de que, al emplearse en cada comparación solamente un bit (cuantificador de 1 bit), la circuitería es también muy simple.

Sus inconvenientes principales derivan de los tiempos de conversión, del orden de 5 a 100 ms. Sin embargo, se pueden utilizar en todo el campo del procesado en baja frecuencia, audio y voz. Su mayor campo de aplicación son los procesadores digitales de señal (DSP), la grabación y reproducción de audio en disco compacto y algunos sistemas de comunicación en serie.

Las bases teóricas de este conversor están descritas en el capítulo 4.

g) Conversores de tensión a frecuencia (V-f)

Este conversor es usado en aplicaciones de muy bajo coste, donde no se requiera una velocidad alta ni una precisión excesiva. Su funcionamiento recuerda el de un frecuencímetro de laboratorio. La tensión analógica de entrada activa un oscilador controlado por tensión (VCO), cuya salida son pulsos de frecuencia proporcional a la amplitud de la entrada. Conectando a la salida del VCO un contador de pulsos por unidad de tiempo, ya se dispone de un código digital equivalente a la tensión analógica de entrada.

Es bastante usado en algunos voltímetros digitales y termómetros. En control de procesos, donde algunas variables suelen ser muy lentas, también es un conversor frecuente. En este caso, puede ser el propio microprocesador el que efectúa el conteo de pulsos por unidad de tiempo.

Otra ventaja, compartida con los conversores delta-sigma, es que su salida es en serie, por lo que no es necesario ocupar todo un puerto de entrada-salida del microcomputador para leer la salida del conversor (basta con un solo pin).

C.3. Operador de muestreo y mantenimiento (*sample & hold*)

Este operador no interviene directamente en la conversión A/D, pero su presencia puede ser imprescindible en algunos conversores, especialmente en los de aproximaciones sucesivas. No es necesario en los conversores de sobremuestreo (delta-sigma) ni en los de tensión-frecuencia o en los de tipo *flash*, y tampoco se suele considerar necesario en conversores orientados a la adquisición de señales lentas.

Su objetivo es mantener constante la tensión analógica de entrada al CAD durante el tiempo de conversión, de forma que ésta no se inicie para un determinado valor de la entrada y finalice con una tensión de entrada diferente, lo que crearía ambigüedad en la lectura del resultado. Obviamente, si durante el tiempo de conversión A/D la entrada no tiene velocidad suficiente como para variar en más de un nivel cuántico del conversor A/D, éste no percibirá dicha variación y el operador de muestreo y mantenimiento no será necesario.

Su esquema funcional es el de la figura C.9 y, básicamente, consiste en un condensador que se va cargando cuando se cierra (*sample*) un interruptor (transistor MOS en conmutación). Al abrirse el interruptor, el condensador mantiene su carga (*hold*).

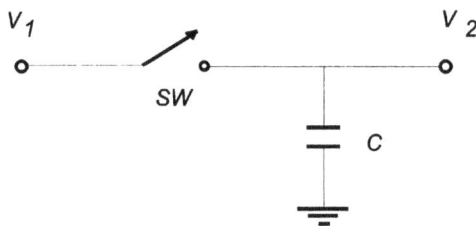

Fig. C.9. Operador de muestreo y mantenimiento

Los dos errores principales son el *error de apertura,* debido a la no instantaneidad en la conmutación del interruptor, y el *error de deriva,* debido a las pérdidas en el dieléctrico del condensador, que no puede almacenar indefinidamente su carga.

Un parámetro importante a considerar en el diseño es el *tiempo de adquisición,* definido como el tiempo transcurrido desde que se da la orden de muestreo (cerrar el interruptor) hasta que la tensión ya está mantenida establemente en la salida. El tiempo de adquisición hay que sumarlo al del conversión A/D para determinar la velocidad máxima de muestreo del sistema.

Hay un método que, *aun siendo inexacto,* da una orientación para conocer cuándo es necesario un operador de muestreo y mantenimiento antes del conversor A/D. Supóngase que se va a trabajar con un conversor A/D cuyo margen de entrada va de $+V_m$ a $-V_m$ voltios, que tiene un tiempo de conversión T_c y que trabaja con n bits (2^n niveles cuánticos y 2^{n+1} niveles de decisión). Si a la entrada de este conversor se presenta una senoide de amplitud V_m (todo el margen dinámico del conversor), $V_{in} = V_m \sin w_m t$, la velocidad máxima de variación de V_{in} (pendiente máxima) se producirá en los pasos por cero:

$$\frac{d V_{in}}{d t} \Big|_{t=0} = V_m \, w_m \cos w_m t \Big|_{t=0} = V_m \, w_m$$

Esta pendiente produce un incremento de tensión durante T_c de $V_m \cdot W_m \cdot T_c$. Como cada nivel de decisión del CAD equivale a $2V_m/2^{n+1}$, la tensión de entrada no superará un nivel de decisión si:

$$\frac{2 V_m}{2^{n+1}} = V_m \, w_m \, T_c \Rightarrow f_{max} = \frac{1}{2^{n+1} \, \pi \, T_c}$$

valor que da una idea de la máxima frecuencia procesable por el CAD sin operador de muestreo y mantenimiento. Nótese que estos cálculos son sólo aproximados, pues variarían si supusiéramos varias senoides de diferentes frecuencias a la entrada.

APÉNDICE D

FUNCIÓN ERROR

La *función error* –erf(u)– es usual en la evaluación de sistemas de comunicación y viene definida por:

$$erf(u) = \frac{2}{\sqrt{\pi}} \int_0^u e^{-\lambda^2} d\lambda \qquad (D.1)$$

Propiedades:

1.- $\qquad$ erf($-u$) = -erf(u) $\hspace{4cm}$ (D.2)

2.- $\qquad \lim_{u \to \infty} erf(u) = 1$ $\hspace{4cm}$ (D.3)

La *función error complementario* –erfc(u)– se define como:

$$erfc(u) = 1 - erf(u) =$$

$$= \frac{2}{\sqrt{\pi}} \int_u^\infty e^{-\lambda^2} d\lambda \qquad (D.4)$$

En la tabla siguiente se muestran los primeros valores de ambas funciones:

u	erf (u)	erfc (u)
0	0	1
0,05	0,05637	0,94363
0,1	0,11246	0,88754
0,15	0,1680	0,832
0,2	0,2227	0,7773
0,25	0,27633	0,72367
0,3	0,32863	0,67137
0,35	0,37938	0,62062
0,4	0,42839	0,57161
0,45	0,47548	0,52452
0,5	0,5205	0,4795
0,55	0,56332	0,43668
0,6	0,60386	0,39614
0,65	0,64203	0,35797
0,7	0,6778	0,3222
0,75	0,71116	0,28884
0,8	0,7421	0,2579
0,85	0,77067	0,22933
0,9	0,79691	0,20309
0,95	0,82089	0,17911
1	0,8427	0,1573
1,05	0,86244	0,13756
1,1	0,88021	0,11979

En ocasiones, se define la función erf(u) relacionándola con una función $Q(u)$, definida como:

$$Q(u) = \frac{1}{\sqrt{2\pi}} \int_{u}^{\infty} e^{-\frac{\lambda^2}{2}} d\lambda \qquad\qquad (D.5)$$

En este caso, se tiene:

$$\text{erf}(u) = 1 - 2Q(\sqrt{2}\,u) \tag{D.6}$$

$$\text{erfc}(u) = 2Q(\sqrt{2}\,u) \tag{D.7}$$

Para valores de $u > 3$, una aproximación de $Q(u)$ es:

$$Q(u) \approx \frac{1}{\sqrt{2\pi}\,u}\,e^{-\frac{u^2}{2}} \tag{D.8}$$

APÉNDICE E

SEÑALES ALEATORIAS EN TIEMPO DISCRETO

Cuando no se conoce una representación analítica de la forma temporal o frecuencial de una señal, no es posible determinarla con una función que permita evaluar exactamente su valor en un determinado instante de tiempo o en una cierta frecuencia. Esto es muy habitual en sistemas de comunicaciones, donde tanto los ruidos como el contenido de los mensajes son imprevisibles (si no fuera así, no habría información). Sin embargo, en muchos casos, la distribución estadística de la señal (variable aleatoria descrita por su función de densidad de probabilidad) sí que es conocida, con lo que es posible utilizar herramientas estadísticas para poder describir el proceso y así poder prever aspectos de su comportamiento. Los parámetros fundamentales de un proceso estocástico son los siguientes:

E.1. Parámetros estadísticos

En lo sucesivo, se denota el proceso estocástico como $X[k]$, siendo éste una colección de realizaciones (secuencias) $x[k]$. Los valores del proceso $X[k_i]$ en los instantes $k = k_i$, $i = 1, 2...,$ q, son q variables aleatorias caracterizadas por su función de densidad de probabilidad conjunta, que se denominará $f(x_{k1}, x_{k2},...,x_{kq})$.

Por ejemplo, la secuencia de la figura puede interpretarse como una realización de un proceso formada por un conjunto de muestras equiespaciadas T segundos, y cuya amplitud a_j en un determinado instante de muestreo $t = T_j$ es una variable aleatoria que, con una determinada función de densidad, variará entre sus valores máximo y mínimo.

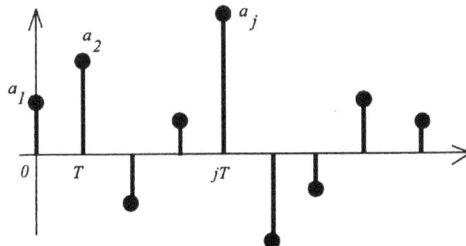

a) Valor medio

El valor medio de una variable aleatoria $x[n]$, caracterizada por una función de densidad $f_x(x[n])$, es:

$$m_x = E\{x[n]\} = \int_{-\infty}^{\infty} x[n]\ f_x(x[n])\ dx[n] = \int_{-\infty}^{\infty} x\ f_x(x)\ dx \qquad (E.1)$$

El operador $E\{.\}$ –esperanza–, al igual que en procesos de t-continuo, es lineal:

$$E\{ax[n] + by[r]\} = a\,E\{x[n]\} + b\,E\{y[r]\} \qquad (E.2)$$

pero no puede asegurarse que, en general, $E\{[x[n]\,y[r]\}$ sea igual al producto de las esperanzas. Ello sólo ocurre si $x[n]$ e $y[r]$ son *independientes*:

$$E\{x[n]\,y[r]\} = E\{x[n]\}\ E\{y[r]\} \qquad (E.3)$$

b) Autocorrelación

La autocorrelación de un proceso aleatorio $X[k]$ se define como:

$$R_{xx}[n,r] = E\{x[n]\,x[r]\} =$$
$$\int_{-\infty}^{\infty}\int_{-\infty}^{\infty} x[n]\,x[r]\ f_{ll}(x[n],x[r])\,dx[n]\,dx[r] \qquad (E.4)$$

siendo $f_{ll}(x[n], x[r])$ la función de densidad conjunta de las variables aleatorias $x[n]$ y $x[r]$. Nótese que si los instantes de tiempo son los mismos, $r = n$, la autocorrelación coincide con la potencia media de $x[n]$:

$$R_{xx}[n,n] = R_{xx}[0] = E\{x^2[n]\} = P_x = \int_{-\infty}^{\infty} x^2 f_x(x)\,dx \qquad (E.5)$$

c) Autocovarianza

Se define como:

$$C_{xx}[n,r] = E\{(x[n]-m_{x[n]})\,(x[r]-m_{x[r]})\} =$$
$$\int_{-\infty}^{\infty}\int_{-\infty}^{\infty} (x[n]-m_{x[n]})(x[r]-m_{x[r]})\ f_{ll}(x[n],x[r])\,dx[n]\,dx[r] \qquad (E.6)$$

Operando con esta expresión:

$$C_{xx}[n,r] = E\{x[n]x[r] - m_{x[n]}x(r) - m_{x[r]}x[n] + m_{x[n]}m_{x[r]}\} =$$

$$= E\{x[n]x[r]\} - m_{x[n]}m_{x[r]} - m_{x[r]}m_{x[n]} + m_{x[n]}m_{x[r]} = \qquad \text{(E.7)}$$

$$= E\{x[n]x[r]\} - m_{x[n]}m_{x[r]}$$

y, recordando la expresión de $R_{xx}[n,r]$:

$$C_{xx}[n,r] = R_{xx}[n,r] - m_{x[n]}m_{x[r]}. \qquad \text{(E.8)}$$

En particular, si $n = r$:

$$C_{xx}[n,n] = C_{xx}[0] = R_{xx}[n,n] - m_{x[n]}^2 = P_x - m_x^2 =$$
$$= E\{(x[n] - m_{x[n]})^2\} = \sigma_n^2 = \textit{varianza de } x[n] \qquad \text{(E.9)}$$

Nótese que si:

$$m_{x[n]} = 0 \,, \quad o \;\; m_{x[r]} = 0 \qquad \text{(E.10)}$$

la correlación y la covarianza coinciden:

$$C_{xx}[n,r] = R_{xx}[n,r], \qquad \text{(E.11)}$$

y sus valores en el origen son la varianza de $x[n]$:

$$R_{xx}[n,n] = R_{xx}[0] = \sigma_n^2 = \textit{potencia media de } x[n]. \qquad \text{(E.12)}$$

d) Correlación y covarianza cruzadas

Dados dos procesos aleatorios, $X[k]$ y $F[k]$, la correlación cruzada viene definida por:

$$R_{xf}[n,r] = E\{x[n]\,f[r]\}\,, \qquad \text{(E.13)}$$

y la covarianza cruzada como:

$$C_{xf}[n,r] = E\{(x[n] - m_x[n])\,(f[r] - m_f[r])\}. \qquad \text{(E.14)}$$

e) Independencia, ortogonalidad e incorrelación

Dos secuencias $X_1[k]$ y $X_2[k]$ son independientes si la función de densidad conjunta es igual al producto de las funciones de densidad de cada secuencia:

$$f(x_1[n], x_2[r]) = f(x_1[n])\, f(x_2[r]), \tag{E.15}$$

lo que lleva a:

$$E\{x_1[n]\, x_2[r]\} = E\{x_1[n]\}\, E\{x_2[r]\} \tag{E.16}$$

Como consecuencia de ello, la covarianza es nula y la correlación es igual al producto de las medias:

$$C_{x_1 x_2}[n,r] = E\{x_1[n]x_2[r]\} - m_{x_1} m_{x_2} = 0$$

$$R_{x_1 x_2}[n,r] = E\{x_1[n]x_2[r]\} = \tag{E.17}$$

$$= E\{x_1[n]\}\, E\{x_2[r]\}$$

Si dos variable aleatorias $x_1[k]$ y $x_2[k]$ cumplen la condición:

$$C_{x_1 x_2}[n,r] = 0, \tag{E.18}$$

se dice que son incorreladas. Se ve, pues, que la independencia implica incorrelación, pero lo contrario no es cierto.

Por otro lado, si:

$$E\{x_1[n]x_2[r]\} = R_{x_1 x_2}[n,r] = 0 \tag{E.19}$$

se dice que las dos variables son ortogonales, lo que sucede si están incorreladas ($C_{x_1\,x_2}[n,r] = 0$) y además m_{x_1} o m_{x_2} son cero.

La ortogonalidad entre dos variables x_1 y x_2 también se indica, en ocasiones, como:

$$x_1 \perp x_2 \tag{E.20}$$

Nótese que si x_1 y x_2 están incorreladas, entonces:

$$(x_1 - m_{x_1}) \perp (x_2 - m_{x_2}) \tag{E.21}$$

Por último, cabe resaltar que, en el caso de que el proceso estocástico sea gausiano (función de densidad de tipo gausiano), la independencia entre variables conlleva que también sean incorreladas, y viceversa. En la tabla siguiente se resumen las condiciones de independencia, incorrelación y ortogonalidad.

$$R_{x_1 x_2}[n,r] = E\{x_1 x_2\} = 0 \;\rightarrow\; \text{ortogonales}$$

$$C_{x_1 x_2}[n,r] = E\{(x_1 - m_{x_1})(x_2 - m_{x_2})\} = E\{x_1 x_2\} - m_{x_1} m_{x_2} = 0 \;\rightarrow\; \text{incorrelados}$$

$$E\{x_1 x_2\} = E\{x_1\} E\{x_2\} = m_{x_1} m_{x_2} \;\rightarrow\; \text{independientes}$$

$$\text{independientes} \;\Rightarrow\; \text{incorrelados}$$

$$\text{Si } m_{x_1} = 0 \text{ o } m_{x_2} = 0 \;\rightarrow\; \text{incorrelados} \;\leftrightarrow\; \text{ortogonales}$$

$$\text{Si } x_1 \text{ y } x_2 \text{ son incorrelados, } (x_1 - m_{x_1}) \perp (x_2 - m_{x_2})$$

$$\text{Procesos gausianos: } \text{incorrelados} \;\leftrightarrow\; \text{independientes}$$

f) Estacionariedad (en sentido amplio)

Un proceso aleatorio es estacionario si su media se mantiene constante, con independencia del intervalo temporal en que sea evaluada, y si su autocorrelación es independiente del orden de la muestra (instante inicial de muestreo). O, dicho de otra forma, si la media es constante para todos los intervalos de tiempo y la correlación sólo depende de la diferencia entre los instantes n_i y n_j, pero no del valor concreto de éstos:

$$E\{x[n_i]\} = E\{x[n_j]\} = E\{x\} = constante$$

$$R_{xx}[n_i n_j] = E\{x[n_i] x[n_j]\} = \tag{E.22}$$

$$E\{x[n_l] x[n_l + q]\}, \quad siendo \; q = n_j - n_i$$

g) Ergodicidad

Un proceso aleatorio es ergódico si coinciden las medidas estadísticas con las temporales.

Por ejemplo, una secuencia aleatoria $x[n]$ de longitud infinita es ergódica en media si su media estadística:

$$m_x = \int_{-\infty}^{\infty} x[n] \, f(x[n]) \, dx[n], \tag{E.23}$$

coincide con la media temporal:

$$m = \lim_{M \to \infty} \frac{1}{2M+1} \sum_{n=-M}^{M} x[n] \tag{E.24}$$

De igual modo, será ergódica en correlación si:

$$R_{xx}[n,r] = E\{x[n] x[r]\} \tag{E.25}$$

coincide con la temporal:

$$\varphi_{xx}[r] = \lim_{M \to \infty} \frac{1}{2M+1} \sum_{n=-M}^{M} x^*[n] x[n-r] \tag{E.26}$$

APÉNDICE F

FILTROS POLIFASE

F.1. Introducción

Los denominados *filtros polifase* on filtros (o mejor dicho, sub-filtros) cuya operación conjunta se suele utilizar en tareas de diezmado e interpolación.

Como ejemplo elemental para ilustrar la descomposición de la H(z) de un filtro en dos componentes polifásicas, considérese la expresión general:

$$H(z) = \sum_{n=-\infty}^{\infty} h[n] \, z^{-n} \qquad (F.1)$$

donde es fácil separar las muestras pares e impares de la respuesta impulsional:

$$H(z) = \sum_{m=-\infty}^{\infty} h[2m] \, z^{-2m} + z^{-1} \sum_{m=-\infty}^{\infty} h[2m+1] \, z^{-2m} \qquad (F.2)$$

Definiendo:

$$E_0(z) = \sum_{m=-\infty}^{\infty} h[2m] \, z^{-m} \quad , \quad E_1(z) = \sum_{m=-\infty}^{\infty} h[2m+1] \, z^{-m} \qquad (F.3)$$

se puede escribir la anterior H(z) como la suma de dos términos de características similares en amplitud (ya que ambas E(z) proceden de muestras de la misma h[n]), pero de características distintas en fase (diferentes retardos al tomarse las muestras alternadas entre las pares e las impares):

$$H(z) = E_0(z^2) + z^{-1} E_1(z^2) \qquad (F.4)$$

Generalizando las ecuaciones anteriores para una descomposición de H(z) en M componentes, se obtiene:

$$H(z) = \sum_{m=-\infty}^{\infty} h[mM] \, z^{-mM} + z^{-1} \sum_{m=-\infty}^{\infty} h[mM+1] \, z^{-mM} + z^{-2} \sum_{m=-\infty}^{\infty} h[mM+2] \, z^{-mM} +$$

$$\dots + z^{-(M-1)} \sum_{m=-\infty}^{\infty} h[mM+M-1] \, z^{-mM}$$

expresión que, mediante las definiciones:

$$E_r(z) = \sum_{n=-\infty}^{\infty} e_r[n]\, z^{-n} \quad , \quad e_r[n] = h[nM+r] \ , \ 0 \le r < M-1 \tag{F.5}$$

se puede simplificar como la suma de M componentes polifásicas:

$$H(z) = \sum_{r=0}^{M-1} E_r(z^M)\, z^{-r} \tag{F.6}$$

El nombre *polifásico* que se debe a a que las deferentes componentes en que se ha descompuesto el filtro H(z) se distinguen por aspectos de fase, asociados a los retardos en que se han ido tomado las diferentes muestras que forman cada componente. El caso de mayor interés es cuando H(z) es un filtro FIR, en el que normalmente se buscará que las componentes polifásicas presenten una característica de fase lineal (no distorsión de fase).

Supóngase, como ejemplo, un filtro FIR de orden 8, descrito por su H(z):

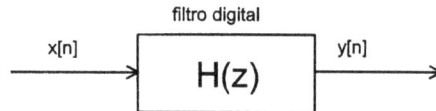

filtro digital

x[n] ⟶ $H(z)$ ⟶ y[n]

$$n] = h_0 + h_1 z^{-1} + h_2 z^{-2} + h_3 z^{-3} + h_4 z^{-4} + h_5 z^{-5} + h_6 z^{-6} + h_7 z^{-7} + h_8 z \tag{F.7}$$

H(z) puede ser descompuesta en dos términos, un conteniendo los coeficientes de orden par y el otro los de orden impar:

$$
\begin{aligned}
H(z) &= (h_0 + h_2 z^{-2} + h_4 z^{-4} + h_6 z^{-6} + h_4 z^{-4} + h_8 z^{-8}) + \\
&\quad + (h_1 z^{-1} + h_3 z^{-3} + h_5 z^{-5} + h_7 z^{-7}) = \\
&= (h_0 + h_2 z^{-2} + h_4 z^{-4} + h_6 z^{-6} + h_4 z^{-4} + h_8 z^{-8}) + \\
&\quad + z^{-1}(h_1 + h_3 z^{-2} + h_5 z^{-4} + h_7 z^{-6}) = \\
&= E_0(z^2) + z^{-1} E_1(z^2)
\end{aligned}
\tag{F.8}
$$

Expresión correspondiente a una estructura polifase de dos ramas:

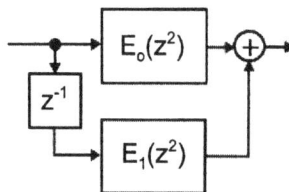

De forma similar, si se agrupan los términos de la expresión de H(z) en ternas de muestras desplazada se obtiene una estructura polifase de tres ramas:

$$H(z) = (h_0 + h_3 z^{-3} + h_6 z^{-6}) + (h_1 z^{-1} + h_4 z^{-4} + h_7 z^{-7}) +$$

$$+ (h_2 z^{-2} + h_5 z^{-5} + h_8 z^{-8}) = \qquad\qquad \text{(F.9)}$$

$$= E_0(z^3) + z^{-1} E_1(z^3) + z^{-2} E_2(z^3)$$

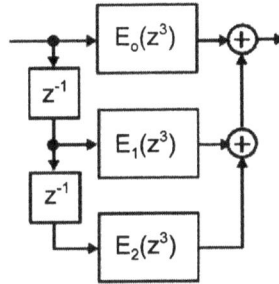

Y, de igual forma se llegaría a una estructura de cuatro ramas (nótese que los componentes polifase $E_r(z)$ son diferentes en cada tipo de realización):

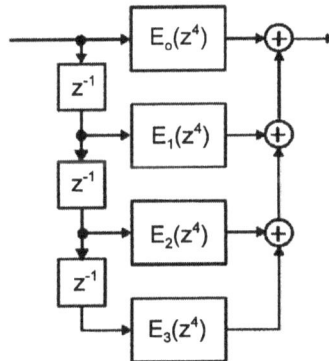

F.2. Aplicación de los filtros polifase al diezmado

Continuando con el ejemplo anterior del filtro FIR de orden 8, ahora se que se quiere utilizar para una operación de diezmado de factor M=3.

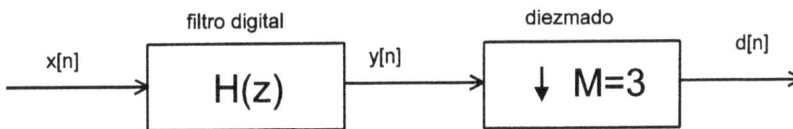

$$h[n] = h_0 + h_1 z^{-1} + h_2 z^{-2} + h_3 z^{-3} + h_4 z^{-4} + h_5 z^{-5} + h_6 z^{-6} + h_7 z^{-7} + h_8 z^{-8} \qquad \text{(F.10)}$$

La salida y[n] viene dada por la convolución de x[n] con h[n].

$$y[n] = h[n] * x[n] = \sum_{m=0}^{N-1} h[n-m]\, x[m] \qquad \text{(F.11)}$$

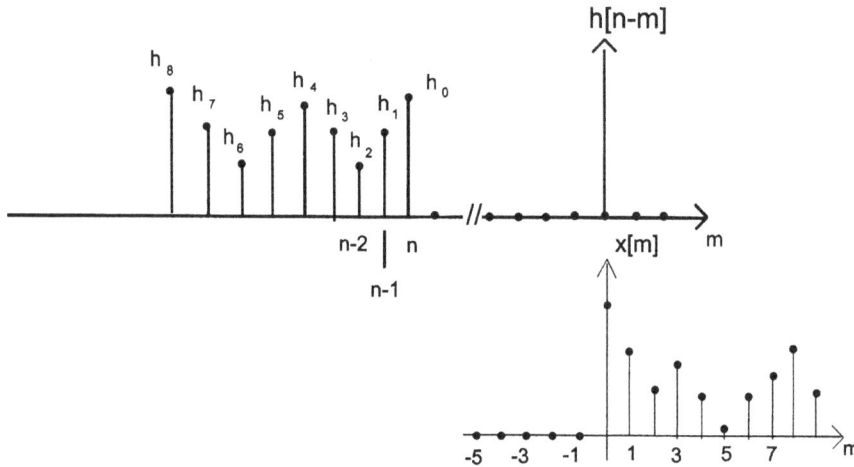

Siendo d[n] el diezmado de y[n]:

$d[0] = y[0] = x_0\, h_0$

$d[1] = rechazada\ por\ diezmado\ (M=3)$

$d[2] = rechazada\ por\ diezmado\ (M=3)$

$d[3] = y[3] = x_0\, h_3 + x_1\, h_2 + x_2\, h_1 + x_3\, h_0$

$d[4] = rechazada\ por\ diezmado\ (M=3)$ (F.12)

$d[5] = rechazada\ por\ diezmado\ (M=3)$

$d[6] = y[3] = x_0\, h_9 + x_1\, h_8 + x_2\, h_7 + x_3\, h_6 + x_4\, h_5 + x_5\, h_4 +$

$+ x_6\, h_3 + x_7\, h_2 + x_8\, h_1 + x_9\, h_0$

. . .

Analizando los valores de d[n], se puede concluir que:

- h_0, h_3 y h_6 sólo afectan a las muestras x_0, x_3, x_6 ... $x_{(n-3)}$
- h_1, h_4 y h_7 sólo afectan a las muestras x_2, x_5, x_8 ... $x_{((n-2)-3)}$
- h_2, h_5 y h_8 sólo afectan a las muestras x_1, x_4, x_7 ... $x_{((n-1)-3)}$

Así pues, aprovechado estas coincidencias y usando la estructura polifase de tres ramas descrita en (F.9)

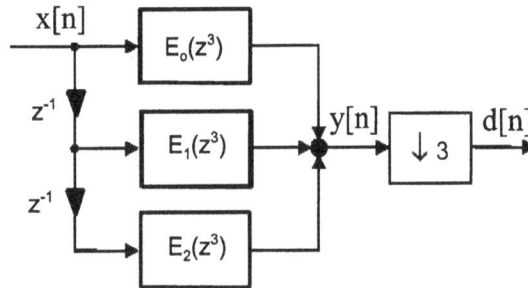

O, de forma equivalente,

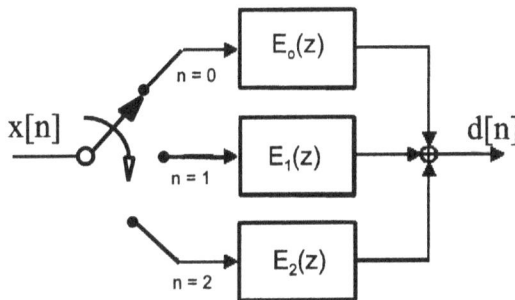

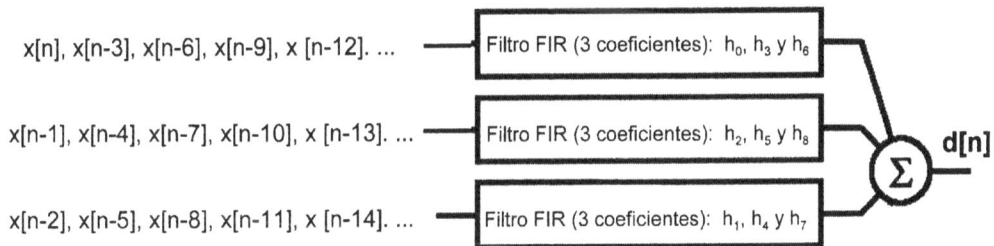

F.3. Aplicación de los filtros polifase a la interpolación

Si ahora se considera como ejemplo conductor a un filtro FIR de orden 5 y se desea una interpolación de valor L=3,

$$h[n] = h_0 + h_1 z^{-1} + h_2 z^{-2} + h_3 z^{-3} + h_4 z^{-4} + h_5 z^{-5} \qquad (F.13)$$

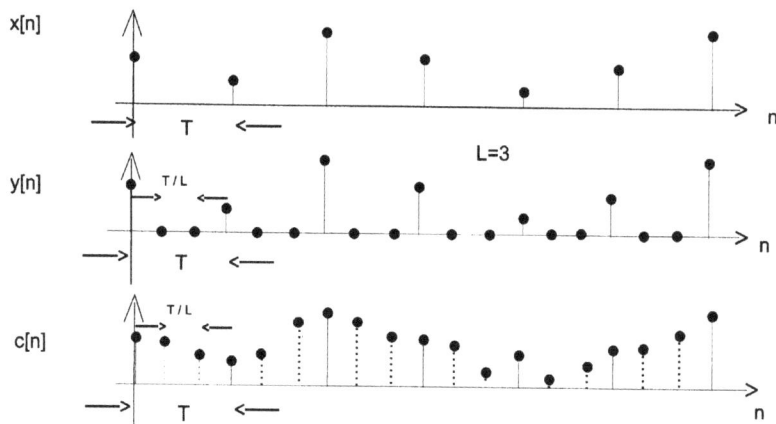

Evaluando c[n] como la convolución de y[n] con h[n], se comprueba que:

- h_0 y h_3 sólo intervienen en las muestras de y[n] múltiplos de T
  (cada 3n muestras de y[n]).

- h_1 y h_4 sólo intervienen en las muestras de y[n] múltiplos de T+T/3
  (cada 3n+1 muestras de y[n]).

- h_2 y h_5 sólo intervienen en las muestras de y[n] múltiplos de T+2T/3
  (cada 3n+2 muestras de y[n]).

Así, denominando:

$$E_0(z^3) = h_2 + h_5 z^{-3}$$

$$E_1(z^3) = h_1 + h_4 z^{-3} \qquad\qquad (F.14)$$

$$E_2(z^3) = h_0 + h_3 z^{-3}$$

$$H(z) = z^{-2} E_0(z^3) + z^{-1} E_1(z^3) + E_2(z^3) \qquad\qquad (F.15)$$

Se puede representar a H(z) de la siguiente forma:

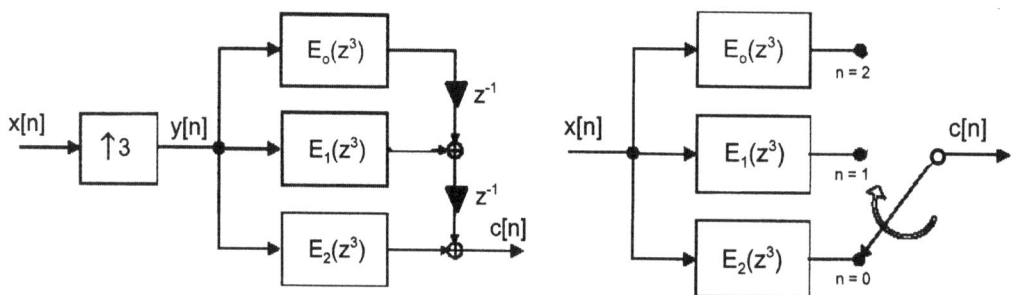

BIBLIOGRAFÍA

- A. V. Oppenheim, R. W. Schafer, J. R. Buck, *Discrete-Time Signal Processing*, 2.ª edición, Prentice-Hall, 1999.

- J. G. Proakis, D. G. Manolakis, *Tratamiento de señales: principios, algoritmos y aplicaciones*, 3.ª edición, Prentice-Hall, 1997.

- E. C. Ifeachor, B. W. Jerwis, *Digital Signal Processing: A Practical Approach*, Addison Wesley, 1993.

- R. D. Strum, D. E. Kirk, *First Principles of Discrete Systems and Digital Signal Processing*, Addison-Wesley, 1989.

- R. G. Lyons, *Understanding Digital Signal Processing*, Addison-Wesley, 1997.

- H. Baher, *Analog & Digital Signal Processing*, John Wiley & Sons, 1992.

- D. K. Linder, *Signals and Systems*, McGraw-Hill, 1999.

- L. B. Jackson, *Digital Filters and Signal Processing with Matlab Exercises*, 3.ª edición, Kluwer Academic Publishers, 1996.

- J. H. McClellan, R. W. Shafer, M. A. Yoder, *DSP First: A Multimedia Approach*, Prentice-Hall, 1998.

- R. I. Damper, *Introduction to Discrete-Time Signals and Systems*, Chapman & Hall, 1995.

- S. Haykin, B. Van Been, *Signals and Systems*, John Wiley & Sons, 1999.

- S. S. Soliman, M. D. Srinath, *Continuous and Discrete Signals and Systems*, 2.ª edición, Prentice-Hall International, 1998.

- P. Katz, *Digital Control Using Microprocessors*, Prentice-Hall, 1981.

- G. F. Franklin, J. D. Powell, A. Emani-Naeini, *Feedback Control of Dynamic Systems*, 4.ª edición, Prentice-Hall, 2002.

- J. R. Leigh, *Applied Digital Control*, 2.ª edición, Prentice-Hall, 1992.

- C. L. Phillips, H. T. Nagle, *Sistemas de control digital: análisis y diseño*, 2.ª edición, Gustavo Gili, 1993.

- S. K. Mitra, *Digital Signal Processing Laboratory Using Matlab*, McGraw-Hill, 1999.

- G. Zelniker, F. J. Taylor, *Advanced Digital Signal Processing: Theory and Applications*, Marcel Dekker Inc., 1994.

- F. Tarrés, *Introducción al tratamiento de la señal*, Bruño, 1995.

- J. B. Mariño, F. Vallverdú, J. A. Rodríguez, A. Moreno, *Tratamiento digital de señales: una introducción experimental*, Edicions UPC, 1995.

- C. L. Phillips, J. Parr, *Signals, Systems and Transforms*, 2.ª edición, Prentice-Hall,1999.

- V. K. Ingle, J. G. Proakis, *Digital Signal Processing Using Matlab*, BookWare Companion Series, 1999.

- J. G. Proakis, C. S. Burrus, *Computer-Based Exercises for Signal Processing Using Matlab*, Prentice-Hall, 1994.

- C. S Burrus, J. H. McClellan, A. V. Oppenheim, T. W. Parks, R. W. Schafer, H. W. Schuessler, *Tratamiento de la señal utilizando Matlab v.4*, Prentice-Hall, 1997.

- J. R. Buck, M. M. Daniel A. C Singer, *Computer Explorations in Signals and Systems Using Matlab*, 2.ª edición, Prentice-Hall, 2002.

- MathWorks Inc., *La edición de estudiante de Simulink*, Prentice-Hall, 1997.

- E. O Brigham, *Fast Fourier Transform and its Applications*, Prentice-Hall, 1997.

- H. V. Sorensen, J. Chen, *A Digital Signal Processing Laboratory Using the TMS320C30*, Prentice-Hall, 1997.

- Analog Devices Enginnering Staff, *Digital Signal Processing Applications with the ADSP-2100 Family*, vol. 1, Prentice-Hall, 1992.

- Crystal Semiconductor Corporation, *A/D Conversion IC's*, vol. 1, Data Book, abril 1992.

- R. J. Higgins, *Digital Signal Processing in VLSI*, Analog Devices, Prentice-Hall, 1990.

- Harris Semiconductor Inc., *Digital Signal Processing Databook*, 1994.

- K. Shenoi, *Digital Signal Processing in Telecommunications*, Prentice-Hall, 1995.

- R. Chassaing, *Digital Signal Processing with C and the TMS320C30*, J. Wiley & Sons, 1992.

- *16-Tap, 8 Bit FIR Filter Applications Guide*, XILINX, Inc., 1994.

- *Building High Performance FIR Filters Using KCM's*, XILINX, Inc., 1996.

- *Bootload of C Code for the TMS320C5x*, Texas Instruments, Inc., Owensville, 1994.

- *Using the Circular Buffers on the TMS320C5x*, Texas Instruments, Inc., Owensville, Missouri, 1995.

- *C24x Fast Fourier Transform (FFT) Library SPRC069*, Texas Instruments, Inc., 2002.

www.ingramcontent.com/pod-product-compliance
Lightning Source LLC
Chambersburg PA
CBHW080903220326
41598CB00034B/5461